火力发电厂集控运行

主编◎姚 振 廖彬生 凌崇光 陈 光

江西高校出版社
JIANGXI UNIVERSITIES AND COLLEGES PRESS

图书在版编目(CIP)数据

火力发电厂集控运行/姚振等主编.--南昌:江西高校出版社,2023.2(2024.9重印)

ISBN 978-7-5762-3680-4

Ⅰ.①火… Ⅱ.①姚… Ⅲ.①火力发电—发电机组—集中控制—运行—研究—中国 Ⅳ.①TM621.3

中国国家版本馆 CIP 数据核字(2023)第 017445 号

出 版 发 行	江西高校出版社
社　　　址	江西省南昌市洪都北大道96号
总编室电话	(0791)88504319
销 售 电 话	(0791)88522516
网　　　址	www.juacp.com
印　　　刷	三河市京兰印务有限公司
经　　　销	全国新华书店
开　　　本	700mm×1000mm　1/16
印　　　张	26.5
字　　　数	360 千字
版　　　次	2023 年 2 月第 1 版 2024 年 9 月第 2 次印刷
书　　　号	ISBN 978-7-5762-3680-4
定　　　价	78.00 元

赣版权登字 -07-2023-93

前　言

随着经济高速发展,人民生活水平不断提高,我国能源需求增长迅猛,用电量逐年增加。截至 2021 年底,全国发电装机容量 237692 万千瓦。其中:全口径火电装机容量 13.0 亿千瓦(其中,燃煤发电 11.1 亿千瓦,占总发电装机容量的比重为 46.7%);水电装机容量 3.9 亿千瓦;核电装机容量 5326 万千瓦;并网风电装机容量 3.3 亿千瓦;并网太阳能发电装机容量 3.1 亿千瓦。因此发展先进、清洁的火力发电技术对中国电力工业的健康发展具有重要意义。

随着蒸汽参数的提高,燃煤机组的热效率也得以提高,发电煤耗得以降低,电源结构进一步改善,电网调峰能力和经济性进一步增强。同时,污染物的排放量大幅减少。因此,高参数、大容量的燃煤发电机组得到较快发展。

为了使专业教学适应科学技术发展新阶段的需要,适应培养高层次应用型、技能型人才的需要,为电力高校、新建机组、科研院所提供学习教材和运行指导,规避现有问题,推广成功经验,促进我国电力事业高质量、可持续发展,我们适时编写了本书。

本书在编写过程中参阅了诸多文献和有关制造厂、研究单位、设计院的技术资料,以及说明书、图纸等内容。在此,对所有支持本书的专家、学者表示衷心的感谢。

因编者水平有限,书中如有不足之处,敬请广大读者批评、指正。

目　　录

第一篇　锅炉设备及运行

第二篇　汽轮机设备及运行

第一篇　锅炉设备及运行

第一章　锅炉概述

第一节　锅炉的分类

锅炉的分类可以按循环方式、燃烧方式、排渣方式、运行方式、燃料、蒸汽参数、炉型、通风方式等进行分类。其中,按循环方式和蒸汽参数分类最为常见。

一、按循环方式分类

锅炉按照循环方式可分为自然循环锅炉、控制循环锅炉和直流锅炉。

1. 自然循环锅炉

给水经给水泵升压后进入省煤器,受热后进入蒸发系统。蒸发系统包括汽包、不受热的下降管、受热的水冷壁以及相应的联箱等。当给水在水冷壁中受热时,部分水会变为蒸汽,所以水冷壁中的工质为汽水混合物。而在不受热的下降管中,工质则全部为水。由于水的密度要大于汽水混合物的密度,因此在下降管和水冷壁之间就会产生压力差;在这种压力差的推动下,给水和汽水混合物在蒸发系统中循环流动。这种循环流动由水冷壁受热而形成,没有借助其他的能量消耗,所以称为自然循环。在自然循环中,每千克水每循环一次只有一部分转变为蒸汽,或者说每千克水要循环几次才能完全汽化,循环水量大于生成的蒸汽量。单位时间内的循环水量同生成的蒸汽量之比称为循环倍率。自然循环锅炉的循环倍率为 4~30。

2. 控制循环锅炉

在炉水循环回路中加装循环水泵,就可以增加工质的流动推动力,形成控制循环锅炉。在控制循环锅炉中,循环流动压头要比自然循环时强很多,可以比较自由地布置水冷壁蒸发面。蒸发面可以垂直布置,也可以水平布置。其中的汽水混合物既可以向上流动,也可以向下流动。所以,控制循环锅炉可以更好地适应锅炉结构的要求。控制循环锅炉的循环倍率为 3～10。

自然循环锅炉和控制循环锅炉的共同特点是都有汽包。汽包将省煤器、蒸发部分和过热器分隔开,并使蒸发部分形成密闭的循环回路。汽包内的大容积能保证汽和水的良好分离。但是汽包锅炉只适用于临界压力以下的锅炉。

3. 直流锅炉

直流锅炉没有汽包,工质一次通过蒸发部分,即循环倍率为 1。直流锅炉的另一个特点是在省煤器、蒸发部分和过热器之间没有固定不变的分界点,水在受热蒸发面中全部转变为蒸汽,沿工质整个行程的流动阻力均由给水泵来克服。如果在直流锅炉的启动回路中加入循环泵,则可以形成复合循环锅炉。即在低负荷或者本生负荷以下运行时,经过蒸发面的工质不能全部转变为蒸汽,因此在锅炉的汽水分离器中会有饱和水分离出来,分离出来的水经过循环泵再输送至省煤器的入口,这时流经蒸发部分的工质流量超过流出的蒸汽量,即循环倍率大于 1。当锅炉负荷超过本生点或高负荷运行时,由蒸发部分出来的是微过热蒸汽。这时循环泵停运,锅炉按照纯直流方式工作。

二、按蒸汽参数分类

锅炉按照蒸汽参数分为低压锅炉(出口蒸汽压力 $p \leqslant 2.45$ MPa)、中压锅炉(p 为 2.94 MPa～4.90 MPa)、高压锅炉(p 为 7.8 MPa～10.8 MPa)、超高压锅炉(p 为 11.8 MPa～14.7 MPa)、亚临界压力锅炉(p 为 15.7 MPa～19.6 MPa)、超临界压力锅炉($p \geqslant 22.1$ MPa)和超超临界压力锅炉($p \geqslant 27$ MPa)。

三、按技术派系分类

在 20 世纪,美国、日本和一些欧洲国家已经形成了各具特色的三个技术派系,即承袭美国 B&W 公司特色、承袭美国 CE 公司特色和承袭美国 FW 公司特色的三大派系。三大派系的锅炉技术的主要特点如下:

1. B&W 派系

(1)亚临界压力下的锅炉都采用自然循环锅炉,锅炉汽包内采用旋风分离器。(2)采用前墙、后墙或对冲布置的旋流式燃烧器。(3)过热汽温和再热汽温多采用烟道挡板或烟气再循环调节。(4)对于超临界压力锅炉,采用欧洲本生式直流锅炉和通用压力锅炉。

2. CE 派系

(1)蒸汽压力在 13.7 MPa(表压)以下的采用自然循环,亚临界压力采用控

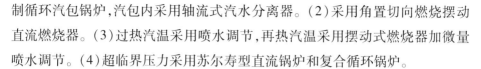

制循环汽包锅炉,汽包内采用轴流式汽水分离器。(2)采用角置切向燃烧摆动直流燃烧器。(3)过热汽温采用喷水调节,再热汽温采用摆动式燃烧器加微量喷水调节。(4)超临界压力采用苏尔寿型直流锅炉和复合循环锅炉。

3. FW 派系

(1)亚临界压力下采用自然循环,汽包内部常用水平式分离器。(2)采用前墙、后墙或对冲布置旋流式燃烧器。(3)广泛采用辐射过热器,甚至炉膛内设置全高的墙式过热器或双面曝光的过热器隔墙,用烟气挡板调温。(4)超临界压力采用 FW—本生式直流锅炉。

另外,德国因为自身的煤炭资源较丰富,煤种以褐煤居多,所以锅炉技术发展相对较独立,100 MW 以上机组均采用本生式直流锅炉,而且都变压运行。

四、其他分类

1. 按燃烧方式分类

锅炉按燃烧方式可分为层式燃烧锅炉、悬浮燃烧锅炉、旋风燃烧锅炉和循环流化床锅炉。其中悬浮燃烧锅炉常见的火焰形式有切向、墙式、对冲、U 形、W 形等数种。

2. 按使用燃料分类

锅炉按使用燃料可分为燃煤锅炉、燃油锅炉、燃气锅炉及燃用其他燃料(如油页岩、垃圾、沼气等)的锅炉。

3. 按排渣方式分类

锅炉按照排渣方式可分为固态排渣和液态排渣两种。固态排渣是指炉膛下部排出的灰渣呈灼热的固态,落入排渣装置经冷却水冷却和粒化后排出。液态排渣指炉膛内的灰渣以熔融状态从炉膛底部排出。20 世纪 50 年代和 60 年代,为强化燃烧和解决燃用低挥发分、低灰熔点燃煤的困难,液态排渣炉发展较快。但因燃烧温度高、排出氮氧化物较多对环境保护不利、对煤种变化敏感、运行可靠性易受影响等因素限制,现在液态排渣发展基本停滞,大部分锅炉采用固态排渣方式。

4. 按通风方式分类

锅炉按通风方式可分为平衡通风锅炉、微正压锅炉(2 kPa ~ 4 kPa)和增压锅炉。所谓平衡通风锅炉指的是进入锅炉的风由风机提供,燃烧后的烟气被风机抽吸出去,炉膛燃烧室呈负压状态(-50 Pa ~ -200 Pa)。现在大型电站锅炉基本采用平衡通风方式。微正压锅炉炉壳密封要求高,多用于燃油锅炉和燃气锅炉。增压锅炉炉内烟气压力高达 1 MPa ~ 1.5 MPa,多用于燃气—蒸汽联合循环锅炉。

5. 按锅炉型式分类

按锅炉型式分类,有 Ⅱ 型锅炉、箱型锅炉、塔型锅炉以及 D 型锅炉等。Ⅱ 型锅炉是电站锅炉最常见的一种炉型,几乎适用于各种容量和不同燃料。箱型锅炉和 D 型锅炉主要燃用重油和天然气。塔型锅炉更适用于多灰分烟煤和褐煤,此种炉型在德国较多。

第二节　锅炉原理及结构

锅炉按炉膛水冷壁管中工质的流动特点,可分为自然循环炉、控制循环炉、直流炉及复合循环直流炉。自然循环炉和控制循环炉只适用于亚临界及亚临界以下压力参数。

自然循环是指在一个闭合的回路中,由工质自身的密度差产生的动力推动工质流动的现象。自然循环炉的循环回路是由锅筒、下降管、分配水管、水冷壁下联箱、水冷壁管、水冷壁上联箱、汽水混合物引出管、汽水分离器组成的。密度差是由下降管引入的水冷壁管中的水吸收炉膛内火焰的辐射热量后,进行蒸发,形成汽水混合物,使工质密度降低形成的。

对于超临界及超超临界压力机组,因汽水密度差消失以及汽水的热物性特点,该压力下锅炉水冷壁管中的工质不宜采用自然循环工作方式,而宜采用直流工作方式。

直流工作方式如前面所述,是指锅炉的给水从进入省煤器开始,依次经过水冷壁管及过热器各级受热面,中间没有再循环过程。直流锅炉中工质的工艺流程如图 1 - 1 所示。

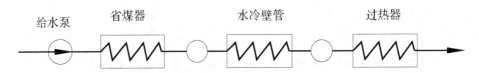

图 1 - 1　直流锅炉中工质的工艺流程

直流锅炉的发展史几乎与汽包锅炉一样悠久,并被广泛应用于火力发电厂。在欧洲、北美、日本等工业发达国家,采用直流锅炉的比重可能还大于汽包锅炉。究其原因,主要包括:直流锅炉适用于包括超临界压力在内的任何压力等级,尤其适用于大容量机组,特别是 600 MW 以上的机组;直流锅炉金属重量轻,受压件总重量比同容量的汽包锅炉轻 10% ~20%;直流锅炉的运行灵活性优于汽包锅炉,启停快,变负荷速率比较高。显然,直流锅炉的这些优点,对于我国电站来说,无疑具有很大的吸引力。因此,超超临界压力机组选用直流锅炉成为一种必然。

直流锅炉管内工质的状态和参数的变化情况如图 1 - 2 所示。由于要克服流动阻力,工质的压力沿受热面长度不断降低(在垂直上升管中还因工质自重产生的压力而不断下降),工质的焓值沿受热面长度不断增加。在预热段,工质温度不断上升;而在蒸发段由于压力不断下降,工质温度不断降低;在过热段,工质温度不断上升。工质的比容沿受热面长度不断上升。直流锅炉水冷壁受热面工质的这一热物理过程规律同样也适用于超超临界压力锅炉在亚临界压力区域运行时的情况。

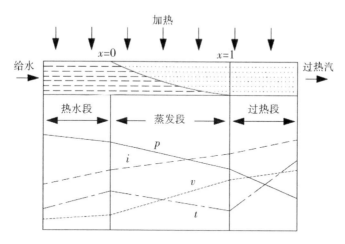

图 1 - 2　直流锅炉管内工质状态和参数的变化

锅炉的运行由炉内过程与锅内过程两大工艺流程决定。对于采用煤粉燃烧方式的锅炉,当锅炉中工质的压力上升到超超临界压力等级以后,其炉内过程,即燃烧过程与高温烟气和受热面间的换热过程与亚临界锅炉没有明显的差别;而锅内过程,即锅炉受热面内,特别是炉膛水冷壁管内水的吸热过程与亚临界锅炉有很大的差别。从整体上来看,超超临界压力下锅炉中工质的吸热主要经历预热、过热两个阶段。其中,预热在省煤器、水冷壁管中完成,当达到饱和温度后,水在瞬间完成汽化。超超临界压力锅炉的水冷壁管中,当达到饱和温度后,工质在瞬间完成汽化。之后,饱和蒸汽吸收热量变成具有一定过热度的过热蒸汽。因此,在超超临界压力下工作的锅炉,其水冷壁管出口的工质是具有一定过热度的过热蒸汽,而不是汽水共存的混合物。

超超临界压力锅炉在启动和变负荷运行过程中,水冷壁管中工质的工作过程与亚临界压力锅炉也有很大的差别。锅炉冷态启动时,工质的压力由 0 开始逐渐增加。在较长一段时间内,锅炉在临界压力以下工作。此时,水冷壁管中的工质有预热、汽化过程,水冷壁管出口的工质为汽水两相混合物。为了防止水蒸气进入过热器受热面,需要对水冷壁出口的汽水混合物进行汽水分离,因此,直流锅炉汽水流程中设计了启动用汽水分离器。当压力达到临界压力以上时,水冷壁管出口的工质变成具有一定过热度的过热蒸汽。实际运行时,超超临界压力机组并不一定是满负荷运行,有些机组需要变负荷调峰运行,以适应外界负荷的变化要求。此时,有些超超临界压力锅炉可能一部分时间在亚临界压力下运行,并且亚临界压力的大小也不是固定不变的。在这种情况下,水冷壁管中汽水两相混合物和水的分界面是在不断变化的。

综上所述,超超临界压力锅炉的炉内过程与亚临界压力及以下的锅炉没有明显区别,但锅内过程差别较大。在超超临界压力工况下运行时,水冷壁管中只有水的预热和蒸汽的过热两个阶段;而在亚临界压力以下变压运行时,水冷壁管中有预热和汽化两个阶段,并且汽水两相混合物和水的分界面会随负荷的变化而变化。

一、超临界机组的优点

1. 热效率高

机组的参数是决定机组经济性的重要因素。一般压力为 16.6 MPa ~ 31.0 MPa、温度在 535 ℃ 和 600 ℃ 之间。压力每提高 1 MPa,机组的热效率上升 0.18% ~ 0.29%;新蒸汽温度或再热蒸汽温度每提高 10 ℃,机组的热效率就提高 0.25% ~ 0.3%。

超超临界压力参数火力发电是有效利用能源的一项新技术,其工质的压力、温度均超过以往任何参数的机组,可大幅提高机组的热效率,从而降低发电煤耗和发电耗水量。根据实际运行燃煤机组的经验,亚临界机组(17 MPa,538 ℃/538 ℃)的净效率为37% ~38%;超临界机组(24 MPa,538 ℃/538 ℃)的净效率为40% ~41%;超超临界机组(28 MPa,600 ℃/600 ℃)的净效率为44% ~45%。

2. 符合环保要求

由于提高了机组热效率,减少了单位发电量的燃料消耗,超超临界机组的CO_2排放量比亚临界机组降低近20%。此外,由于采取了脱硫脱硝等减排措施,超超临界机组在降低SO_2和氮氧化物的排放等方面也具有比较明显的优势。

3. 单机容量大

超超临界机组蒸汽压力高、比体积小,汽轮机高压缸叶片短,且级间压差大,为保证内效率,适宜采用大容量设计。超超临界机组的单机容量可达到百万千瓦级的水平,单机容量大使得超超临界发电技术与当前的其他洁净煤技术(包括循环流化床燃烧发电技术和整体煤气化联合循环发电技术等)相比,可以在很大程度上降低机组的单位造价。

二、超临界直流锅炉的炉型介绍

现代直流锅炉的一个突出特点就是锅炉的容量与蒸汽参数已得到了很大的提高。目前,超临界直流锅炉的蒸汽压力已提高到25 MPa ~31 MPa,温度控制在540 ℃和600 ℃之间。随着锅炉技术的发展,现代直流锅炉在型式上逐渐趋于一致,主要有三种:一次垂直上升管屏式(UP 型)、炉膛下部多次上升、炉膛上部一次上升管屏式(FW 型)、螺旋围绕上升管屏式。

1. UP 型直流锅炉

美国巴布库克(Babcook)公司首先采用了一次垂直上升管屏式直流锅炉(UP 型)。此种锅炉是在本生锅炉的基础上发展而来的,锅炉压力既适用于亚临界,也适用于超临界。

水冷壁有三种型式:适用于大容量的亚临界压力及超临界压力锅炉的一次上升型;适用于较小容量的超临界压力锅炉的上升—上升型;适用于较小容量的亚临界压力锅炉的双回路上升型。UP 型直流锅炉水冷壁型式如图1 - 3所示。

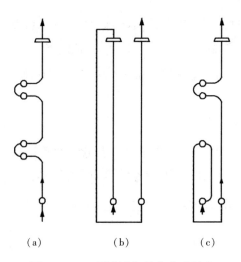

图1-3 UP型直流锅炉水冷壁型式

（a）一次上升型 （b）上升—上升型 （c）双回路上升型

UP型锅炉因采用一次上升管屏,各管间壁温差较小,适合采用膜式水冷壁。一次上升垂直管屏有一次或多次中间混合,每个管带入口设有调节阀,质量流速为2000 kg/（m² · s）～3400 kg/（m² · s）,可有效减小热偏差。此外,一次上升型垂直管屏还具有管系简单、流程短、汽水阻力小、可采用全悬吊结构、安装方便的优点。一次上升型垂直管屏具有中间联箱,因此不适合于滑压运行,特别适用于300 MW及以上和带基本负荷的大容量锅炉。

日本三菱公司结合亚临界控制循环锅炉设计制造经验,开发出一次上升垂直管圈水冷壁变压运行超临界压力锅炉。其特点是采用内螺纹管来防止变压运行至亚临界区域时,水冷壁系统中发生膜态沸腾;在水冷壁管入口处设置节流圈,使管内流量与它的吸热相适应。

2. FW型直流锅炉

FW型锅炉是由美国福斯特—惠勒公司（Foster Wheeler）以本生锅炉为基础发展起来的一种炉膛下部多次上升、上部一次上升管屏式直流锅炉。此类锅炉的蒸发受热面采用较大的管径。由于炉膛下部热负荷较高,通常下部采用2～3次垂直上升管屏,使每个流程的焓增量减少,且各流程出口工质的充分混合可减少管间的热偏差;而炉膛上部热负荷较低,且工质比容大,故采用一次上升管屏。炉膛上、下部间由于采用了中间混合,故不适合滑压运行。图1-4为一台FW型直流锅炉的结构简图。

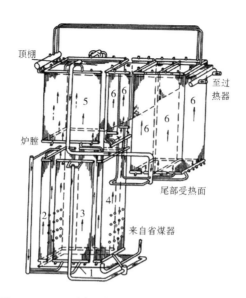

图 1-4 FW 型直流锅炉炉膛受热面布置示意图

注:1、2、3、4、5、6 均表示回路。

3. 螺旋管式水冷壁直流锅炉

螺旋管式水冷壁直流锅炉是由瑞士等国为适应变压运行的需要而发展起来的一种直流炉型。该炉型的水冷壁采用螺旋围绕管圈,由于管筒吸热较均匀,在蒸汽生成途中可不设混合联箱,因此,锅炉滑压运行时不存在汽水混合物分配不均匀问题。图 1-5 是一台苏尔寿型螺旋式水冷壁直流锅炉的结构简图。

螺旋管式水冷壁直流锅炉在垂直方向承受载荷的能力较差,因此,有时在炉膛的上部采用垂直上升管屏。图 1-6 为螺旋管圈加垂直上升管屏水冷壁的结构示意图,图 1-7 为一台 600 MW 机组的螺旋围绕垂直上升管屏直流锅炉,其水冷壁可视为由上、下两部分组成:下部采用螺旋围绕管圈;上部采用一次垂直上升管屏。炉水从冷灰斗底部水冷壁入口联箱进入,通过数百根并列管以一定倾角螺旋形盘绕上升至炉膛中部,进入中间联箱,然后再次进入炉膛上部垂直管组,上升到炉顶出口集箱为止。这种结构的直流锅炉将上升管屏与螺旋管圈水冷壁的优点有机地结合起来,更有利于锅炉的安全运行,同时也在一定程度上克服了支吊全螺旋管圈水冷壁的困难。

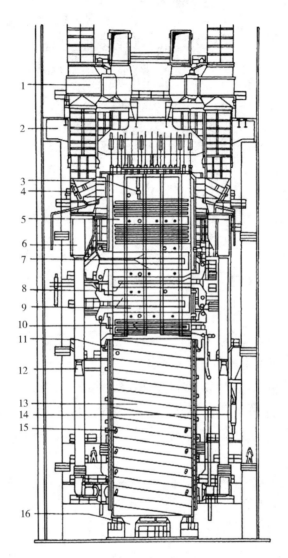

图 1 - 5 265 MW 机组的苏尔寿型螺旋式直流锅炉示意图

注:1——空气预热器;2——大梁;3——省煤器进口联箱;4——空气及烟气挡板;5——省煤器;6——环形风道;7——第一级再热器;8——末级过热器;9——第二级再热器;10——屏式过热器;11——中间混合联箱;12——流量孔板;13——螺旋式水冷壁;14——启动热交换器;15——燃烧器;16——烟气再循环风机。

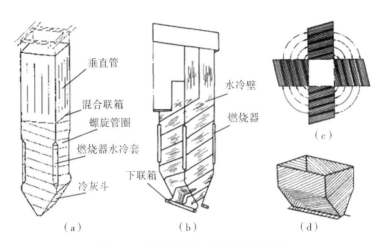

图 1-6　螺旋管圈水冷壁结构示意图

(a)切圆燃烧螺旋管圈炉膛结构;(b)切圆燃烧炉膛螺旋管圈水冷壁;

(c)螺旋管圈水冷壁展开平面图;(d)螺旋管圈冷灰斗。

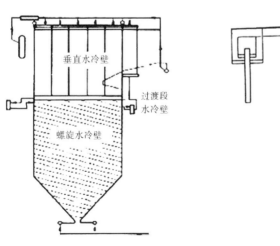

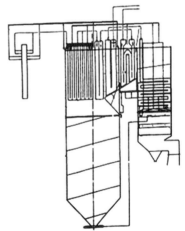

(a)水冷壁总体布置示意图　　　　(b)锅炉总体布置示意图

图 1-7　600 MW 机组螺旋管圈上升管屏直流锅炉结构简图

下部螺旋管圈加上部垂直上升管屏结构的直流锅炉在我国已有 300 MW、500 MW、600 MW、900 MW 机组配套锅炉投入运行。这种锅炉的压力随负荷变动,600 MW 机组直流锅炉的典型压力变化范围为:在 0 ~ 34% 负荷时,锅炉压力约为 10.2 MPa;在 34% ~ 89% 负荷时,锅炉压力为 10.2 MPa ~ 25.1 MPa;在 89% ~ 100% 负荷时,锅炉压力为 25.1 MPa ~ 25.4 MPa。

传统观念认为只有螺旋管圈水冷壁才能满足全炉膛变压运行的要求,但是目前欧洲的火电机组锅炉仍然采用下炉膛螺旋管圈、上炉膛垂直管屏的传统设计,这种水冷壁系统对于光管水冷壁获得足够的冷却能力是十分有必要的。采用螺旋管圈的主要优点有三个:

(1)可以采用合适的管径和壁厚,满足较高的质量流速[例如,600 MW 超临界锅炉在 BMCR 工况下,质量流速高达 2800 kg/($m^2 \cdot s$)],从而确保水冷壁安全冷却。

(2)对炉膛燃烧或局部结渣引起的热负荷偏差不太敏感,可以有效地补偿炉膛断面上的热偏差,从而使水冷壁出口温差大大减小(相对于一次垂直上升管圈而言)。

(3)不需要根据热负荷分布进行平行管系中复杂的流量分配,较容易满足变压运行要求;而且在压力较低时,水动力比较稳定,传热也相当可靠。

螺旋管圈水冷壁的缺点是结构复杂、流动阻力大和现场安装工作量大。

三、典型的超超临界再热直流锅炉介绍

九江电厂的 660 MW 锅炉为超超临界参数变压直流炉,其特点如下:单炉膛,一次再热,四角切圆燃烧方式,摆动式燃烧器,平衡通风,露天布置,固态排渣,全钢构架,全悬吊 Ⅱ 型。锅炉型号为 SG1963/28 - Ⅱ。燃烧器采用 24 只直吹式水平浓淡分离燃烧器,分 6 层布置于炉膛下部四角。煤粉和空气从四角送入,在炉膛中呈切圆方式燃烧。燃烧器的上部设有 SOFA 风,以降低炉内氮氧化物的生成量。锅炉烟气从炉膛出口通过尾部受热面,在省煤器出口分两路进入 SCR 脱硝装置,而后进入容克式三分仓空气预热器,再经一台脉冲布袋除尘器净化。灰渣采用分除方式,飞灰采用气力除灰,除渣方式为湿式除渣。烟气脱硫采用石灰石—石膏湿法脱硫工艺。如图 1 - 8 所示。

锅炉水容积:省煤器 74 m^3,水冷壁 53 m^3,过热器 242 m^3,再热器系统 479 m^3。炉膛尺寸(W × D × H):18816 mm × 17640 mm × 67150 mm。

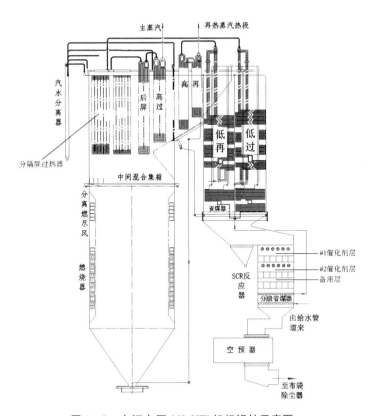

图 1 - 8 九江电厂 660 MW 机组锅炉示意图

第二章 汽 水 系 统

　　九江电厂给水管路的来水由炉左侧进入位于脱硝 SCR 反应器下部的分级省煤器入口集箱,经分级省煤器受热面吸热后,由分级省煤器出口集箱两侧汇合至尾部竖井后烟道下部的省煤器入口集箱。水流经省煤器受热面吸热后,由省煤器出口集箱引出,进入螺旋水冷壁入口集箱,后经螺旋水冷壁管、中间混合集箱、垂直水冷壁管,在垂直水冷壁出口集箱汇集后,经引出管进入汽水分离器进行汽水分离。从分离器分离出来的水进入贮水罐排至冷凝器,蒸汽则依次经顶棚管入口集箱、顶棚管,在顶棚管出口集箱汇集后分两路引出。一路经后烟井延伸侧墙上集箱、后烟井延伸侧墙管下行,进入后烟井延伸侧墙下集箱后,由一根引出管进入后烟井前墙下集箱。另一路经后烟井上部进口集箱、后烟井左右侧墙管下行,进入后烟井侧墙下集箱,在后烟井下集箱汇集后分三路引出。第一路经后烟井前墙下集箱、后烟井前墙管上行,进入后烟井前墙上集箱,再经后烟井顶棚管(前部)进入后烟井分隔墙上集箱,再进入低温过热器进口集箱。第二路经后烟井后墙下集箱、后烟井后墙管、后烟井顶棚管(后部)进入后烟井分隔墙上集箱,而后经后烟井分隔墙管下行,进入低温过热器进口集箱。第三路经后烟井分隔墙下集箱、后烟井分隔墙管上行,进入低温过热器进口集箱。混合后的蒸汽经过低温过热器管进入低温过热器出口集箱。低温过热器出口集箱的蒸汽由两根导汽管经一级喷水减温器调温后左右交叉式引入左、右两侧分隔屏进口集箱;左、右两侧分隔屏出口集箱的蒸汽由两根导汽管经二级喷水减温器调温后进入后屏过热器进口集箱;后屏出口集箱的蒸汽由两根导汽管左右交叉式传送,再经三级喷水减温器调温后进入末级过热器入口集箱;末级过热器出口集箱的过热蒸汽经两根导汽管进入汽机高压缸。

第一节　汽水系统流程及设备结构

一、省煤器

省煤器是利用锅炉尾部烟气的热量来加热给水的一种热交换装置。省煤器的作用就是在给水进入锅炉前,利用烟气的热量对其进行加热,这样就减少了水在蒸发受热面的吸热量。采用省煤器可以取代部分蒸发受热面,同时降低排烟温度,提高锅炉效率,节约燃料耗量。省煤器的另一个作用是给水流入蒸发受热面前,先被省煤器加热,这样就降低了炉膛内传热的不可逆热损失,提高了经济性能,同时减少了水在蒸发受热面的吸热量。

省煤器中的工质是给水,其温度要比给水压力下的饱和温度低得多。在省煤器中,工质为强制流动,逆流传热。与蒸发受热面比较,在同样烟气温度的条件下,它的传热温差较大,传热系数较高。也就是说,在吸收同样热量的情况下,省煤器可以节省金属材料。同时,省煤器的结构比蒸发受热面简单,造价也较低。因此,电厂锅炉中常用管径较小、管壁较薄、传热温差较大、价格较低的省煤器代替部分造价较高的蒸发受热面。

按照出口工质状态(是否被加热到该工质压力下的饱和温度)的不同,省煤器可以分成沸腾式和非沸腾式两种。在现代大容量锅炉中,由于参数高,水的汽化潜热所占比例减小,单位质量的水加热至饱和温度所需热量所占比例增大,因此电厂总是采用非沸腾式省煤器。而且为了保证安全,省煤器出口的水都有较大的欠焓。

省煤器蛇形管可以错列布置或顺列布置。错列布置可使结构紧凑,管壁上不易积灰。一旦积灰,吹灰比较困难,磨损也比较严重。顺列布置时,情况正好相反,因为容易清灰,所以在大型锅炉中经常采用。

省煤器通常布置在烟气下行的对流烟道中。蛇形管束大都水平布置,以便在停炉时能排尽管内存水,减少停炉期间的腐蚀。在蛇形管内,一般多保持水流由下向上流动,以便排出水中的气体,避免造成管内局部氧腐蚀。烟气一般自上而下流动,既有吹灰作用,又能保持烟气相对于水的逆向流动,以增大传热温差。

省煤器蛇形管在对流烟道中,可以垂直于锅炉前墙,也可以与前墙平行,如

图2-1所示。当布置省煤器的烟道尺寸和省煤器管子节距一定时,蛇形管布置方式不同,则管子的数目和水的流通截面积就不同,因而管内水流速度也不一样。通常,省煤器的尾部烟道宽度较大而深度较小。当蛇形管垂直于前墙布置时,管子短,但并列管较多,因而水速较慢。蛇形管的支吊比较简单,这是因为它深度较小,在弯头两端附近支吊即可。在Ⅱ形布置的锅炉和Γ形布置的锅炉中,省煤器蛇形管垂直于前墙布置的主要缺点是烟气从水平烟道向下转入尾部烟道时,烟气流要转90°。由于离心力作用,烟气中的灰粒大多集中于靠后墙一侧,此处的飞灰浓度大,磨损较严重,使所有蛇形管靠近后墙侧的弯头附近都因飞灰严重磨损。

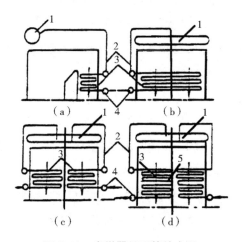

图2-1 省煤器蛇形管的布置

(a)垂直前墙布置 (b)平行前墙布置 (c)(d)双面进水平行

注:1——汽包;2——水连通管;3——省煤器蛇形管;4——进口集箱;5——交混连通管。

当蛇形管平行于前墙布置时,情况就不同了。前墙布置时,只有靠近后墙侧附近的几根蛇形管磨损比较严重,磨损后只需更换少数几根蛇形管。但蛇形管平行于前墙布置时,其支吊复杂些,而且由于并列的蛇形管相对较少,管内水速较快。为减小水速,可采用图2-1(c)(d)的双面进水方式。

省煤器蛇形管中的水速,对金属的温度工况有一定的影响,而且对管子具有一定的腐蚀作用。当给水除氧不良时,进入省煤器的给水,在受热后就会放出氧气。这时如果水流速度很慢,氧气就会附在管子内壁上,造成金属局部氧腐蚀。运行经验证明,对于水平布置的非沸腾式省煤器,当水的流速大于0.5

m/s 时,可以避免金属局部氧腐蚀。而对于沸腾式省煤器的后段,管内是汽水混合物,这时如果水平管中水流速度较慢,就容易发生汽水分层,即水在管子下部流动,而蒸汽在管子上部流动。同蒸汽接触的那部分受热面传热较差,金属温度较高,甚至可能超温。在汽水分界面附近的金属,由于水面上下波动、温度时高时低,容易破裂。因此,沸腾式省煤器蛇形管的进口水速不得低于 1 m/s。

钢管省煤器的蛇形管可以采用光管,也可以采用纵向鳍片管、螺旋形鳍片管和整焊膜式受热面。它们的结构示意图见图 2 - 2。光管结构简单,加工方便,烟气流过时阻力小。而鳍片管则可强化烟气侧的热交换,使省煤器结构更加紧凑。在同样的金属消耗量和通风电耗的情况下,焊接鳍片管[如图 2 - 2(a)]所占空间比光管减少 20% ~25%,而采用轧制鳍片管[如图 2 - 2(b)],可使省煤器的外形尺寸比光管减少 40% ~50%,膜式省煤器[如图 2 - 2(c)]也具有同样的优点。鳍片管和膜式省煤器还能减少磨损,这是因为它们比光管占用的空间小。因此在烟道截面不变的情况下,可以采用较大的横向节距,从而使烟气流通截面增大,烟气流速下降,磨损大大减少。肋片式省煤器[如图 2 - 2(d)]的主要特点是热交换面积明显增大,比光管大 4 ~5 倍,这对缩小省煤器的体积、减小材料消耗很有意义。

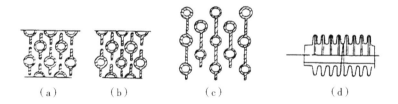

（a）　　　（b）　　　　　（c）　　　　　　（d）

图 2 - 2　省煤器管子结构示意图

（a）焊接鳍片管省煤器　（b）轧制鳍片管省煤器

（c）膜式省煤器　（d）肋片式省煤器

九江电厂 660 MW 锅炉省煤器位于后竖井后烟道内低温过热器的下方,沿烟道宽度方向顺列布置。给水从炉侧直接进入省煤器进口集箱,经省煤器蛇形管,进入省煤器出口集箱,然后从炉侧通过单根下降管、若干根下水连接管进入螺旋水冷壁。

省煤器蛇形管由光管组成,若干根管圈绕,采用上、下两组逆流布置:上组布置在后竖井下部环形集箱上的包墙区域;下组布置在后竖井环形集箱下的护板区域。省煤器材质为 SA - 210C,省煤器进口联箱、省煤器出口联箱材质均为

SA - 106C。

省煤器系统自重通过包墙系统引出的吊挂管悬吊,悬吊管吊杆将荷载直接传递到锅炉顶部的钢架上。

为防止省煤器管排的磨损,在省煤器管束与四周墙壁间设置阻流板,在每组上排迎流面与边排和弯头区域设置防磨盖板。

省煤器进口集箱位于后竖井环形集箱下的护板区域,穿护板处的集箱上设置有防旋装置,进口集箱由烟气调节挡板处的支撑梁支撑。省煤器系统流程如图 2 - 3 所示。

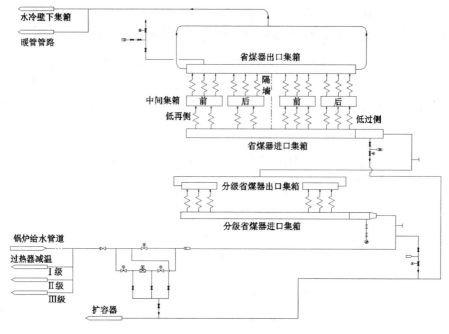

图 2 - 3　省煤器系统流程图

自给水管路出来的水由炉前进入省煤器入口集箱,流经省煤器蛇形管后由省煤器汇集集箱引出的吊挂管引至顶棚上的省煤器出口集箱。由省煤器出口集箱两端引出集中下水管进入位于锅炉左、右两侧的集中下降管分配头,再通过下水连接管进入水冷壁入口集箱。工质经省煤器蛇形管加热后进入水冷壁系统。

二、水冷壁

水冷壁系统与过热器系统的分界点为汽水分离器。自水冷壁下集箱的入口导管开始到汽水分离器贮水箱出口导管为止均属于水冷壁系统。自给水管路出来的水由炉侧一端引入位于尾部竖井后烟道下部的省煤器入口集箱,流经省煤器受热面;吸热后由省煤器出口集箱端部引出,经集中下降管、下水连接管进入螺旋水冷壁入口集箱;经螺旋水冷壁管、螺旋水冷壁出口集箱、混合集箱、垂直水冷壁入口集箱、垂直水冷壁管、垂直水冷壁出口集箱进入水冷壁出口混合集箱;汇集后经引入管引入汽水分离器进行汽水分离。循环运行时,从分离器分离出来的水进入储水罐,蒸汽则依次流经顶棚管、后竖井/水平烟道包墙、低温过热器、屏式过热器和高温过热器;直流运行时,全部工质均通过汽水分离器进入顶棚管。水冷壁水汽流程系统图如图2-4所示。

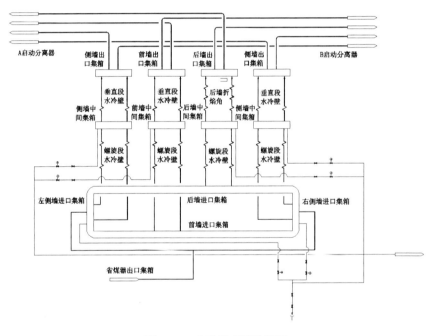

图2-4　水冷壁系统流程图

三、过热器

过热器的作用是将饱和蒸汽加热成具有一定温度的过热蒸汽。根据过热器的传热方式,过热器可分为对流式、辐射式和半辐射式;根据烟气与管内蒸汽的相对流动方向,可分为逆流式、顺流式和混合流式;根据结构,可分为屏式过热器、壁式过热器、对流过热器。屏式过热器吸收炉膛内相当数量的辐射热量,适应大容量高参数锅炉过热器吸热量相对增加、水冷壁吸热量相对减少的需要。它补充了水冷壁吸收炉膛辐射热的不足,实现了炉膛必需的辐射传热量,使炉膛出口烟气温度限制在合理的范围内。对于燃烧器四角布置切圆燃烧方式的炉膛,屏式过热器对烟气流偏转能起到阻尼和导流作用。屏式过热器的横向节距比对流管束大很多,可有效减少接近灰熔点的烟气通过它时灰黏结在管子上的概率,有利于防止结渣。烟气通过屏式过热器后温度下降,防止其后的对流管束结渣,因此现在屏式过热器在大型锅炉中被普遍应用。

随着蒸汽参数的提高,过热蒸汽及再热蒸汽的吸热量占工质总吸热量的比例越来越大,过热器受热面在锅炉总受热面中也占很大比例。为此过热器布置区域不仅从水平烟道前伸到炉膛内,还向后延伸至锅炉尾部烟道。

大型锅炉的过热器系统都采用辐射与对流多级布置系统。根据传热方式,过热器可以分为对流式、辐射式和半辐射式。

1. 对流式过热器

对流式受热面布置在锅炉的对流烟道中,主要依靠对流传热从烟气中吸收热量。由进、出口联箱和许多并列的蛇形管组组成。蛇形管通常由外径为38 mm ~ 57 mm 的无缝钢管弯制而成。为了节约钢材、降低成本,对处于不同热负荷区域的对流受热面采用不同的材料和壁厚。根据管子的布置方式,对流式过热器可分为立式和卧式两种。在电站锅炉中,蛇形管垂直放置的立式过热器通常布置在炉膛出口的水平烟道中。其优点是支吊结构简单,可用吊钩把蛇形管的上弯头吊挂在锅炉钢架上,且不易积灰;其缺点是停炉时管内凝结水不易排出,增加停炉期间的腐蚀性。升炉时由于管内存积部分水及空气,在工质流量不大时,可能形成气塞将管子烧坏。布置在尾部烟道中的对流过热器通常采用蛇形管水平放置方式。其优点是易于疏水排气。但管子上易积灰且支吊比较困难,为防止处于高烟温区的大量支吊件过热烧坏,须采用高合金钢制作。

根据烟气和管内蒸汽的相对流向,对流过热器可分为逆流、顺流、双逆流和混合流四种传热方式,如图2-5所示。其中,逆流式对流受热面具有最大的传热温压,故可节省金属耗量。但该受热面中蒸汽出口处恰恰是受热面中烟气和蒸汽温度最高的区域,金属壁温可能很高,故工作条件最差。顺流式对流受热面则相反,其传热温差最小,耗用金属最多,但蒸汽出口处烟气温度低,因而金属壁温低,比较安全。

为保证过热器安全、经济运行,其高温级经常采用顺流布置,低温级则采用逆流布置。混合流过热器综合采用了顺流和逆流方式,如图2-5(c)。蒸汽在其中先逆流后顺流。

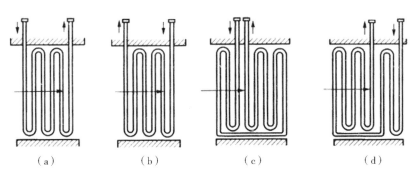

图2-5　对流过热器按烟气流向的布置方式

(a)顺流　(b)逆流　(c)双逆流布置　(d)串联混合流

根据管子的排列方式,对流过热器可分为顺列和错列两种。

在条件(烟气速度等)相同的情况下,错列横向冲刷受热面时的传热系数比顺列时的高。但顺列管束的外表面积灰很容易被吹灰器清除,故在电站锅炉中,高温水平烟道常采用顺列布置,尾部烟道采用错列布置。

过热器的蛇形管可以分成单管圈、双管圈和多管圈,如图2-6。采用哪种蛇形管主要取决于锅炉容量及管内的蒸汽流速。为了保证过热器管子金属冷却到位,管内工质应保证一定的质量流速。速度越快,管子的冷却条件越好,但工质的压力损失越大。整个过热器的压降一般不应超过其工作压力的10%。为此,高温过热器最末级的质量流速 $\rho\omega$ 最好为800 kg/($m^2\cdot s$) ~ 1100 kg/($m^2\cdot s$)。如今大容量锅炉一般采用多管圈结构。

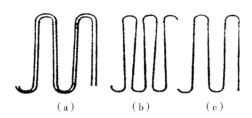

图2-6　蛇形管圈的形式

(a)单管圈　(b)扁形单管圈　(c)双管圈

过热器、再热器中烟气流速则应在保证一定的传热系数的前提下,根据既减少磨损、又不易积灰的原则,在技术和经济方面进行比较后确定。对于燃煤锅炉,炉膛出口水平烟道内,烟气流速常为10 m/s ~ 12 m/s。

在对流过热器中,烟气与管外壁的换热方式主要是对流换热,对流换热不仅与烟气的温度有关,而且与烟气的流速有关。当锅炉负荷增加时,燃料量和烟气量增加,通过过热器的烟气的流速也相应加快,因而提高了烟气侧的对流放热系数。同时,当锅炉负荷增加时,炉膛出口的烟气温度也升高,从而提高了过热器平均温差。虽然流经过热器的蒸汽流量随锅炉负荷的增加而增加,其吸热量也增多,但是传热系数和平均温差同时增大,使过热器传热量的增加量大于蒸汽流量增加所要的吸热量。因此,单位蒸汽所获得的热量相对增多,出口的烟气温度也相对升高。

2. 辐射式过热器

直接吸收炉膛辐射热的过热器称为辐射式过热器。如图 2－7 所示:设置在炉膛内壁上的辐射式过热器,称为墙式过热器;布置在炉顶的辐射式过热器,称为顶棚式过热器;悬挂在炉膛上部靠近前墙处的辐射式过热器,称为前屏过热器。

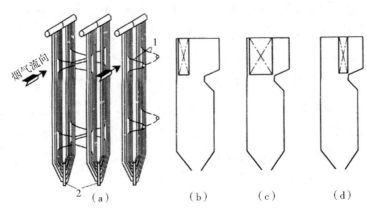

图 2－7 屏式过热器

(a)屏式过热器的结构 (b)前屏 (c)大屏 (d)后屏

辐射过热器的传热量取决于炉膛燃烧的平均温度。在锅炉负荷增加时,炉膛温度升高,但升高的幅度不大。而锅炉负荷增加后流经过热器的蒸汽量增加幅度较大,这就使辐射传热量的增加速度赶不上蒸发量的增加速度。因此,单位蒸汽所吸收的热量相对减少,出口的蒸汽温度降低。

由于炉膛内热负荷很高,这种过热器是在恶劣的条件下工作的。尤其在启动和低负荷运行时,问题更为突出。过热器受热面布置在远离火焰中心的炉膛上部,这里的热负荷较低,管壁温度亦相应降低,但却使面壁上的水冷壁蒸发管的高度缩短,影响水循环的安全。在正常的工作条件下,辐射式过热器中最大的管壁温度可能比管内工质温度高出 100 ℃～120 ℃。因此,辐射式过热器常作为低温受热面,即较低温度的蒸汽流过这些受热面,并采用较快的质量流速,一般 $\rho\omega$ 为 1000 kg/(m² · s)～1500 kg/(m² · s)。

3. 半辐射式过热器

既吸收烟气的对流传热又吸收炉内高温烟气和管间烟气的辐射传热的过热器称为半辐射式过热器。半辐射式过热器通常做成挂屏形式,故又称为屏式过热器,在大型锅炉中,屏式过热器得到广泛应用。这是因为屏式过热器布置在烟温较高的区域,具有较大的气体辐射层厚度。因此,它们除吸收炉膛的辐射热量外,还吸收管间气室的辐射热量,使受热面辐射吸热比例大,改善了过热汽温的调节特性。即锅炉负荷或工质流量改变对汽温的影响减小。同时,屏式过热器还吸收烟气的对流热,故其热负荷相当高,从而可减少受热面的金属耗量,并可有效地降低炉膛出口的温度,防止密集对流受热面结渣。

此外,屏式过热器热负荷较高,而屏中各管圈的结构和受热条件的差别又较大,故其热偏差较大。屏式过热器通常用作低温级过热器,且蒸汽流速较快,为 700 kg/(m² · s)～1200 kg/(m² · s),使其管壁能够冷却到位,保证屏式过热器安全运行。

四、锅炉受热面

九江电厂的 660 MW 锅炉过热器受热面由四部分组成:第一部分为顶棚、后竖井烟道四壁及后竖井分隔墙;第二部分是布置在尾部竖井后烟道内的低温过热器;第三部分是位于炉膛上部的屏式过热器;第四部分是位于折焰角上方的高温过热器。

过热器系统按蒸汽流程分为顶棚过热器、包墙过热器/分隔墙过热器、低温过热器、屏式过热器和高温过热器,按烟气流程依次分为屏式过热器、高温过热器、低温过热器。整个过热器系统布置了一次左右交叉,即屏过出口至高温过热器进口进行一次左右交叉,有效地减少了锅炉宽度上的烟气侧气温不均匀的影响。锅炉设有两级四点喷水减温,每级喷水分两侧喷入,每侧喷水均可单独控制,通过喷水减温可有效减小左、右两侧的蒸汽温度偏差。

来自启动分离器的蒸汽进入顶棚过热器入口集箱,再进入顶棚过热器及后竖井区域包墙过热器。顶棚过热器上设有专供检修炉膛内部的炉内检修平台用绳孔。

蒸汽从顶棚出口集箱通过若干根连接管分别引入中隔墙、前包墙、后包墙、后竖井两侧包墙及水平烟道两侧包墙入口集箱,通过包墙管加热后分别进入包墙出口集箱。所有包墙过热器均为全焊接膜式壁结构。

后竖井下部的环形集箱引出汽吊管,前烟道吊挂管支吊低再蛇形管,后烟道吊挂管支吊低过蛇形管、省煤器蛇形管,重量由汽吊管吊杆传递到炉顶大板梁上。汽吊管管子规格随低再蛇形管、低过蛇形管、省煤器蛇形管外径的不同而变化,蒸汽经汽吊管后进入前、后烟道吊挂管出口集箱。

1. 低温过热器

低温过热器布置在后竖井后烟道内,分为水平段和垂直出口段。整个低温过热器为顺列布置,蒸汽与烟气逆流换热。其系统流程如图2-8所示。

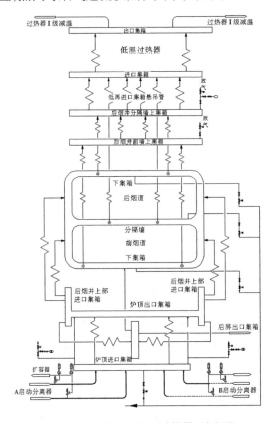

图2-8 过热蒸汽(低温过热器)流程图

2. 屏式过热器

经过低温过热器加热后,蒸汽经低过出口连接管、一级减温器和屏过进口连接管后引入屏过进口混合集箱,通过混合集箱进入每个屏过进口分配集箱。辐射式屏式过热器布置在炉膛上部区域,在炉深方向布置了两排,两排管屏紧挨着布置,每一排管屏沿炉宽方向布置若干片。每个屏式过热器出口分配集箱与屏过出口混合集箱相连,蒸汽在混合集箱中混合后,经屏过出口连接管、二级减温器和高过进口连接管引入高温过热器。为防止吹灰蒸汽对受热面的腐蚀,在吹灰器附近的蛇形管排上均设置有防蚀盖板。为减小流量偏差使同屏各管的壁温比较接近,在屏过进口集箱上管排的入口处设置了不同尺寸的节流圈。其系统流程如图2-9所示。

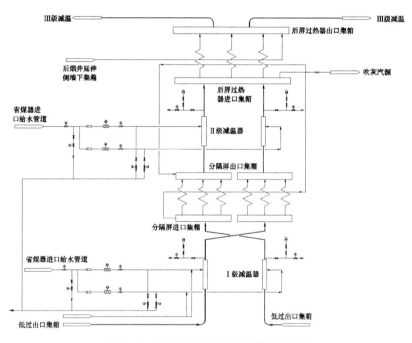

图2-9　过热蒸汽(屏式过热器)流程图

3.高温过热器

蒸汽从高过入口集箱经蛇形管加热后进入高过出口集箱,品质合格的蒸汽由连接管从出口集箱两端引出,上行后经单根蒸汽导管送入汽轮机高压缸。高过蛇形管位于折焰角上部,沿炉宽方向布置有若干片,每片管屏由若干根管子并联绕制而成。为保证管屏的平整,防止管子出列和错位以及焦砟的生成,高过蛇形管间布置有定位滑动块。为防止吹灰蒸汽对受热面的腐蚀,在吹灰器附近的蛇形管排上均设置有防蚀盖板。为减小流量偏差使同屏各管的壁温比较接近,在高过进口集箱上管排的入口处设置了不同尺寸的节流圈。其系统流程如图2-10所示。

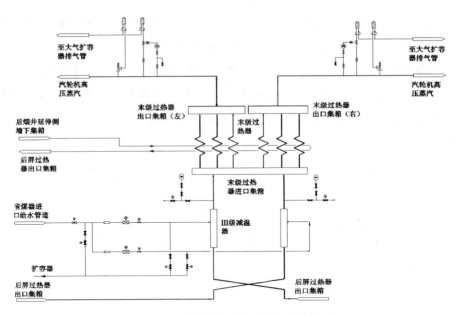

图 2 - 10　过热蒸汽(末级过热器)流程图

四、再热器

从汽轮机高压缸出口出来的蒸汽,经过再热器进一步加热后,待焓和温度达到额度值,再返回汽轮机中压缸。整个再热器系统按蒸汽流程依次分为两级,即低温再热器、高温再热器。低温再热器布置在后竖井前烟道内,高温再热器布置在水平烟道内。再热蒸汽流程图如图 2 - 11 所示。

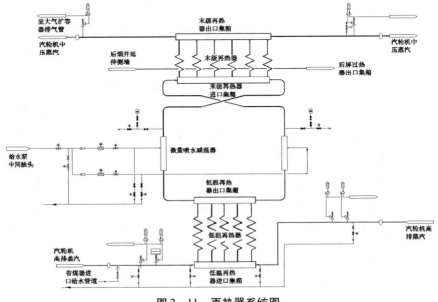

图 2 - 11　再热器系统图

第二节　锅炉启动系统

一、超超临界直流锅炉启动系统分类

启动系统能够确保锅炉在启动过程中和低负荷运行时,锅炉水冷壁管内工质流量维持在高于最小流量的水平,避免管子过热超温。

(1)完成机组启动时锅炉省煤器和水冷壁的冷态和热态循环清洗,清洗水通过大气扩容器和凝结水箱排入凝汽器或水处理系统。

(2)建立启动压力和启动流量,以确保水冷壁安全运行。

(3)尽可能回收启动过程中的工质和热量,提高机组运行的经济性。

(4)对蒸汽管道系统暖管。

(5)满足汽轮机启动过程需要的蒸汽流量、蒸汽压力和蒸汽温度。有的启动旁路系统还能用于汽轮机甩负荷保护、带厂用电运行或停机不停炉等。

按分离器正常运行时是否参与系统工作,直流锅炉的启动旁路系统可以分为外置式分离器启动系统和内置式分离器启动系统。

(一)外置式分离器启动系统

外置式启动分离器只在启动时和低负荷时投用,正常直流运行时切除,适用于定压运行机组。复合循环启动旁路系统如图 2－12 所示。启动时由电动给水泵向锅炉给水。系统设置有锅炉节流阀(BT)和节流旁路阀(BTB),其作用是把水冷壁的压力控制在规定范围内。启动过程为:锅炉点火后,随着水冷壁工质温度升高,BTB 阀开启;BTB 阀开启后,再开启 BE 阀控制水冷壁压力,此时BT 阀、BTB 阀关闭。分离器分离出来的蒸汽经送汽阀 SA 送至过热器(升温)和主汽管道(暖管),其疏水经汽机旁路阀(SD)送至冷凝器。分离器的蒸汽也可以经 DA 阀送至除氧器或经 AA 阀作辅助汽源。当分离器压力达到 6 MPa 时,用 SP 阀控制压力使其不变,用 WD 阀控制水位。锅炉节流阀(BT 阀、BTB 阀)前工质温度达到 415 ℃时,进入分离器的工质全部变成蒸汽,此时 WD 阀关闭。之后开始切除分离器,由 BT 阀、BTB 阀减压,蒸汽进入过热器。在低负荷时,将水冷壁出口工质打入混合球。水冷壁出口工质与从省煤器来的给水混合后再进入循环水泵的入口进行再循环。

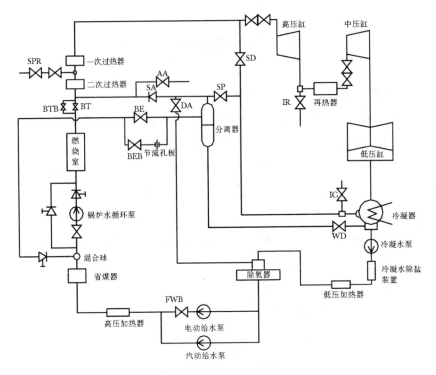

图 2-12　复合循环启动旁路系统

注：BT——锅炉节流阀；BTB——锅炉节流旁路阀；SA——锅炉启动送气阀；BE——锅炉启动抽气阀；BEB——锅炉启动抽气旁路阀；SP——分离器放气阀；DA——除氧器加热阀；WD——分离器流水阀；SD——汽机旁路阀；AA——辅助蒸汽阀；IS——过热器喷水调节阀；SPR——过热器喷水压力调节阀；IR——再热器喷水调节阀；IC——启动减温阀；FWB——给水调节阀。

该系统的缺点有：锅炉气温较难控制；水冷壁工质在启动阶段一直处于高压状态；操作复杂；不适宜快速启停；只能带基本负荷；正常运行时，分离器为冷态；停炉过程进行到一定时间需投入分离器时，会产生较大的热冲击。

（二）内置式分离器启动系统

内置式分离器启动系统是指在正常运行时，从水冷壁出来的微过热蒸汽经过分离器，进入过热器，此时分离器仅起连接通道的作用。分离器设置在蒸发段与过热段之间，没有任何隔绝门。在锅炉启动和低负荷运行时，分离器如同汽包一样，起分离汽水的作用。在锅炉高负荷运行时，分离器处于干态运行，起蒸汽通道的作用。其优点是操作简单，不需切除分离器，但分离器要承受锅炉全压，对强度和热应力要求较高。内置式分离器启动系统适用于变压运行锅炉。

内置式分离器启动系统大致可分为扩容器式（包括大气式、非大气式两种）、启动疏水热交换器式、再循环泵式（包括并联和串联两种）。

1. 带扩容器的启动系统

图 2-13 为 660 MW 超临界压力机组大气式扩容器启动系统,其主蒸汽流量（BMCR）为 2070 t/h,过热器蒸汽出口压力 25.4 MPa,过热器出口温度为 571 ℃,再热器温度为 569 ℃。

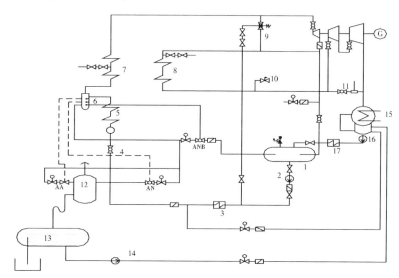

图 2-13 内置式分离器启动系统示意图

注:1——除氧器水箱;2——给水泵;3——高压加热器;4——给水调节阀;5——省煤器、水冷壁;6——启动分离器;7——过热器;8——再热器;9——高压旁路阀;10——再热器安全阀;11——低压旁路阀;12——大气扩容器;13——疏水箱;14——疏水泵;15——冷凝器;16——凝结水泵;17——低压加热器。

启动系统主要由除氧器、给水泵、高压加热器、启动分离器、大气式扩容器、疏水回收箱、疏水回收泵、凝汽器等组成。

高压旁路的容量为 100% BMCR,低压旁路的容量为 65% BMCR。没有过热器安全阀。再热器进、出口安全阀的容量为 100% BMCR。

（1）系统功能

该系统能保证各种启动工况（冷态、温态、热态）所要求的汽机冲转参数。由于采用 100% BMCR 容量的高压旁路和 65% BMCR 容量的低压旁路,再加上 100% BMCR 容量的再热器进、出口安全阀,该系统能满足处理各种事故工况的要求。该启动系统适用于带基本负荷,允许辅机故障带部分负荷和电网故障带厂用电运行。由于采用大气扩容器,如果经常频繁启停及长期在极低负荷下运行,将有较大的热损失和凝结水损失。

(2)启动系统中主要阀门的功能

①AA阀:冷态启动、温态启动过程中,当水质不合格时,可将进入启动分离器的疏水排至大气式疏水扩容器,控制启动分离器的水位使之不超过最高水位,以防止启动分离器满水以致水冲入过热器,危及过热器甚至汽轮机的安全。

②AN阀:冷态和温态启动时,辅助AA阀排放进入启动分离器的疏水。当AA阀关闭后,由AN阀和ANB阀共同排出启动分离器内的疏水,并控制启动分离器的水位。

③ANB阀:回收工质和热量。即使在冷态启动工况下,只要水质合格和满足ANB阀的开启条件,就可以将启动分离器中的疏水通过ANB阀引入除氧器水箱。ANB阀保持启动分离器的最低水位。需要特别说明的是,此系统安全可靠性及运行经济性不够高。压力很高的启动分离器与低压运行的除氧器仅用ANB阀和电动隔绝阀隔开,一旦出现误动作或阀门泄漏,会严重危及除氧器等设备的安全。可以在ANB阀关闭后,采取立即切断电动隔绝阀电源的方法,解决此问题。另外,此系统只能回收经ANB阀排出的疏水热,而无法回收通过AN阀和AA阀的疏水热,故工质热损失大也是其缺点之一。

2.带启动疏水热交换器的启动系统

图2-14为直流锅炉采用的带启动疏水热交换器的启动系统。启动过程中,汽水分离器的疏水通过启动疏水热交换器后分为两路:其中一路经ANB阀流入除氧器水箱;另一路经过并联的AN阀和AA阀流入冷凝器之前的疏水箱,而后进入冷凝器。启动疏水热交换器后,在省煤器和水冷壁中吸收了烟气热量的汽水分离器的疏水和锅炉给水进行热交换,减少了启动疏水热损失。主要阀门的功能如下:

(1)ANB阀:回收工质和热量。即使在冷态启动工况下,只要水质合格并满足阀门开启条件,就可以将汽水分离器的疏水通过ANB阀送入除氧器水箱。ANB阀同时保证汽水分离器具有最低水位。冷态启动时,同样也能在汽轮机的启动压力下,将疏水排至给水箱(在水质合格的条件下)。

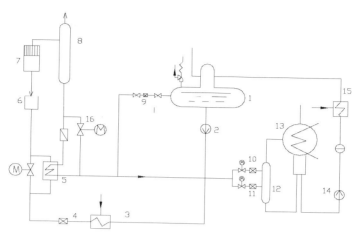

图 2 - 14　带启动疏水热交换器的启动系统

注:1——除氧器水箱;2——给水泵;3——高压加热器;4——给水调节阀;
5——启动疏水热交换器;6——省煤器;7——水冷壁;8——启动分离器;9——分
离器水位控制阀(ANB 阀);10——分离器水位阀(AN 阀);11——分离器疏水阀
(AA 阀);12——疏水箱;13——冷凝器;14——疏水泵;15——低压加热器;
16——旁路隔绝阀。

(2)ANB + AN 阀:在温态和热态启动时排放汽水分离器的疏水。如果水质
达不到规定值,疏水不能进入除氧器水箱,此时由 AN 阀单独将汽水分离器的疏
水排至冷凝器。

(3)AA 阀:主要在冷态启动(无压启动)和温态启动(水质不合格时)时,将
汽水分离器的疏水排至冷凝器。ANB 阀、AN 阀、AA 阀的开度均受汽水分离器
水位控制。

3.带再循环泵的低负荷启动系统

这是启动分离器的疏水经再循环泵送入给水管路的启动系统。按循环水
泵在系统中与给水泵的连接方式,低负荷启动系统分串联和并联两种类型。部
分给水经混合器进入循环泵的称为串联系统,给水不经循环泵的称为并联系
统。带再循环泵的两种布置方式见图 2 - 15。该系统适用于带中间负荷或两班
制运行,一般使用再循环泵与锅炉给水泵并联的方式。这样可以不必使用特殊
的混合器,当循环泵故障时无须首先采用隔绝水泵,也不致对给水系统造成危害。

其缺点是再循环泵充满饱和水,一旦压力降低,有汽化的危险。再循环泵
与锅炉给水泵的并联布置方式可用于变压运行的超临界机组启动系统,也可应
用于亚临界压力机组部分负荷或全负荷复合循环(又称低倍率直流锅炉)的启

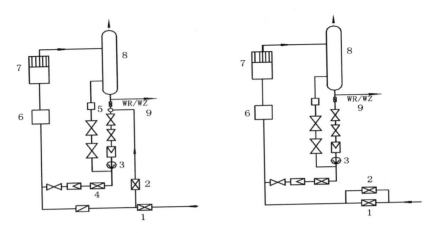

图 2-15　两种再循环泵启动系统的布置

注:1——给水调节阀;2——旁路给水调节阀;3——再循环泵;4——流量调节阀;5——混合器;6——省煤器;7——水冷壁;8——启动分离器;9——疏水和水位调节阀。

动系统。采用带再循环泵的启动系统,可减少启动工质和热量的损失。泵的参数选择及运行方式是采用该系统前应考虑的主要问题。

启动疏水热交换式和带再循环泵的启动系统可以在极低负荷下运行,频繁启动特性较好;而扩容式启动系统较差,但初期投资较前者少。

二、典型的锅炉启动系统

九江电厂的 660 MW 锅炉启动系统采用内置式启动分离器,启动循环系统由启动分离器、储水罐、储水罐水位控制阀(361 阀)等组成。其系统流程如图 2-16 所示。

在炉前沿宽度方向垂直布置两只汽水分离器,每个分离器筒身上方切向布置四个进口管接头、两个至炉顶过热器管接头和一个疏水管接头。在机组启动或锅炉负荷低于最低直流负荷 30% BMCR 时,工质在汽水分离器中经过汽水分离后,蒸汽进入顶棚过热器继续加热,疏水则通过两根疏水管道引至一个连接球体,再经连接球体下方的一根疏水管道进入大气式扩容器。在锅炉启动早期水质不合格时和汽水膨胀阶段,排水被引入扩容器中,汽化的蒸汽通过排汽管道通向炉顶上方排入大气;疏水则进入集水箱,疏水泵将合格的疏水送往冷凝器或循环水回水管。

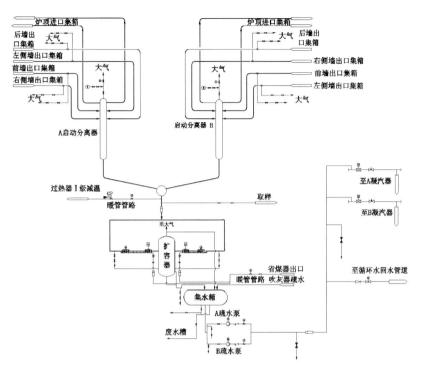

图 2 – 16　锅炉启动疏水系统

在启动系统管道上设有大气扩容式系统。在启动初期,水质不合格,同时为了防止启动初期汽水膨胀阶段启动分离器水位过高,饱和水进入过热器,在扩容器进口设置了两个高水位调节阀,可以将启动分离器中的大量疏水排入大气式扩容器。为保持启动系统处于热备用状态,启动系统还设有暖管管路。暖管水源取自省煤器出口,经启动系统管道、阀门后进入过热器Ⅰ级减温水管道,再随喷水进入过热器Ⅰ级减温器。暖管系统在启动结束后约有70%的负荷投入运行。

1. 启动分离器

启动分离器布置在炉前,垂直水冷壁混合集箱出口,采用旋风分离形式。经水冷壁加热以后的工质分别由连接管沿切向向下倾斜15°进入两分离器。分离出的水通过分离器下方的连接管进入储水罐,蒸汽则由分离器上方的连接管引入顶棚入口集箱。分离器下部的出水口设有阻水装置。启动分离器和储水罐端部均采用锥形封头结构,封头均开孔与连接管相连。启动分离器结构如图2 – 17 所示。

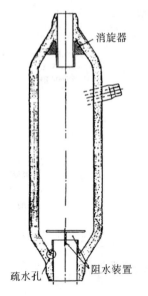

图2-17 启动分离器结构简图

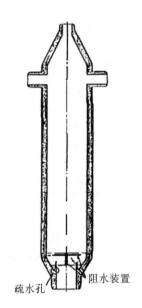

图2-18 储水罐结构简图

其作用是:组成循环回路,建立启动流量;实现汽水混合物的两相分离,使蒸汽进入过热器系统,水再回到水冷壁循环加热;在机组启动时形成固定蒸发点,方便运行控制;在直流运行工况下,作为中间点,便于控制过热汽的温度。

2. 储水罐

储水罐上设有高报警水位、361阀全开水位、正常水位(上水完成水位)、361阀全关水位及基准水位。储水罐水位控制阀(361阀)根据各水位不同的压差值来调节水位。储水罐中的水由储水罐下部的出口连接管引出,经过361阀,在锅炉清洗阶段和点火初始阶段排至系统外或循环到冷凝器中。储水罐结构如图2-18所示。

第三章 风 烟 系 统

第一节 风烟系统流程及设备结构

锅炉风烟系统是锅炉重要的辅助系统,其作用是连续不断地给锅炉提供燃烧所需的空气,并按燃烧的要求分配风量并将风量送到炉膛,在炉膛内为煤、油的燃烧提供充足的氧气,同时使燃烧生成的含尘烟气流经各受热面和烟气净化装置,最终由烟囱及时地排入大气中。

锅炉风烟系统通常是按照平衡通风设计的,即利用一次风机、送风机和引风机来克服气流在流通过程中的各种阻力。系统的平衡点发生在炉膛中,所有燃烧空气侧的系统部件设计为正压运行,烟气侧所有部件设计为负压运行。平衡通风方式使炉膛和风道的漏风量不会太大,保证锅炉较高的经济性,能防止炉内高温烟气外冒,对运行人员的安全和锅炉房的环境均有一定的好处。

以九江电厂为例,其锅炉风烟系统采用两台动叶可调轴流送风机和两台动叶可调轴流引风机平衡通风,空气预热器为三分仓容克式,采用径向密封自适应调整来降低漏风率。两台动叶可调轴流送风机和两台动叶可调轴流一次风机将冷空气送往两台三分仓容克式空气预热器,冷风在空气预热器中与锅炉尾部的烟气换热,被加热成热风。热二次风一部分送往喷燃器助燃,实现一级燃烧;一部分送往燃尽风喷口,保证燃料充分燃尽。热一次风送往磨煤机和冷一次风混合,实现煤粉的输送、干燥和分离。燃料在炉膛内燃烧产生的热量,在炉膛内主要以辐射传热的方式传递给炉膛水冷壁和屏式过热器,炉膛排出的热烟气依次通过高温过热器、高温再热器后进入对流竖井。在对流竖井内布置了低温过热器、低温再热器和省煤器。在上述受热面中,高温烟气主要以对流传热的方式将热量传递给工质,使得烟气的温度逐渐降低。由对流竖井引出的烟气分两路进入脱硝系统进行脱硝,脱硝后的烟气经空气预热器进行最后冷却,经一台脉冲布袋除尘器净化后通过两台引风机进入脱硫系统进行脱硫,脱硫后的烟气经烟囱排入大气中。其流程如图 3 - 1 所示。

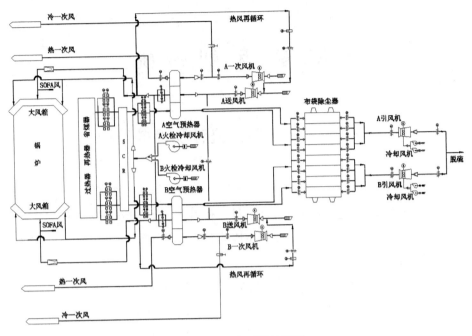

图 3-1　风烟系统流程图

一、送风机

九江电厂的动叶可调式轴流送风机为单级,卧式布置。风机叶片安装角可在静止状态或运行状态时用电动执行器通过一套液压调节装置进行调节。叶轮由一个整体式轴承箱支承。主轴承的油润滑由轴承箱内的油池和液压润滑联合油站提供。为了使风机的振动不传递至进气管路和排气管路,风机机壳两端设置了挠性连接件(围带),风机的进气箱进口和扩压器出口分别设置了进、排气膨胀节。电动机和风机用两个挠性联轴器和一个中间轴相连接。风机的旋转方向为顺气流方向(逆时针)。如图 3-2 所示,风机主要由进口烟道、进气室、机壳、导叶环、转子、主轴承箱、中间轴、联轴器及外壳与进、出口管路连接的膨胀节、油站、扩压器等部件组成。

二、引风机

工作时烟气进入风机进气室,经过前导叶的导向,在集流器中加速,因叶轮做功产生静压能和动压能;后导叶将烟气的螺旋运动转化为轴向运动,烟气随后进入扩压器。在扩压器中,烟气的大部分动能被转化为静压能。

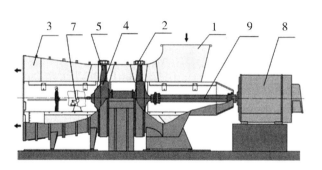

图 3 - 2 双级轴流送风机结构示意图

注：1——进气箱；2——叶轮机壳；3——扩散筒；4——轮毂组件；5——叶片；
6——轴承组；7——液压调节装置；8——电机；9——联轴器；10——液压、润滑
系统。

三、一次风机

一次风机的主要作用是将取自环境的一部分空气,送入空气预热器中加热。加热后的热一次风和另一部分未加热的冷一次风,经调节至合适的热一次风温后一起送入磨煤机,用于干燥和输送煤粉。

四、空气预热器

空气预热器利用锅炉尾部烟气的热量来加热燃烧所需要的空气及制粉所需要的空气。它工作在烟气温度较低的区域,吸收了烟气热量,降低了排烟温度,因而提高了锅炉效率。同时燃烧空气温度的提高,有利于提高燃料燃烧的效率,减少不完全燃烧带来的损失。

九江电厂每台锅炉配备两台容克式空气预热器。该空气预热器是一种以逆流方式运行的再生式热交换器,加工成特殊波纹的金属蓄热元件被紧密地放置在扇形的转子隔仓内,其左、右两部分分别为烟气通道和空气通道。空气侧又分为一次风通道和二次风通道。当烟气流经转子时,烟气将热量释放给蓄热元件,烟气温度降低;当蓄热元件旋转到空气侧时,又将热量释放给空气,空气温度升高。如此周而复始地循环,实现烟气与空气的热交换。

空气预热器采用径向—轴向、径向—旁路双密封系统,密封片采用柔性密封。机组启动前、停运后尽量减少空气预热器的运行,可避免柔性密封片产生不必要的磨损。双密封系统就是每块固定式扇形板在转子转动的任何时候至少有两块径向—轴向密封片与它和轴向密封装置相配合,形成两道密封,这样可以使密封处的压差减少一半,从而降低漏风率。

空气预热器采用下轴中心驱动方式,电驱动装置配主、辅驱动电机。主、辅驱动电机启动时为变频启动,启动正常后自动切换为工频运行。

三分仓容克式空气预热器的工作原理同上,其立体图和结构图如图 3 - 3 所示。

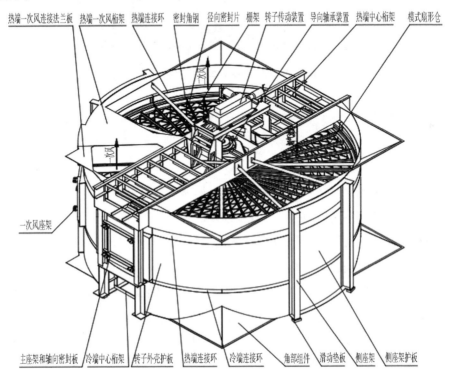

热端一次风连接法兰板 热端一次风桁架 热端连接环 密封角钢 径向密封片 栅架 转子传动装置 导向轴承装置 热端中心桁架 模式扇形仓

一次风座架

主座架和轴向密封板 冷端中心桁架 转子外壳护板 热端连接环 冷端连接环 角部组件 滑动垫板 侧座架 侧座架护板

图 3 - 3 回转式空气预热器结构图

第二节 风烟系统的运行

空气预热器(以下简称空预器)在正常运行时传动装置应运转平稳,无异常声音,无异常发热,油位正常,电机电流不超限,并无明显的晃动。正常运行时,也应经常检查进、出口烟气温度和烟风侧压差变化。定期检查空预器减速箱的油位,平时应注意检查减速箱外部是否漏油。如有明显泄漏,则应立即检查油位。定期检查导向以及支承轴承润滑油系统的油位、油温、油压,确保正常,还应确保减速箱油位正常,各处不漏油、不漏水。正常运行中导向轴承油温低于 60 ℃,支承轴承油温低于 50 ℃。当油温超过该值时,检查轴承润滑油系统,调整冷却水量,及时查明原因。运行中如发现润滑油系统的油压上升,应检查滤网是否堵塞。如有堵塞,则应更换滤网,通知检修人员及时清洗。

在锅炉投油燃烧、投运等离子点火器或负荷低于 200 MW 的情况下,应连续投运空预器吹灰器。正常运行时,每班定期进行空预器吹灰。遇到空预器进出口压差增大、受热面泄漏、锅炉低负荷(但不低于 200 MW)运行的情况时,应及时进行空预器吹灰或增加吹灰次数。

空预器正常运行时,应检查漏风控制系统是否运行正常(控制面板显示是否正常;各扇形板是否处于自动状态;跟踪是否正常;记录位置数据并对照分析有无跳变等异常;检查驱动装置减速机及机械千斤顶中润滑油油位是否正常;系统有无报警)。空预器正常运行时,还应检查红外热点探测系统是否运行正常(控制面板显示是否正常;系统有无报警;冷却水、吹扫空气是否正常)。

引风机正常运行时,两台风机应尽可能保持出力平衡,以防止风机发生喘振。监视风机确保其运转平稳,轴承振动和温度不超限,无异常声音。风机电流、风压和风量参数正常。动叶调节装置正常,执行机构动作无卡涩和滑脱现象。定期对引风机电机润滑油站进行全面检查,确保油箱油位正常,油质合格,系统无漏油和渗油现象。正常运行中,保持一台油泵运行,另一台备用。供油压力应不低于 4.2 MPa。滤网前后压差无报警,否则应及时更换并清洗滤网。油箱油温应控制在 20 ℃ 和 30 ℃ 之间。严禁风机在喘振区运行。单侧引风机运行时,运行风机电流不得超限,并避免出现因出力过大而引起气流强烈扰动、失速、振动等工况。正常情况下,应保持引风机的冷却风机一台运行,另一台备用。

送风机正常运行时,两台风机应尽可能保持出力平衡,以防止风机发生喘振。监视风机确保其运转平稳,轴承振动和温度不超限,无异常声音。风机电流、风压和风量参数正常。动叶调节装置正常,执行机构动作无卡涩现象。定期对送风机液压油站进行全面检查,确保油箱油位正常,油质合格,系统无漏油和渗油现象。正常运行中,保持一台油泵运行,另一台备用。液压油压应大于 1.3 MPa。滤网前后压差无报警,否则应及时更换并清洗滤网。油箱油温应控制在 20 ℃ 和 30 ℃ 之间。定期检查送风机轴承油位,确保正常。油质应合格,无漏油和渗油现象。严禁风机在喘振区运行。单侧送风机运行时,运行风机电流不得超限,并避免出现因出力过大而引起气流强烈扰动、失速、振动等工况。

环境温度较低时,应开启送风机热风再循环风门。

一次风机正常运行时,两台一次风机应尽可能保持出力平衡,以防止风机发生喘振;两台一次风机并列运行时,至少保留三台磨煤机的一次风通道,防止一次风通道不足导致风机失速。监视风机确保其运转平稳,轴承振动和温度不超限,无异常声音。风机电流、风压和风量参数正常。动叶调节装置正常,执行机构动作无卡涩现象。定期对一次风机进行全面检查,确保油箱油位正常,油质合格,系统无漏油和渗油现象。正常运行时,保持一台油泵运行,另一台备用。液压油供油压力大于2.8 MPa,滤网前后压差无报警,否则应及时更换并清洗滤网。油箱油温应保持在20 ℃和30 ℃之间。使用冷油器旁路必须严格遵照"先通后断"的原则,严防断油。严禁风机在喘振区运行。单侧一次风机运行时,运行风机电流不得超限,避免出现因出力过大而引起气流强烈扰动、失速、振动等工况。

一、风烟系统的运行

1. 空预器启动前的准备工作

(1)按照辅机运行通则进行启动前检查;检查减速箱,确保油位正常,油质合格。

(2)检查空气马达储气罐压力是否正常;启动空预器减速箱油泵,确定油泵转向正确,无异常声音,油泵出口压力为0.5 bar ~ 8 bar;投运空预器导向和支承轴承润滑油系统(检查导向和支承轴承油位、油温,确保油位、油温正常,油质合格);投入油站滤网。

(3)检查润滑油系统各阀门,确保位置正确,冷却水投入且畅通;启动空预器导向和支承轴承油泵,确定油泵转向正确,无异常声音,油泵出口压力正常,可停运备用;检查空预器水冲洗系统、消防水系统,使其处于备用状态。

(4)检查空预器漏风控制系统(确保空预器漏风控制系统设备完好可投运,就地控制箱正常,控制箱各开关在中停位置,箱门关闭;送上仪用压缩空气气源;送上空预器漏风控制系统电源,确保触摸屏指示面板正常;进入系统主界面,确保电源指示正常,转子转速为0,各扇形板在停止状态完全回复位置;核对就地刻度盘、就地控制箱、主控制箱各位置指示是否一致)。

(5)投运空预器热点探测系统(确保空预器红外热点探测系统装置机构完好,送上电源、气源,投入冷却水,探头在存放位置;合上驱动控制箱内的空气开

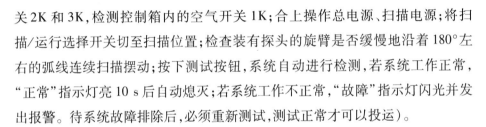

关 2K 和 3K,检测控制箱内的空气开关 1K;合上操作总电源、扫描电源;将扫描/运行选择开关切至扫描位置;检查装有探头的旋臂是否缓慢地沿着 180°左右的弧线连续扫描摆动;按下测试按钮,系统自动进行检测,若系统工作正常,"正常"指示灯亮 10 s 后自动熄灭;若系统工作不正常,"故障"指示灯闪光并发出报警。待系统故障排除后,必须重新测试,测试正常才可以投运)。

2.空预器的启动

(1)检查确定空预器符合启动条件;启动空气马达,检查转向,确保转向正确,无异常声音。

(2)空气马达运行 3 min 后启动辅电机,检查空预器转向,确保转向正确,无异常声音。正常情况下,30 s 后空气马达自动停运。

(3)电气部分检修后,应特别注意旋转方向。若方向相反,应立即停止运行,防止密封片损坏。

(4)辅助电机正常运行 2 min 后,启动空预器主电机。延时 10 s 后,辅助电机自动停运。检查空预器,确保空预器转向正确,无异常声音,电流正常,无明显晃动。空预器运行正常后,复归转子停转报警。依次开启空预器出口一、二次风风门,空预器进口烟气挡板,投入电机、马达联锁。

3.空预器停运

(1)锅炉停运后,空预器应维持运行。空预器进口烟温低于 205 ℃时,允许停止空预器运行。若无特殊要求,可待进口烟温低于 150 ℃时再停运。

(2)空预器漏风控制系统已停运后,依次关闭空预器进口烟气挡板,空预器一、二次风出口挡板,空预器停止运行。

(3)让空预器辅电机试转一次,检查辅电机的运行情况。若无检修工作,可保持减速箱润滑油泵运行。

(4)若空预器停运时间较长,可以停运轴承润滑油系统。若无检修工作,应保持空预器热点探测系统运行。

4.引风机启动前的检查

(1)按照辅机运行通则进行启动前检查;投运引风机的一台冷却风机,运行正常后,投入另一台冷却风机备用联锁。

(2)投运引风机电机润滑油站,确保油箱油位正常,油质合格;油站滤网清洁,并将滤网切至工作位置;油管路各阀门完好,位置正确,冷油器完好,冷却水畅通,投入所有仪表,限压阀已设定好,各热控仪表、开关一次阀均已开启。

（3）检查油箱加热器是否已送电并投入自动；检查油泵和电动机是否完好并已送电；启动一台润滑油泵，检查油泵运转是否正常；检查润滑油油压是否稳定、正常，并投入油泵联锁；检查油箱油温是否为 35 ℃~45 ℃；各回油观察腔油流正常，油系统无泄漏现象；检查 LCD 画面上和就地执行机构显示的引风机动叶开度是否一致，且为全关位置。

5. 第一台引风机启动

检查第一台引风机启动条件；启动引风机，待电流返回后，检查引风机进口挡板是否自动打开；缓慢开启引风机动叶，注意炉膛负压是否正常，并投入自动；关闭另一台停运引风机的动叶和进口挡板；注意检查引风机各参数是否正常。

6. 第二台引风机启动

检查一组引风机、送风机运行是否正常，第二台引风机是否具备启动条件；启动第二台引风机，待电流返回后，检查引风机进口挡板是否自动打开；第二台引风机启动后，缓慢调节两台引风机动叶，保持炉膛负压稳定，使两台引风机出力平衡，并投入动叶自动。调节时应避免引风机进入喘振区，注意检查引风机各参数是否正常。

7. 并列运行的引风机一台停运

（1）锅炉负荷已减至 50% 或以下；应考虑同侧引风机、送风机联跳逻辑。必要时，停运本侧送风机。

（2）保持炉膛负压和总风量稳定，逐步交替开大运行中的引风机动叶、关小准备停运的引风机动叶，并且注意不得进入喘振区，直至准备停运的引风机动叶全关。

（3）停止引风机运行，引风机进、出口挡板自动关闭；引风机停运 2 h 后且引风机轴承温度低于 70 ℃时，可停运冷却风机。

（4）停运后待电机轴承温度稳定在 50 ℃以下，方可停运电机润滑油泵。若引风机反转，则电机润滑油泵不得停运，并采取防止反转的制动措施。

8. 单一引风机停运

（1）锅炉已熄火，吹扫结束，送风机全部停运；将待停运的引风机动叶切为手动调节，逐渐关小动叶，直至动叶关闭；停止引风机运行，引风机进、出口挡板自动关闭。

（2）引风机停运2 h后且引风机轴承温度低于70 ℃时,可停运冷却风机;停运后待电机轴承温度稳定在50 ℃以下,方可停运电机润滑油泵。若引风机反转,则电机润滑油泵不得停运,或采取防止反转的制动措施。一般情况下,最后一组引风机、送风机同时停运。

9.送风机启动前的检查

（1）按照辅机运行通则进行启动前检查;送风机电机轴承加油应正常;投运送风机液压油站,油箱油位应正常,油质应合格;油站滤网应清洁,并切至工作位置;油管路各阀门应完好,位置正确。

（2）确保冷油器完好,冷却水畅通,所有仪表已投入,限压阀已设定好,各热控仪表、开关一次阀均已开启。

（3）检查油箱加热器,确保其已送电并投入自动;油泵和电动机应完好,并已送电;启动一台液压油泵,检查运转是否正常。

（4）确保液压油压稳定、正常,并投入油泵联锁;油箱油温应为20 ℃ ~30 ℃;各回油观察腔油流应正常,油系统无泄漏现象;送风机轴承油位应正常,油质应合格。

（5）检查LCD画面上和就地执行机构显示的送风机动叶开度是否一致,且在全关位置。

10.第一台送风机启动

检查第一台送风机启动条件;启动送风机,待电流返回后,检查送风机出口风门是否自动打开;缓慢开启送风机动叶,调节二次风母管压力,注意炉膛压力是否稳定,根据需要投入自动;关闭另一台停运送风机的动叶和出口风门;注意检查送风机各参数是否正常。

11.第二台送风机启动

检查第二台送风机并确保其具备启动条件;启动送风机,待电流返回后,检查送风机出口风门是否自动打开;第二台送风机启动后,注意炉膛压力和锅炉总风量是否平稳;缓慢调节两台送风机的动叶,使两台送风机出力平衡,根据需要投入动叶自动;调节时应避免送风机进入喘振区;注意检查送风机各参数是否正常。

12. 并列运行的送风机一台停运

确保锅炉负荷已减至 50% 或以下；应考虑同侧引风机、送风机联跳逻辑。必要时，停运本侧引风机。保持炉膛负压和总风量稳定，逐步交替关小准备停运的送风机的动叶、开大运行送风机的动叶，并且注意不得进入喘振区，直至准备停运的送风机动叶全关。停止送风机运行，送风机出口风门自动关闭。

13. 单一送风机停运

锅炉已熄火，吹扫结束，一台引风机已停运；逐渐关小送风机动叶，注意炉膛负压调节是否正常，直至送风机动叶全关；停止送风机运行，送风机出口风门自动关闭。一般情况下，最后一组引风机、送风机同时停运。

14. 一次风机启动前的准备工作

按照辅机运行通则进行启动前检查；检查一次风机电机轴承加油是否正常。

投运一次风机液压润滑油站，油箱油位应正常，油质应合格；油站滤网应清洁，并切至工作位置；油管路各阀门应完好，位置正确，冷却水畅通，所有仪表已投入，限压阀已设定好，各热控仪表、开关一次阀均已开启。

检查各油泵及电动机是否完好并已送电；启动液压油泵，检查运转是否正常；检查供油和回油情况是否正常，并投入油泵联锁；油箱油温控制在 20 ℃ ~ 30 ℃。

检查 LCD 画面上和就地动叶执行机构的开度显示是否一致，且开度为 0；一次风机出口手动隔离门全开。

15. 第一台一次风机启动

检查第一台一次风机的启动条件；一般至少有一台磨煤机满足通风条件；启动一次风机，待电流返回后，检查一次风机出口风门是否自动打开；缓慢开启一次风机动叶，调节一次风母管压力，注意其对炉膛压力和总风量的影响，根据需要投入动叶自动；关闭另一台停运的一次风机的动叶和出口风门；注意检查一次风机各参数是否正常。

16. 第二台一次风机启动

检查第二台一次风机确保其具备启动条件；启动一次风机，待电流返回后，检查一次风机出口风门是否自动打开；第二台一次风机启动后，一次风母管风压应平稳；缓慢调节两台一次风机的动叶，使两台一次风机出力平衡，根据需要

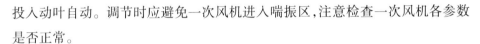

投入动叶自动。调节时应避免一次风机进入喘振区,注意检查一次风机各参数是否正常。

17.并列运行的一次风机一台停运

确保锅炉负荷已减至50%或以下;保持一次风母管压力稳定,逐步交替开大运行中的一次风机的动叶、关小准备停运的一次风机的动叶,并且风机不得进入喘振区,直至准备停运的一次风机的动叶全关;停止一次风机运行,一次风机出口风门自动关闭;停运后待轴承温度稳定在50 ℃以下,方可停运润滑油泵。若一次风机反转,则润滑油泵不得停运,并采取防止反转的制动措施。

18.单一一次风机停运

磨煤机已全部停运,密封风机已停运;逐渐关小一次风机的动叶,直至关闭;一次风机停止运行,一次风机出口风门自动关闭;停运后待轴承温度稳定在50 ℃以下,方可停运润滑油泵。若一次风机反转,则润滑油泵不得停运,并采取防止反转的制动措施。

二、事故处理

1.空预器跳闸

现象:空预器主电机跳闸,声光报警;空预器主电机电流为零;空预器辅电机或空气马达自启动;排烟温度不正常。

原因:漏风控制系统故障,密封过紧或转子变形、卡涩;电机过载或传动装置故障;导向或支承轴承损坏;液力偶合器漏油或油位过低;电气故障。

处理方法:(1)单台空预器跳闸,联跳同侧引风机、送风机,RB 动作,上层磨煤机跳闸,负荷减至330 MW;检查辅电机是否自启动,若辅电机自启动失败则应使用空气马达盘动空预器,检查漏风控制系统是否自动将扇形板完全复位。(2)关闭故障侧空预器进口烟气挡板,一、二次风出口挡板。注意排烟温度的变化,防止二次燃烧的发生。(3)转子停转后,若热膨胀导致密封片卡涩,则不允许用电机连续转动转子,而应按照下列步骤操作:

①辅电机启动5 s,停止15 s,重复这一过程几分钟,使转子各处膨胀均匀。

②若上述方法无效,则应切断主电机和辅电机的电源,联系盘车,慢慢将转子转动两圈。为了防止电机和减速箱损坏,盘车时只允许一人操作盘车手柄。

③一旦转子自由转动,立即启动空预器使其运行,同时投入空预器吹灰,直至传热面上无沉积物为止。若锅炉运行中无法处理,申请故障停炉处理,联系

检修人员处理。

2. 空预器 LCS 故障

现象:空预器漏风控制系统控制面板报警;扇形板自动提升至完全回复位置。

原因:电源故障;电机故障;传动或探测机构故障,扇形板下弯超限;PLC故障。

处理方法:(1)若电源故障,应自动启用备用电源;若两电源均故障,人工摇动千斤顶手柄把扇形板提升到完全回复位置。(2)若电机故障,人工摇动千斤顶手柄把扇形板提升到完全回复位置。(3)若扇形板下弯超限报警,立即切至手动控制,将扇形板完全回复,检查仪用压缩空气是否正常,通知检修人员处理。(4)若 PLC 故障,操作就地箱内回复按钮,使扇形板提升到完全回复位置,通知检修人员处理。

3. 风机振动大

现象:风机振动增大;风机出力可能降低;轴承温度高,可能报警。

原因:地脚螺栓、中分面螺栓或基础损坏;联轴器松动或轴中心偏差大;叶片磨损或损坏;叶片间或叶片与外壳碰触摩擦;轴承损坏;轴承油质恶化;轴流式风机喘振或失速。

处理方法:(1)根据风机振动情况,加强对风机的监视和检查;(2)尽快查出振源,若风机振动增大,应适当降低该风机出力,并通知检修人员检查;(3)若振动是由风机喘振或失速引起的,按风机喘振或失速处理;(4)若风机振动超过跳闸值,风机应跳闸,否则立即手动停运该风机,按风机跳闸处理。

4. 风机轴承温度高

现象:风机轴承温度高并报警;轴承温度高。

原因:轴承损坏;轴承振动大;轴承油位太低或太高;润滑油系统供油压力低,润滑油不足,润滑油泵故障或冷却水中断;轴承润滑油油质恶化;引风机的冷却风机跳闸。

处理方法:(1)严密监视轴承温度的变化,就地加强对润滑油系统和轴承的检查,尽快查明原因。(2)若轴承温度升高并报警,应适当降低该风机出力,加强检查,做好事故预案。若是油位过低,检查系统有无漏油,并及时加油。若发现滤网前后压差过大,引起供油压力和润滑油量不足,应及时更换滤网。若供油温度过高,应检查冷油器是否正常投入,冷却水是否畅通,油箱加热器自动投撤功能是否正常。若因油泵故障导致供油压力低,应及时切换油泵,或保持两台油泵运行。查明油泵出力低的原因,及时处理。(3)检查轴承油质是否良好,油质不好时,联系检修人员换油。对于用冷却水冷却的轴承,应检查冷却水是否畅通。若风机振动大引起轴承温度高,应查明原因,消除振动。轴承温度上升到跳闸值时,风机将会跳闸,否则应紧急停运风机。引风机的冷却风机跳闸时,应尽快使冷却风机恢复运行。

5. 风机喘振

现象:风机喘振并报警;风机振动,噪音增大;风机出口压力、风机电流大幅波动。

原因:风机动叶开度过大;两台风机并列运行时,负荷分配不均;风机出口风门或挡板脱落。

处理方法:(1)严禁风机在喘振区运行,若风机发生喘振现象时,应立即关小动叶,禁止开大动叶。检查风机出口风门或挡板是否已经开足。降低风机出力时,调整燃烧,保持炉膛负压稳定。(2)当喘振消失后,风机运行正常,才允许重新增加动叶开度,恢复风机出力,尽量避免在喘振区运行。

6. 风机失速

现象:风机失速并报警;风机振动,噪音增大;风机风量、出口压力降低,电流大幅增加。

原因:风机动叶开度突变;通过风机的风量突变;风机动叶开度不一致。

处理方法:将失速风机动叶切至手动,降低开度使其与风量对应。调整并列运行的风机出力,使风机出力均衡。调整过程中注意参数调整对锅炉整体运行的影响,防止风压剧烈波动。因动叶开度不一致引起的失速,应安排风机停运和检修。

7. 送风机、引风机跳闸

现象:送风机、引风机跳闸并声光报警,电流为0;若符合 RB 动作条件,则RB 动作,联跳上层磨煤机;机组负荷、汽压、汽温下降。

原因:风机热工保护动作;风机电机保护动作;就地事故按钮停运。

处理方法:检查 RB 动作是否正常,同侧引风机、送风机和上层磨煤机联跳是否正确。将炉膛负压维持在正常范围内,运行侧引风机、送风机参数不超限。

若 RB 未动作或动作不正确,应立即复归 RB,手动减负荷至 420 MW,煤水比控制在正常范围内。调整主、再热蒸汽温度,防止汽温大幅下降。检查风机跳闸的原因,联系检修人员处理。

8. 一次风机跳闸

现象:一次风机跳闸并声光报警,电流为0;若符合 RB 动作条件,则 RB 动作,联跳上层磨煤机;机组负荷、汽压、汽温下降。

原因:风机热工保护动作;风机电机保护动作;就地事故按钮停运。

处理方法:(1)检查 RB 动作是否正常,上层磨煤机联跳是否正确。监视炉膛负压确保其在正常范围内,运行侧一次风机参数不超限。(2)若 RB 未动作或动作不正确,应立即复归 RB,手动减负荷至 320 MW,煤水比控制在正常范围内。

(1)调整主、再热蒸汽温度,防止汽温大幅下降。注意检查跳闸侧的空预器温度是否在允许的范围内。检查风机跳闸的原因,联系检修人员处理。

第四章 燃 烧 系 统

燃烧器是锅炉燃烧系统的主要设备,其作用是根据燃料的燃烧特性,合理组织空气和燃料的混合,保证燃料快速、稳定着火,高效燃烧。炉内燃料燃烧的好坏与燃烧过程的组织具有重要的关系,而燃烧过程的组织是指一次风中煤粉浓度或风煤比的控制,一次风与二次风间的配合,一、二次风风量分配比例,一、二次风混合时机及混合强烈程度的控制等。从功能来看,燃烧器的作用是保证入炉煤粉具有良好的着火性能、高的燃烧效率、良好的低氮氧化物特性,有效地防止结渣等。

大型电站的煤粉锅炉中,燃烧过程的组织十分复杂,要求燃烧器根据燃料的燃烧特性分批、分次送入空气,以确保燃料快速、稳定着火和高效燃烧。按送入锅炉中空气的不同作用,通常将入炉空气分成三种:一次风、二次风、三次风。输送这些空气的燃烧器喷嘴分别称为一次风喷嘴、二次风喷嘴、三次风喷嘴。其中:一次风实际上是煤粉与空气的混合物,它是煤粉的输送介质,为煤粉着火和在燃烧初期提供燃烧所需的氧气,因而在整个燃烧过程中起决定性的作用。二次风是在煤粉着火后送入的空气,其主要作用一是为煤粉焦炭粒子的后期燃烧提供氧气,二是加强焦炭粒子与空气间的扰动与混合,以促进后期燃烧,提高燃烧效率。三次风通常是采用热风送粉时制粉系统排出的乏气,其中含有少量的细煤粉,因此,三次风的设计初衷是为了烧掉乏气中细粉分离器难以分离的那部分细煤粉。

第一节 煤粉燃烧器

在电站煤粉炉中,要取得良好的着火和燃烧效果,除了要求有设计合理的炉膛结构和性能优异的燃烧器,燃烧器与炉膛间的合理匹配也是非常重要的。目前,国内外大型电站的煤粉锅炉炉膛和燃烧器的典型匹配关系如下:

切圆燃烧炉膛。这种炉膛通常匹配直流燃烧器。此时,炉内的空气动力特性不仅取决于每只燃烧器的气动特性,还与邻角气流的冲刷、切圆的大小及燃烧器的投运方式有关。

"W"形火焰燃烧炉膛。燃烧器可采用旋流燃烧器、直流燃烧器或同时采用旋流燃烧器和直流燃烧器。此时,炉内的总体气动特性取决于燃烧器的气动特性和燃烧器的投运方式。

燃烧器的种类有很多,按着火稳燃机理来分,可分成烟气回流型燃烧器和煤粉浓淡燃烧器两大类;按燃烧器出口气流的特性,可分成直流燃烧器和旋流燃烧器两大类。

一、直流燃烧器

直流燃烧器一般布置在炉膛四角。煤粉气流在射出喷口时是直流射流,四股气流到达炉膛中心部位时,将以切圆形式汇合,形成旋转燃烧的火焰,同时在炉膛内形成一个自下而上的旋涡状气流。

四角布置直流燃烧器的具体工作过程包括煤粉气流卷吸高温烟气而被加热的过程、射流两侧的补气和压力平衡过程、煤粉气流的着火过程、煤粉和二次风的混合过程、气流的切圆旋转过程、焦炭的燃尽过程。上述几个过程虽然有先后顺序或某几个过程同时进行,但各过程之间的相互影响是十分显著的。

直流射流的"卷吸"。从燃烧器喷口射出的气流仍然保持着高速流动。气流的紊流扩散,带动周围的热烟气一道向前流动,这种现象叫"卷吸"。由于"卷吸",射流不断扩大,不断向四周扩张。同时,主气流的速度由于衰减而不断减慢。正是射流的这种"卷吸"作用,将高温烟气的热量源源不断地运输给进入炉内的煤粉气流,煤粉气流才得到不断加热而升温。煤粉气流吸收足够的热量并达到着火温度后,便首先从气流的外边缘开始着火,然后火焰迅速向气流深层传播,最终达到稳定着火状态。

在切圆燃烧炉中,四股气流具有"自点燃"作用,即煤粉气流向火的一侧受到上游邻角的高温火焰的直接撞击而被点燃。这是煤粉气流着火的主要条件。背火的一侧也会卷吸炉墙附近的热烟气,但获得的热量较少。此外,一次风与二次风之间也进行着少量的过早混合,但这种混合对着火的影响不大。

煤粉气流着火的热源部分来自炉内高温火焰的辐射加热,主要热源来自卷吸加热,占总着火热源的 $60\% \sim 70\%$。

当煤粉气流没有足够的着火热源时,虽然局部的煤粉通过加热也可以达到着火温度,并在瞬间着火,但这种着火不能稳定进行,即着火后还容易熄灭。这极易引起爆燃,因而是一种十分危险的着火工况。

煤粉气流正常燃烧时,一般在距离喷口 0.5 m ~ 1.0 m 处开始着火。在离喷口 1 m 和 2 m 之间,煤粉中的大部分挥发分析出并烧完。此后是焦炭和剩余挥发分的燃烧,这需要延续 10 m ~ 20 m 甚至更长的距离。当燃料到达炉膛出口处时,燃料中98%以上的可燃物可以完全燃尽。

二、典型的电厂锅炉煤粉燃烧器

九江电厂采用 24 只直吹式水平浓淡分离燃烧器,分 6 层布置于炉膛下部四角,煤粉和空气从四角送入,在炉膛中呈切圆方式燃烧。燃烧器的上部设有 SOFA 风,以降低炉内氮氧化物的生成量。主燃烧器喷嘴由四组内外传动机构传动,每组分别带动一到两组煤粉喷嘴及其邻近的二次风喷嘴。这四组传动机构由外部垂直连杆连成一个摆动系统,由一台角行程电动执行器统一操控做同步摆动。二次风喷嘴的摆动范围可达30°,煤粉喷嘴的摆动范围为 ±20°。

一次风由一次风机提供。一次风管(除 A、D 层外)均布置自然冷却风门,作用是磨煤机停运后对对应燃烧器进行冷却。自然冷却风门开关信号接入磨煤机启停逻辑。燃烧器示意图如图 4 - 1 所示。

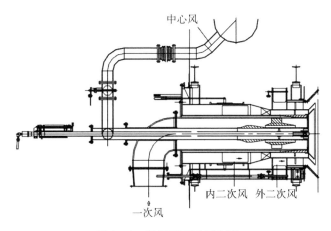

图 4 - 1 燃烧器配风示意图

二次风、三次风、燃尽风、贴壁风均由送风机提供,经过空预器加热后,通过风道分别进入锅炉前、后墙,自上而下分别进入上层燃尽风风箱、燃尽风风箱、上层燃烧器风箱、中层燃烧器风箱、下层燃烧器风箱。通过燃烧器各挡板后为每个燃烧器提供二次风和三次风。

燃尽风风口包含两股独立的气流:中央部位为非旋转的气流,它直接进入炉膛中心;外圈气流是旋转气流,用于和靠近炉膛水冷壁的上升烟气进行混合。上层燃尽风为直流风。靠近出口通流面加装了导流板,导流板通过外部拉杆调节。贴壁风的主要作用是减少水冷壁侧墙的高温腐蚀。

燃烧器区域设有风箱,风箱被分隔成多层风室,每层燃烧器有一个风室。风箱对称布置于前、后墙,设计入口风速较低,风箱内风量的分配取决于燃烧器自身结构特点及其风门开度,保证燃烧器在相同状态下自然得到相同风量,有利于燃烧器配风均匀。

燃烧器每层风室的入口处均设有风门挡板,所有风门挡板均配有执行器,可程控调节。执行器上配有位置反馈装置,且具有故障自锁保位功能。

三、等离子点火器

等离子点火燃烧器是借助等离子发生器的电弧来点燃煤粉的煤粉燃烧器,如图4-2所示。与以往的煤粉燃烧器相比,等离子点火燃烧器在煤粉进入燃烧器的初始阶段就用等离子弧将煤粉点燃,并将火焰在燃烧器内逐级放大,属内燃型燃烧器,可以在炉膛内无火焰状态下直接点燃煤粉,从而实现锅炉的无油启动和无油低负荷稳燃。

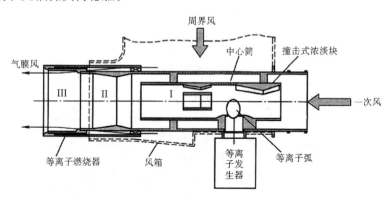

图4-2 等离子点火燃烧器结构和原理示意图

等离子发生器主要由线圈、阴极和阳极组成,如图4-3所示。其中,阴极材料采用高电导率的金属材料或非金属材料制成。阳极材料由高电导率、高热导率和抗氧化的金属材料制成。它们均采用水冷方式,以承受电弧高温冲击;线圈在250℃的情况下具有抗2000 V直流电压击穿的能力;电源采用全波整流,并具有恒流性能。其拉弧原理为首先设定输出电流,当阴极前进并同阳极接触后,整个系统具有抗短路的能力且电流恒定不变;当阴极缓缓离开阳极时,电弧在线圈磁力的作用下拉出喷管外部。具有一定压力的空气(压缩空气)在电弧的作用下,被电离为高温等离子体,其能量密度高达 105 W/cm^2 ～ 106 W/cm^2,为点燃不同的煤种创造了良好的条件。

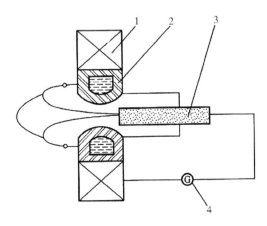

图 4 - 3 等离子发生器组成示意图

注:1——线圈;2——阳极;3——阴极;4——电源。

四、典型的电厂等离子点火系统

九江电厂在 A 层燃烧器中心风位置布置了 4 只等离子点火燃烧器。等离子点火设备由等离子发生器、等离子燃烧器、电源柜、隔离变压器等组成,辅助系统由载体空气系统、冷却水系统、图像火检系统、热控系统、冷炉制粉系统、一次风在线监测系统、等离子燃烧器壁温监测系统等组成,等离子冷却水系统、等离子冷却风系统如图 4 - 4、4 - 5 所示。等离子点火器载体空气的气源为仪用压缩空气,拉弧前需检查载体风的压力。图像火检系统的冷却风取自等离子火检冷却风机。锅炉停炉后,省煤器出口的烟温低于 120 ℃时,方可停运等离子火检冷却风机。

五、燃油系统

火力发电厂配置燃油系统的主要作用是大型燃煤锅炉在启停和非正常运行的过程中,用来点燃着火点相对较高的煤。在低负荷或燃用劣质煤时会造成锅炉燃烧不稳,从而直接影响整个机组的稳定运行,这时也会利用燃油来助燃,使锅炉燃烧稳定。燃油系统流程如图 4 - 6 所示。

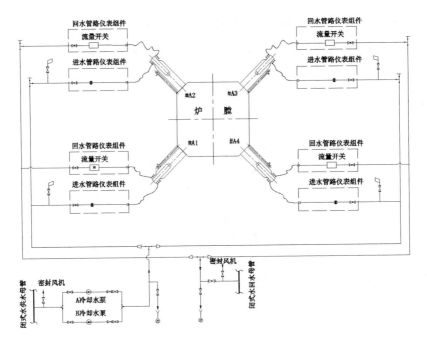

图 4-4 等离子冷却水系统

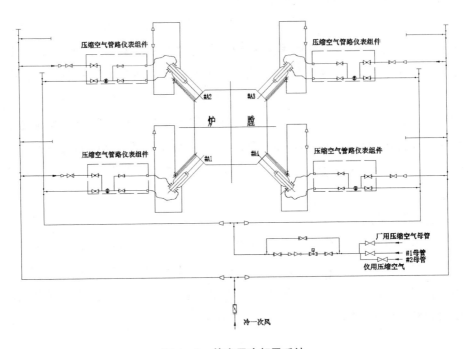

图 4-5 等离子冷却风系统

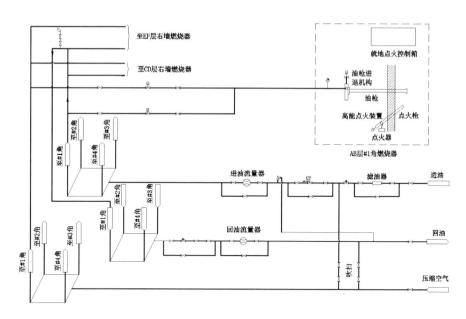

图 4-6　燃油系统图

第二节　燃烧系统的运行

等离子点火器拉弧稳定后,根据炉温及所燃煤种的好坏情况,调节电弧的电流和电压,使电弧功率稳定在 90 kW 和 110 kW 之间;投入等离子燃烧器后,为防止可燃气体沉积在未投燃烧器的邻角而产生爆燃,应适当开启邻角下二次风,使可燃气体及时排出炉膛。加强炉内燃烧状况监视,实地观察炉膛燃烧情况。火焰明亮,燃烧充分,火炬长,则火焰监视器显示燃烧正常。如发现炉内燃烧情况恶劣,炉膛负压波动大,应迅速调节一次风速,调整燃烧。若炉膛燃烧仍不好,必要时停止等离子点火器,充分通风、查明原因后重新再投。

调整等离子燃烧器燃烧的原则为既要保证着火稳定,减少不完全燃烧带来的损失,提高燃尽率,又要随炉温和风温的升高尽可能开大气膜或周界冷却风,提高一次风风速,控制燃烧器壁温测点不超温,燃烧器不结焦。在满足升温、升压曲线的前提下,应尽早投入其他燃烧器,尽快提高炉膛温度,以提高燃烧效率。

等离子燃烧器都投入后,还需投入其他燃烧器时,应以先投入等离子燃烧器相邻上部燃烧器为原则,并就地观察实际燃烧情况,合理配风组织燃烧。等离子阴极运行时间达 100 h 后要更换,阳极运行时间达 300 h 后先检查磨损情况确定是否更换。等离子载体风风源正常运行时使用火检冷却风,仅用压缩空气作为备用。

一、燃烧系统的运行

1. 等离子点火器启动前的工作

(1)按照辅机运行通则进行启动前检查。等离子点火器电源送上,确保隔离变压器、整流柜符合启动条件。等离子点火器就地 PLC 与 DCS 通信正常。

(2)检查锅炉火检冷却风机是否已投运,压力是否正常。开启各等离子点火器火检冷却风和载体风隔离门,注意火检冷却风母管压力是否稳定。等离子点火器也可以与火检冷却风系统同时启动投运。

(3)检查锅炉闭式冷却水系统是否正常,开启等离子点火器冷却水回水总门,开启各等离子点火器冷却水进口门、出口门,投运一台等离子冷却水泵,另一台投入联锁备用。

2. 锅炉点火时等离子点火器的启动

(1)在锅炉 MFT 复归,点火条件具备的情况下,启动一次风机,投入 A 磨暖风器,逐步开大暖风器进汽门,A 磨暖磨,磨出口一次风管风速控制在 18 m/s ~ 20 m/s。

(2)暖风器出口一次风温达到 150 ℃,A 磨具备启动条件后,启动等离子点火器,检查启弧是否正常。

(3)本层所有等离子燃烧器都投入等离子点火器后,将 FSSS 控制模式切换到"等离子模式"。启动磨煤机、给煤机,给煤维持在稍高于最低给煤量。等离子燃烧器点火正常后,逐步降低给煤至最低给煤量。检查等离子火检是否正常,就地观察等离子燃烧器的燃烧情况是否正常。

(4)调整一次风量、二次风门开度,确定合理的一次风速和二次风门开度。

(5)空预器出口一次风温达到 200 ℃时,可停用一次风暖风器。在 A 磨煤机一次风切换过程中,应注意一次风流量和出口温度正常,逐步关小暖风器辅汽进汽门直至关闭,再关闭暖风器一次风进口隔离门。

(6)等离子点火器在运行状态下,当锅炉负荷升至最低稳燃负荷以上且燃烧稳定时,应及时将 FSSS 控制模式切至正常运行方式,防止等离子点火器断弧造成磨煤机跳闸。

3. 锅炉运行时等离子点火器的启动

检查等离子点火器确保其符合投运条件。逐台投入等离子点火器,检查启弧是否正常,等离子火检是否正常,就地观察等离子燃烧器的燃烧情况是否正常。在锅炉未投油,且运行的磨煤机不少于两台时,将 A 磨 FSSS 控制模式切换至等离子模式。

4. 锅炉运行时等离子点火器的停运

在锅炉燃烧稳定的情况下,FSSS 控制模式切换为"正常模式"。试停一台等离子燃烧器的点火器,观察锅炉燃烧情况。如锅炉燃烧正常,则继续升负荷,逐渐停用本层其他等离子点火器,直至等离子点火器全部停运,锅炉转入正常运行。锅炉运行中,应保持等离子点火器冷却水、载体风、冷却风正常运行。

5. 炉前燃油系统投运前的检查

(1)按照设备、系统移交运行条件检查系统是否符合投运条件。检查炉前燃油系统各阀门位置。

(2)进油管和回油管各放油门、吹扫门关闭。进油隔离总门关闭。进油滤网前、后隔离门开启,旁路阀关闭。进油快关阀关闭。燃油母管安全门回座。进油流量计前、后隔离门开启,旁路阀关闭,流量计投入。各压力测点一次门开启。各油枪进油隔离门、气动门关闭。

(3)回油调整门前、后隔离门开启,旁路阀、调整门关闭。回油快关门前、后隔离门开启,旁路阀、快关门关闭。回油隔离总门关闭。吹扫空气进气总门开启。各油枪吹扫气动门关闭,隔离门开启。

6. 炉前燃油系统的投运

(1)开启回油隔离总门。开启进油隔离总门。

(2)升炉期间,燃油泄漏实验前开启各油枪进油隔离门。实验结束后除需要投用的外,关闭 C、D、E、F 层各油枪进油隔离门。

(3)MFT 复归后开启回油、进油快关门。调节燃油回油调整门,调节炉前燃油压力至正常,投入调整门自动,炉前燃油系统循环运行。

7. 炉前燃油系统的停运

(1)锅炉停止运行后,炉前燃油系统应立即隔离停运。

(2)检查所有油枪是否停运并退出,关闭燃油进油隔离总门、回油隔离总门,隔离燃油系统。其他炉前油系统阀门的状态视工作需要确定。

（3）锅炉燃油系统隔离后应及时调整燃油泵的运行状态,防止燃油泵流量过小。

（4）若燃油系统长期停运或需检修时,放尽内部存油后,立即开启吹扫阀门对要检修部位进行吹扫,隔离检修部位。

8. 油枪投运前的检查

确定油枪、高能点火器等电源和气源投运正常,就地控制盘和集控室内的油枪各状态指示正常。吹扫空气压力正常,吹扫气动门关闭,吹扫隔离门开启。油枪气动门关闭,油枪进油隔离门开启。炉前燃油系统运行正常。火检探头和炉膛火焰工业电视装置正常。

二、事故处理

1. 等离子点火器故障处理

（1）当磨煤机在等离子方式下运行,4 只等离子点火器中的 1 只发生断弧时,对应的磨煤机出口风门自动关闭。此时应立即检查断弧原因,因阴极材料耗尽导致断弧时,应尽快更换阴极头,恢复点火器的运行。

（2）当磨煤机在等离子方式下运行,4 只等离子点火器中的 2 只发生断弧时,使将要停止的磨煤机保持运行。此时应仔细检查断弧原因,待故障处理完毕后再重新启动。

第五章 制 粉 系 统

第一节 制粉系统的分类及主要设备结构

制粉系统是锅炉设备的一个重要系统。其基本任务是将原煤碾磨、干燥，使之成为具有一定细度和水分的煤粉，并通过输送装置将煤粉送入锅炉以满足锅炉燃烧的需要。

制粉系统可以分为直吹式和中间储仓式两种。直吹式制粉系统，是指原煤被磨煤机磨成煤粉后直接由燃烧器吹入炉膛中燃烧。中间储仓式制粉系统，是将磨好的煤粉先储存在煤粉仓中，然后再根据锅炉负荷的需要，由给粉机将煤粉仓中的煤粉经燃烧器送入炉膛中燃烧。不同的制粉系统宜配置相应的磨煤机：直吹式制粉系统一般配置中速或高速磨煤机；中间储仓式制粉系统均配置低速磨煤机。

一、直吹式制粉系统

在直吹式制粉系统中，磨煤机磨制的煤粉全部送入炉膛内燃烧，在运行中任何时刻的锅炉燃料消耗量均等于磨煤机的制粉总量（投用辅助燃料除外），即几台磨煤机的制粉总量随锅炉负荷的变化而变化。因此制粉系统的工作情况将直接影响锅炉的运行工况。在制粉系统中，通常使用热风对进入磨煤机的原煤进行干燥，并将磨煤机磨制好的煤粉输送出去。

在直吹式制粉系统中，一次风机（或称排粉风机）相对于磨煤机前后位置不同，又可分为负压直吹式系统和正压直吹式系统。

图5-1所示是正压直吹式制粉系统。直吹式制粉系统流程如下：原煤经原煤仓，由给煤机送入磨煤机碾磨成粉，由一次风机将煤粉送入分离器，粗粉被运回磨煤机继续碾磨，细粉则被送入燃烧器，进入炉膛燃烧。

由图可知，一次风机装在磨煤机之前，整个系统在正压下工作。该系统的设备配置，使得系统中磨煤机的干燥能力增强，对燃料的水分适应性较好；而且一次风机装在磨煤机之前，不存在叶片磨损问题，这就克服了负压系统的缺点。

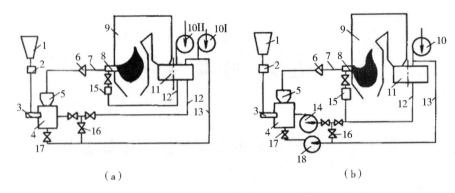

（a）　　　　　　　　　　　　（b）

图 5-1　正压直吹式制粉系统示意图

（a）带冷一次风机正压系统　　（b）带热一次风机正压系统

注：1——原煤仓；2——煤称；3——给煤机；4——磨煤机；5——粗粉分离器；6——煤粉分配器；7——一次风管；8——燃烧器；9——锅炉；10I——一次风机；10II——二次风机；11——空气预热器；12——热风道；13——冷风道；14——排粉风机；15——二次风箱；16——调温冷风门；17——密封冷风门；18——密封风机。

在正压直吹式系统中，由于磨煤机和煤粉管道都在正压下工作，如果密封问题解决不好，系统就会向外冒粉，造成环境污染，甚至自燃或爆炸，因此必须在系统中加装密封风机。

当然，在正压直吹式系统中，一次风机可布置在空预器前，也可布置在空预器后。布置在空预器之后的一次风机称为热一次风机，这种布置方式将使风机效率下降，可靠性也较低；布置在空预器之前的一次风机称为冷一次风机，由于进入冷一次风机的空气较为洁净且温度较低，因此这种布置方式可减少风机的磨损，并提高风机效率。

二、磨煤机的分类

磨煤机是把原煤磨制成煤粉的设备，是制粉系统的重要设备。磨煤机将原煤磨制成煤粉主要是通过撞击、挤压和研磨等来实现的，每一种磨煤机往往同时具有上述两种或三种作用力，但是以其中一种为主。

磨煤机按转速可分为以下几种类型：

低速磨煤机。它通常指筒式钢球磨煤机，其转速为 15 r/min～25 r/min。

中速磨煤机。它包括中速平盘式磨煤机、中速钢球磨煤机、中速碗式磨煤机，转速为 50 r/min～300 r/min。这类磨煤机具有质量轻、占地少、制粉系统简单、投资少、电耗低、噪声小等特点，因此在大容量机组中应用广泛。目前我国电厂中应用较多的中速磨煤机有四种:平盘磨、碗式中速磨煤机、MPS磨、中速球磨(或E形磨)。

高速磨煤机。它包括风扇式磨煤机和锤击式磨煤机,转速为500 r/min ~ 1500 r/min。

一般情况下,低速磨煤机常用于中间储仓式制粉系统,中速磨煤机和高速磨煤机常用于直吹式制粉系统。

三、MPS 磨煤机的结构及特点

九江电厂采用的是 MPS190HP-IIA 型中速磨煤机和电子称重式给煤机,5台磨运行,1台磨备用。

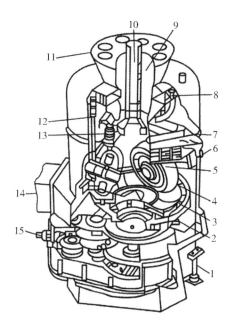

图 5 - 2　MPS 磨煤机结构图

注:1——液压缸;2——杂物刮板;3——风环;4——磨环;5——磨辊;6——下压盘;7——上压盘;8——分离器导叶;9——气粉混合物出口;10——原煤入口;11——煤粉分配器;12——密封空气管路;13——加压弹簧;14——热空气入口;15——传动轴。

MPS 磨煤机结构如图 5 - 2 所示,主要工作部件为磨盘和磨辊。三个磨辊相对固定在相距 120°角的位置上,磨盘为具有凹槽形滚道的碗式结构。磨辊盘车电动机通过减速装置带动旋转,磨辊在固定的位置上绕轴转动。煤从中部落在磨盘上以后,靠离心力向边上移动,在磨盘与磨辊之间被碾磨成煤粉,被从风环处进来的热风带走。磨盘的压力来自磨辊、支架及压盘的结构自重对弹簧的预压力。弹簧的预压力靠作用在上磨盘的液压缸加压系统来提供。MPS 中速磨煤机在增大出力的条件下,工作部件的磨损、运行的振动等比其他中速磨煤机更小。MPS 磨煤机是为碾磨硬质烟煤而研制的,其研磨部件是三个凸形辊子和具有凹形槽道的磨环,又称为辊—环式磨煤机。MPS 磨煤机具有高效、节能、低耗的特点,并且适应煤种的能力较强。

磨盘上安装有磨盘瓦,运行时磨辊装配压在磨盘上,磨盘传递行星伞齿轮减速机所提供的转矩;磨盘用螺栓固定在减速机的输出法兰上。磨盘瓦由具有高耐磨性的铸铁材料铸造而成。磨盘瓦靠夹紧螺栓固定,在磨盘中间有个中心盖板,用于分开煤料和防止灰尘、水等进入下部空间。刮板用螺栓固定在磨盘上,随磨盘旋转,用于将一次风室内的渣料排入排渣箱。

五、典型的电厂锅炉制粉系统

九江电厂的 1 台锅炉配备 6 台 MPS190HP-IIA 型中速磨煤机和 6 台电子称重式给煤机。锅炉燃用设计煤种时,5 台磨运行,1 台磨备用。24 只直吹式水平浓淡分离燃烧器分 6 层布置于炉膛下部四角,煤粉和空气从四角送入,在炉膛中呈切圆方式燃烧。

经过初步磨碎的原煤通过输煤皮带送到原煤斗,再落到电子称重式给煤机。给煤机根据机组负荷指令调节给煤机驱动电机转速来调节进入磨煤机的煤量。原煤进入磨煤机后,在磨辊的碾压下破碎,在向磨盘边缘移动的过程中进入磨煤机,并被一次风携带上升。在磨煤机本体中煤粉被加热、干燥和分离后,细度合格的煤粉通过四根煤粉管道送往相应的煤粉燃烧器,进入炉膛;粒度较大的煤粉落入磨盘继续进行破碎。煤中掺杂的难以碾碎的铁块、石块等不能被一次风托起,而被刮板带至石子煤箱,由人工进行清理。其制粉系统图如图 5-3 所示。

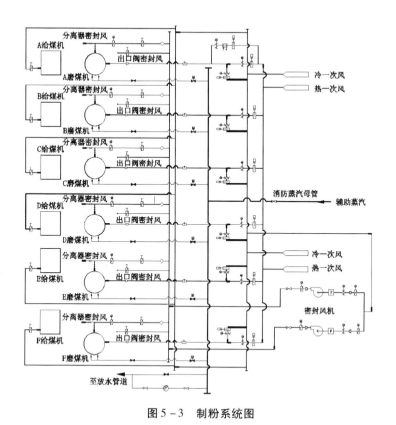

图 5 - 3　制粉系统图

第二节　制粉系统的运行

磨煤机运行时,出口温度应控制在 70 ℃ 和 75 ℃ 之间。当磨煤机出口温度高于 80 ℃ 时,应采取相应措施使磨煤机出口温度降至正常范围。磨煤机运行期间,应检查确认各喷燃器煤粉着火稳定;检查确认磨煤机电流和进、出口压差稳定,指示正常;经常检查煤仓煤位,防止煤仓断煤;磨煤机本体及各人孔门、检修门,加载拉杆与壳体连接处,出口粉管,下架体密封环等处无煤粉外泄现象;磨煤机碾磨区、石子煤刮板处、底部托架密封处与转动部分无异常声音和异常振动现象。

磨煤机组各风门挡板限位器、执行机构完好,调节动作灵活;石子煤斗的入口气动门应常开(除石子煤斗排放石子煤外),下料畅通,无堵塞或满斗现象;制粉系统周围场地应保持清洁,有煤粒、煤尘时应及时清理;检查给煤机皮带电机、清扫电动机,减速器温度、油位应正常,振动不超限,无异常声音,给煤机皮带无跑偏现象。

一、制粉系统的运行

1. 磨煤机启动前的检查

(1)磨煤机检修工作已结束,工作票已终结;周围场地清洁、无杂物;各人孔门关闭严密;确认磨煤机磨辊组件、油池油位正常,油质符合要求。

(2)开启磨煤机各仪表、压力开关、压差开关、流量测量装置等的一次门;开启各气动执行机构控制气源的手动供气门,压缩空气压力正常,无泄漏。

(3)石子煤斗处于可用状态,斗内无杂物。

(4)确认磨煤机一氧化碳检测装置已投入,磨煤机灭火蒸汽系统处于备用状态。

(5)关闭各磨煤机灭火蒸汽电动门,打开磨煤机的灭火蒸汽疏水门;微开辅汽至磨煤机的灭火蒸汽电动总门,充分疏水后关闭各疏水门;全开辅汽至磨煤机的灭火蒸汽电动总门。开启磨煤机各密封风门。

(6)检查确认磨煤机旋转分离器油箱油量充足,油质合格;确定磨煤机旋转分离器电机绝缘合格,电源已送,变频器正常。

2. 给煤机启动前的检查

(1)给煤机各检修工作结束,工作票已终结或收回,各检查孔、检修门已关闭;煤仓内有足够的存煤;给煤机安全防护设施完好,各部无杂物,照明良好。

(2)确定给煤机主电机齿轮减速器和清扫电机减速器油位正常,油质合格;给煤机皮带和给煤机底部干净、无异物,皮带无跑偏现象。

(3)给煤机称重装置校验完毕,皮带张力调整合适,所有设定值正确。

(4)给煤机清扫电机完整可用,处于工作位置;确定给煤机断煤、堵煤报警监测装置已投入。

3. 磨煤机润滑油、液压油系统的启动

(1)就地检查磨煤机设备确保设备完整,磨煤机润滑油、液压油系统和磨煤机减速机箱及轴承检修工作已结束,工作票终结。

(2)确定润滑油、液压油系统各仪表一次门已开启,就地表计指示正确;油系统压力、温度、油位和轴承温度信号指示正确。

（3）确定减速机油池油位为 2/3，油质透明，无乳化现象和杂质，油池油温高于 35 ℃，否则投入油池加热器；确定润滑油、液压油冷油器已投入，其冷却水进、出口阀门开启，冷却水温、水压正常；磨煤机液压油系统的各溢流阀设置正确；检查完毕后，磨煤机润滑油、液压油站送电。

（4）启动磨煤机润滑油泵，启动一台润滑油泵，另一台油泵投入联锁；确保磨煤机润滑油压不低于 0.15 MPa，油温为 38 ℃ ～ 42 ℃，减速机油池油位正常，过滤器压差不高于 0.35 MPa。

（5）启动磨煤机液压油泵，系统无泄漏现象。

（6）磨煤机磨辊加载油压力高于 4 MPa，反作用力加载油压力高于 1 MPa，液压油箱油温低于 70 ℃，油箱油位正常，过滤器压差低于 0.12 MPa，液压站氮气蓄能器压力高于 4 MPa。

4. 磨煤机的启动

（1）磨煤机、给煤机、旋转分离器所有检修工作结束，现场卫生、清洁；启动磨煤机润滑油、液压油泵，磨煤机石子煤斗入口气动门全开；检查磨煤机点火能量，确保能量足够，否则启动同层油枪。

（2）开启磨煤机、给煤机密封风电动门；开启磨煤机出口#1 ～ #4 气动插板门；开启磨煤机一次冷、热风气动插板门；启动磨煤机旋转分离器，将旋转分离器油泵投入自动；将磨煤机作用力、反作用力控制器投入自动，将磨煤机磨辊提升。

（3）开启磨煤机冷、热风调节门，控制磨煤机入口温度低于 150 ℃，风量大于 50 t/h，磨煤机出口温度控制在 50 ℃ ～ 75 ℃。

（4）启动磨煤机，打开给煤机出口电动闸板门，给煤机转速调到最小。

（5）启动给煤机，打开给煤机入口电动闸板门。

（6）当给煤机煤量大于 10 t/h，监视磨煤机磨辊降到位信号，确定磨煤机已降到位且火检检测正常，将磨煤机冷、热风调节门投入自动。

5. 磨煤机的停运（程控）

（1）逐渐减少给煤机煤量，关小磨煤机入口热风调节门开度，开大磨煤机冷风调节门，使磨煤机出口温度缓慢下降，磨煤机风量大于 50 t/h。

（2）当给煤机转速降至最小时，关闭给煤机入口电动闸板门；当给煤机煤量降至 0，给煤机停止运行，关闭给煤机出口电动闸板门。

（3）吹扫磨煤机 5～10 min；磨煤机停止运行，旋转分离器停止运行；磨煤机停止 30 s 后，检查磨辊是否下降。

（4）关闭磨煤机一次冷、热风调节门和插板门；关闭磨煤机出口门。

（5）关闭磨煤机密封风门；磨煤机停止 120 s 后，磨煤机润滑油泵、液压油泵停止运行。

6. 制粉系统启动、停止和运行的注意事项

（1）在正常情况下，启动或停用制粉系统均应先确认磨煤机的点火能量足够，否则应投入对应油枪或等离子助燃。

（2）对于停运的磨煤机，也应注意磨煤机出口温度的变化。如果温度异常上升，应立即进行隔离；如证实着火，按磨煤机着火进行处理。

（3）制粉系统应尽可能在最佳出力下运行，并应尽可能以自动方式运行。

（4）任何情况下，磨煤机内着火或磨煤机由于出口温度超过 113 ℃ 而跳闸，在恢复正常后，应联系检修人员检查内部情况（如磨辊、油封、油质等）。

（5）当锅炉在低负荷状态下运行，需停运部分制粉系统时，为确保锅炉稳定，相邻层的制粉系统应保持运行。

（6）在机组大修、停炉或磨煤机将停用较长时间时，应将煤仓内的存煤烧尽；制粉系统停用检修时，应适当延长吹扫时间，确保系统内的煤粉被吹扫干净；制粉系统停用后，磨煤机、石子煤斗应清理干净。

二、事故处理

1. 紧急停磨

条件：锅炉紧急停炉或 MFT（主燃料跳闸）；制粉系统爆炸，危及人身或设备安全；机械剧烈振动，危及人身或设备安全；达到磨煤机保护跳闸动作值而保护未动作时；其他辅机故障应联跳而未联跳，可能造成机组主参数超限或发生事故时。

操作方法：（1）立即停运磨煤机，给煤机联锁跳闸，热风快关门、热风调节风门联锁关闭。（2）锅炉紧急停炉、MFT 或者制粉系统着火爆炸时，按照相应规程进行处理。（3）若锅炉运行正常，且制粉系统内部正常，可稍微开启冷风调节风门进行通风吹扫降温，否则关闭冷风快关门、调节风门、出口快关门，充入消防蒸汽进行处理，并及时排空石子煤。（4）若故障消除，磨煤机符合启动条件且锅炉运行正常，应尽早吹尽剩煤；若故障短时无法消除，应做好安全措施，进行人

工清煤处理。

2. 磨煤机跳闸

现象:磨煤机跳闸并声光报警,磨煤机电流为0;对应给煤机停止运行,煤量为0,总煤量突降,投自动给煤机的煤量上升;锅炉氧量上升,汽温、汽压、负荷下降,锅炉负压波动;RB有可能发出。

原因:电动机电气保护动作;人员误碰;其他热工保护动作。

处理方法:

(1)磨煤机发生跳闸后,确定相应的给煤机联跳;维持炉膛压力、汽温的稳定。适当降低机组负荷,投油稳燃。

(2)磨煤机跳闸后,关闭冷、热风气动插板门以及出口气动插板门、密封风门,严密监视磨煤机出口温度的变化和磨煤机内可燃气体的生成。如发现内部着火时,投入磨煤机灭火蒸汽,待磨煤机内自燃煤粉熄火后,联系检修人员对磨煤机进行内部清理和检查。

(3)增大其他制粉系统的出力并启动备用磨煤机,维持机组负荷稳定;如果各给煤机煤量在自动情况下,应防止其他给煤机煤量自动增加过多而造成磨煤机堵煤。

(4)根据跳闸的现象及警报,确定跳闸原因,迅速排除故障。故障排除后,应尽早安排投运,以防磨煤机内存煤自燃,如短时间无法投运,应将磨煤机内的存煤排尽。

(5)如磨煤机RB动作,监视RB动作过程是否正确,若不正确则手动干预。

(6)重新启动跳闸磨煤机前,先缓慢开启磨煤机冷风调节门。对磨煤机进行吹扫后,启动磨煤机,并在冷风吹扫下运行数分钟。待磨煤机内的存煤吹干净后开启热风门,调节磨煤机出口温度至正常,再启动给煤机。

(7)锅炉MFT导致跳闸的磨煤机在重新启动前应进行吹扫,冷风调节门应手动控制,并缓慢开大,防止大量煤粉冲入炉膛引起爆燃。

3. 磨煤机堵煤

现象:磨煤机出口温度下降;磨煤机进、出口压差升高;磨煤机电流增加;磨煤机一次风量异常降低;严重时,机组负荷下降;磨煤机密封风与一次风压差降低,有可能报警。

原因:磨煤机出口温度控制得太低;给煤量过多或给煤机参数标定不正确;

一次风量过低或一次风量标定不正确;原煤湿度大或磨煤机进水;旋转分离器故障或转速过快;石子煤斗堵塞或满料,造成一次风腔室大量积煤;液压加载系统工作异常。

处理方法:

(1)发现磨煤机磨盘压差不正常上升时,应减少给煤量或停用给煤机;解除一次风量自动,手动增加一次风量;检查石子煤斗排放情况。

(2)降低旋转分离器的转速,适当降低煤粉细度和磨煤机的加载力。

(3)若处理无效,则停止磨煤机运行;必要时,对一次风量和给煤机重新标定。

4.磨煤机着火

现象:磨煤机出口温度高并报警,温度急剧上升;磨煤机外壳金属温度异常高;一氧化碳探测装置报警;石子煤斗有火星出现;磨煤机附近有烟味。

原因:磨煤机出口温度控制得过高;风温、风量控制系统故障;易燃物质进入磨煤机;一次风室内的石子煤量多或煤尘沉积在一次风室、一次风进口风道;给煤机故障或给煤机进、出口堵煤造成磨煤机断煤;停磨时未吹扫干净,积聚的煤粉自燃。

处理方法:

(1)发现磨煤机着火时,立即手动紧急停止磨煤机,关闭入口一次冷、热风气动插板门以及出口气动插板门、密封风风门。

(2)开启磨煤机灭火蒸汽门进行灭火,5 min后启动磨煤机,排放石子煤。

(3)确定磨煤机灭火成功后,关闭灭火蒸汽门,停止磨煤机运行。

(4)当磨煤机外壳温度冷却至室温时,联系检修人员进行内部检查和清理工作;当检查清理工作结束并确定设备修复正常后,方可运行磨煤机。

5.给煤机跳闸、断煤

现象:给煤机跳闸信号发出;总煤量突降,断煤给煤机煤量为0,投自动给煤机煤量上升;磨煤机电流下降;磨煤机磨盘压差下降;磨煤机出口温度升高;锅炉氧量上升,汽温、汽压、负荷下降。

原因:煤仓棚煤或原煤仓空仓;给煤机出口堵塞;给煤机皮带断裂;煤质潮湿或结冰;电气保护动作。

处理方法:

（1）如果磨煤机出口温度上升较快，应全开冷风调节门，关闭热风调节门及入口热风气动插板门，使磨煤机出口温度维持在正常值。

（2）通知燃料值班员确认煤仓煤位，如果煤仓空仓应要求燃料值班员立即上煤；如煤仓棚煤，则投入煤仓疏通机或进行敲打；如果是下煤管被杂物堵塞而无法消除，则停止该磨煤机运行。

（3）处理期间应适当增加其他制粉系统的给煤量以免蒸汽温度下降过多，如果负荷低或燃烧不稳定则投入对应油枪以保证燃烧稳定，同时将给煤机指令减至最小，防止突然来煤对燃烧扰动太大，对皮带和电机冲击过大。

（4）如果给煤机煤量在自动情况下，应防止其他给煤机煤量自动增加过多造成堵煤，同时应注意控制好对应的磨煤机出口温度，并防止因低风量而跳磨；处理期间应注意调节蒸汽温度，断煤时防止蒸汽温度过低，来煤后应防止蒸汽超温；如果一时无法来煤，应启动备用制粉系统。

第六章　脱　硝　系　统

第一节　烟　气　脱　硝

一、概述

燃煤氮氧化物主要通过燃烧控制技术、炉膛喷射脱硝技术、烟气脱硝技术来控制。

燃烧控制技术一般采用低氧燃烧技术减少氮氧化物的生成,如分级燃烧法、低氧燃烧法、浓淡偏差燃烧和烟气再循环等方法。它们的基本思想是:使已生成的氮氧化物被碳部分还原;设法形成氧富燃的燃烧区域;设法降低局部高温区的燃烧温度;使燃烧区域的氧浓度适当降低。

炉膛喷射脱硝类似于炉内喷钙脱硫过程,实际上是在炉膛上部喷射某种物质,在一定温度条件下还原已生成的氮氧化物,以降低氮氧化物的排放量。炉膛喷射包括炉膛喷水或注入水蒸气、喷射二次燃料、喷氨等方法。

典型的选择性催化还原(SCR)烟气脱硝装置采用氨气(NH_3)作为还原介质,其主要工艺系统主要包括液氨储存、供应及废气排放系统,氨与空气混合系统,氨气喷入系统,脱硝反应系统,检测控制系统等。其主要工艺流程如图6-1所示。

烟气从锅炉省煤器出来后通过SCR反应室入口烟道进入SCR反应器,在SCR反应器入口烟道上设置有喷氨格栅,将氨和空气的混合气体均匀地喷射到SCR反应器入口烟道中,使喷入的氨气能与烟气中的氮氧化物充分混合。为了保证烟气能垂直地通过SCR反应室床层,在烟道转弯处均设置有烟气导流板。烟气通过导流板后均匀分布,并流过催化剂床层。氨在反应塔中催化剂的作用下,在有氧气的条件下选择性地与烟气中的氮氧化物发生还原反应,生成无二次污染的氮气和水。氮气随烟气流经锅炉空预器、除尘器、脱硫装置后,进入烟囱排放到大气中。

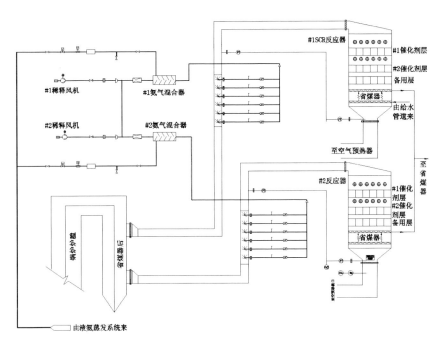

图6-1　火电厂SCR法脱硝工艺(液氨还原)流程图

二、SCR反应器

1. SCR反应器的布置

根据反应器布置位置的不同,SCR脱硝工艺分为三类,即高温高含尘工艺、高温低含尘工艺和低温低含尘工艺。一般燃油锅炉或燃煤锅炉,采用高温高含尘烟气段布置,即SCR反应器安装于锅炉省煤器与空预器之间,烟气经过省煤器进入SCR反应器时的温度为300 ℃~400 ℃,如图6-2所示。该区间的烟气温度刚好是多数催化剂的反应温度,投资费用与运行费用较低。因此这种布置方式被广泛采用,目前已成为燃煤电厂锅炉安装SCR烟气脱硝装置时普遍采用的标准化布置方式。此时烟气中所含有的全部飞灰和SO$_2$均通过催化剂反应器,反应器的工作条件是在高含尘烟气中。

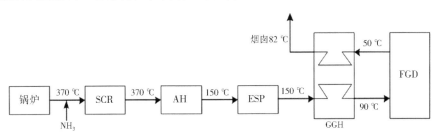

图6-2　SCR高温高含尘布置时各区间的温度示意图

2. SCR 反应器结构

SCR 工艺的核心装置是脱氮反应器,是还原物和烟气中的氮氧化物发生催化还原反应的场所。理论上选择性催化还原烟气脱硝装置可以布置在水平烟道或垂直烟道中,但对于燃煤锅炉一般布置在垂直烟道中,烟气自 SCR 反应器顶部垂直向下平行于催化剂表面流动,这是因为烟气中含有大量粉尘,布置在水平烟道中易引起 SCR 脱硝装置堵塞。

SCR 反应器通常由带有加固筋的碳钢制壳体、烟气进出口、催化剂放置层、人孔门、检查门、法兰、催化剂安装门孔、导流叶片及必要的连接件等组成。SCR反应器的基本结构如图 6-3 所示。

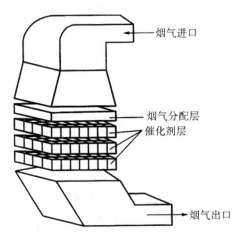

图 6-3　SCR 反应器的基本结构

三、催化剂

在选择性催化还原烟气脱硝装置中,催化剂的投资占了整个系统投资的60%左右。催化剂的寿命一般为 2~3 年,所以催化剂更换频率的高低直接影响到整个脱硝系统的运行成本。催化剂的选择也是整个 SCR 系统中的重点。

1. 催化剂的种类

SCR 催化剂可以根据原材料、结构、工作温度、用途等标准进行不同的分类。

按原材料,催化剂分为铂系列、钛系列、钒系列及混合型系列。最初的催化剂为铂系列催化剂,这种催化剂价格昂贵,对灰分要求高,在电厂 SCR 烟气脱硝技术中已停用。目前的 SCR 催化剂一般为使用 TiO_2(二氧化钛)做载体的 V_2O_5(五氧化二钒)、WO_3(三氧化钨)及 MoO_3(三氧化钼)等金属氧化物。催化剂中这些主要成分占99%以上,其余微量组分对催化剂性能也很重要。

按结构,催化剂分为板式、波纹式和蜂窝式(见图6-4)。板式催化剂为非均质催化剂,以玻璃纤维和 TiO_2 为载体,涂敷 V_2O_5 和 WO_3 等活性物质,其表面遭到灰分等的破坏或被磨损后,不能维持原有的催化性能,因此几乎不可能再生。波纹式催化剂为非均质催化剂,以柔软的纤维为载体,涂敷 V_2O_5 和 WO_3 等活性物质,其表面遭到灰分等的破坏或被磨损后,不能维持原有的催化性能,因此不可能再生。蜂窝式催化剂属于均质催化剂,以 TiO_2 、 V_2O_5 、 WO_3 为主要成分,其本体全部是催化剂材料,其表面遭到灰分等的破坏或被磨损后,仍能维持原有的催化性能,因此可以再生。全世界大部分(95%)燃煤发电厂使用蜂窝式催化剂和板式催化剂。其中蜂窝式催化剂具有强耐久性、高耐腐性、高可靠性、高反复利用率、低压降等特性,因此得到广泛应用。从目前已投入运行的SCR来看,75%采用蜂窝式催化剂,新建机组采用蜂窝式催化剂的比例也基本相当。

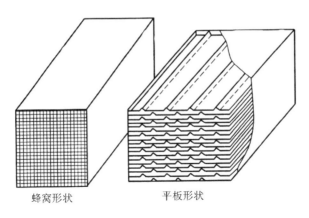

蜂窝形状　　　　　平板形状

图6-4　典型的催化剂形状

按载体材料,催化剂分为金属载体催化剂和陶瓷载体催化剂。陶瓷载体催化剂耐久性强、密度轻,是采用最多的催化剂载体材料。此外,陶瓷载体的主要成分为董青石,高岭土中蕴藏着丰富的董青石原料,我国有丰富的资源,因此价格相对较低。

按工作温度,催化剂分为高温型、中温型和低温型。高温型催化剂以 TiO_2 、 V_2O_5 为主要成分,适用工作温度为280 ℃~400 ℃,适用于燃煤电厂、燃重油电厂和燃气电厂。低温型催化剂以 TiO_2 、 V_2O_5 、 MnO 为主要成分,适用工作温度为高于180 ℃,适用于燃油电厂、燃气电厂。催化剂使用温度见表6-1。

表 6-1　各类催化剂的使用温度范围

催化剂	使用温度(℃)	催化剂	使用温度(℃)
沸石催化剂	345~430	氧化铁基催化剂	380~430
氧化钛基催化剂	300~400	活性炭(焦)催化剂	100~150

按用途,催化剂分为燃煤型和燃油、燃气型。燃煤型催化剂和燃油、燃气型催化剂的主要区别是蜂窝内孔的尺寸:一般燃煤型催化剂的蜂窝内孔大于 5 mm;燃油、燃气型催化剂的蜂窝内孔小于 4 mm。

2. 催化剂的选择

SCR 催化剂的选取是根据锅炉设计与燃用煤种、SCR 反应器的布置、SCR 入口的烟气温度、烟气流速、氮氧化物浓度分布,以及设计的脱硝效率、允许的氨逃逸量、允许的 SO_2/SO_3 转化率与催化剂使用寿命保证值等因素确定的。

3. 催化剂寿命的影响因素

由于离开锅炉省煤器的烟气中的全部飞灰和 SO_2 等全部要流过催化剂,因此 SCR 入口烟气飞灰浓度较高($20~g/m^3 ~ 30~g/m^3$),飞灰颗粒粗大($15~\mu m ~ 25~\mu m$),且 SO_2 含量较高。催化剂的寿命受下列因素的影响:

(1)烟气所携带的飞灰中含有 Na、Ca、Si、As 等成分时,会使催化剂"中毒"或受污染,从而降低催化剂的效能。

(2)催化剂表面受粗大飞灰颗粒的冲刷而易磨损。

(3)催化剂表面微孔易被飞灰颗粒及副反应产物硫酸氢铵堵塞。

(4)如烟气温度升高,会将催化剂烧结或使之再结晶而失效,从而使催化剂反应活性逐渐降低,导致脱硝效率下降。

(5)氨的逃逸会影响 SCR 装置下游设备(如空预器、除尘器)的运行性能,同时也会影响飞灰质量与 FGD 脱硫废水的氨含量。

(6)高活性催化剂会促使烟气中的 SO_2 氧化成 SO_3,SO_3 浓度将增加 2~4 倍,从而导致空预器被腐蚀,因此应避免采用高活性催化剂。

为了尽可能地延长催化剂的使用寿命,SCR 在调温侧高含尘烟气段布置时,需选择具有较高的抗飞灰腐蚀性能与抗堵塞性能的催化剂,通常采用较低的烟气流速(4 m/s ~ 6 m/s),必要时需要对催化剂进行硬化处理,并采用孔径较大(6 mm ~ 7 mm)的催化剂。

四、SCR 吹灰器

因燃煤机组的烟气中飞灰含量较高,故通常在 SCR 反应器中安装吹灰器,以除去可能遮盖催化剂活性表面及堵塞气流通道的颗粒物,从而使反应器的压降保持在较低的水平。吹灰器还能够保持空预器通道畅通,从而降低系统的压降。在对现有锅炉进行 SCR 改造时,这尤为重要,因为空预器的板间距一般都较小,更易造成硫酸铵的沉积和阻塞。吹灰器通常为可伸缩的耙形结构,采用蒸汽或空气进行吹扫,且每层催化剂的上面都设置吹灰器。一般各层吹灰器的吹扫时间错开,即每次只吹扫一层催化剂或一层中的部分催化剂。

吹灰系统在结构、材料、性能等诸方面必须考虑系统的实际工况,吹灰系统应具有良好的清洁效果。当锅炉在全负荷运行状态时和 SCR 系统运作时,声波吹灰器保证每层催化剂的压差不大于 165 Pa;保证不因为未达到预期的吹扫效果,而造成催化剂堵塞及对 SCR 系统造成不良影响。

第二节 脱硝系统的运行

脱硝系统正常运行时,稀释风机一台运行,一台备用,联锁投入;开启氨—空气混合器进氨快关门,氨—空气混合器进氨调整门在自动状态;锅炉启动后,SCR 吹灰器应启动吹扫。

一、脱硝系统的运行

1. SCR 反应器喷氨系统的启动顺序

①稀释风机启动;②稀释风机到氨—空气混合器风门开启;③检查氨—空气混合器进氨快关门开启条件是否满足,开启氨—空气混合器进氨快关门;④判断氨—空气混合比是否正常,缓慢开启氨—空气混合器进氨调整门;⑤氨—空气混合器进氨调整门投自动。

2. SCR 喷氨系统启动的注意事项

(1)锅炉启动初期应以小于 5 ℃/min 的升温速率,把催化剂温度提高到 150 ℃。达到 150 ℃后,升温速率不超过 10 ℃/min。

(2)喷氨温度必须大于 320 ℃;SCR 管道系统、反应器及其他相关的设备都不能带有水分和其他可能的高温作业污染物。

(3)无论在哪种锅炉负荷情况下,催化剂温度都必须在最低喷氨温度以上才能喷氨。在低于最低喷氨温度的情况下喷氨会造成硫酸盐和硝酸盐物质在下游设备沉积。

3. SCR 反应器喷氨系统的停运顺序

①关闭氨—空气混合器进氨快关门;②将氨—空气混合器进氨调整门切至手动,10 min 后逐渐关闭;③吹扫 10 min 后停运稀释风机。

4. 锅炉正常停炉时关闭 SCR 系统的顺序

停运氨蒸发系统;启动 SCR 停机程序;使用氮气吹扫管线;SCR 反应器在无氨气存在的条件下吹扫 10 min;停运稀释风机;根据需要关闭稀释风机各风门。

5. 正常停用的注意事项

应在反应器冷却到最低喷氨温度之前停止喷氨;如催化剂需冷却到冷凝点和酸露点温度以下,则必须在干燥无酸的环境下进行。

6. 长期停运的注意事项

催化剂必须在真空环境下进行清洗,去除所有积灰、松散的保温物质和锈斑,催化剂上、下侧也要清洗;用干燥无酸空气替换原有的烟气净化催化剂床层,防止催化剂表面湿气冷凝;要避免任何水分进入催化剂,无论是锅炉冲洗水、雨水还是管线泄漏的液体。

7. SCR 吹灰系统的启动

(1)吹灰系统设备完好,可以投运;开启各压力表、压力测点隔离门;开启吹灰压缩空气系统各手动隔离门。

(2)启动 SCR 吹灰器程控(以#1 吹灰器为例,各层依次循环进行):开启#1 层吹灰空气气动隔离门;同时开启#11 吹灰器进气电磁阀、#12 吹灰器进气电磁阀;延时 10 s 后,同时关闭#11 吹灰器进气电磁阀、#12 吹灰器进气电磁阀;延时 40 s 后,同时开启#13 吹灰器进气电磁阀、#14 吹灰器进气电磁阀;延时 10 s 后,同时关闭#13 吹灰器进气电磁阀、#14 吹灰器进气电磁阀;延时 40 s 后,同时开启#15 吹灰器进气电磁阀、#16 吹灰器进气电磁阀;延时 10 s 后,同时关闭#15 吹灰器进气电磁阀、#16 吹灰器进气电磁阀。

8. SCR 吹灰系统的停运

(1)当锅炉停运后,方可停运 SCR 吹灰系统;停运 SCR 吹灰程控,关闭各电磁阀;根据需要隔离吹灰压缩空气系统。

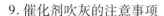

9. 催化剂吹灰的注意事项

为了保持催化剂表面清洁,防止灰尘沉积在催化剂表面导致催化剂堵塞,锅炉运行中,必须保持吹灰器吹灰程序连续进行;吹灰器运行中最重要的是严禁小液滴接触催化剂表面,导致催化剂机械性能损坏。

二、事故处理

1. 锅炉 MFT

(1)锅炉跳闸后停运 SCR 系统:锅炉 MFT,氨—空气混合器进氨快关门自动关闭;将喷氨量调节阀切至手动并关闭;吹扫 10 min 后,停运稀释风机。

(2)注意事项:在锅炉紧急跳闸时,会有一些氨气残留在催化剂模块中。为完全去除催化剂内的氨气和空气,防止因温度低而产生催化剂表面吸附,应使用空气充分通风 10 min,以净化催化剂。

(3)催化剂温度下降速率不应超过 60 ℃/min。

(4)为了避免发生火险,锅炉 MFT 后禁止打开反应器上的人孔或观测孔,否则会使外面的空气进入反应器,进而使催化剂模块中未完全燃烧的颗粒燃烧导致发生火灾。在催化剂温度降到 150 ℃前,尽快恢复锅炉运行。

(5)催化剂温度降到 25 ℃以前,不得打开反应器。

2. 氨泄漏

正常运行中氨应严密无泄漏,发现泄漏点应立即汇报,采取隔离措施。人员接近泄漏点时应采取防护措施,现场应配备防护药品。

第七章 吹 灰 系 统

第一节 锅炉吹灰器

一、常见吹灰器的工作原理和种类

吹灰器是利用吹灰介质在吹灰器喷嘴出口处所形成的高速射流,对受热面上的灰渣进行冲刷,使灰渣脱落的装置。吹灰器冲下的较大焦渣落入灰斗或烟道中,较大的灰粒则被烟气带走。

吹灰器程控又分为全程控和部分程控。全程控即所有的吹灰器及相关的阀门都按顺序全部投入程序。程控系统一旦启动,各吹灰器和电动阀均自动投入运行,这是一种大系统程控。部分程控则是按需要将部分吹灰器及相关的电动阀投入程控,是一种小系统程控。有些高度自动的机组,其吹灰系统作为一个子系统与机组的计算机控制系统相连接,可按时、按规定或根据需要自动投入吹灰系统,无须工作人员发出指令。

吹灰器按吹灰介质的不同,通常有蒸汽吹灰和水力吹灰两种。目前众多电厂广泛采用蒸汽吹灰,它通常将减压至 1 MPa ~ 2 MPa 的过热蒸汽作为吹灰介质。水力吹灰主要是通过连续排污水或生水在吹灰喷头的射流下产生较高的冲刷力,当水珠落在灰渣上蒸发时吸收大量潜热,使灰渣层因剧冷而碎裂、脱落来实现的。水力吹灰用在烟温较高的区域时,对吹灰部位的管材及布置应做一些特殊考虑。

常见的锅炉吹灰器主要有以下几种:

1. 短伸缩式吹灰器

炉膛水冷壁或其他壁面一般选用短伸缩式吹灰器。

短伸缩式吹灰器的特点有:吹灰器边前进边旋转,到位后停止前进和旋转;喷嘴做360°吹扫后,吹灰管反向旋转后退,直至喷嘴头部退至炉膛内的停用位置;吹扫器与炉墙通过安装法兰进行连接,其重量由水冷壁承受,热态时随水冷壁的膨胀一起同步位移。

2. 长伸缩式吹灰器

长伸缩式吹灰器主要用于吹扫锅炉对流受热面和屏式过热器,特别适用于烟气温度较高(高于 600 ℃)区域的受热面。

长伸缩式吹灰器的特点有:吹灰管很长,工作时边旋转,边前伸(或后缩),边喷射;伸缩的行程很长,一般在 2.5 m 以上,甚至 10 m 以上;吹灰管在工作时,前端的介质喷嘴(2 只对称)做螺旋运动,对四周的受热面进行吹扫。过去的吹灰器,喷嘴前进和后退的轨迹是重合的,导致有些部位吹不干净,有些部位却重复吹扫,容易吹损受热面。现在大多数吹灰器前进和后退时其喷嘴轨迹错开 1/4 节距,以扩大吹扫面积,提高吹灰效果和安全性。

3. 固定旋转式吹灰器

固定旋转式吹灰器主要用于吹扫锅炉对流受热面或空预器,一般安装在烟温较低的区域,根据需要以一定的角度对积灰部位进行有效的吹扫。

固定旋转式吹灰器的特点有:无论是否工作,吹灰管始终处于烟道内;工作时吹灰管只旋转而不伸缩运动,因而结构简单、紧凑,安装、使用与维护方便。为防止吹灰管在较长时间内由于受力和重力作用而弯曲,可将吹灰管每次停止的方位改变 180°,以便每次停用时弯曲效应相互抵消。

4. 其他形式的吹灰器

吹灰器的形式除上述几种外,还有往复式、摆动式等多种,可根据现场需要设计制造适宜的吹灰器。但是,根据动作原理,吹灰器仅有旋转和伸缩两种基本动作(摆动式也可纳入旋转式)。任何吹灰器可以是其中一种,也可以是两种动作的组合,再辅之以启闭阀门的动作,即可完成各种吹灰功能。

吹灰器除机身有各种不同的形式外,还可以根据需要设计成各种形式,如单管式、多管式、爬式(丁形)等。吹灰喷嘴的布置也有单喷嘴、对称双喷嘴、对称均布多喷嘴等多种形式。

二、典型的电厂锅炉吹灰器

为了保持锅炉各级受热面的清洁,在炉膛、水平烟道、后竖井、省煤器区域设置了足够数量的炉膛吹灰器,以及用来吹扫过热器、再热器、省煤器的长伸缩式吹灰器和半伸缩式吹灰器。另外,为防止水平烟道下部严重积灰,在水平烟道底部也安装了吹灰器。

九江电厂锅炉布置有 96 只 V04 型炉膛吹灰器、52 只长伸缩式吹灰器、18

只半伸缩式吹灰器,空预器也配有4只吹灰器。锅炉尾部竖井烟道低温再热器部位共安装28只声波吹灰器:左、右墙16只,前墙12只。汽源为仪用压缩空气。压力为0.5 MPa~0.8 MPa。流量为每分钟2.6 m³~4.8 m³。运行方式为间歇式巡回投用。

锅炉吹灰系统包括吹灰器、减压站、吹灰管道及固定和导向装置等。减压站的减温水来自锅炉再热器减温水总管。

吹灰系统的汽源来自高温再热器出口。锅炉启动时,空预器用的吹灰汽源来自辅助蒸汽。

第二节　吹灰系统的运行

吹灰器投运时,应密切注意监视锅炉各工况的变化,并对现场进行检查;锅炉运行正常时,锅炉本体吹灰定期进行。对锅炉受热面易积灰的部位或当煤种变差时,应加强吹灰;在吹灰时,应保持炉膛负压正常。吹灰操作完毕后,应检查所有吹灰器是否退出。空预器吹灰正常情况下每班吹灰1~2次,根据实际需要可增加吹灰次数。当锅炉投油助燃、投运等离子点火器或负荷低于200 MW时,空预器吹灰器连续投运。若锅炉计划停运,应提前对所有受热面全面吹灰一次;在停炉以后,禁止投运吹灰器。当吹灰器无法自动退出时,必须立即手动退出,或联系检修人员处理退出。在吹灰过程中禁止吹灰器无汽源运行,禁止吹灰器长期带汽停留在一个位置,禁止吹灰蒸汽带水吹灰。疏水门前温度低至饱和温度时,应及时疏水。

一、吹灰系统的运行

1.吹灰器投运的条件

送风机、引风机运行稳定,炉膛负压正常;燃烧稳定,无重大操作;投运烟道中的长吹灰器、半长吹灰器和炉膛内的短吹灰器,要求负荷∢500 MW。

2.吹灰系统投运前的检查

(1)吹灰器和吹灰管路系统完好,所有吹灰器检修工作已结束,均在退出位置。

(2)吹灰系统安全门完好,并已整定好;吹灰器齿轮箱及所有的油嘴已上足润滑油,吹灰器本体完好;对于长伸缩式吹灰器,跑车传动轴的两个齿轮和齿条

应啮合正常,不能错齿。

(3)吹灰压力调节系统、吹灰程控装置及报警装置已具备投用条件,热控仪表一次阀开启;送上动力电源和控制电源;吹灰汽源满足要求。

3.空预器吹灰系统辅助汽源供汽

(1)检查并投入炉侧辅助蒸汽系统,蒸汽压力为 1.0 MPa~1.2 MPa,温度为 330 ℃;

(2)关闭本体吹灰进口电动隔离门;开启吹灰蒸汽疏水电动隔离门,开启辅汽至空预器吹灰手动隔离门,缓慢开启辅汽至空预器吹灰电动隔离门;暖管充分后,关闭吹灰蒸汽疏水电动隔离门。

4.吹灰系统主汽源供汽

(1)确定锅炉已稳定运行,锅炉蒸汽流量大于 30% MCR;检查并关闭辅汽至空预器吹灰电动隔离门,开启后屏进口吹灰蒸汽隔离门。

(2)开启吹灰系统各疏水电动隔离门,开启本体吹灰进口手动隔离门,开启本体吹灰进口电动隔离门,调节本体吹灰气动调节门,对吹灰管路充分暖管。疏水 15 min(或疏水温度稳定在饱和温度以上)后,关闭各疏水电动隔离门,吹灰蒸汽母管压力稳定在 1.8 MPa 左右。

5.锅炉吹灰顺序

(1)依次吹空预器、水冷壁、延伸烟道、尾部烟道、分级省煤器,最后再吹空预器。

(2)水冷壁吹灰顺序为从下到上逐对进行;过热器、再热器、尾部烟道吹灰,按烟气流动顺序方向逐对进行。

(3)本体吹灰全部完成后,关闭本体吹灰气动调节门、进口电动隔离门,开启吹灰系统各疏水电动隔离门。

6.吹灰器投运

(1)吹灰器分组:短吹 8 组,长吹 2 组,半长吹 1 组,空预器 1 组。

(2)采用顺控投运时,启动相应的顺控,按照设定的顺序自动进行,监视吹灰器动作过程,电流应正常。

(3)采用手动投运时,先进行供汽准备操作,然后选择需要投运的吹灰器,但只允许同时推进 2 只对应的吹灰器。吹灰完毕后,关闭汽源。管道充分疏水后,关闭疏水门。

二、事故处理

1. 长伸缩式吹灰器(或半伸缩式吹灰器、空预器吹灰器)停在中间位置

现象:吹灰故障报警;吹灰器电流指示为0;故障指示灯报警。

原因:吹灰器变形、卡涩;电机故障;电源电缆故障;电源失去。

处理方法:若吹灰器变形、卡涩,切断电源,用专用手柄手摇。手摇前关小汽源,防止人员烫伤和受热面被吹坏。手摇一段时间后若感觉轻松,可除下专用手柄后送电,电动操作退出。若电机或电缆故障、电源失去,切断电源后用手柄退出。

2. 炉膛吹灰器停在中间位置

现象:吹灰故障报警;吹灰器电流指示为0;故障指示灯报警。

原因:炉膛吹灰器变形、卡涩;电机故障;电源电缆故障;电源失去。

处理方法:若炉膛吹灰器变形、卡涩,通知检修人员处理退出。处理前必须切断电源,关小汽源。若电机或电缆故障、电源失去,切断电源后用手柄退出。

第八章　除尘及灰渣系统

火电厂除尘系统是防治大气污染的重要系统,是环境工程的重要组成部分。燃煤电厂对锅炉烟尘的治理,主要采用各种类型的除尘器,如旋风除尘器、水膜除尘器、布袋除尘器、电除尘器等。

用来排灰和排渣并将其送往发电厂厂区以外的设备和设施分别称为除灰系统和除渣系统,或统称为灰渣系统。目前,电厂输送灰渣的方法主要有机械输送、水力输送和气力输送三种。有的电厂采用单一的输送方式,有的电厂将不同的输送方式结合起来,但大多数电厂采用水力输送或气力输送方式。水力输送又称湿出灰,气力输送又称干出灰。干出灰方式便于灰渣的综合利用。

第一节　除尘及灰渣系统流程及设备结构

一、脉冲布袋除尘器

九江电厂锅炉采用的是脉冲布袋除尘器。设计除尘效率≥99%,净烟气含尘量≤30 mg/Nm³。1台锅炉配置1台布袋除尘器。每台除尘器并排并联8个独立的除尘室,每个室分为2个单元,每个室相对独立,均安装有进、出口烟道挡板门,可使某个室从运行中解列出来,实现在线检修。每个单元下方安装有1个锥形灰斗,共有16个。灰斗加热采用电加热方式,这些电加热装置在设备运行时或灰斗中有积灰时使用。每只灰斗配有高低料位计和气化装置:料位计用于检测灰斗内部的粉尘堆积情况;气化装置用来避免粉尘堆积在灰斗内部。每个灰斗安装4块气化板。

脉冲布袋除尘器的主要特点有:

(1)除尘效率高,特别是对细粉也有很高的捕集效率,一般可达99%以上。

(2)适应性强,它能处理不同类型的颗粒污染物(包括电除尘器不易处理的高比电阻粉尘)。根据处理气量可设计成小型袋滤器,也可设计成大型袋房。

(3)操作弹性大,入口气体含尘浓度变化较大时,对除尘效率影响不大。此外除尘效率对气流速度的变化也具有一定的稳定性。

(4)结构简单,使用灵活,便于回收干料,不存在污泥处理问题。

锅炉尾部含尘烟气经过除尘器进气喇叭口进入布袋除尘器,烟气借助喇叭口中的气流分布板进行气流均布。当含尘烟气通过每一个滤袋时,粉尘颗粒被过滤在滤袋表面,干净的烟气到达净气室,至此已完成对烟气的除尘。之后干净的烟气经过出口烟箱、烟道和引风机进入脱硫系统,脱硫后排入烟囱。

含尘烟气中的粉尘经过滤袋过滤,沉降在滤袋的表面。随着过滤的不断进行,滤袋表面的粉尘越来越厚,除尘器压差不断增加。当压差达到程序设定值时,PLC 发出清灰指令,清灰系统的电磁脉冲阀打开,将储气罐中的压缩空气喷入滤袋,使滤袋表面膨胀,粉尘被抖落到灰斗中,完成清灰。粉尘在灰斗中存积到一定的量之后,通过气力输灰系统经仓泵和输灰管道被送至灰库。

二、气力除灰系统

气力除灰能保持灰在输送过程中呈干燥状态,保持灰的性质不变,有利于灰的综合利用。气力除灰系统生产效率高,设备构造简单,自动化程度高,有利于环境保护。采用气力输送可大大提高劳动生产率,降低成本。气力除灰系统工作流程如图 8 - 1 所示。

正压气力输灰系统是仓式气力输送泵系统,通常称为仓泵,是个带空气喷嘴的压力容器。这种设备的特点有:工作可靠;输送距离远;但自动化要求高;而且要用压力较高的压缩空气作为输送介质,故需配备一套压缩空气设备。

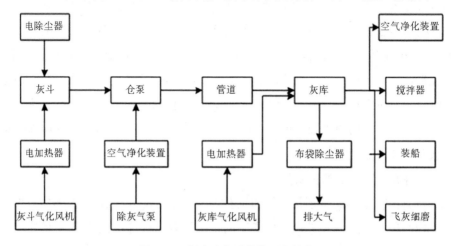

图 8 - 1　气力除灰系统的工作流程

1. 仓泵系统的布置方式

仓泵系统根据系统布置和运行方式的不同可分为以下几种:

单仓制系统,即除尘器每个灰斗下装设一台仓泵,每台仓泵不断进行装灰、卸料等操作。辅助设备少,灵敏可靠,现场比较清洁。

双仓制系统,双仓制运行,可相互交替使用,接近连续运行方式,比单仓制系统可靠,但装载出力较小,辅助设备较多。

单仓制系统双仓运行式,具有上述两种系统和运行方式的特点,采用单仓制系统布置双仓运行方式,装载出力大,能连续运行,同时辅助设备较少,但程序控制要求高。

单仓制系统三仓运行方式,采用单仓制系统布置三仓运行方式,三台仓泵可同时或交替装料,但出灰只能交替进行,装载出力大,投资也较大。

2. 仓泵的工作原理

仓泵是以压缩空气为输送介质的动力,利用仓体的密封能力,自动交替进料、排料的容积压力输送装置,亦称仓式输送泵。当干灰装入仓内后将容器关闭,然后通入压缩空气,使仓内的灰和空气的混合物经输送管道被送至指定地点。

仓泵的性能与缸体的大小、缸体内装灰的充满度、管道的阻力有关。对于一定的空气流量,缸体尺寸越大,缸内装灰的充满度越高,系统输送浓度和出力也相应增加。在输送距离长、管线阻力大的条件下,系统输送浓度和出力会相应降低。

仓泵结构简单,运动部件少,维护工作量小,其进料、排料周期交替进行,输送压力、出力和浓度均随仓泵发生周期性变化。

3. 仓泵的工作过程

仓泵的工作过程如图 8-2 所示。

仓泵中物料的运动和阀门的工作,可分为以下四个阶段:

进料阶段。进料阀和排气阀打开,进气阀、出料阀关闭。当仓泵内料位满或设定时间到发出信号时,进料阀和排气阀关闭,进入下一阶段。

液化加压阶段。此时进料阀、出料阀关闭,进气阀打开,当泵内压力达到所设定的上限值,则进入下一阶段。

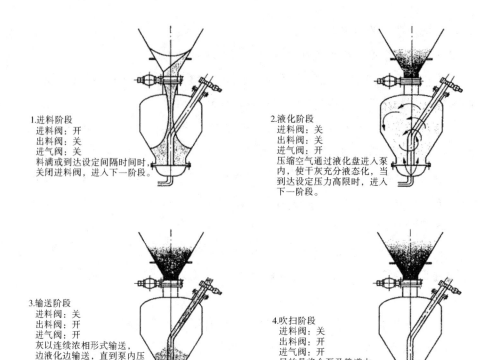

1.进料阶段
　进料阀：开
　出料阀：关
　进气阀：关
　料满或到达设定间隔时间时，关闭进料阀，进入下一阶段。

2.液化阶段
　进料阀：关
　出料阀：关
　进气阀：开
　压缩空气通过液化盘进入泵内，使干灰充分液态化，当到达设定压力高限时，进入下一阶段。

3.输送阶段
　进料阀：关
　出料阀：开
　进气阀：开
　灰以连续浓相形式输送，边液化边输送，直到泵内压力降至设定低限时，进入下一阶段。

4.吹扫阶段
　进料阀：关
　出料阀：开
　进气阀：开
　目的是将仓泵及管道中的残灰清扫干净。

图 8-2　仓泵的工作过程及原理

输送阶段。泵内压力达到上限值后，出料阀打开，脉冲喷嘴开始工作。此时进料阀仍关闭，进气阀仍然打开，物料从泵内输送到管道。直到泵内压力降到下限值，进入下一阶段。

吹扫阶段。清扫仓泵和管道内的残余物料，到达设定的吹扫时间后，进气阀关闭，出料阀关闭，进料阀打开，然后进入进料阶段。如此循环完成整个输送过程。

二、典型的电厂锅炉气力除灰系统

九江电厂锅炉设有 1 套正压浓相气力除灰系统，用于输送省煤器灰斗和除尘器灰斗中的飞灰。输灰管道须穿过厂区架空布置。每台锅炉的省煤器灰斗有 1 根灰管连接原灰库和粗灰库。除尘器灰斗共有 2 列，每列有 8 个灰斗；共有 2 根灰管，均可到达 3 座灰库。如图 8-3 所示。

气力输灰系统采用全程双套管，利于远距离输送，防止管道堵塞，减少管道磨损。

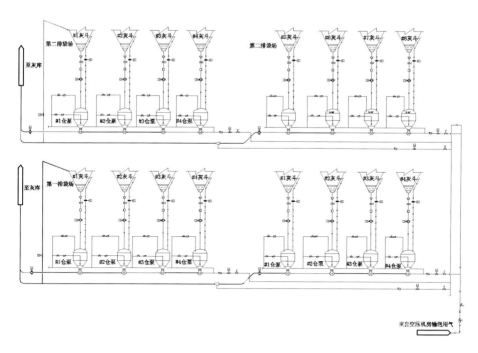

图 8-3 气力输灰系统图

锅炉省煤器和布袋除尘器的灰斗下均设置输灰泵,将各灰斗内的干灰输送至灰库。2 台炉共设 3 座直径为 14 m 的灰库(混凝土结构)。其中原灰库 1 座,粗、细灰库各 1 座,有效容积为 1800 m³。3 座灰库可以满足锅炉燃烧设计煤种约 35 h(校核煤种 1 约 30 h、校核煤种 2 约 44 h)的灰量储存要求。飞灰系统采用干除灰方式将省煤器和布袋除尘器灰斗内的干灰送至储灰库,粗、细灰库下各设 3 个排灰口:一个排灰口下接干灰散装机,用于装车外运或被综合利用;另一个排灰口下接湿式双轴搅拌机,综合利用出现困难时,将灰外运至灰场碾压;还有一个排灰口用于直接装船外运或被综合利用。

三、湿式除渣系统

目前除渣系统运用湿式除渣方式,主要原理就是炉底渣落到捞渣机的水槽内,冷却裂化后,由刮板捞渣机连续从炉底输出,并输送至渣仓储存,然后装车外运。湿式除渣系统(如图 8-4 所示)包括刮板捞渣机、高效浓缩机、溢流水泵等主要设备和一些辅助设备。

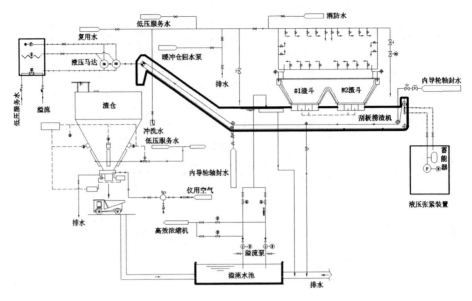

图 8 - 4　捞渣系统图

1. 湿式除渣的特点

湿式除渣方式需要大量流动的冷却水来维持捞渣机船体内水温的稳定,含有大量灰渣的污水通过渣浆泵送至沉淀池。经过沉淀的水通过渣水回用泵再送回捞渣机使用,因此这个系统设备比较多,维护量大。尤其是水力喷射输渣方式用水量更大,水资源浪费更明显,环境污染更严重。

湿式除渣系统具有巨大的水容积和较低的渣水温度,靠炉底的水封槽能封住炉底漏风等优点,因此应用比较广泛。主要表现为:①骤冷,使炽热的炉渣发生炸裂;②缓冲,减少炉渣下落的冲击力;③炉渣在水中的堆积角小,有助于排渣;④水的浮力有助于炉渣流动;⑤保护渣仓内衬;⑥水封槽具有良好的密封性能,正常运行时不漏风,因此提高了锅炉效率,改善了燃烧条件,特别适用于燃烧劣质煤的锅炉。

九江电厂锅炉的除渣设备装于锅炉底部,炉渣经刮板捞渣机直接进入炉侧布置的一台渣仓被储存起来,然后在此处装车直接外运至储灰场或被综合利用。在布置上刮板捞渣机头部被适当抬高和加长,使从刮板捞渣机水浸槽中捞出的炉渣,在进入渣仓之前有足够的时间脱水。刮板捞渣机采用析水刮板,确保从刮板捞渣机排出的炉渣含水率小于25%,便于炉渣外运。刮板捞渣机和渣斗的溢流水经溢流水池和高效浓缩机沉降、冷却后,供除渣系统循环使用,链条

冲洗水由工业水提供。

刮板捞渣机出力可在 13 t/h 和 51 t/h 之间无级调节,以适应锅炉排渣量变化的需要和延长刮板捞渣机的使用寿命。在每台炉的炉侧各布置了一座渣仓,运渣车可直接在渣仓下装车。渣仓有效容积为 300 m^3,可贮存一台锅炉在 MCR 工况下设计煤种约 18 h~20 h 的渣量。

刮板捞渣机溢流水由排水沟排入溢流水池,渣仓溢流水也排入其中,由溢流水泵送至高效浓缩机进行处理。经沉淀的淤积灰浆,由排污泵定期排入渣水沉淀池。灰浆在渣水沉淀池经三级沉淀后分为清水和渣泥,清水被打至储水池,沉淀的渣泥由抓泥机抓至运输车送走。

2. 刮板捞渣机

从渣井下来的高温炉渣落入捞渣机壳体内,由壳体内的冷却水进行冷却,同时保持炉膛与外界隔绝。冷却后的炉渣通过捞渣机双马达驱动,带动刮板、圆环链运动,被连续输送到炉膛外面的下一级设备,以便进行再处理。下一级设备出现故障时,可暂时充当渣斗,储存炉渣。

捞渣机由液压动力站驱动,通过液压马达提供所需的流量和压力,动力站中有一台由电机驱动的液压泵,液压泵出来的油经过电液比例阀进入液压马达,推动马达运转。系统中经过电液比例阀的前后压差被引入液压变量泵变量控制机构,系统输出流量根据压差的大小自动调节。当增大电液比例阀的开口时,两端压差变小,为保持两端压差不变,通过的流量就要增大,泵输出的流量就增加;反之,则流量减少。液压泵自身限定了最高压力,当系统压力超过设定的最高压力时,液压泵排量会自动为零,没有液压油输出。从液压马达输出的液压油经阀块和回油过滤器、风冷却机流回油箱。马达泄漏油通过泄漏油回路和泄漏油过滤器流回油箱。泄漏油回路上有一个快速接头,用于为系统加油。

炉底上的水封和捞渣机的补水水源正常情况下来自回水泵,异常情况下可以使用低压服务水或消防水。

第二节　除尘及灰渣系统的运行

一、除尘及灰渣系统的运行

1. 脉冲布袋除尘器启动前的准备工作

(1)所有人孔门、检查孔门严密关闭。严密关闭各除尘室、净气室检查门。检查旋转臂变速箱油位正常。手动试转时旋转风管能够灵活转动。

(2)除尘器进、出口挡板门开关灵活,方向正确。各仪器仪表正常。

(3)检查清灰空压机冷却水和润滑油确保正常,符合启动条件。检查脉冲计时系统设置确保正常。

(4)本体、烟道和储气罐中没有积水和杂物。灰斗内部清理完毕,无杂物。炉本体、烟道、吸风机、送风机符合启动条件,各人孔和检查孔严密关闭。喷水系统水压正常,开启喷枪前手动门,关闭旁路阀。

2. 脉冲布袋除尘器的启动

(1)锅炉启动前8 h投入除尘器灰斗加热系统;打开各除尘室进、出口挡板门,并确认各挡板门已全开;在风烟系统启动前,必须先投入气力输灰系统。

(2)锅炉风烟系统启动后,可提前投入布袋除尘器脉冲清灰系统。设置好各种清灰模式的电磁阀动作时间间隔。

(3)启动一台清灰空压机,启动脉冲清灰系统冷干机,启动各室的旋转喷吹装置。

(4)将各布袋场的旋转喷吹装置电磁阀控制方式切为"自动";将脉冲吹扫模式设置为"定阻投入""清灰自动"。

(5)在DCS界面上按下"顺启"按钮,弹出"脉冲阀顺序控制"操作端;在"脉冲阀顺序控制"操作端上选择"自动模式"—"顺启"。当布袋除尘器平均压差达到800 Pa时,脉冲清灰程序自动进行吹扫。

3. 飞灰输送系统启动前的检查

(1)确认系统所有设备检修工作全部结束,工作票全部收回并验收合格;灰斗、输灰器内清洁无杂物;灰斗气化风机各润滑部位油质合格、油位正常,无缺油、渗油、漏油现象。

(2)各灰斗插板门、灰斗气化风入口门、控制气源储气罐进出口门、各气控箱进气总门、输灰器手动进气蝶阀在开启位置;各灰斗检修门孔、灰管手动排气阀、各气源管排污阀均在关闭位置,并密封良好。

(3)灰斗气化风机过滤器进风管内无粉尘及杂物;灰斗气化风机皮带松紧度适中;所有电动机及加热器接线牢固。

(4)所有电动机、减速机地脚螺栓完整,无松动现象,靠背轮连接完好,防护罩已装好。

(5)所有设备部件齐全,设备标牌、标志清晰正确,管路系统连接处严密、无泄漏;所有仪表、控制开关、保护装置、报警装置、指示灯齐全。

(6)送上控制电源、各设备动力电源。在控制气源空压机启动后,检查各气控箱内管路是否严密,确保无漏气现象。

(7)对各种气动执行机构做开关实验,各气控箱执行机构应开关灵活、到位,无卡涩现象;模拟盘及微机上各反馈信号指示正确。

(8)仪用空气压力正常,压力表指示正常。

检查完毕后汇报值长,做好记录。以上各项均符合要求,灰库系统才符合运行条件。

4.飞灰输送系统的启动

(1)锅炉点火前24 h,接值长令,投运灰斗气化风机;摇测设备绝缘合格,送上灰斗气化风机及其电加热器电源;风机管线联络门开关位置正确。

(2)运行原则:先启动灰斗气化风机,待运行正常后,再启动对应的电加热器;停运时,顺序相反;确保电加热器及时散热。

(3)就地启动:按下气化风机控制箱的"启动"按钮,运行正常后,按下相应电加热器控制箱的"启动"按钮。

(4)远控启动:选择灰斗气化风机远方,在 CRT 上按下气化风机的"启动"按钮并确认,运行正常后,按下相应电加热器的"启动"按钮。

(5)启动输灰空压机,运行稳定,调节各支路进气手动调节阀,一般省煤器输灰母管和布袋场输灰母管压力设定在 0.35 MPa ~ 0.45 MPa。

(6)设置好各单元的输灰结束压力、补气压力、进料时间、出料时间以及省煤器支路的延时装灰压力等值。

5.飞灰输送系统运行中的检查

(1)风机油位正常(1/2 ~ 2/3),油质合格;风机运转正常,无异声,温度、振动、出口风压正常。

（2）电加热器运行温度正常，就地值与 CRT 显示一致，三相电流平衡，散热风扇运转正常。

（3）气化风机进口滤网无堵塞现象。灰斗各气化风管无堵塞现象，管路压力与风机出口压力一致，各灰斗气化风管有温度。各袋场的灰斗气化风管管道畅通，流化效果良好，确保灰斗下灰通畅，防止产生高料位。

（4）在每次输灰系统启动时，必须对各灰斗下灰管进行敲打，避免上次停炉后灰斗存有余灰，造成下灰不畅，产生灰斗高料位。

（5）在输灰系统运行时，每班对仓泵进料情况进行判断不得少于两次，通过敲击仓泵发出的声音进行判断，避免因灰斗下灰不畅，产生灰斗高料位。

（6）在输灰系统正常运行时，可通过对各袋场灰斗出口短节处进行测温，来判断灰斗落灰情况。如果同一袋场短节温度差异较大，可能存在各灰斗落灰不均匀的情况。

（7）在输灰系统运行时，必须对底部流化阀、平衡阀、进料阀进行检查，防止阀体堵塞、泄漏造成输灰异常，发现异常时及时向值长汇报，通知检修人员处理。

（8）正常输灰输送时间不得超过 10 min，输送超时，必须对设备进行检查、分析，及时向值长汇报，通知检修人员处理。

（9）严禁在输灰管道有余压时手动开启仓泵进料门，以防止管道压力对下料阀圆顶球面和密封气囊造成磨损。

（10）运行中应检查下料阀，在关闭状态下，气囊充气密封时，就地压力表应显示气囊压力大于 0.5 MPa。如果下料阀关信号不到位报警，应检查气囊的密封压力是否正常。

6. 飞灰输送系统的停运

（1）在仓泵停运之前，须清空灰斗积灰，并手动对各个支路进行吹扫，确保管道积灰清空。

（2）远程停运仓泵：在 CRT 上点开每个单元的"顺启"按钮，在弹出的界面中点击"复位"即可。

（3）仓泵的就地操作：在个别仓泵出现故障或堵塞的情况下，就地将控制柜由远方切至就地运行方式，对个别仓泵按照程序启动、停止的顺序手动依次操作。由于该操作比较复杂，现场操作不便，因此不建议采取此类操作方法，尽量在 DCS 上进行单个仓泵的排灰操作。

（4）通过敲打落灰管、仓泵罐体等方式，判断进灰量（一次进灰量不可太大）和下灰量，并根据实际情况，判断是否进行下一步操作。

（5）为了防止管道内有积灰，要求停炉（包括临时停炉，特别是气温低时）进行清管。清管步骤：布袋场退出运行后，将输灰结束压力降至 0.025 MPa。根据输灰压力曲线判断是否需要继续清管。清管前布袋除尘器清灰应结束，脉冲清灰装置退出运行。在 DCS 上手动开启输灰主进气阀，管道补气气动阀、进料阀关闭。用榔头对仓泵进行敲打，并由下至上对输灰管道反复敲打 30 min（此时管道压力应小于 0.01 MPa，但并不表示管道已清空），开启管道补气气动阀，对输灰管道吹扫 15 min。全部管道清管完毕后，关闭各管道输灰进气气动阀和手动阀、管道补气气动阀和手动阀。

（6）就地停运灰斗气化风系统：就地手动将电加热器的"停止"按钮按下，待加热器温度接近室温时，按下气化风机的"停止"按钮。

（7）远控停运灰斗气化风系统：在 CRT 上按下电加热器的"停止"按钮并确认，待电加热器温度接近室温时，按下气化风机"停止"按钮并确认。

（8）紧急停运灰斗气化风系统：就地按下"紧急停机"按钮。气化风机立即停运，气化风机的电加热器也停运。如需长期停运，需将灰斗气化风机及其电加热器的电源断开。

7. 捞渣机启动前的检查

（1）捞渣机干、湿箱体无变形，内部无积渣、积水现象，人孔门、检修孔关闭严密；刮板无偏斜、断裂现象；链条完好，无断裂、松弛、过紧或卡涩现象；水封板无变形、破损、脱落现象。

（2）关闭放水手动门，箱体无渗水、漏水现象；张紧装置前后刻度指示一致，高位、高高位报警探头安装牢固，接线正确。张紧装置设备完好，油系统压力稳定，油位正常，油过滤器无堵塞现象。张紧装置无渗油、漏油现象。

（3）链条在尾部惰轮中间，尾部惰轮支撑架无变形现象，捞渣机各惰轮在加油周期内无渗油现象，接链环锁紧销完好，链条与链条啮合良好。

（4）捞渣机各补水手动门开度适当，气动门开关灵活，处于关闭位置；捞渣机零速开关、高低水位开关、高低水温开关外形完好，接线和探头安装正确、牢固。

（5）链喷水电磁阀接线正确、牢固,链喷水手动门开度适当;捞渣机液压驱动马达外形完好、安装牢固,联轴器无破损,防护罩安装牢固,链轮驱动轴承在加油周期内无渗油现象;液压驱动装置外观完整,各地脚螺栓紧固;电机接线正确,接地线牢固,风扇无破损,罩内无杂物。

（6）油温测点、滤网压差测点及各电磁阀接线正确、牢固;油泵出口压力表指示为零,滤网在清洗周期内。寒冷天气,液压油站的油温低于 10 ℃时,电加热器能自动投入,并工作正常;油质良好,外观透明呈淡黄色,无杂物,油箱及各油管等无渗油和漏油现象,油位在 1/2 和 2/3 之间。

8.渣仓的检查

渣仓外形完好,内壁防腐层无脱落现象;仓壁振动器安装牢固、位置正确;析水元件出口手动门开启;析水元件出口至渣仓的管道完好;反冲洗装置手动门关闭,无渗水、漏水现象;气动排渣门开关灵活、到位;渣仓振打器、操作盘电源送上,指示正常;上位机及就地渣仓料位指示正确,有接受进渣的空间。

9.缓冲仓补水

打开缓冲仓补水手动门;将缓冲仓补水液位联锁投入自动,缓冲仓补水电动门将根据缓冲仓液位自动补水。

10.捞渣机注水

（1）就地启动液压关断门和油站,检查确定油压在 6 MPa 和 10 MPa 之间;通过就地操作箱,放下渣斗液压关断门。

（2）放下关断门的操作顺序:先放下两侧的关断门,再放下端部的关断门。抬起关断门的操作顺序:先抬起端部的关断门,再抬起两侧的关断门。

（3）启动锅炉引风机前必须建立炉底上水封槽水封,微开上水封槽 16 个补水阀（关到位后开 1～2 圈）;在锅炉引风机启动前 4 h 开始注水。

（4）将回水泵就地控制箱"远程/就地"切换旋钮切至"就地",变频启动,检查正常后切至"远程"。上位机启动回水泵,并将"备用泵联锁"旋钮切至"联锁投入",根据需要调整回水泵频率确保流量合适。

（5）打开炉底水封槽补水手动阀对上水封补水;捞渣机就地控制箱上将捞渣机补水阀切至"手动"并开启补水阀。待渣井满水后,将捞渣机就地控制箱上的捞渣机补水阀关闭,并切至"自动"。在上位机上将回水泵变频调整至捞渣机

溢流管有溢流即可。

11.溢流水泵的启动

溢流池水位符合启动条件后,上位机启动溢流水泵(变频器设置为根据液位自动控制)。正常情况下,溢流水泵一运一备。在非正常情况下,溢流水量较大时,可投入 2 台并列运行。溢流水泵有"液位低(0.8 m)"自动跳闸保护。"液位高"时,需根据液位情况在上位机人工启动备用泵。在工频泵运行时,若液位低于 1.0 m,溢流水泵自动停运;当液位大于 1.8 m 时,溢流水泵自动启动运行。

溢流水泵变(工)频联锁操作设置:①A(B)溢流水泵变频待运行、B(A)溢流水泵工频联锁备用;②A(B)溢流水泵控制柜转换开关切至"自动"位置;③上位机变频启动 A 溢流水泵,确保水泵运行稳定;④A(B)溢流水泵控制柜联锁开关切至"断开"位置;⑤B(A)溢流水泵控制柜转换开关切至"手动"位置;⑥B(A)溢流水泵控制柜联锁开关切至"联锁"位置。

12.启动高效浓缩机

高效浓缩机进水之前,将主耙提升至最高位置;在浓缩池水位开始溢流时,启动主耙;检查确认主耙运转正常后,缓慢将主耙降至最低位置;根据需要启动浓缩机、缓冲仓排污泵的例行排污程序。

13.启动捞渣机

在引风机启动前根据值长的命令启动捞渣机;就地启动捞渣机张紧装置,确认张紧装置前后刻度指示一致;就地检查捞渣机动力油站油位正常(液面与油箱顶部的距离在 200 mm 以内);冷却水手动阀开启;动力油站油温正常范围为 10 ℃~60 ℃;动力油站必须在无负载情况下启动,将捞渣机的调速旋钮转至零位,启动捞渣机;缓慢转动调速旋钮,至刮板缓慢移动;将捞渣机控制旋钮切至"远程",由 DCS 根据渣量调整捞渣机转速;密切监视捞渣机运行 2 h 以上,确认无大渣块和杂物后,转为正常巡视。

二、事故处理

1.除尘器压差持续偏高

现象:除尘器压差持续增大;快速清灰不能使压差下降。

原因:清灰压力太低;脉冲清灰系统故障,电磁阀打不开;布袋使用期限已到,无法彻底清除积灰;脉冲阀膜片破损;电磁阀不回座导致脉冲阀膜片没有关闭。

处理方法：

（1）所有除尘室压差持续偏高，且快速清灰仍不能使压差降低时：①若清灰压力持续偏低，立即启动另一台清灰空压机，增大清灰压力；②若两台清灰空压机运行仍不能保证清灰压力正常，立即向班长、值长汇报，并检查清灰系统，发现问题及时通知检修人员处理；③若压差持续偏高，炉膛负压不能正常维持，应向值长汇报，请求降负荷运行。

（2）单个除尘室压差偏高时：①检查清灰系统是否正常，旋转臂、电磁阀是否正常，如有问题及时向机长、值长汇报，并通知检修人员处理；②若需停止运行该除尘室，锅炉负荷应根据除尘室运行数量确定，待故障排除后恢复运行该除尘室。若布袋使用寿命到期，则及时更换布袋。

2. 排尘浓度升高

现象：烟囱排尘量增加；浊度仪显示排尘浓度升高。

原因：布袋泄漏；花板层泄漏。

处理方法：立即向班长、值长汇报；查明排尘浓度升高原因，通知检修人员进行处理。

3. 布袋泄漏

现象：泄漏布袋所在除尘室排尘浓度不正常升高；泄漏布袋所在除尘室压差变小（泄漏量小时不明显）；由净气室观察孔可见泄漏布袋附近花板上方有积灰，且随时间延续，积灰量不断增加；清灰时可见泄漏布袋处有灰尘飞起。

原因：布袋本身存在质量问题；安装时对布袋造成损伤或安装不符合要求；使用期间维护不当，个别部位烟温超温或个别布袋被油烟玷污；布袋达到使用寿命。

处理方法：确认布袋泄漏后，立即向值长、班长汇报；通知检修人员更换布袋。

4. 除尘器入口烟温高

现象：除尘器入口烟温升高，发出报警信号。

原因：锅炉燃烧工况不正常；锅炉尾部烟道发生再燃烧；锅炉炉膛漏风。

处理方法：（1）发现除尘器入口烟温高，立即向班长、值长汇报，降低排烟温度；（2）除尘器入口烟温升高超过极限（172 ℃）时，喷水系统应自动投入，若自动不能投入应立即手动投入喷水减温系统,并检查喷水压力及各喷水阀门,确保正常;(3)喷水系统投入 15 min 后,若除尘器入口温度仍不能降到 155 ℃ 以下,应向班长、值长汇报,请求减负荷或停炉处理;(4)发现除尘器入口烟温迅速升高至 200 ℃ 以上,立即向值长汇报,请求紧急停炉,停炉后立即关闭所有除尘室进、出口挡板。

5. 脉冲吹扫电磁阀内漏

现象:清灰压力突然降低,持续不升;脉冲空压机运行正常,出口压力在正常范围;前置储气罐和缓冲储气罐的压力均较低。

原因:布袋除尘器某个脉冲电磁阀内漏;脉冲管道有漏点。

处理方法:将故障脉冲电磁阀前手动阀关闭,立即通知检修人员处理;联系检修人员将脉冲管道的漏点进行处理;此类缺陷应尽快处理,处理期间应密切注意布袋除尘器的压差。

6. 捞渣机运行异常及处理方法

(1)询问值长机组负荷大小和煤质情况;在大负荷运行和燃用结焦煤种时,要加强巡检;发现渣量太大,危及捞渣机安全时,及时向值长汇报,请示调整负荷。

(2)每天炉膛吹灰时应加强巡检,发现渣量太大,危及捞渣机安全时,向值长汇报,以便调整吹灰方式,并做好掉大焦的准备和防范措施。

(3)若有大焦或异物落下,造成捞渣机刮板脱落、链条脱轨、链条断裂或动静部分卡涩,应紧急停运捞渣机,严禁再次启动,以免造成更大损失,并及时向值长汇报,通知检修人员处理。

(4)突然停炉时,由于热负荷急剧下降,可能有大焦落下,对捞渣机构成严重威胁,因此应加强检查,发现异常及时处理。若捞渣机链条不动,但液压驱动装置未停,应立即紧急停运捞渣机,向值长汇报,查明原因。

(5)若渣量大造成捞渣机过负荷跳闸,可将捞渣机速度调至正常重启一次。当环链磨损而长度增加时,液压自动张紧装置将自动升高张紧轮轴,升高到上限时,发出"截链报警",应通知检修人员进行链条的截取或更换。

(6)当刮板磨损严重无法保证与环链的正常连接,有脱落的趋势时,应及时联系检修人员更换新的刮板。当捞渣机在运行中因设备故障检修时,需关闭渣斗液压关断门,检修时间不能超过 4 h。

7. 捞渣机的常见故障

现象:捞渣机故障;液压驱动装置故障。

原因:捞渣机水温过高;水位高或水位低;速度开关故障,虽然捞渣机系统启动,但测速圆盘不转;负载大;链条卡;张紧装置高高位报警;液压马达故障。油过滤器滤网脏;油箱油位低;油温高;油泵压力低。

处理方法:(1)检查捞渣机工业水补水情况,补水手动门及气动门是否正常开启;(2)捞渣机速度开关故障,虽然捞渣机系统启动,但测速圆盘不转时,可能发生断链,应停止捞渣,通知检修人员处理;(3)捞渣机负载大时,应通知检修人员处理;(4)若发现链条偏斜,则不能启动,应通知检修人员处理,并做好防止链条脱落的措施;(5)液压驱动装置故障时,不得启动液压驱动装置,应立即向值长汇报,通知检修人员处理。

8. 刮板捞渣机油位太低报警

原因:油箱的油太少;系统泄漏。

处理方法:检查系统泄漏原因,并加油使油位正常。

9. 液压泵电机跳闸报警

原因:电机过负荷;电机冷却不充分;泵被卡住。

处理方法:检查电机连接装置;检查泵是否被卡住。

10. 刮板捞渣机跳闸

现象:刮板捞渣机电流为零,操作盘控制开关红灯灭,绿灯闪烁;刮板捞渣机停止转动。

原因:刮板捞渣机电机或电气部分故障;过负荷,致使刮板捞渣机跳闸;刮板捞渣机被异物卡住;下游设备跳闸联跳刮板捞渣机;油压过高或过低;油箱油位低。

处理方法:立即复位刮板捞渣机的"跳闸"按钮,使刮板捞渣机停止运行;若电机或电气部分故障,应及时向班长汇报,联系电气人员处理;若刮板捞渣机被异物卡住,联系检修人员处理;若超过 5 h 处理不好,应向值长汇报,请示降负荷运行;若超过 6 h,短时间内无法修复,应请示停炉。

11. 刮板捞渣机卡住

现象:电机电流突然升高;刮板捞渣机停止转动。

原因:过负荷,电机跳闸,电流为零;刮板捞渣机被异物或大渣块卡住;链条脱轨、被卡住;机械部分故障。

处理方法:刮板捞渣机卡住,应立即停止运行,防止刮板捞渣机过负荷,电机被烧坏;若刮板捞渣机卡住,应向班长汇报,联系检修人员处理;若超过 5 h 处理不好,应向值长汇报,请示降负荷运行;若超过 6 h,短时间内无法修复,应请示停炉。

12.刮板捞渣机出力不足或转速慢

现象:刮板捞渣机转速下降或停止转动;排渣过程中,刮板捞渣机转动不灵活;负荷一定时,刮板捞渣机经常卡住。

原因:刮板捞渣机轴承缺油卡涩;刮板捞渣机轴封水压低,造成轴封水轮进渣卡涩;刮板捞渣机液压动力箱电机打了保险,缺相或开关吸合不正常。

处理方法:查明原因,停止刮板捞渣机运行;通知电气人员检查碎渣机动力回路是否缺相,若缺相应及时处理;检查刮板捞渣机轴承是否缺油或卡涩,若缺油,及时加油,加油后再继续排渣。

第九章 脱 硫 系 统

烟气脱硫是世界上唯一的一种大规模商业化应用的脱硫方法,是控制酸雨和二氧化硫污染最为有效和主要的技术手段。

烟气脱硫技术主要是利用吸收剂或吸附剂去除烟气中的二氧化硫,并使其转化为稳定的硫化合物或硫。烟气脱硫按脱硫的方式和产物的处理形式一般可分为干法、半干法和湿法三类。

(1)湿法烟气脱硫技术(WFGD 技术)

其主要原理是含有吸收剂的溶液或浆液在湿态下脱硫和进行脱硫产物处理。该技术具有脱硫反应速度快、设备简单、脱硫效率高等优点,但普遍存在腐蚀严重、运行维护费用高、易造成二次污染等问题。

(2)干法烟气脱硫技术(DFGD 技术)

其脱硫吸收及产物处理均在干态下进行。该技术具有无污水和废酸排出、设备腐蚀小、烟气在净化过程中无明显温降、净化后烟气温度高、利于烟气排放扩散等优点,但存在脱硫效率低、反应速度慢、设备庞大等问题。干法烟气脱硫技术能较好地回避湿法烟气脱硫技术存在的腐蚀和二次污染等问题,因此近年来得到迅速发展和应用。

(3)半干法烟气脱硫技术(SDFGD 技术)

半干法兼有干法和湿法的一些特点,是脱硫剂在干态下脱硫、在湿态下再生(如水洗活性炭再生流程),或者在湿态下脱硫、在干态下处理脱硫产物(如喷雾干燥法)的烟气脱硫技术。在湿态下脱硫、在干态下处理脱硫产物的半干法具有湿法脱硫速度快、脱硫效率高的优点,又有干法无废水废酸排出、脱硫产物易于处理的优势,因而受到广泛关注。

第一节　脱硫系统工艺流程及设备结构

石灰石湿法烟气脱硫(FGD)技术是利用石灰石浆液在吸收塔内吸收烟气中的二氧化硫,通过复杂的物理、化学过程,生成以石膏为主的产物。其工艺流程如图9－1所示。石灰石湿法烟气脱硫工艺流程主要包括制粉、浆液制备、预吸收、吸收塔、氧化、烟气换热、石膏脱水等子系统以及其他辅助系统。

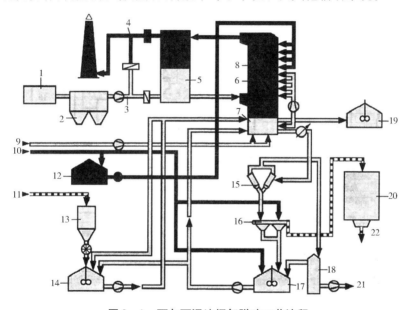

图9－1　石灰石湿法烟气脱硫工艺流程

注:1——锅炉;2——电除尘器;3——待净化烟气;4——净化烟气;5——气气换热器;6——吸收塔;7——持液槽;8——除雾器;9——氧化空气;10、12——工艺水;11——石灰石;13——石灰石储仓;14——石灰石中和剂储仓;15——水力旋流分离器;16——皮带过滤器;17——中间储仓;18——溢流储仓;19——维修用塔槽储箱;20——石膏储仓;21——溢流废水;22——石膏。

一、石灰石浆液制备系统及其设备

石灰石脱硫制粉系统的任务是为脱硫系统提供足够数量和符合质量要求的石灰石粉,然后由制浆系统将石灰石粉和水配制成30%浓度的浆液,通过石灰石浆泵和管道送入脱硫岛的吸收系统。石灰石粉制备系统根据石灰石磨制方式可分为干粉制浆和湿式制浆两种。

湿式制浆系统如图9－2所示,由破碎系统和湿式球磨机制浆系统组成。石灰石破碎系统用于将石灰石石料破碎成小于6 mm的石灰石细料并将石灰石

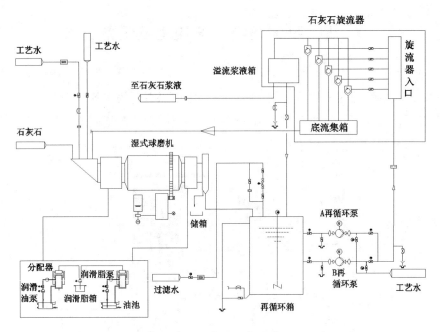

图 9 - 2　石灰石制浆系统图

细料储存起来。汽车将石灰石卸到石料受料斗,通过受料斗底部的振动给料机向破碎机供给石料。石料经破碎机破碎,破碎后的石料经输送皮带送到斗式提升机。斗式提升机将石料送到石灰石仓,石料经石灰石仓下的阀门供给制浆系统。石料接收仓上设有布袋除尘器,防止卸料时粉尘飞扬。来自石灰石仓的预破碎的石料通过称重皮带给料机进入湿式球磨机被制成石灰石浆液,浆液被送入湿磨机浆液箱,再由湿磨机浆液泵送入石灰石旋流器进行分选。旋流器中的稀浆液流入石灰石浆液箱,用作吸收剂,下层的稠浆液送入湿磨机重新磨制。石灰石浆液箱中的浆液经石灰石浆液泵送入吸收塔。石灰石浆液箱中装有搅拌器,防止沉淀。石灰石浆液有一定的设计浓度,吸收塔的给料速率根据锅炉负荷、烟气中二氧化硫的浓度、吸收剂浆液 pH 值而定。目前大部分燃煤电厂采用湿式制浆方式,湿式制浆又包括石灰石储运系统、石灰石浆液磨制和配制系统、石灰石浆液供给系统。

1. 湿式球磨机

湿式球磨机的转速为 15 r/min ~ 25 r/min。它利用低速旋转的滚筒带动筒内钢球运动,通过钢球对石灰石块的撞击、挤压、研磨,实现石灰石块的破碎并将石灰石块磨制成细度为 90%、小于等于 44 μm 的细小粉末。它的磨碎部分是一个圆筒。筒内用橡胶护甲做内衬,护甲与筒壁间有一层石棉衬垫,起隔音作用。球磨机筒体内装载了一定数量的直径为 30 mm~60 mm 的钢球、被磨物料和适量的水,并按照工艺要求对物料、水和研磨体进行适当的匹配。电动机通过变速箱带动圆筒产生旋转运动,研磨体受离心力的作用贴在筒体内壁与筒体一起旋转上升。研磨体被带到一定高度时,由于重力作用而被抛出,并以一定的速度下落。钢球对石灰石块的撞击以及钢球之间、钢球与护甲之间的碾压,把石灰石磨碎,使石灰石和水搅拌,混合成浆液。石灰石浆液经溢流口溢出。

一般来说,球磨机的初始钢球级配为大球 25%、中球 50%、小球 25%,实际生产中主要取决于被磨物料的粒度,也要适当考虑球磨机的直径和转速。湿式球磨机对物料的粉碎主要是靠研磨而不是冲击,因此可以适当减少大钢球用量,多用中小钢球以保证良好的研磨效果。在所有条件下,球磨机能确保向 FGD 工艺供应足量的石灰石细度至少为 90%、小于等于 44 μm 的浆液。

九江电厂 660 MW 机组脱硫系统单台湿式球磨机的出力为 21 t/h。球磨机出力具有较大的调节范围,能适应负荷变化的要求。湿式球磨机能连续和非连续运行。球磨机出口的石灰石浆液的细度要求小于 44 μm。

2. 石灰石旋流器

石灰石旋流器是用来分离石灰石浆液的分离装置,其主要作用是分离出合格的石灰石浆液,即把湿磨浆液泵送来的石灰石浆液进行分离,其中含细小颗粒的溢流浆液进入石灰石浆液箱,再经石灰石浆液泵送至吸收塔,而含粗大颗粒的底流浆液返回球磨机进行再研磨。其关键部件是多个呈环形布置的旋流子,每个旋流子的入口配一个手动隔膜阀。

旋流子的工作原理如图 9-3 所示。根据离心沉降原理,含固液两相的浆液以一定压力从旋流子周边切向进入后,将产生强烈的旋转运动。由于固体石灰石颗粒与水之间存在着密度差,它们受到的离心力大小不同。浆液中的颗粒较粗、浓度较高的部分被抛向外壁,沿锥体壁呈螺旋状向下运动,最后从锥体末端排出;而颗粒较细、相对浓度较低的浆液则向锥体轴向中心靠拢,进入中心溢流管范围内后转而上行,直至从顶部溢流口排出。

FGD 工程中石灰石旋流器由规格相同的一组水力旋流子组合而成,如图 9-4 所示,一组水力旋流子周向布置在集液罐周围。旋流子结构比较简单,主体通常由可拆卸的几段相互连接而成。各个旋流子均独立工作,互不干扰。

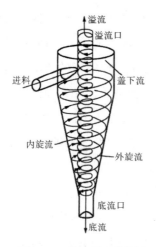

图 9 - 3　旋流子工作原理

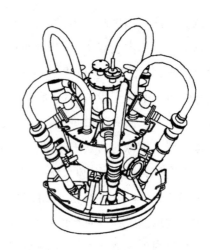

图 9 - 4　石灰石旋流器

二、吸收系统及其设备

二氧化硫吸收系统包括烟气中的二氧化硫在吸收塔中被吸收、氧化的过程和石膏结晶的整个过程,也是石灰石湿法烟气脱硫工艺的核心系统。该系统保证了烟气中的二氧化硫能够被持续有效脱除,维持系统的脱硫效率始终处于设计水平。

二氧化硫吸收系统(如图 9 - 5 所示)包括吸收塔本体、AFT 塔本体、吸收塔浆液循环泵、AFT 塔浆液循环泵、石膏浆液排出泵、吸收塔喷淋、搅拌器、除雾器、冲洗、氧化空气等部分,还包括辅助的放空、排空设施等。

1. 吸收塔

吸收塔是燃煤烟气湿法脱硫装置的核心设备。吸收塔的布局根据具体功能分为吸收区、脱硫产物氧化区和除雾区。烟气中的有害气体二氧化硫在吸收区与吸收液接触被吸收;除雾区将烟气与洗涤浆液滴和灰分分离;吸收后生成的亚硫酸钙在氧化区进一步被鼓入的空气氧化为硫酸钙,最终以石膏的结晶形式析出。吸收塔内部必须进行防腐处理,如采用衬胶防腐,或者采用玻璃鳞片涂层防腐等。

吸收塔装设四支氧化喷枪,AFT 塔装设两支氧化喷枪,将氧化空气注入循环浆池内,在搅拌器的作用下,使氧化空气与循环浆液充分混合,完成强制氧化工艺。

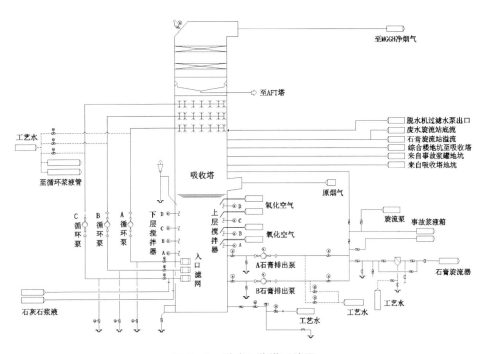

图 9-5 脱硫吸收塔系统图

在吸收塔净烟气出口前装设有两级除雾器,可以将净烟气中夹带的雾滴充分分离,达到设计要求,避免影响下游设备的正常运行。为了避免除雾器结垢,设有专用的冲洗装置,自动进行冲洗。

九江电厂660 MW机组脱硫系统为单塔双循环系统(一炉一塔)。如图9-6所示,烟气从吸收塔下侧进入,与吸收浆液逆流接触,在塔内进行吸收反应,对落入吸收塔浆池的反应物再进行氧化反应,得到脱硫副产品二水石膏。这两个过程的化学反应方程式如下:

中和反应:$2CaCO_3 + 2SO_2 + H_2O \longrightarrow 2CaSO_3 \cdot 1/2H_2O + 2CO_2$

氧化反应:$2CaSO_3 \cdot 1/2H_2O + O_2 + 3H_2O \longrightarrow 2CaSO_4 \cdot 2H_2O$

在添加新鲜石灰石浆液的情况下,石灰石、副产品和水等混合物形成的浆液从吸收塔浆池经循环浆液泵打至喷淋层,在喷嘴处雾化成细小的液滴,自上而下地落下。在液滴落回吸收塔浆池的过程中,实现了对烟气中二氧化硫、三氧化硫、氯化氢和氟化氢等酸性组分的吸收过程。烟气从吸收塔下部进入,逐渐上升,而浆液雾化的液滴从上到下落下,整个吸收过程称为逆流吸收。

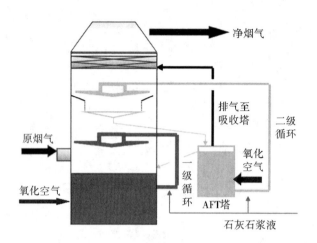

图9-6 双循环烟气脱硫装置

被吸收的二氧化硫与浆液中的石灰石反应生成亚硫酸盐,后者在浆池中被氧化空气氧化生成硫酸盐,此后便是石膏过饱和溶液的结晶。为充分、迅速氧化吸收塔浆池内的亚硫酸钙,设置了氧化空气系统。

在吸收塔去除二氧化硫期间,利用来自循环浆液泵的水将烟气冷却至绝热饱和温度。消耗的水量由工艺水补偿。为优化吸收塔的水利用,这部分补充水被用来清洗吸收塔顶部的除雾器。

吸收塔浆池中浆液的停留时间应能保证可形成优良的石膏晶体,从吸收塔中抽出的浆液将被送至石膏旋流器进行浓缩,浓缩后的石膏浆液流入石膏浓浆箱,经石膏浓浆泵输送至真空皮带脱水机。经脱水处理后的石膏表面含水率不超过10%,脱水后的石膏经胶带输送机送入石膏贮存间储存。石膏旋流器分离出来的溢流液一部分进入废水旋流站,一部分返回吸收塔。

2. 搅拌器

浆液搅拌系统的作用是保持塔内的浆液处于流动状态,从而使其中的脱硫有效物质(碳酸钙固体微粒)也保持在浆液中的均匀悬浮状态,同时将鼓入的氧化空气和浆液充分混合,保证浆液对二氧化硫的吸收和反应能力。

搅拌系统为上下2层,每层有4台搅拌器。搅拌器叶片通过电机带动旋转,使浆液处于悬浮状态,确保在任何时候亚硫酸钙氧化和塔内石膏浆液不沉淀、结垢或堵塞。如图9-7所示。

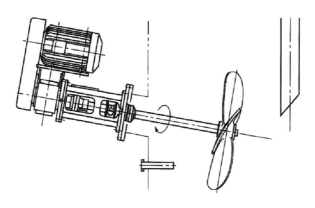

图 9 - 7　搅拌器

三、石膏脱水系统及其设备

吸收塔的石膏浆液通过石膏浆液排出泵送入石膏旋流器浓缩,浓缩后的石膏浆液流入石膏浓浆箱,经石膏浓浆泵输送至真空皮带脱水机。经脱水处理后的石膏表面含水率不超过 10%,脱水后的石膏经胶带输送机送入石膏贮存间储存。其流程如图 9 - 8 所示。石膏旋流器分离出来的溢流液一部分进入废水旋流站,一部分返回吸收塔。石膏浓浆泵将石膏浓浆箱中的浆液输送至真空皮带

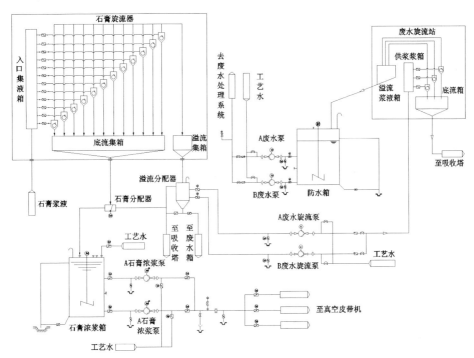

图 9 - 8　脱硫石膏脱水系统图

脱水机,浆液经真空皮带脱水机脱水为表面含水率不超过 10% 的石膏。

石膏一级脱水系统包括石膏旋流器、石膏浓浆箱、石膏浓浆泵等。

每套石膏二级脱水系统包括一台真空皮带脱水机和配套的真空泵、一套气液分离器、一套滤布冲洗水箱和冲洗水泵,以及一套滤饼冲洗水箱和冲洗水泵等。

1. 石膏一级脱水系统(石膏旋流器)

石膏浆液通过吸收塔石膏浆液排出泵送至石膏一级脱水系统,由石膏旋流器进行浓缩和石膏晶体分级。石膏一级脱水系统的主要设备是石膏旋流器,石膏旋流器包含多个石膏旋流子,使石膏浆液通过离心旋流而脱水分离。石膏旋流器的底流主要为较粗的晶粒(分离后使石膏水分含量从 80% 降到 40% ~ 50%)依重力流至石膏浆液分配箱,再流入真空皮带脱水机进行脱水。而含小颗粒的溢流浆液收集于旋流器溢流箱,大部分通过旋流器溢流返回泵送回吸收塔,另一部分通过废水旋流泵送到废水旋流器进行浓缩分离。

2. 石膏二级脱水系统(真空皮带脱水机)

从一级脱水系统来的旋流器底流,直接进入真空皮带脱水机进行过滤冲洗,得到主要副产物石膏饼。真空皮带脱水机可连续运行,也可间歇运行。

真空皮带过滤设备是湿式石灰石烟气脱硫系统中的关键设备,是一个相对独立的子系统,其作用是实现脱硫后石膏浆液的液固分离,从而得到含水率较低的石膏(处理后石膏固体物表面含水率小于 10%),是石膏的进一步处理或者直接出售必不可少的设备。其脱水效率高,处理量大。目前国内所有的湿式石灰石烟气脱硫系统均应用水平真空皮带过滤设备进行石膏的二级脱水处理。

浓缩的旋流器底流主要包含粗石膏颗粒,直接进入石膏浆液箱。小部分石膏旋流器溢流必须排出系统,避免细小颗粒和氯化物浓集。因此,小部分溢流由废水旋流泵直接排至废水旋流器。这个附加的旋流器,一方面必须保留住 FGD 系统内的碳酸盐和石膏颗粒,另一方面能防止这部分附加负荷进入废水处理装置。

石膏浆液在石膏浆液箱中缓冲,进入水平真空皮带过滤设备,开始二级脱水。浆液引至滤布上,形成固定厚度的一层浆液,以保证参数恒定和脱水性能稳定。滤布铺在橡胶皮带上,由其拖动同步运行。橡胶皮带下面是真空箱,真空箱与真空泵相连,因此箱内始终保持一定的真空度,在胶带上形成抽滤区。

在真空的抽吸作用下,滤液穿过滤布经橡胶带上的沟槽和小孔进入真空室,固体颗粒则被截留在滤布上,形成一层滤饼。真空箱内的滤液继续流动,经汽水分离器排出,而滤饼继续随滤布前行至洗涤区,经受新鲜工艺水的冲洗,以使氯离子含量达到要求的水平。经吸干区抽吸水分达到工艺要求后,滤饼在滤布平台尽头处自动卸出。一般石膏直接降落至下方的石膏储仓。

真空皮带脱水机主要由机架、主动轮、从动轮、橡胶皮带、皮带支撑、真空槽、滤布、轴承、浆液分配器、冲洗水分配装置组成。如图9-9所示。

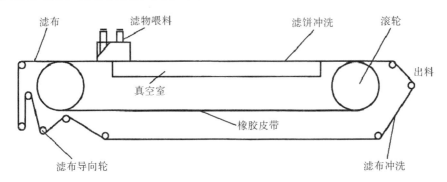

图9-9　真空皮带脱水机

第二节　脱硫系统的运行

脱硫系统运行时应保证锅炉机组和装置的安全、经济、稳定和正常运行。合理安排系统运行方式,精心调整,严密监视各测点参数使其运行在控制范围内,保证净烟气中的二氧化硫浓度在允许的范围内。合理调整运行参数值,保证石膏品质合格。严密监视 DCS 画面和各系统设备的运行、备用情况,各项参数应正常,发现异常情况,查明原因并采取相应措施,保证整个 FGD 安全运行。

一、脱硫系统的运行

1. FGD 各系统运行的注意事项

(1)石灰石供浆系统

1)石灰石浆液密度一般控制在 1180 kg/m^3 ~1250 kg/m^3。

2)尽量在供浆自动运行时使供浆流量不小于 5 t/h。如供浆流量长时间小于 5 t/h,可暂时中断供浆,待 pH 值适当下降时再供浆;当供浆流量长时间偏小时,定时用工艺水对供浆管道进行冲洗。

3)当供浆调节阀开度变化不大而供浆量明显减少,或供浆量变化不大而供浆调节阀开度明显增大时,要进行供浆阀全开、全关操作,将挂在供浆调节阀上的异物冲走。如果上述操作效果不大就要进行供浆管道冲洗,工艺水冲洗时原则上应达到初始流量,如果水冲洗流量与初始冲洗流量偏差较大,说明供浆管道有异物沉积,严重时要清理。如果水冲洗流量基本达到初始冲洗流量,要检查孔板是否因长期运行磨损严重,如果磨损严重就要更换。

4)检查石灰石浆液泵机械密封水流量及压力是否正常。

5)石灰石供浆泵停运时,须用工艺水对系统进行充分冲洗。

6)石灰石供浆泵出/入口门、冲洗门检修后必须进行严格检查,确保其严密性。

(2)吸收塔及排空系统

1)吸收塔液位一般控制在 12.5 m ~ 13.5 m,最佳液位为 13 m。吸收塔除雾器必须定时冲洗,以免积灰。在吸收塔液位自动投入时,一旦发现液位偏离较大,应立即切除自动,检查除雾器电动门状态,发现问题及时联系检修人员处理。吸收塔液位偏高,易出现溢流;液位偏低则影响氧化效果,易造成亚硫酸钙超标。亚硫酸钙不结晶,其严重超标将直接影响石膏脱水效果,所以要定期检测吸收塔亚硫酸钙含量。

2)石膏浆液密度一般控制在 1080 kg/m^3 ~ 1120 kg/m^3。密度达到 1110 kg/m^3 时,启动真空皮带机;密度降到 1070 kg/m^3 时,停止真空皮带机。最大控制密度应不高于 1150 kg/m^3。

3)为保证 FGD 装置运行在最经济状态,视机组负荷、入炉煤含硫量以及原烟气、净烟气的二氧化硫浓度情况,决定循环泵运行数量,可以选择两台(吸收塔必须保证两台循环泵运行)、三台或四台运行方式(B、C 循环泵必须保证一台运行)。一旦循环泵要停运较长时间(这有别于 FGD 正常停运时循环泵停运),必须采取有效措施防止循环管道浆液沉积。如:给停运循环泵相应的循环管道注入工艺水;将循环泵排放阀打开,前提是循环泵入口阀必须严密,无泄露现象。

4)注意石膏排出泵滤网压差,滤网压差为 10 kPa 时,联系检修人员清理滤网,清理完毕后及时恢复滤网运行。

5) 循环泵入口门、排放门、石膏浆泵出/入口门、冲洗门检修后必须进行严格检查,确保其严密性。

6) 氧化风机应无载启动,即启动前先打开排空门。氧化风机停止前先打开排空门,再关闭风机出口门。氧化空气投运时先打开氧化风管加湿水手动阀,给氧化风加湿使其冷却。

7) 氧化风机润滑油系统应运行正常,氧化风机启停时均需先启动润滑油泵。注意吸收塔地坑液位变化。通常情况下,吸收塔地坑浆液由地坑泵打回吸收塔。

8) 吸收塔、AFT 塔一旦出现溢流,首先应适当降低吸收塔液位,进一步检查吸收塔液位表计是否正常,排除表计问题后进一步观察溢流浆液是否有泡沫。一旦吸收塔起泡,应在吸收塔地坑加消泡剂,用吸收塔地坑泵将溢流浆液打入吸收塔。

9) 检查循环泵机械密封水流量及压力是否正常;严密监视吸收塔 8 台搅拌器及 AFT 塔 4 台搅拌器机械密封水是否正常投入,石膏排出泵机械密封水流量是否正常。

10) 每班冲洗除雾器最少 3 遍,冲洗一遍要 40 ~ 60 min;除雾器正常冲洗时,冲洗水压力不小于 0.2 MPa;如果压力低,检查工艺水母管压力是否正常,检查除雾器冲洗水阀门是否内漏。

(3) 真空皮带脱水系统

1) 真空皮带机运行时,根据情况投运石膏旋流子(有一个备用旋流子)。真空皮带机石膏厚度一般控制在 15 mm ~ 30 mm,自动设定 20 mm 为佳。

2) 每次启动真空皮带机前均应通知化验人员取石膏样化验,以检验石膏品质。

3) 过滤水箱保持在 2.2 m 液位(汽水分离器排液管口须淹没在液面下)运行。汽水分离器液位高时,须立即停运石膏旋流站,利用工艺水对皮带机及其箱罐、管路进行冲洗,直至放水变清。

4) 真空泵运行时,检查真空值是否在正常范围,且不小于 - 70 kPa,一般控制在 - 35 kPa ~ 55 kPa 为最佳;检查真空泵密封水流量是否不小于 5 m³/h;检查真空泵启动后疏水阀是否能手动关闭。

5) 检查滤布冲洗水箱液位自动补水情况,定期检查水箱内浮球阀运行是否正常。

2. 湿磨机运行中的检查

(1)湿磨机运转平稳,齿轮传动无异常噪声,齿面接触良好。衬板及各转动零件无松动现象。

(2)润滑油系统、喷射油系统运行正常,湿磨机前、后轴承等处润滑正常,无渗漏,冷却水畅通。

(3)系统无漏浆,卫生清洁,各调节门、手动门、转动机构灵活好用。

(4)湿磨机各运行参数在规定范围内:石灰石粉末为90%细度,小于等于44 μm;湿磨机电流≤73.8A;减速机温度≯70 ℃;石灰石浆液浓度为30%;湿磨机电机轴承温度≯80 ℃。

3. 旋流器运行中的检查

浆液分配箱外形完好,入口浆液流量、压力正常(0.12 MPa);各阀门开度正常;旋流器浆液各管道完好,无堵塞现象;分配箱溢流畅通,无堵塞现象;旋流器底流出口应无磨损。

4. 吸收塔液位调整

吸收塔液位对脱硫效果和系统安全影响极大。吸收塔液位高,会缩短吸收剂与烟气的反应空间,降低脱硫效果,严重时甚至造成脱硫热烟道和氧化空气管道进浆,旋流浓缩站回浆不畅;如液位低,会降低氧化反应空间,影响石膏品质,严重时可能造成搅拌器振动、轴封损坏,甚至停机。吸收塔正常液位为13 m,如果液位高,应确保排浆管路阀门开关正确,控制系统无误,同时手动关闭除雾器冲洗水门及吸收塔补充水门,并减小旋流器溢流和底流回流量(根据吸收塔浓度配合使用),必要时可开启底部排浆阀排浆至正常液位。如果液位低,应确认吸收塔补充水管路没有泄漏或堵塞,除雾器冲洗水喷雾正常,同时开大除雾器冲洗水门及吸收塔补充水门,并增大旋流器溢流和底流回流量(根据吸收塔浓度配合使用)。

5. 吸收塔、AFT塔浓度调整

吸收塔、AFT塔浓度对于整个脱硫装置的运行十分重要,如果调整不当,就可能造成管道和泵的磨损、腐蚀、结垢及堵塞,从而影响脱硫装置的正常运行。如果吸收塔浓度低,应停止脱水,减少进入吸收塔的工艺水量;反之,做法相反。如果AFT塔浓度低,则停止旋流泵或将旋流泵出口电动门切至AFT塔。

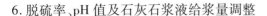

6. 脱硫率、pH 值及石灰石浆液给浆量调整

给浆量的大小对脱硫装置的影响很大。如果给浆量太小,就不能满足烟气负荷的脱硫要求,出口烟气含硫量增加,从而降低脱硫率。如果给浆量太大,就可能使石膏中的石灰石含量增加,从而降低石膏纯度。

正常运行时,给浆量可根据 pH 值、出口二氧化硫浓度、脱硫率及石灰石浆液浓度联合进行调节。当 pH 值及石灰石浆液浓度降低时,可加大给浆量;当出口二氧化硫浓度升高时,可适当开大石灰石给浆调节门的开度,增加石灰石给浆量。

若脱硫率太低,则加大给浆量,必要时可增加再循环泵投运数量。

如果原烟气二氧化硫浓度高,则 pH 值应保持较大值;反之,pH 值应保持较小值,但应保持在 4.5 ~ 5.5 之间,4.8 ~ 5.0 为最佳状态。

7. 石膏品质调整

若石膏水分含量大于 10% ,则应及时调整脱水机给浆量或转速,保证脱水机真空度和石膏厚度在合格范围内。若石膏中的粉尘含量过大,应向值长汇报,降低原烟气中的粉尘含量。若石膏中碳酸钙过多,应及时调整给浆量,并联系化验人员化验石灰石浆液品质及石灰石原料品质,如果石灰石浆液粒径过大,应调整细度至合格范围。如果石灰石原料中杂质过多,则应通知有关部门,保证石灰石原料品质在合格范围。若石膏中亚硫酸钙过多,应及时调整氧化空气量,以保证吸收塔氧化池中的亚硫酸钙充分氧化。

8. 脱硫系统(FGD)的启动方式

FGD 系统的启动方式有两种:长期停运后的启动与短期停运后的启动。停运后的启动工作应在 FGD 通烟气的前一天或几天前进行;短期停运后的启动是指 FGD 未进烟气,其他系统处于备用或运行状态的操作。

9. 脱硫系统(FGD)启动前的准备工作

所有检修工作已结束,工作票已全部终结,安全措施恢复;送上电气设备电源,联系热工人员将控制电源送上;公用系统投运,工艺水箱补水至正常液位;压缩空气储气罐投运;给吸收塔、AFT 塔注入一定浓度的石膏浆液至正常液位,并根据注入的石膏浆液的液位启动第一层、第二层搅拌器和石膏浆液排出泵;吸收塔、AFT 塔液位补充由事故浆液箱完成。

10. 脱硫系统(FGD)的启动

按照启动步骤启动 FGD 装置,逐一投运各子系统。功能组正常的一般用功能组启动,启动时必须有一人就地检查设备和系统的投运情况。功能组尚未完善的系统和设备,满足启动条件后,手动启动。

FGD 系统的启动顺序:电气系统、控制系统投运→工艺水系统、压缩空气系统投运→石灰石制备系统投运→吸收塔系统投运→AFT 塔系统投运→烟气系统投运→石膏脱水系统投运→废水处理系统投运。

11. 脱硫系统(FGD)的停运

FGD 系统根据停运时间的长短可分为短时停运、短期停运和长期停运三种方式。根据停运方式的不同,FGD 系统投运状态也相应改变,但脱硫系统无旁路,所以脱硫系统停运后,主机也随之退出。

(1)短时停运

FGD 系统短时停运的顺序为:烟气系统停运→吸收塔系统停运→石灰石供浆停运→石膏脱水系统根据吸收塔石膏浆液密度可选择运行或停止→排空系统运行。

(2)短期停运

若 FGD 系统要停运几天,此时停运为短期停运,此时除箱罐搅拌器运行外,其他系统设备原则上全部停运。停运顺序为:烟气系统停运→吸收塔系统手动停运→石灰石供浆停运→石膏脱水系统全停→排空系统运行→工艺水系统根据系统投运情况选择运行或停运。

(3)长期停运

若 FGD 系统需检修,此时的停运为长期停运,需将各系统所有的设备停运,将罐内和箱内的浆液排至事故浆液箱中储存。此时仅吸收塔地坑及事故浆液箱的搅拌器投运。

二、事故处理

1. 吸收塔、AFT 塔浆液循环泵流量下降

原因:循环管线沉积、堵塞;喷淋层喷嘴堵塞;循环泵入口阀门开不到位;循环泵的出力下降。

处理方法:清理循环管线;清理喷淋层喷嘴;检查并调整循环泵入口阀门状态;检查并处理循环泵。

2. 吸收塔、AFT 塔液位异常

原因:吸收塔、AFT 塔液位计异常;浆液循环管泄漏;各种冲洗阀内漏;吸收塔、AFT 塔泄漏;吸收塔、AFT 塔液位自动控制故障;吸收塔、AFT 塔及底部排放门泄漏或未关严;吸收塔内部收集碗有漏点。

处理方法:检查并调整液位计;检查并修补循环管线;检查并调整各种冲洗阀开度指示;检查吸收塔及底部排放门;检查并处理吸收塔液位自动控制装置;停运后对收集碗进行修复。

3. pH 值下降

现象:pH 值下降。

原因:锅炉机组燃用煤种变化,使得进入 FGD 系统的原烟气的二氧化硫含量超标;石灰石品质有问题;石灰石供浆量不足;石灰石浆液密度偏小。

处理方法:调整锅炉机组燃用煤种,长期不能满足原烟气二氧化硫含量要求的 FGD 系统要进行改造;调整石灰石品质,以满足设计标准;增加石灰石供浆量。

4. 吸收塔起泡

现象:吸收塔在正常液位运行发生溢流;吸收塔溢流浆液中含有气泡。

处理方法:第一次发现起泡时,应往吸收塔添加 10 kg 消泡剂,将消泡剂加入吸收塔地坑,再用吸收塔地坑泵将浆液打入吸收塔;其后每天往吸收塔添加消泡剂 1 kg～2 kg。消泡剂添加量为经验数据,仅供参考。注意过量添加消泡剂可能有反作用,起泡现象消失即可停止添加消泡剂。

5. FGD 事故非联锁停机

生产现场和控制室发生意外情况危及设备和人身安全时,运行人员应立即停机。

处理方法:FGD 停机后,运行人员应尽快查明事故原因和范围,通知检修人员做好恢复工作;运行人员应视恢复所需时间使 FGD 进入短时、短期或长期停机状态,在处理过程中应首先考虑浆罐、池、泵体内浆体沉积的可能性,视情况排放管道和容积中的浆体,必要时用水冲洗;在厂用电源故障时,保安应急电源送上后,可启动事故冲洗水泵。在 FGD 恢复正常供电后,立即启动搅拌器和工艺水泵;故障排除后做好进气准备,重新启动操作与正常启动相同。

6. 制浆系统故障停机

（1）遇到下列情况时，应紧急停止制浆系统运行

发生本规程转动机械紧急停止条款时；湿磨机大瓦温度超过 50 ℃，各滚动轴承温度达 80 ℃，经采取措施无效时；湿磨机电流突然增大或减小，查不出原因时。

（2）若遇到下列情况之一，应向值长汇报，停止制浆系统的运行

磨浆系统发生严重堵塞时；皮带称重给料机故障，短时不能正常运行时；湿磨机波浪瓦脱落，磨内产生异常金属撞击声；大瓦温度超过 45 ℃，经采取措施无效时；电气设备发生故障，需停运制浆系统进行处理时；制浆系统严重漏浆、漏油、漏水，无法正常运行时。

（3）紧急停运制浆系统的处理方法

立即停运湿磨机，联跳皮带称重给料机，复位跳闸设备。关闭磨进口工艺水或过滤水调整门，停运湿磨机再循环泵和石灰石旋流站。

7. 循环浆泵全停

原因：6 kV 电源中断；电机线圈温度高保护动作；电机轴承温度高保护动作。

处理方法：确认 FGD 紧急停机联锁动作；若是电源故障引起跳闸，按相关方法处理；检查泵体、电机油位是否正常。

第二篇 汽轮机设备及运行

第十章 汽轮机工作原理及结构

第一节 概 述

火力发电主要包括三大设备,即汽轮机、锅炉和发电机。汽轮机与其他动力机械相比,具有转速高、单机功率大、效率高、安全可靠等特点。一百多年来,汽轮机沿着增大单机功率、提高蒸汽参数、改进材料性能和制造工艺、提高自动化水平的方向发展。其经济性、安全性、可靠性、灵活性以及自动化程度不断提高。

火力发电采用大容量和超临界技术是提高汽轮发电机组经济性的主要手段。与相同容量的亚临界火电机组比较,超临界机组可提高 2% ~ 2.5% 的效率,超超临界机组可提高约 5% 的效率。随着国民经济的快速发展和人民生活水平的提高,我国电力工业也正在以前所未有的速度发展,一批超临界机组已投产或正在建设。

一、汽轮机的类型

(一)按工作原理分类

级是汽轮机中最基本的做功单元。根据级的做功原理,汽轮机可以分为以下几种类型:

1. 冲动式汽轮机

按冲动作用原理工作,结构上采用轮式转子,动叶片安装在叶轮上,喷嘴安装在隔板上。近代的冲动式汽轮机,各级动叶都一定程度地膨胀。国产 50 MW、100 MW 和 125 MW 等汽轮机都是冲动式汽轮机。

2. 反动式汽轮机

按冲动、反动作用原理工作,结构上采用鼓形转子,动叶片安装在转鼓上,喷嘴安装在汽缸上。近代的反动式汽轮机第一级常采用冲动级或速度级。引进型300 MW、600 MW和1000 MW等汽轮机都是反动式汽轮机。

（二）按热力特性分类

1.凝汽式汽轮机（N）

蒸汽进入汽轮机中膨胀做功,其排汽进入凝汽器中凝结成凝结水后返回锅炉再加热。在整个热力循环中,除了回热抽汽,其余蒸汽全部进入凝汽器。若将汽轮机前面若干级做过功的蒸汽全部引到锅炉中,再加热到一定温度,然后再引回汽轮机中继续膨胀做功,这样的汽轮机又被称为中间再热式汽轮机。现在我国生产的汽轮机,100 MW及以下的一般都没有中间再热,为凝汽式汽轮机;125 MW及以上的都设有中间再热,为中间再热式汽轮机。凝汽式汽轮机的热力系统简图如图10-1所示。

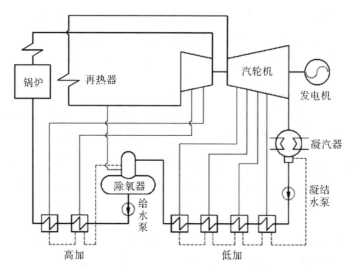

图10-1 凝汽式汽轮机的热力系统简图

2.抽汽式汽轮机

从汽轮机中间某级抽出部分蒸汽供给热用户,这样的抽汽称为可调整抽汽,其参数和流量可以根据热用户的需求进行调节。相应的汽轮机被称为抽汽式汽轮机。根据抽汽压力的不同,可分为一次调整抽汽式汽轮机和两次调整抽汽式汽轮机。一次调整抽汽式汽轮机的热力系统简图如图10-2所示。汽轮机的一级抽汽通过压力调节阀送入基本热网加热器加热热网水,供应热用户。当天气很冷时,由锅炉来的主蒸汽经过减温减压直接供应高峰热网加热器,保证热用户供暖的需要。热网加热器的凝结水通过疏水泵打入除氧器中进行回收、除氧和加热。

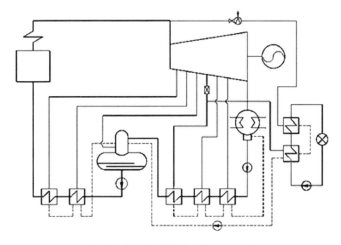

图 10 - 2　抽汽式汽轮机的热力系统简图

3. 背压式汽轮机

汽轮机中做过功的蒸汽在高于大气压的情况下排出,供工业或采暖用。背压式汽轮机的热力系统如图 10 - 3 所示。汽轮机的排汽直接供应热用户,热用户使用后的凝结水,进入凝结水箱,通过凝结水泵打回除氧器。当汽轮机的排汽不能满足热用户供暖需要时,可以将锅炉主蒸汽(减温减压后)供给热用户,弥补供热量的不足。

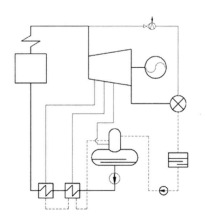

图 10 - 3　背压式汽轮机的热力系统简图

(三)按新蒸汽参数分类

按主蒸汽压力的不同,汽轮机可分为低压汽轮机(主蒸汽压力小于 1.5

MPa)、中压汽轮机(主蒸汽压力为 2 MPa ~ 4 MPa)、高压汽轮机(主蒸汽压力为 6 MPa ~ 10 MPa)、超高压汽轮机(主蒸汽压力为 12 MPa ~ 14 MPa)、亚临界压力汽轮机(主蒸汽压力为 16 MPa ~ 18 MPa)、超临界压力汽轮机(主蒸汽压力大于 22.15 MPa)、超超临界压力汽轮机(主蒸汽压力大于 32 MPa)。

(四)其他分类

按蒸汽流动方向可分为轴流式、辐流式和周流(回流)式汽轮机;按汽缸数目可分为单缸、双缸和多缸汽轮机;按用途可分为电站汽轮机、工业汽轮机和船用汽轮机;按布置方式可分为单轴、双轴汽轮机;按工作状态可分为固定式和移动式(如列车电站)汽轮机等。

二、汽轮机的型号

为便于区分不同的汽轮机,根据汽轮机的某些基本特征(蒸汽参数、热力特性和功率等)用统一的代号或符号来表示。我国生产的汽轮机的型号表示方法如下:

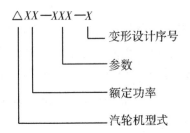

(一)汽轮机型式的代号

汽轮机型式的代号如表 10 - 1 所示。

表 10 - 1　热力特性的代号

代号	N	B	C	CC	CB
型式	凝汽式	背压式	一次调整抽汽式	二次调整抽汽式	抽汽背压式

(二)汽轮机蒸汽参数的表示方式

蒸汽参数的表示方式如表 10 - 2 所示。

表 10 - 2　蒸汽参数的表示方式

型式	参数表示方法	示例
凝汽式	主蒸汽压力/主蒸汽温度	N100 - 8.83/535
凝汽式(中间再热)	主蒸汽压力/主蒸汽温度/中间再热温度	N300 - 16.7/538/538

续表 10 - 2

型式	参数表示方法	示例
抽汽式	主蒸汽压力/高压抽汽压力/低压抽汽压力	CC200 - 12.75/0.78/0.25
背压式	主蒸汽压力/背压	B50 - 8.83/0.98
抽汽背压式	主蒸汽压力/抽汽压力/背压	CB25 - 8.83/1.47/0.49

注:表中功率的单位为 MW,蒸汽压力的单位为 MPa,蒸汽温度的单位为℃。

第二节 汽轮机的工作原理

一、汽轮机的级

图 10 - 4 是一个简单的单级冲动式汽轮机示意图。由图可以看出蒸汽在汽轮机中将热能转换为机械能的过程。首先,具有一定压力和温度的蒸汽流经固定不动的喷嘴后开始膨胀,蒸汽的压力和温度不断降低,速度不断增加,蒸汽的热能转化为动能。然后,喷嘴出口的高速汽流以一定的方向进入装在叶轮上的动叶通道中。由于速度和方向改变,汽流给动叶片作用力,推动叶轮旋转做功。一列固定的喷嘴叶栅(静叶栅)和与它相配合的动叶栅构成了汽轮机的基本做功单元,称为汽轮机的级。

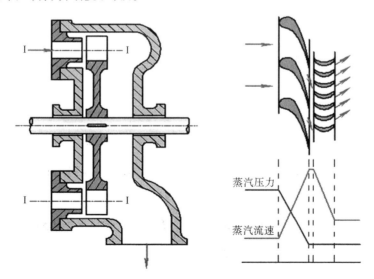

蒸汽压力

蒸汽流速

图 10 - 4 单级冲动式汽轮机示意图

由相同叶片按相同的节距、相同的安装角在同一回转面构成汽流流道的组合体称为叶栅。如果叶栅是静止的,称为静叶栅;如果叶栅是转动的,称为动叶栅。汽轮机的叶栅还可以分成冲动式叶栅和反动式叶栅两大类。反动式叶栅包括喷嘴叶栅和反动度较大的动叶栅,叶栅前后有静压差,汽道断面进口到出口逐渐收缩。冲动式叶栅包括冲动式叶栅和导向叶栅。叶栅前后静压力近似相等,汽流通过时主要改变流动方向,基本不加速。但在实际应用中为了减小流动损失,汽道截面都略有收缩,即有一定的反动度。

叶片的横截面形状称为叶型,其周线称为型线。叶型沿叶高不变的叶片,称为等截面叶片;反之,则称为变截面叶片。

二、基本工作原理

(一)冲动作用原理

当运动物体碰到另一个静止的物体或者运动速度低于它的物体时,就会受到阻碍而改变速度或方向,同时给阻碍它的物体一个作用力,该作用力称为冲动力。运行物体质量的大小和速度的变化决定了冲动力的大小,质量越大,冲动力越大;速度变化越大,冲动力也越大。若在冲动力作用下,阻碍运动物体的速度改变,则运动物体做了机械功。根据能量守恒定律,运动物体能量的变化值等于其所做的机械功。利用冲动力做功的原理,称为冲动作用原理。

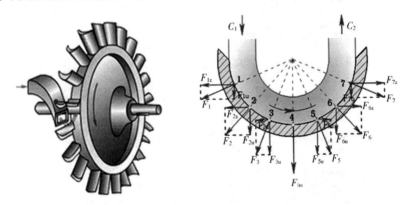

图 10 - 5　蒸汽对动叶片的作用力

如图 10 - 5 所示,为方便分析,假设动叶通道为对称的半圆形,并忽略摩擦阻力的影响。若从喷嘴出来的高速汽流(速度 C_1)进入动叶通道,汽流微团将在通道的作用下做圆周运动。当动叶固定不动时,蒸汽进口速度 C_1 和出口速度 C_2 大小相等,方向相反。汽流微团在动叶通道中做匀速圆周运动。由于汽流微团做匀速圆周运动,每一个汽流微团都将受到通道给它的向心力作用,同时通道也将受到汽流微团给它的反作用力(如图中的 F_1、F_2、F_3……),汽流微团作用在通道上的反作用力与向心力大小相等、方向相反。这些反作用力又可以分解为沿圆周方向的周向力 F_{ui} 和沿轴向的轴向力 F_{zi}。由于通道是对称的圆弧形,汽流微团做匀速圆周运动,因此,对称点(1 和 7,2 和 6,3 和 5)上的轴向分力 F_{zi} 大小相等、方向相反,总的轴向力 $\sum F_{zi}$ 为 0。而对称点(1 和 7,2 和 6,3 和 5)上的周向分力 F_{ui} 大小相等、方向相同,总的周向力 $F_{im} = \sum F_{ui} > 0$。这里 F_{im} 就是冲动力,若动叶不固定,在冲动力的作用下,将带动动叶旋转做功。

蒸汽在流经动叶通道时不膨胀加速,只是随通道形状改变流动方向,蒸汽流经动叶通道所做的机械功等于流经动叶栅的蒸汽进、出口动能的变化量,这样的级称为冲动级。

对于冲动级,蒸汽在喷嘴中膨胀加速,将蒸汽的热能转变成动能;在动叶通道中利用冲动作用原理将蒸汽的热能转变成转子高速旋转的机械能。蒸汽依次通过喷嘴和动叶完成蒸汽热能到机械能的完整的能量转换过程。由喷嘴及其后的动叶栅所组成的级是汽轮机最基本的做功单元。

(二)反动力及反动作用原理

如图 10 - 6 所示,当火箭发射时,燃烧产生的高温高压气体从火箭的尾部高速喷射出去,给火箭反作用力,推动火箭向上飞行,从而对火箭做功。这样,当汽流从容器中高速喷射出来时,给容器一个与汽流流动方向相反的作用力,该作用力称为反动力。利用反动力做功的原理就称为反动作用原理。

如图 10 - 7 所示,动叶通道不是简单对称的圆弧形。从喷嘴喷射出来的高速汽流进入动叶后,一方面汽流微团在动叶通道内随通道改变流动方向,给流道冲动力;另一方面,汽流微团在动叶通道内继续膨胀、加速,并从动叶通道中高速喷射出来,给动叶通道一个与汽流流出方向相反的反作用力,即反动力。动叶就是在这两个力的合力的作用下旋转运动。

这样的级依靠冲动力和反动力的推动做功,称为反动级。反动式汽轮机既利用了冲动作用原理,也利用了反动作用原理。

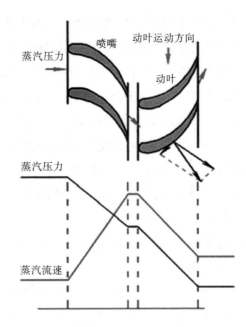

图 10-6 火箭受到的作用力图　　图 10-7 蒸汽对反动式汽轮机动叶片的作用力图

三、反动度与级的类型

实际上,汽轮机的级大多按冲动和反动两种原理做功。蒸汽在级中膨胀的热力过程如图 10-8 所示。

0 点是级前的蒸汽状态点,0^* 是汽流被等熵地滞止到初速等于零的状态,p_1、p_2 分别为喷嘴出口压力和动叶出口压力。蒸汽在级内从滞止状态 0^* 等熵膨胀到 p_2 时的比焓降 Δh_t^* 称为级的滞止理想比焓降,而蒸汽在级内从 0 点等熵膨胀到 p_2 时的比焓降 Δh_t 称为级的理想比焓降。Δh_n^* 为喷嘴的滞止理想比焓降,Δh_b 为动叶的理想比焓降。

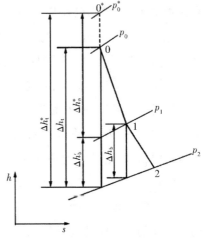

图 10-8 热力过程线

级的反动度 Ω_m 是表示蒸汽在动叶通道内膨胀程度大小的指标。它等于蒸汽在动叶通道中的理想比焓降 Δh_b 与喷嘴的滞止理想比焓降 Δh_n^* 和动叶的理想比焓降 Δh_b 之和的比值。

（一）级的类型及特点

根据蒸汽在级中的流动方向，可以将汽轮机的级分为轴流式和辐流式两种，电厂汽轮机大多采用轴流式级。按照蒸汽在动叶通道内的膨胀程度，轴流式级分为冲动级和反动级两大类。

冲动级有纯冲动级、带反动度的冲动级和速度级三种类型。

1. 冲动级

（1）纯冲动级

反动度 $\Omega_m = 0$ 的级称为纯冲动级。它的工作特点是蒸汽只在喷嘴中膨胀，在动叶通道中不膨胀。当不考虑损失时，动叶通道进、出口压力相等，相对速度也相等。其结构

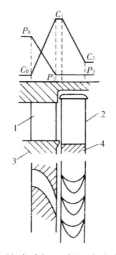

图 10 - 9　纯冲动级压力和速度变化示意图

注：1——喷嘴；2——动叶；3——隔板；4——叶轮。

特点是动叶叶型近似对称弯曲，如图 10 - 9 所示。纯冲动级的做功能力大，但效率比较低。

（2）带反动度的冲动级

现代冲动式汽轮机中广泛采用具有一定反动度的冲动级，一般这种级的反动度 Ω_m 为 0.05 ~ 0.2。它的工作特点是蒸汽的膨胀主要在喷嘴中进行，在动叶通道中仅有小部分膨胀。由于蒸汽在动叶通道中膨胀程度很小，所产生的反动力较小，因此这种级主要利用冲动力做功。其结构特点是沿流动方向动叶通道有一定的收缩，如图 10 - 10 所示。这种级的做功能力比反动级大，效率比纯冲

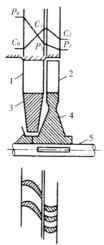

图 10 - 10　带反动度的冲动级压力和速度变化示意图

注：1——喷嘴；2——动叶；3——隔板；4——叶轮；5——轴。

动级高,所以得到了广泛应用。

(3)复速级

纯冲动级和冲动级都是由一列喷嘴和一列动叶片构成,又称为单列级。蒸汽从单列级动叶通道流出时仍具有一定的速度,其带走的动能在本级中无法转变成机械功,称为余速损失。

当级的比焓降很大时,动叶的排汽余速也较大,仍具有一定的做功能力。此时,可以在同一叶轮上的第一列动叶片后再装一列动叶片。由于第一列动叶出口的蒸汽流向与叶轮旋转方向相反,因此在两列动叶之间还要装设一列固定在汽缸上的导向叶片。第一列动叶通道的排汽经过导向叶片后改变方向,然后进入第二列动叶通道继续做功。这种只有一列喷嘴,后面有两列或更多列动叶片的级,称为速度级。采用最多的是同一叶轮上装有两列动叶片的双列速度级,又称为复速级。蒸汽在速度级中流动时,主要在喷嘴中膨胀加速,在动叶通道和导向叶片通道中基本不膨胀,所以可将速度级看作是单列冲动级的延伸。

复速级的比焓降大,但效率较低,常用于单级汽轮机和中小型多级汽轮机的第一级。

2.反动级

蒸汽在级中的理想比焓降被平均分配在喷嘴和动叶通道中的级称为反动级。它的主要工作特点是蒸汽在喷嘴和动叶通道中的膨胀程度相等。由于蒸汽在动叶中的膨胀占了整级膨胀的一半,产生的反动力很大,因此这种级中做功的力基本上冲动力和反动力各占一半。这种级的结构特点是动叶叶型与喷嘴叶型完全相同,如图 10-11 所示。反动级的

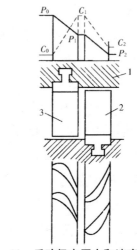

图 10-11 反动级中压力和速度变化示意图
注:1——静叶持环;2——动叶;3——喷嘴。

效率高于冲动级,但整级的理想比焓降较小。

此外,多数汽轮机采用改变第一级喷嘴面积的方法调节进汽量,称为喷嘴调节,喷嘴调节汽轮机的第一级称为调节级。中小容量汽轮机的调节级一般采

用复速级,大容量汽轮机的调节级多采用单列冲动级。在使用中,有时还把汽轮机的级分为速度级和压力级两种,速度级可以是双列的和多列的,而单列冲动级和反动级都属于压力级。

第三节　660 MW 超临界机组汽轮机的结构

九江电厂的 660 MW 机组汽轮机为超超临界、一次中间再热、单轴、四缸四排汽、双背压、反动凝汽式汽轮机。机组具有超群的热力性能、高可靠性、高效率、高稳定性,运行灵活,启动快速,调峰能力强。

汽轮机采用全周进汽加补汽阀的配汽方式,高、中压缸均为切向进汽。高、中压阀门均布置在汽缸两侧,阀门与汽缸直接连接,无导汽管。蒸汽通过两只高压主汽门和高压调门进入单流的高压缸,从高压缸下部的两个排汽口进入再热器。蒸汽经过再热器加热后,通过两只中压主汽门及中压调门进入双流的中压缸,由中压外缸顶部的中低压连通管进入两只双流的低压缸。如图 10 - 12 所示。

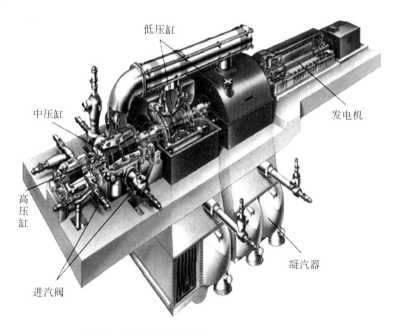

图 10 - 12　九江电厂的 660 MW 机组布置图

一、高压缸

高压缸采用双层缸设计。外缸为独特的筒形设计,由垂直中分面分为左、右两半缸。内缸为垂直纵向平中分面结构。各级静叶直接装在内缸上,转子采用无中心孔的整锻转子,在进汽侧设有平衡活塞用于平衡转子的轴向推力。如图 10 - 13 所示。

圆筒形高压缸在轴向上根据蒸汽温度区域分为进汽缸和排汽缸两段,以紧凑的轴向法兰连接,可承受更高的压力和温度,有极高的承压能力。无中分面的圆筒形高压缸有极高的承压能力,汽缸应力小。

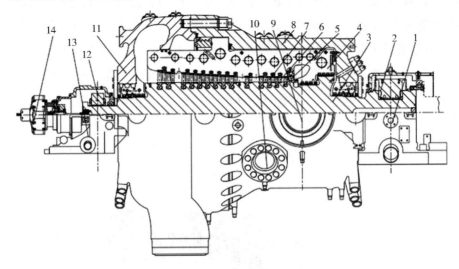

图 10 - 13　高压缸结构图

注:1——轴承座;2——径向推力联合轴承;3——高压转子;4——高压内缸;5——第一级静叶;6——高压静叶;7——高压动叶;8——高压外缸进汽段;9——高压进汽口;10——补汽阀进汽口;11——高压外缸排汽段;12——高压轴承;13——#1 轴承座;14——液压盘车。

二、中压缸

中压缸采用双流程和双层缸设计,内外缸均在水平中分面上分为上、下两半,采用法兰螺栓进行连接。

中压缸内各级静叶直接装于内缸上,蒸汽从中压缸中部通过进汽插管直接进入中压内缸,流经对称布置的双分流叶片通道至汽缸的两端,然后经内外缸夹层汇集到中压缸上半部的中压排汽口,经中低压连通管流向低压缸。因此中压高温进汽仅局限于内缸的进汽部分。整个中压外缸处在小于 300 ℃ 的排汽温度中,压力也只有 0.6 MPa 左右,汽缸应力较小,安全可靠性好。由于通流部分采用双分流布置,转子推力基本能够左右平衡。如图 10 - 14 所示。

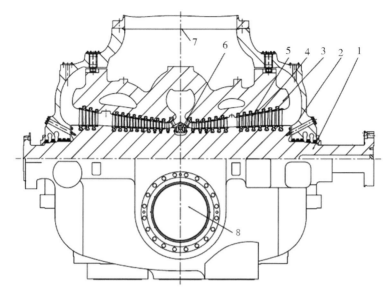

图 10 - 14　中压缸结构图

注:1——中压转子;2——中压外缸;3、4——中压静叶;5——中压动叶;
6——第一级斜置静叶;7——中压缸排汽口;8——中压缸进汽口。

三、低压缸

低压缸为双流、双层缸结构。来自中压缸的蒸汽通过汽缸顶部的中低压连通管接口进入低压缸中部,再流经双分流低压通流叶片至两端的排汽导流环,蒸汽经排汽导流环后汇入低压外缸底部,进入凝汽器。内、外缸均由钢板拼焊而成,均在水平中分面分成上、下两半,采用中分面法兰螺栓进行连接。如图 10 - 15 所示。

低压外缸下半部分由两个端板、两个侧板和一个下半钢架组成。低压外缸采用现场拼焊,直接坐落于凝汽器上,外缸与轴承座、内缸和基础分离,不参与机组的滑销系统。

外缸和内缸之间的相对膨胀通过内缸猫爪处的汽缸补偿器、端部汽封处的轴封补偿器以及中低压连通管处的波纹管进行补偿。

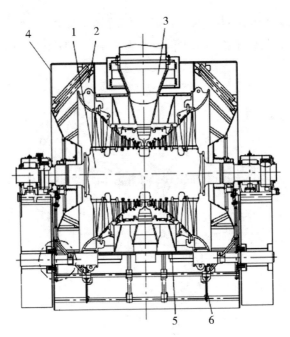

图 10 - 15   低压缸结构图

注:1——低压转子;2——低压外缸上半部分;3——低压内缸上半部分;
4——低压外缸;5——低压内缸下半部分;6——低压外缸下半部分。

四、高压主汽门和高压调节阀

机组设有两套主汽门调门组件,主汽门和调节阀为一拖一形式,共用一个阀壳,布置在机组的两侧。调节阀通过大型螺母与汽缸直接连接,无导汽管。

主蒸汽通过主蒸汽进口进入主汽门和调节阀,调节阀内部通过进汽插管和高压内缸相连。主蒸汽通过进汽插管直接进入高压内缸,不设导汽管。阀壳与高压外缸通过大型螺母连接。

主汽门是一个内部带有预启阀的单阀座式提升阀。主汽门打开时,阀杆带动预启阀先行开启,从而减少打开主汽门阀碟所需要的提升力,以使主汽门阀碟顺利打开。主汽门由独立的油动机开启,由弹簧力关闭,安全可靠性好。如图 10 - 16 所示。

主调阀也是单阀座式提升阀,在阀碟上设有平衡孔以减小机组运行时打开调门所需的提升力。主调阀也由独立的油动机开启,由弹簧力关闭。如图 10 - 17 所示。

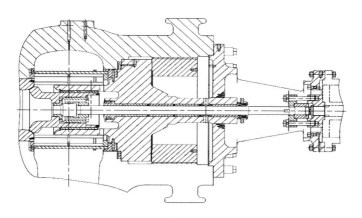

图 10 - 16　高压主汽门结构图

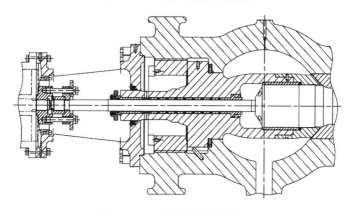

图 10 - 17　高压调节阀结构图

五、补汽阀

机组在高压主汽门后、高压调节阀前各引出一路进入补汽阀。补汽阀相当于主汽门后的第三个主调阀,该阀门一般在最佳运行经济工况点后开启,以保证机组能够达到更高的负荷。同时,该阀门还具有调频功能。补汽阀通过两根导汽管将蒸汽从高压主汽门后导入补汽阀内,再通过另外两根导汽管将蒸汽从补汽阀后导入高压缸相应的接口上。如图 10 - 18 所示。

六、中压主汽阀和中压调节阀

中压缸也有两个中压主汽门与中压调节阀,分别布置在中压缸两侧。每个组件包括一个中压主汽门和一个中压调节阀,它们的阀壳焊为一体。

再热蒸汽通过再热蒸汽进口进入中压主汽门和中压调节阀,中压调节阀通过再热进汽插管和中压缸相连,再热蒸汽通过进汽插管直接进入中压内缸。如图 10 - 19、10 - 20 所示。

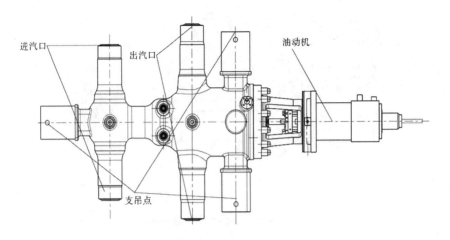

图 10-18　补汽阀外观图

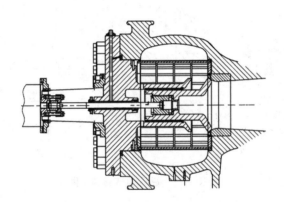

图 10-19　中压主汽门结构图

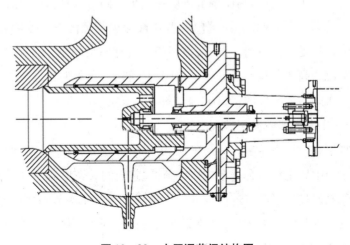

图 10-20　中压调节阀结构图

七、轴承

汽轮机四根转子分别由五只径向轴承来支承,除高压转子由两只径向轴承支承外,其余三根转子,即中压转子和两根低压转子均只有一只径向轴承支承。这种支承方式不仅结构比较紧凑,还能减少基础变形对轴承荷载和轴系对中的影响,使得汽机转子能平稳运行。

1. #1 轴承(径向轴承)

#1 轴承(径向轴承)由轴承上半壳体(1)、轴承下半壳体(4)、支撑垫块(5)和定位键(6、7)组成。轴承壳体内侧设有巴氏合金,通过圆锥销和螺栓连接在一起。如图 10－21 所示。

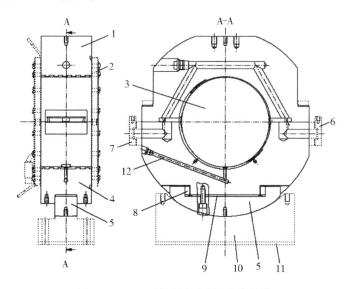

图 10－21 #1 轴承(径向轴承)结构图

注:1——轴承上半壳体;2——油封;3——转子;4——轴承下半壳体;5——支撑垫块;6、7——定位键;8、9——调整垫片;10——圆柱垫块;11——轴承座;12——顶轴油孔。

为了防止在盘车装置运行时汽轮机转子摩擦,在盘车启动时减少扭矩,应提供高压顶轴油来顶起转子。高压顶轴油通过顶轴油孔(12)到轴承底部中心。

2. #2 轴承(径向联合推力轴承)

径向联合推力轴承的功能是支撑转子和承受由轴系产生的、平衡活塞不能平衡的残余轴向推力。推力轴承所能承受的轴向推力的大小和方向取决于汽轮机的负荷情况。

#2 轴承（径向推力联合轴承）由上半轴承壳体（2）、下半轴承壳体（9）、转子（6）、轴承衬套（5）、推力瓦块（4）、球面垫块（11）、球面座（13）和键（3、8）等组成，如图 10 - 22 所示。

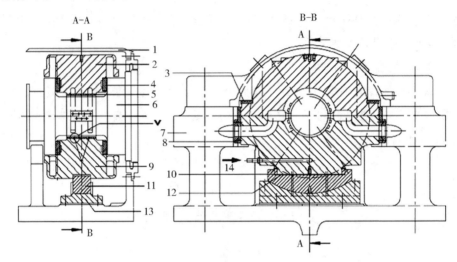

图 10 - 22 #2 轴承（径向联合推力轴承）结构图

注：1——上半轴承座；2——上半轴承壳体；3、8——键；4——推力瓦块；5——轴承衬套；6——转子；7——下半轴承座；9——下半轴承壳体；10、12——调整垫片；11——球面垫块；13——球面座；14——顶轴油孔。

轴承由润滑油口直接供油，或在轴承上半部分通过圆周油管来供油。通过轴承衬套上的孔，部分油流入径向轴承的油瓢。通过轴承体的凹槽，大部分油直接流到环形槽，并与径向轴承的回油混合，供给推力轴承工作面。通过轴承两端的油封润滑转子，最后回到轴承座的下部。

为防止盘车运行时转子和径向轴承摩擦，盘车启动时减少启动扭矩，设置了顶轴油口。

3. #3、#4、#5 轴承（径向轴承）

#3、#4、#5 轴承（径向轴承）由上半轴承壳体（2）、球面垫块（3）、轴承座垫块（4）、下半轴承座（5）、下半轴承壳体（6）、上半轴承座（7）、调整垫片（8）等组成，如图 10 - 23 所示。

轴承的工作面是巴氏合金面，滑动面是机械加工面。壳体都是用圆锥销和螺栓固定连接在一起的。

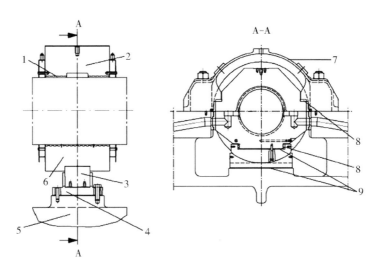

图 10 – 23　#3、#4、#5 轴承（径向轴承）结构图

注：1——巴氏合金；2——上半轴承壳体；3——球面垫块；4——轴承座垫块；
5——下半轴承座；6——下半轴承壳体；7——上半轴承座；8——调整垫片；
9——垫片。

润滑油通过轴承壳体内部水平结合点铣出的油道在径向供给转子，在巴氏合金的油室与转子之间形成油膜，并通过专门的回油通道回流到轴承座中。

八、滑销系统

汽轮机在启动、停机和变工况运行中，汽缸的温度变化较大，将沿长、宽、高几个方向膨胀或收缩。由于基础台板的温度升高速度低于汽缸，如果汽缸和基础台板固定连接，则汽缸将不能自由膨胀。为了保证汽缸定向自由膨胀，汽缸与转子的中心一致，避免因膨胀不均匀造成不应有的应力及机组振动，汽轮机必须设置一套滑销系统。滑销系统中的各种滑销又称为定位键。

滑销系统一般由纵销、横销、立销、猫爪横销、角销等组成。

纵销：其作用是允许汽缸沿纵向中心线自由膨胀，限制汽缸沿纵向中心线横向移动。纵销中心线与横销中心线的交点称为"死点"，汽缸膨胀时这点始终不变。

横销：其作用是允许汽缸横向自由膨胀。

立销：其作用是保证汽缸在垂直方向能够自由膨胀，并与纵销共同保持机组的纵销中心线不变。

猫爪横销：其作用是保证汽缸能横向膨胀，同时随着汽缸在轴向的膨胀和收缩推动轴承座向前或向后移动,以保证转子与汽缸的轴向相对位置不变。

角销:也称压板销,安装在各轴承座底部的左右两侧,以代替连接轴承座和台板的螺栓,防止轴承座在轴向滑动时一端翘起。

基础台板上横销中心线与纵销中心线的交点称为汽缸的膨胀死点(绝对死点)。在汽缸膨胀时,该点始终保持不动,汽缸只能以此点为中心向前、后、左、右膨胀。对凝汽式汽轮机来说,汽缸的膨胀死点一般布置在低压排汽口的中心或附近,这样汽轮机受热膨胀时,对凝汽器影响较小。

九江电厂660 MW机组汽轮机#2轴承座位于高压缸和中压缸之间,装有径向推力联合轴承,是整台机组滑销系统的死点。整个轴系以死点为中心向两头膨胀,而高压缸进汽端猫爪和中压缸排汽端猫爪均固定在#2轴承座上,故该处既是相对死点,又是绝对死点。这样在运行中通流部分动静之间的胀差比较小,有利于机组快速启动。如图10-24所示。

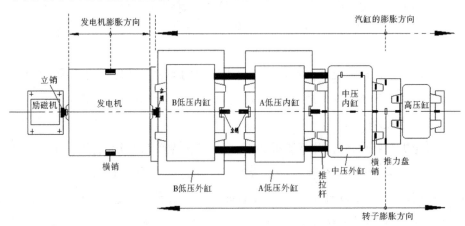

图10-24　汽轮机滑销系统

九、盘车装置

九江电厂660 MW机组的汽轮机盘车装置安装于前轴承座前,采用液压马达进行驱动,马达由五个伸缩油缸和一根偏心轴组成(如图10-25)。工作原理为:需要盘车时,顶轴油的电磁阀打开,借助伸缩油缸中的压力油柱,把压力传递给马达的输出偏心轴,使马达伸出轴通过中间传动轴带动转子转动,其安全可靠性及自动化程度均非常高。盘车工作油为顶轴油,压力约145 bar。

盘车装置是自动啮合型的,能使汽轮发电机组转子从静止状态转动起来,盘车转速约为60 r/min。

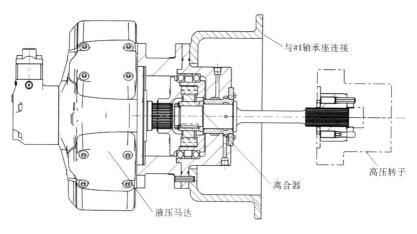

与#1轴承座连接

高压转子

离合器

液压马达

图 10 - 25　盘车装置

盘车装置配有超速离合器,能做到在汽轮机达到一定转速后自动退出,并能在停机时自动投入。盘车装置与顶轴油系统、发电机密封油系统间设联锁装置。

第四节　350 MW 亚临界机组汽轮机结构

九江电厂350 MW 机组的汽轮机为两缸两排汽型式,高、中压缸采用合缸结构。为减小汽缸热应力,增加机组启停及变负荷的灵活性,高压缸采用双层缸结构。低压缸为对称布置,采用三层缸结构。为简化汽缸结构和减小热应力,高压阀门和中压阀门与汽缸之间通过管道连接,高压阀门悬挂在汽轮机运行层下面,中压阀门置于高、中压缸两侧。高压通流部分为反向流动,高压进汽口、中压进汽口分别布置在高、中压缸中部,是机组工作温度最高的部位。

一、高、中压缸

高、中压外缸内装有高压内缸、喷嘴室、隔板套、隔板、汽封等,与转子一起构成汽轮机的高中压部分。

外缸中部上下有 4 个高压进汽口与高压主汽管相连。高压部分有安装、固定高压内缸的凸台和凸缘。前端下部有 2 个高压排汽口,下部第 7 级后有 1 个抽汽口,供汽给#1 高压加热器。外缸中部下半左、右侧各有 1 个中压进汽口,中压部分有安装#1、#2 隔板套的凸缘,下半中压 3 级后有 1 个抽汽口。外缸后端上部有中压排汽口,下部左右侧各有 1 个抽汽口。前后端安装有高压和中压汽封凹窝和相应的抽送汽管口。

高、中压外缸中分面法兰等高设计,从而避免中分面法兰高度剧烈变化对汽缸刚性产生影响。为减小启动过程中螺栓与法兰的温差,降低运行时螺栓的使用温度,特采用大螺栓自流冷却/加热系统。从高压内缸与外缸的定位环之前的区域引蒸汽至螺栓孔,正常运行时冷却高温区中分面螺栓,再由#1、#2 隔板套之间的抽汽口排出。

外缸采用下猫爪中分面支撑,其优点为动静间隙不受温度变化的影响,汽缸中分面连接螺栓受力状态和汽缸密封性好。如图 10-26 所示。

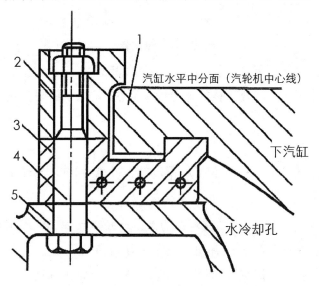

图 10-26 猫爪支撑

注:1——猫爪;2——压块;3——支撑块;4——紧固螺栓;5——轴承座。

高、中压外缸中部共有 4 根高压进汽管,分别通过螺栓固定在内缸上,高压进汽管靠密封圈与外缸相连,能吸收内、外缸的胀差。

为降低高、中压外缸的工作压力,从而有效地解决高、中压外缸漏气的问题,高压内缸采用整体内缸。

内缸外壁第 2 级隔板处有一个定位环,其外缘的凹槽与外缸上相应位置的凸缘配合,确定缸的轴向位置,构成内缸相对于外缸的轴向膨胀死点。内缸外壁第 6 级处设隔热环,将内、外缸夹层空间分成两个区域,这样可以降低内缸内、外壁的温差,提高外缸温度,减少外缸与转子的胀差。在第 7 级后,内、外缸之间有一根抽汽管道。

内缸的进汽端装有高中压汽封,分为两段,都用高、低齿汽封。为防止机组甩负荷时高压部分的余汽通过高中压间的汽封进入中压部分导致机组超速,内缸下半两段汽封体之间设有紧急排汽口,排汽管道与汽轮机紧急排放阀相连。如图 10 - 27 所示。

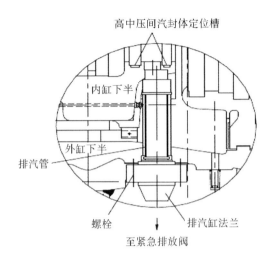

高中压间汽封体定位槽

内缸下半

外缸下半

排汽管

螺栓　　排汽缸法兰

至紧急排放阀

图 10 - 27　高、中压缸汽封示意图

二、低压缸

低压缸处于蒸汽从正压到负压的过渡区域,排汽压力降低,蒸汽比容增大,故低压缸采用对称布置的双分流结构。采用这种结构的优点是能平衡轴向推力。另外由于蒸汽大,为避免叶片过长,低压缸分成多个独立的缸体。

为了减少高温进汽部分的内、外壁温差,在内缸中部外壁上装有遮热板。低压缸进汽部分为装配式结构。整个环形的进汽腔与其他部分隔开。轴向、径向留有间隙,使内、外壁温差最大的进汽部分在工作状态时热膨胀受约束较小,不会因膨胀而产生过大的热应力,造成汽缸局部变形。

低压进汽口为钢板焊接结构,可以减轻进汽口重量,同时避免铸件可能存在的缺陷。

内缸下半水平中分面法兰四角上各有一个猫爪搭在外缸上,支撑整个内缸和所有隔板的重量。水平法兰中部对应进汽中心有侧键,作为内、外缸的相对死点,使内缸轴向定位而允许横向自由膨胀。

低压缸下半前、后部设有纵向键,分别与中低压轴承箱和低压后轴承箱相连,并在中部左、右两侧基架上设有横键,构成整个低压部分的死点。以此死点为中心,整个低压缸在基架平面上向各个方向自由膨胀。

三、隔板

隔板主要用于冲动式汽轮机,隔板用来把汽缸分成若干个汽室,使蒸汽的压力、温度逐级下降。蒸汽的热能在静叶组成的汽道(喷嘴)中被转换成动能,以很快的速度进入动叶通道,推动转子转动。工作时,隔板除承受前、后蒸汽压差所产生的载荷外,还承受着从静叶汽道中喷出的高速汽流的反作用力。

隔板主要由外环、外围带、静叶栅、内围带、隔板体等组成。按照加工方法的不同,隔板又分为焊接隔板和铸造隔板,如图 10 - 28、10 - 29 所示。

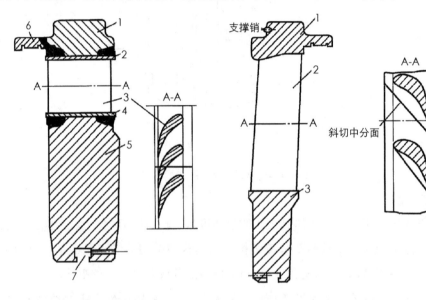

图 10 - 28　焊接隔板

注:1——隔板外环;2——外围带;3——喷嘴叶片;4——内围带;5——隔板体;6——径向汽封;7——汽封槽。

图 10 - 29　铸造隔板

注:1——外缘;2——喷嘴叶片;3——隔板体。

焊接隔板具有较高的强度和刚度,较好的气密性,加工较方便,广泛用于工作温度在 350 ℃以上的高、中压级。

铸造隔板加工制造比较容易,成本低,但喷嘴叶片的表面粗糙度较差,使用温度也不能太高,一般低于 300 ℃,适用于低压级。

反动式汽轮机的静叶栅也有组焊成隔板形式的,由单只只带内环和外环的扭曲静叶片整圈组焊而成,静叶之间靠内环和外环处的型线配合成圈,内环和外环分别整圈焊缝,焊接后形成一块隔板。中分面处有斜线或折线切口,将隔板分成上、下两半,隔板内环开有膨胀槽,以吸收静叶膨胀量,如图 10 - 30 所示。

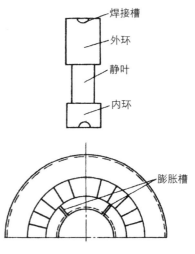

图 10 - 30　隔板结构示意图

隔板的安装要求是隔板受热后既能够自由膨胀,又要保证其位移不能超出规定的范围,以便与转子保持一定的同心度。对于高压汽轮机,一般是在接近中分面的隔板下半部分,用悬挂销将隔板悬挂起来。当隔板膨胀时,其中心在垂直方向不会产生明显的位移。为了解决超高参数汽轮机在对中方面更加严格的要求,隔板也可以采用中分支撑方式。这种方式使隔板在汽缸中的支撑平面通过机组中心线,以保证隔板受热后其洼窝中心仍和汽缸中心一致,具体结构如图 10 - 31 所示。下隔板的悬挂销支撑在汽缸的水平中分面上,隔板的中心是靠调整悬挂销下面的垫块厚度及隔板底部的平键来完成的。

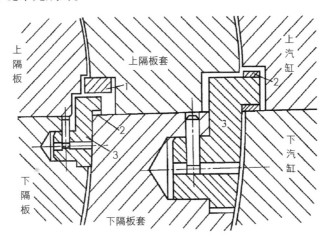

图 10 - 31　隔板的悬挂销支撑定位

注:1——压块;2——垫块;3——悬挂销。

四、轴承

机组共有 6 个支持轴承,其中汽轮机 4 个,发电机 2 个。为了平衡轴向推力,设置了一个独立结构的推力轴承,位于高、中压转子后端。#1、#2 轴承为可倾瓦轴承,#3、#4 为椭圆形轴承。推力轴承为密切尔型,工作推力瓦和定位推力瓦各 11 块,分别位于转子推力盘的前、后端,承受轴向推力,形成轴系的相对死点。

1. 椭圆形轴承

椭圆形轴承是指轴瓦的内圆为椭圆形,如图 10 – 32 所示。椭圆形轴承多采用球面支持的自位式,在结构上与圆筒形自位式轴承基本相同。当轴承内圆乌金浇铸完毕后车准轴瓦内孔时,在上、下两半中分面间加了一层厚 0.8 mm ~ 1.0 mm 的垫片。撤走垫片,上、下两半重新组合后,内孔便于工作,呈椭圆形。

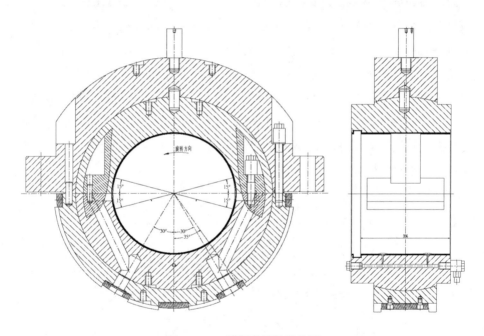

图 10 – 32　椭圆形轴承结构图

2. 可倾瓦轴承

可倾瓦轴承又称活支多瓦轴承,通常是由 3 ~ 5 块或更多块能在支点上自由倾斜的弧形瓦块组成,如图 10 – 33 所示。

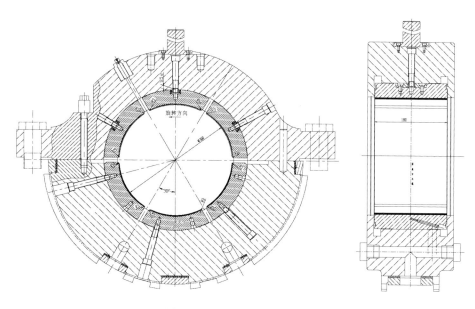

图 10 – 33　可倾瓦轴承结构图

该轴承瓦块在工作时,可以随着转速、载荷及轴承温度的不同而自由摆动,在轴颈四周形成多油楔。若忽略瓦块的惯性、支点的摩擦力及油膜剪切摩擦阻力的影响,则每个瓦块作用到轴颈上的油膜作用力总是通过轴颈中心,因而具有较高的稳定性,甚至可完全消除轴承工作时油膜振荡的可能。可倾瓦轴承减振性能很好,承载能力大,摩擦功耗小,能承受各个方向的径向载荷,且制造简单、检修方便,因而越来越广泛地用在大功率汽轮机上。

3. 推力轴承

汽轮机转子在运动时,会产生很大的轴向推力。尽管对大功率机组采取了汽缸对置排列及其他平衡轴向推力的措施,但剩余的轴向推力仍然很大。当汽轮机变工况,特别是发生事故时,还可能产生更大的瞬时轴向推力或反向推力。为了承受转子在运行中产生的轴向推力,确定转子的轴向位置,汽轮机都装设了推力轴承(如图 10 – 34 所示)。

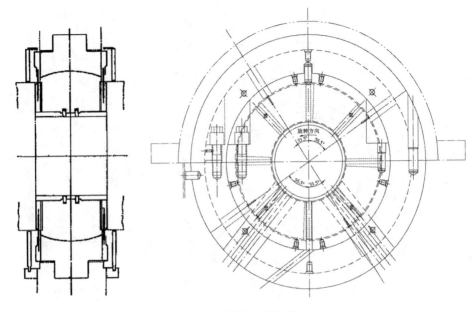

图 10 – 34　推力轴承结构图

第十一章　凝结水系统及其设备

九江电厂660 MW机组的凝结水系统采用中压凝结水精处理系统,凝汽器热井中的凝结水由凝结水泵升压后,经中压凝结水精处理装置、汽封加热器、疏水冷却器和四台低压加热器进入除氧器。系统采用2×100%容量的凝结水泵,正常运行中A凝泵变频运行,B凝泵工频备用。除氧器水位调节装置安装在轴封冷却器和疏水冷却器之间,由并联的主、副调节装置和一只旁路阀组成。主、副调节装置均由一个气动调节阀及其前后的两个隔离阀组成。当除氧器水位升高且机组负荷减少时,调节阀关小,反之则开大。给水泵汽轮机的排汽进入单独的凝汽器,凝结成水后由小机凝结水泵(两台100%容量的变频凝泵,一运一备)打入主凝结水泵出口电动门后,在除盐装置的入口处与主凝结水汇合。凝结水母管上引出一根杂用水母管,可向各用户提供水源。#7、#8机组共用一个化学储水箱,储水箱水源来自除盐水,其水位由补充水进水管上的调节阀控制。储水箱配备三台凝结水输送泵,主要用于启动时向热力系统、锅炉、闭式循环冷却水系统注水。凝结水系统如图11 - 1所示。

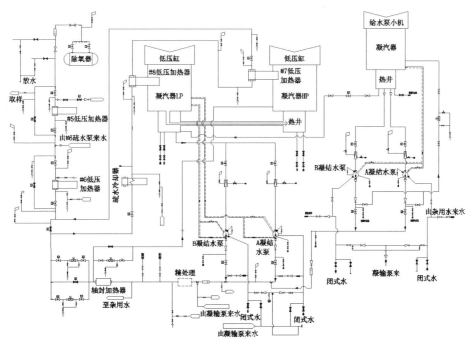

图 11 -1　凝结水系统图

第一节 凝结水系统设备结构

凝结水系统主要包括凝汽器、凝结水泵、凝结水精除盐装置、轴封冷却器、低压加热器以及连接上述各设备所需要的管道和阀门等。

一、凝汽器

凝汽器的结构如图 11-2 所示,采用双壳体、双背压、双进双出、双流程、横向布置结构。凝汽器刚性地坐落在水泥基础上,壳体板下部中心处设有固定死点座,运行时以死点为中心向四周自由膨胀。凝汽器与后汽缸之间设有橡胶补偿节,可补偿相互间的胀差。循环水连通管及后水室均设有支架支撑并且允许自由滑动,以适应凝汽器自身的膨胀。中间水室的管板与壳体间布置有波形补偿节,用以补偿壳体与冷却管的纵向热膨胀差值和改善冷却管的振动情况,同时可减少凝汽器冷却管与管板间的焊口处所承受的拉力或压力。

凝汽器下部有四个小支撑座和四个大支撑座,呈对称布置,每个支撑座下面布置有调整垫铁。

1. 主凝结区

凝汽器在主凝结区安装了不锈钢管,不锈钢管安装在空冷区、顶部三排及通道外侧。管子两端胀接在管板上。借助中间管板的支撑作用,冷却管由进水侧向出水侧呈抬高形式布置,以减少运行中的振动。同时,停机时冷却水也可将倾斜的冷却管中的水排出。

凝汽器的冷却管排列成带状,周围的汽流通道可以使汽流进入管束内部并减少汽流阻力。每个管束中心区为空气冷却区,用挡汽板与主凝结区隔开。空气冷却区可使未凝结的蒸汽尽可能凝结,并使空气冷却降温,剩下的微量蒸汽随同不凝结气体进入空气管。低压缸排出的蒸汽进入凝汽器后,迅速地分布在冷却管上,通过管束间和两侧的通道全面地沿冷却管表面进行热交换并被凝结成水,部分蒸汽则由管束两侧的通道流向管束下面,对淋下来的凝结水进行回热,剩余未凝结的微量蒸汽和被冷却的空气汇集到空冷区的抽空气管内,被真空系统的抽真空设备抽出。

流量分配装置和挡板具有足够的强度,以防止高速、高温汽流冲击凝汽器管和内部构件。凝汽器可安全可靠地接收各路的排汽和疏水。

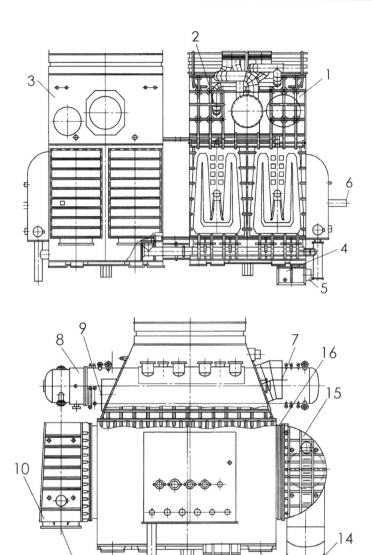

图 11 - 2　凝汽器结构

注：1——高压侧；2——低压加热器抽汽接口；3——低压侧；4——凝结水集水箱；5——凝结水出口；6——疏水联箱；7——给水泵驱动汽轮机排汽接口；8——低压加热器；9——减温减压器接口；10——前水室；11——冷却水进（出）口；12——死点座；13——支撑座；14——中间（后）水室连通管；15——中间（后）水室；16——膨胀节。

为防止凝汽器喉部的变形传给汽轮机排汽缸和凝汽器壳体,凝汽器喉部加装了用于加强喉部刚性的纵向和横向撑杆。为了改善汽流流动状态,喉部一般制成扩散形,其扩散角(单侧)一般不宜大于30°,以防止汽流脱流。低压旁路三级减压减温装置安装在凝汽器喉部前水室一侧,当低压旁路运行时,排汽缸温度不超过限定值。

凝汽器壳体喉部有较大的存水空间,可存储5 min的凝结水量。凝结水集水箱为矩形,位于凝汽器下部壳体的底部,其上装有凝结水出水管和排水管,排水管上的真空隔离门能在1 h内排出正常水位下的全部凝结水。

凝汽器壳体上部布置有低压加热器、减温减压器,还布置有抽汽管,从凝汽器上部引出。在每一根抽汽管上都装有补偿节,抽汽管及补偿节上均设不锈钢套管。凝汽器上部与低压缸之间采用橡胶补偿节结构,以补偿凝汽器和低压缸的相对膨胀。

2. 水室

水室与前、后管板之间采用螺栓连接,水室做成蜗壳状能使水充满全部冷却管。每个水室设置供排气和排水用的接口,以及检漏用的接口。排气阀采用双向呼吸阀。

每个水室设置快开式的焊接结构的圆形人孔。为保证操作人员安全进入水室底部,在水室进、出口设置了安全格栅。凝汽器中每一中间管板穿管孔洞两侧有足够好的导角,以防止不锈钢管在运行中被切断。

3. 热井

热井具有足够大的容积,不小于TMCR工况下3 min的凝结水量。凝结水出水口设置防涡流装置,并在该处设置滤网,它高出热井底部5 cm~15 cm。热井设置有放水管,并设两道真空隔离门。热井内靠近管板一侧设置分隔挡,将热井分为静段、盐段两部分。在盐段设置放水门定期放水取样,以监视冷却管与管板胀接的严密性,防止循环水进入凝结水系统。

二、凝结水泵

凝结水泵将凝汽器热井中的凝结水输送到除氧器水箱。凝结水在被输送的过程中,还要经过精处理,清除杂质后经过低压加热器,再进入除氧器水箱。凝结水泵结构图如图11-3所示,性能曲线图如图11-4所示。

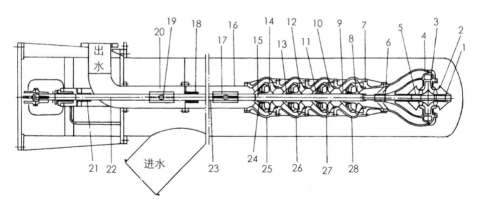

图 11 - 3　凝结水泵结构图

注:1——1 号轴承;2——进水喇叭口;3——1 号叶轮;4——1 号泵壳;5——2 号轴承;6——3 号轴承;7——短管;8——2 号叶轮;9——4 号轴承;10——3 号叶轮;11——5 号轴承;12——4 号叶轮;13——6 号轴承;14——5 号叶轮;15——下泵轴;16——导管;17、19——联轴器;18——8 号叶轮;20——出水导管;21——9 号轴承;22——上泵轴;23——中泵轴;24——7 号轴承;25——5 号泵壳;26——4 号泵壳;27——3 号泵壳;28——2 号泵壳。

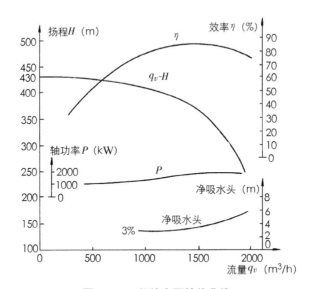

图 11 - 4　凝结水泵性能曲线

　　该泵是立式、双吸式离心泵,共有 5 级。凝结水泵的筒体固定悬挂在凝结水泵坑内,5 级蜗形泵壳、短管、导管及出水导管之间采用法兰、止口连接方式,各法兰、止口的结合面处都有"O"形密封圈,其材料为合成橡胶。叶轮端部与泵壳内壁之间的密封处都装有可更换的壳体和叶轮磨损环。泵轴由上、中、下三部分组成,各轴之间均采用对开式套筒联轴器连接。上轴顶部与电动机轴之间采用带法兰的套筒式联轴器连接。推力轴承位于电动机侧,下轴处套装有 5 级叶轮,第 1 级叶轮为双吸式,其余 4 级均为单吸式。整个泵轴共设有 9 个导向的径向轴承,分别位于首级叶轮两端、1 号泵壳上端部、2 ~ 5 号泵壳出水侧、导管出水端(中轴处)和上轴的上部。这些导向轴承全部是橡胶轴承。泵轴的轴颈处都装有轴套。凝结水泵进口处的管道上配有手动蝶阀和滤网,其出口处的管道上分别装有止回阀、电动隔离阀、流量测量装置和最小流量管道。

三、凝结水的精处理

为确保锅炉给水品质,亚临界和超临界机组的主凝结水系统中都设置了凝结水精处理装置,防止凝汽器铜管泄漏或其他原因造成凝结水中含盐量增大。

凝结水系统的凝结水精处理装置采用中压系统的连接方式,即无凝结水升压泵而直接将凝结水精处理装置串联在凝结水泵出口处。这时,凝结水精处理装置承受凝结水泵出口处较高的压力。这种系统的优点是设备少、阀门少、凝结水管道短,简化了系统,便于运行人员操作。低压系统(凝结水精处理装置位于凝结水泵和凝结水泵升压泵之间,凝结水须经二次升压,此时凝结水精处理装置承受较低压力)常常因凝结水泵和凝结水升压泵不同步及压缩空气阀门不严,而导致空气进入凝结水精处理系统,使凝结水中的溶解氧含量增大。中压系统则避免了这个问题,运行时几乎无空气进入凝结水系统,可保证凝结水含氧量较低。

凝结水精处理装置的进、出口管道上各装有一只电动隔离阀,同时与之并联一条旁路管道,并装有电动旁路阀。在启动充水或运行时,装置故障需要排除时,旁路阀开启,进、出口阀关闭,凝结水走旁路。装置投入运行时,进、出口阀开启,旁路阀关闭。

四、轴封加热器及凝结水最小流量再循环

经凝结水精处理装置处理后的凝结水的一部分进入轴封加热器。轴封加热器进口和出口的凝结水管路上设置流量测量孔板,测量凝结水流量。

轴封加热器为表面式热交换器,用于凝结轴封漏汽和门杆漏汽。轴封加热器以及与之相连的汽轮机轴封汽室依靠轴封风机维持微负压状态,以防止蒸汽进入大气或汽轮机润滑油系统。为维持其汽侧微负压,降低轴封风机的功率,必须有足够的凝结水量流过轴封加热器,保证漏汽完全凝结。

在机组启动或低负荷时,凝结水的流量小于额定值。如果凝结水泵的流量小于允许的最小流量,水泵有可能发生汽蚀。轴封加热器的蒸汽来自汽轮机轴封漏汽。无论是启动时还是负荷变化时,这些蒸汽都要有足够的凝结水来使其凝结。因此为兼顾在正常运行、启动停机和低负荷运行时机组凝结水泵和轴封加热器各自对流量的需求,在轴封加热器后设置再循环管,必要时使部分凝结水经再循环阀返回凝汽器,以加大通过凝结水泵和轴封加热器的凝结水流量。再循环流量取凝结水泵或轴封冷却器最小流量的较大值。而连接轴封加热器进、出口管道的旁路阀则能够调节通过凝结水泵和轴封加热器的凝结水流量,使其满足两者的要求。

凝结水最小流量再循环装置由一个调节阀、两个隔离阀和一个旁路阀组成,其后设置流量测量装置。正常运行时,隔离阀全开,旁路阀关闭。调节阀检修时,关闭两侧隔离阀,开启旁路阀。

五、除氧器水箱水位控制

除氧器水箱水位调节装置安装在轴封加热器和 8 号低压加热器之间,由并联的主、副调节装置和一只旁路阀组成。主、副调节装置均由一个调节阀和其前后的两个隔离阀组成。当除氧器水箱水位升高且机组负荷减少时,调节阀关小,反之则开大。

主、副调节阀共用一个电动旁路阀,当调节阀故障检修时,凝结水通过旁路阀进入 8 号低压加热器。若两只调节阀同时故障,则除氧器水位无法自动调节。

六、凝结水杂用水

为满足热力系统的运行需要,从凝结水精处理装置出口处的凝结水管上引出多路分支,供给热力系统的不同部位。这些分支主要包括:低压旁路的二、三级减温水;汽轮机低压缸的低负荷喷水,凝汽器 1 号、2 号疏水扩容器,汽轮机轴封高、低压减温器,轴封加热器水封补充水,真空泵补充水,闭式循环冷却水系统,发电机定子冷却水系统,凝汽器真空破坏阀密封水,给水泵轴封供水,小汽轮机轴封供汽减温器,炉前燃油雾化蒸汽减温器。去锅炉和公用部位的凝结水支路上设置逆止阀,以防设备泄漏时污染凝结水系统。

第二节　凝结水系统的运行

凝结水系统运行时应检查并确认凝结水泵出口压力、流量、电流、轴承温度、密封水压力等参数正常，入口滤网压差、凝汽器自动补水正常；检查并确认轴加（即轴封加热器）、疏水冷却器及各低加（即低压加热器）水位、进出口水温正常；检查并确认系统严密不泄漏，水质在正常范围内。

一、凝结水系统的运行

1. 凝结水系统启动前的检查

（1）确认检修工作完毕，工作票已收回，设备完整、良好，现场整洁，系统具备投运条件，凝结水系统阀门状态符合启动要求。

（2）系统中所有热工仪表齐全、完好，指示正确。

（3）确认主机和小机凝结水泵电机已送电；确认气动调节门、电动门传动正常，联锁保护实验正常；确认开式冷却水系统、闭式冷却水系统运行正常；确认凝结水走轴加、疏水冷却器及各低加水侧；精处理系统投入旁路，水质合格后再投入主路。

（4）系统注水：通知化学人员启动除盐水泵，向凝补水箱补水至正常水位；确认主机和小机凝汽器热井放水门已关闭，检查并关闭凝结水其他用户（以后根据需要开启）；启动一台凝结水输送泵向主机凝汽器补水至 900 mm～1200 mm，向小机凝汽器补水至 500 mm～600 mm，投入主机凝汽器补水阀"自动"；向凝结水管道注水排空，注水结束后关闭凝结水输送泵至凝结水管道的注水门。

（5）投入主机和小机凝结水泵电机及上、下轴瓦冷却水；确认主机和小机凝结水泵轴承油位在 1/2～2/3 处；投入主机和小机凝结水泵机械密封水，打开泵体抽空气门；开启主机和小机凝结水泵入口电动门，向泵体注水；若凝汽器真空未建立，应稍开入口滤网排空门，连续出水后关闭。

2. 系统启动步骤

（1）确认主机和小机凝结水泵启动条件满足：启动主机 A 变频凝泵，出口门联开，凝结水走再循环，监视并确认出口压力、电流、流量等参数正常。

（2）确认主机 B 凝泵处于备用位置，凝泵母管压力升至 1.4 MPa 以上时投入备用泵联锁。投入主机 A 凝泵变频"自动"，凝泵母管压力设定值根据情况设定。

（3）启动一台小机变频凝泵（A或B），凝结水走再循环。检查并确认泵组振动、声音、轴承及电动机线圈温度、出口压力、进口滤网前后压差、密封水压力及流量、热井水位均正常，系统无泄漏。

（4）检查小机另一台变频凝泵是否处于备用位置，小机凝结水母管压力在1.0 MPa以上时投入联锁。（小机凝泵备用时开启小机凝泵出口电动门。）

（5）待小机冲转，小机凝汽器接带热负荷后，调整主机和小机凝泵出口压力使其大致相等，开启小机凝泵出口电动门，将小机凝泵并入主凝结水系统。小机凝泵变频投"自动"，注意小机凝汽器热井水位、小机凝结水流量、小机凝泵再循环调整门开度变化（小机凝泵变频投"自动"时，自动控制小机热井水位）。

（6）确认凝结水水质合格后，将凝泵密封水切至自密封供给，调整密封水压力至正常。

（7）若凝结水水质不合格，应开启5号低加出口放水门进行系统冲洗直至水质合格。

（8）水质合格后根据需要向除氧器上水，调节凝汽器、除氧器水位至正常。

（9）检查并确认凝结水系统无泄漏；根据需要开启凝结水至各减温器减温水及其他杂用水；根据情况关闭主机和小机凝泵再循环调整门。

3. 凝结水系统的停运

小机停运后，停运小机凝泵，检查并确认小机凝泵出口电动门联动关闭；关闭小机备用凝泵出口电动门；确认凝结水无用户，主机凝泵满足停运条件；将凝泵密封水切至"凝输水系统供"；通知化学人员撤出凝结水精处理装置；解除凝泵的备用联锁，关闭备用凝泵出口门；停运主机凝泵，检查该出口门是否自动关闭；凝汽器热井水位调整门切至手动并关闭；根据需要停运凝输泵；根据需要完成其他隔离工作。

4. 变频凝泵A倒换为工频凝泵B

通知化学人员退出凝结水精处理，缓慢逐步全开凝结水再循环调整门，同时逐步提升A凝泵转速至最高，注意除氧器水位控制阀应缓慢关小，除氧器水位在正常范围。启动B凝泵，经检查正常后，降低A凝泵转速，停运A凝泵，视情况通知化学人员恢复凝结水精处理。

5. 工频凝泵 B 倒换为变频凝泵 A

启动 A 凝泵,缓慢提升 A 凝泵转速至最高,停运 B 凝泵,根据需要调节 A 凝泵转速,并逐步关闭凝结水再循环调整门。

6. 凝泵倒换的注意事项

凝泵倒换时,要注意将热井水位、除氧器水位控制在正常范围内。倒换主机凝泵时,不但要注意主机热井水位、除氧器水位,还要注意小机凝泵运行情况及小机热井水位。同理,倒换小机凝泵时,也要注意主机凝泵、主机热井水位、除氧器水位。由于工频凝泵跳闸不联动变频凝泵,且工频凝泵运行时不经济,故工频凝泵运行时间不宜太长。

7. 主机 A 凝泵变频启动允许条件

凝结水泵 A 变频器远方控制;无凝结水泵 A 变频器变频故障;无凝结水泵 A 变频器控制电源掉电;无凝结水泵 A 变频器温度高;无凝结水泵 A 变频器风机故障;电气来凝结水泵 A 变频器启动允许信号正常;凝结水泵 A 入口电动门全开;凝结水泵 A 出口电动门全关且再循环门开度大于 80%;热井 A/B 水位(三取中)大于 550 mm;A 凝结水泵推力瓦温度小于 75 ℃;A 凝结水泵导瓦温度小于 75 ℃;A 凝结水泵电机下轴承温度小于 85 ℃;A 凝结水泵电机绕组线圈温度小于 125 ℃;凝结水泵密封水压力大于 0.2 MPa;闭式泵 A/B 已启动;无跳闸条件;A 凝结水泵工频未运行。

8. 主机凝泵(A/B)工频启动允许条件

凝结水泵入口电动门全开;凝结水泵出口电动门全关且再循环门开度大于 80%,或凝泵工频备用;热井 A/B 水位大于 550 mm;凝结水泵推力瓦温度小于 75 ℃;凝结水泵导瓦温度小于 75 ℃;凝结水泵电机下轴承温度小于 85 ℃;凝结水泵电机绕组线圈温度小于 125 ℃;凝结水泵密封水压力大于 0.2 MPa;闭式泵 A/B 已启动;无跳闸条件;凝结水泵远方控制;无凝结水泵失电故障及保护动作。

二、凝结水系统的事故处理

1. 凝结水泵跳闸

现象:DCS 报警;电流为零;凝结水流量骤降,出口压力下降,备用泵联启;如备用泵未联启,则凝汽器水位上升,除氧器水位下降。

处理方法:确认备用泵自启动,否则手动启动,若备用泵启动不成功,可强行启动一次跳闸泵,强行启动仍不成功应停机处理;备用泵启动正常后,调整凝汽器、除氧器水位至正常值;当凝结水泵跳闸时,要注意给水泵密封水及其他用户是否正常。

2.凝泵入口凝结水汽化

现象:凝泵电流下降并摆动;凝泵出口压力下降,流量不稳并下降;凝泵出口母管振动,逆止阀发出撞击声。

原因:凝汽器水位过低;进口管进入空气;入口滤网堵塞;凝结水水温过高;凝泵密封水压力低。

处理方法:发现凝结水有汽化现象,立即检查凝汽器就地水位与集控 LCD 界面水位指示,若水位过低,应增大补水量,将水位补至正常;检查凝泵进口空气门是否开启;检查故障是否滤网压差过大引起,否则应切换至备用凝泵;检查凝泵密封水密封情况,调整密封水量。

3.凝汽器满水

现象:凝汽器水位指示到顶并水位高报警;凝结水过冷度增加;当水位淹没抽气口时,真空较快下降。

原因:凝汽器水位调节失灵;凝汽器钢管泄漏。

处理方法:发现凝汽器水位高,应及时调整水位,并校对就地水位计;确认凝汽器满水,立即停止凝汽器补水,启动备用凝泵,必要时开启放水门,检查凝结水系统各阀门位置;注意调整除氧器水位、压力;若钢管泄漏,则立即隔离泄漏侧;凝汽器满水伴随真空下降,按真空下降处理。

4.凝汽器水位异常下降

现象:凝汽器水位指示偏低;凝汽器水位低报警。

原因:凝汽器水位或除氧器水位自动调节失灵;凝结水系统故障或泄漏;低负荷运行时,凝结水再循环门自动调节失灵;凝输泵或除盐水泵故障;排放门误开。

处理方法:迅速查明原因并排除故障,如调整门失灵,采用手动旁路阀控制凝汽器进水量;若凝输泵或除盐水泵故障,立即启动备用泵,通知检修人员尽快处理,保持水箱高水位;若凝结水再循环门调节失灵并关闭,用手动再循环旁路阀调节再循环水量;若系统泄漏应迅速进行隔离,无法隔离时,请示停机。

5. 凝汽器钢管泄漏

现象：凝结水氢导升高，钠离子增加；凝结水有氯根（循环水内加药造成的）；凝结水硬度增加，炉水 pH 值下降；钢管泄漏严重，造成凝汽器水位上升或凝汽器补水量减少。

处理方法：发现凝结水导电度增加，应立即检查并分析原因，联系化学人员加强水质监测，同时确认无其他不良水质进入凝汽器；确认凝结水精处理系统可靠投入；若水质污染不严重，应加强监测，可在相应循环水泵进口拦污栅处倾倒木屑，观察是否能将泄漏点堵住；根据凝汽器泄漏监测系统指示，确定凝汽器的泄漏区域；若确认凝汽器泄漏，应降负荷至 300 MW 以下，隔离半边凝汽器查漏；凝汽器泄漏造成水汽品质劣化时，按"水汽品质异常"进行处理。

第十二章　给水除氧系统及其设备

　　给水除氧系统的主要功能是将除氧器水箱中的水加热到一定的温度后,通过给水泵提高压力,经过高压加热器进一步加热后,输送到锅炉的省煤器入口,作为锅炉的给水。此外,给水系统还向锅炉再热器、过热器以及高压旁路提供减温水。如图 12-1 所示。

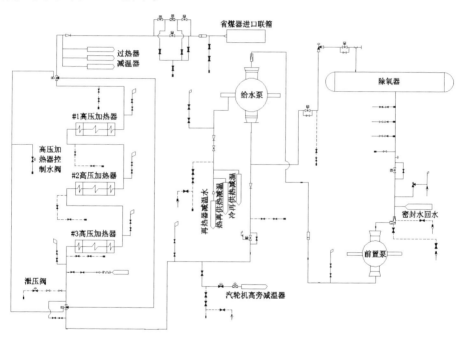

图 12-1　给水系统图

第一节　给水除氧系统设备结构

　　给水除氧系统是指除氧器与锅炉省煤器之间的设备、管路及附件等。其主要作用是在机组各种工况下,对主给水进行除氧、升压和加热,为锅炉省煤器提供数量和质量都满足要求的给水。

整个过程从除氧器水箱开始,其中经过加热、除氧的给水,经前置泵和给水泵升压再由高压加热器加热,最后通过给水操作台送至锅炉省煤器进口集箱。此外,给水泵分别向汽轮机高压旁路、各级过热器和再热器提供减温水。

典型的给水除氧系统包括除氧器、给水泵、前置泵和高压加热器,以及给水泵的再循环管道、各种用途的减温水管道及管道附件等。

给水系统的主要流程为除氧器水箱→前置泵→流量测量装置→给水泵→高压加热器→流量测量装置→给水操作台→省煤器入口集箱。

一、除氧器汽水系统

系统设置除氧器将给水中的所有不凝结气体去除,以防止或减轻这些气体对设备和管路系统的腐蚀(这些气体在加热器中析出并吸附在加热管束表面,将使得传热效果变差,大大降低热交换的效率)。除氧器配有一定水容积的水箱,所以它还有补偿锅炉给水和汽轮机凝结水流量之间不平衡的作用。

除氧器作为汽水系统中唯一的混合式加热器,能方便地汇集各种气流、水流。因此,除氧器除了加热给水、除去给水中的气体等作用,还有回收工质的作用。

启动除氧器时.先启动凝结水泵向除氧器上水至正常水位,打开除氧器排气阀,然后调节辅助蒸汽进气阀门开度,将水加热至锅炉上水需要的温度。锅炉上水完成后将辅助蒸汽供汽调节投入自动,保持除氧器压力稳定。在加热期间应注意把除氧器的温度升高速度控制在规定范围内,同时注意监测除氧器压力、水位和氧量。

除氧器在启动初期和低负荷时采用定压运行方式,由来自辅助蒸汽联箱的蒸汽维持除氧器定压运行。当四级抽汽的蒸汽压力高于除氧器定压运行压力的一定值时,四级抽汽至除氧器的供汽电动阀自动打开,除氧器压力随四级抽汽压力升高而升高,除氧器进入滑压运行阶段。机组正常运行时,当四级抽汽压力降至无法维持除氧器的最低压力时,自动投入辅助蒸汽供汽,维持除氧器定压运行。

二、给水泵组及其管道

系统设置给水泵的作用是提高给水压力,以便给水进入锅炉后克服受热面的阻力,在锅炉出口得到压力额定的蒸汽。理论上给水在锅炉中吸热是一个定压过程,实际上由于存在压力损失,给水泵出口是整个系统中压力最高的部位。

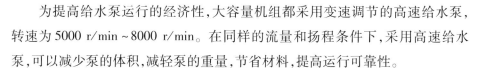

为提高给水泵运行的经济性,大容量机组都采用变速调节的高速给水泵,转速为 5000 r/min ~ 8000 r/min。在同样的流量和扬程条件下,采用高速给水泵,可以减少泵的体积,减轻泵的重量,节省材料,提高运行可靠性。

给水泵传送的流体是高温的饱和水,发生汽蚀的可能性较大。要使泵不发生汽蚀,必须使有效汽蚀余量大于必需的汽蚀余量。泵必需的汽蚀余量随转速的平方成正比地改变。因此,高速给水泵所需的汽蚀余量比一般水泵高得多,其抗汽蚀性能大大下降,在滑压运行的除氧器工况波动时极易引起汽蚀。

为防止给水泵汽蚀,给水泵前都安装低速前置泵。前置泵的转速较低,所需的汽蚀余量大大减少,加之除氧器安装在一定高度,因此给水不易汽化。给水经过前置泵后压力提高,增加了进入给水泵的给水压力,提高了泵的有效汽蚀余量,能有效地防止给水泵汽蚀,大幅降低除氧器的布置高度。

三、给水泵最小流量再循环装置

给水泵出口设置独立的再循环装置,其作用是保证给水泵有一定的工作流量,以免在机组启停和低负荷时发生汽蚀。最小流量再循环管道在给水泵出口管路上的止回阀前引出,并接至除氧器给水箱。

最小流量再循环装置由两个隔离阀和一个电动调节阀组成。给水泵启动时,阀门自动开启;随着给水泵流量的增加,阀门逐渐关小;流量达到允许值后,阀门全关;当给水泵流量小于允许值时,阀门自动开启。再循环管道进入除氧器给水箱前,经过一个止回阀,防止水箱内的水倒入备用给水泵。

四、再热器减温水管道和汽轮机高压旁路减温水管道

给水泵中间抽头的水供再热器减温用。从给水泵的中间抽头引出一根支管,管道上装有一个止回阀和一个隔离阀。止回阀防止抽头水倒流至给水泵,隔离阀则方便给水泵检修。管道通往再热器减温器。

给水泵至高压加热器的给水总管上引出一根支管,为汽轮机高压旁路提供减温水。通往高压旁路的管道上设有电动隔离阀和电动调节阀。

五、给水操作台

高压加热器出口到省煤器进口集箱的管道上依次装有流量测量装置、给水操作台和止回阀。给水操作台由给水总管、阀门和与之并联的若干根较细的小流量旁路管道及其上的调节阀和隔离阀组成。一般旁路管道的管径由细到粗,以满足机组在不同负荷下对给水流量的需求。

当给水泵采用定速给水泵时,小流量旁路管道有 2~3 根。机组启动时用直径最小的一根供水;当负荷逐渐升高时,依次切换至直径较大的旁路管道;满负荷时,用给水总管。

现代机组普遍采用调速给水泵。汽动给水泵的驱动汽轮机和电动给水泵的液力联轴器具有可靠的调节性能。在较大的范围内,它能够通过改变泵的转速来调节流量,承担了大部分的给水流量调节任务。此时,给水操作台只作为给水流量的辅助调节手段,结构可以简化。

600 MW 超临界机组的给水操作台仅保留一根小流量旁路管道,管道上有两个闸阀和一个气动薄膜调节阀。它的作用是在机组启停和低负荷(小于15%)时供水,通过电动旁路调节阀开度调节给水流量。在锅炉给水量大于15%时,切换至给水总管,给水流量由调速给水泵直接调节。给水总管上装设电动闸阀。

六、过热器减温水

机组的过热器减温水由省煤器出口联箱接出。此处的给水虽然已流经高压加热器和省煤器,压力比给水泵出口低,但能够满足给水喷入过热器的压力要求。

过热器喷水减温不同于再热器事故喷水减温,它是调节过热器出口蒸汽温度的重要手段,在机组正常运行期间一直投入。喷水减温造成的能量损失是必然的,系统设计时应尽量减少这种损失。给水经过高压加热器和省煤器加热,其温度高于给水泵出口水的温度,与过热器出口蒸汽之间的温差最小,造成的不可逆能量损失也是最小的。而且,减温水温度高,对锅炉过热器的热冲击也更小。

省煤器出口联箱出口总管上装有电动隔离阀,并分出两根支管,分别通往过热器一、二级减温器。支管上依次安装流量测量孔板、电动隔离阀、气动薄膜隔离阀和电动调节阀。

七、除氧器

根据压力分类,除氧器有真空式、大气式和高压式三种类型;根据内部结构分类,除氧器有淋水盘式和喷雾填料式两种类型;根据除氧部分的设置方式分类,除氧器有立式和卧式两种。大型汽轮机组采用的是高压喷雾填料卧式除氧器。

采用高压式除氧器不仅可以减少造价昂贵、运行条件苛刻的高压加热器的台数,而且在高压加热器旁路时,仍然可以维持较高的给水温度,还容易避免除氧器的自生沸腾现象。提高压力也就是提高水的饱和温度,使气体在水中的溶解度降低,对提高除氧效果更有利。

(一)喷雾填料卧式除氧器

采用喷雾填料卧式除氧器,可以布置多个排汽口和凝结水喷嘴,更快排除气体,大大提高凝结水的除氧效果,并且使其更适应机组的变负荷运行。

图12－2是喷雾填料卧式除氧器的结构示意图。

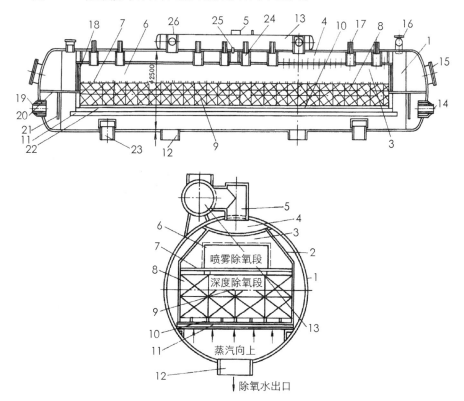

图12－2　喷雾填料卧式除氧器的结构示意图

注:1——除氧器本体;2——侧包板;3——衡速喷嘴;4——凝结水进水室;5——凝结水进水管;6——喷雾除氧段;7——布水槽;8——淋水盘箱;9——深度除氧段;10——栅架;11——工字钢托架;12——除氧水出口管;13——凝结水进水集箱;14——进水管;15——人孔门;16——安全阀管座;17——排汽管;18——喷雾除氧段人孔门;19——进汽管;20——进口平台;21——匀汽孔板;22——基面角铁;23——蒸汽连通管;24、25——放汽管;26——进水分管。

除氧器大致可分为除氧器本体、进水集箱、凝结水进水室、喷雾除氧段、深度除氧段、出水管、蒸汽连通管、衡速喷嘴等部分。

凝结水通过进水集箱分水管进入除氧器的两个相互独立的凝结水进水室。在两个进水室的长度方向均匀布置有衡速喷嘴。因凝结水的压力高于除氧器汽侧的压力,水汽两侧的压差作用在喷嘴板上,将喷嘴上的弹簧压缩从而打开喷嘴,凝结水即从喷嘴中喷出。喷出的水成圆锥形水膜,进入喷雾除氧段空间。在这个空间中,过热蒸汽与圆锥形水膜充分接触,由于接触面积很大,因此可以迅速把凝结水加热到除氧器压力下的饱和温度。此时,绝大部分的不凝结气体就在喷雾除氧段中被去除。这就是除氧的第一阶段。

穿过喷雾除氧段空间的凝结水喷洒在淋水盘上的布水槽中,布水槽均匀地将水分配到淋水盘。淋水盘由多层一排排的小槽交错布置而成。凝结水从上层的小槽两侧分别流入下层的小槽中。就这样一层层地流下去,使凝结水在淋水盘中有足够的时间与过热蒸汽接触,并使汽和水的换热面积达到最大值。流经淋水盘的凝结水不断沸腾,凝结水中剩余的不凝结气体在淋水盘中被进一步去除。这就是除氧的第二阶段,即深度除氧阶段。

在喷雾除氧段和深度除氧段被去除的不凝结气体,均通过设置在除氧器上部的排气管排入大气。

除氧器两端各有一根进汽管,过热蒸汽从进汽管进入除氧器下部,首先由匀汽孔板把蒸汽沿除氧器下部截面均匀分配,使蒸汽均匀地从栅架底部进入深度除氧段,再由深度除氧段向上流入喷雾除氧段,这样就形成了汽、水逆向流动,以提高除氧器的除氧性能。合格的除氧水从除氧器的出口管流入除氧器水箱,并由给水泵经过各高压加热器之后送至锅炉。

(二)无头除氧器

内置式除氧器是一种新型热力除氧器,其除氧装置内置于除氧水箱里,采用射汽型喷嘴、吹扫管、二次泡沫器等新型、高效的除氧元件,这些元件置于给水箱汽侧空间,实现除氧头和给水箱的一体化。从外观上看,它没有除氧头,因此又被称为无头除氧器。无头除氧器的结构如图 12−3 所示。

凝结水从盘式恒速喷嘴喷入除氧器汽侧空间,进行初步除氧,然后落入水空间流向出水口。

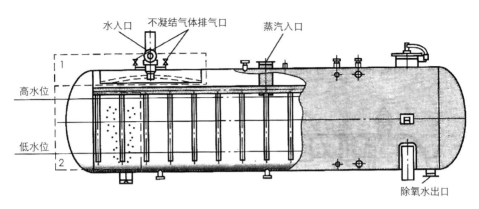

图 12 - 3　无头除氧器结构

加热蒸汽排管沿除氧器筒体轴向均匀排布。加热蒸汽通过排管从水下进入除氧器,与水混合加热,同时对水流进行扰动,并将水中的溶解氧及其他不凝结气体从水中带出水面,达到对凝结水进行深度除氧的目的。水在除氧器中的流程越长,对水进行深度除氧的效果越好。

蒸汽从水下输送,未凝结的加热蒸汽(此时为饱和蒸汽)携带不凝结气体逸出水面,流向喷嘴的排汽区域(喷嘴周围的排汽区域为未饱和水喷雾区),在排汽区域未凝结的加热蒸汽凝结为水,不凝结气体则从排气口排出。

不凝结气体在流向排气口的流程中,在水容积一定的情况下,除氧器筒体直径越大,汽侧空间不凝结气体的压力越小,这样就能有效控制不凝结气体在液面的扩散,避免二次溶氧的发生。因此,除氧器筒体采用大直径为佳。

八、给水泵

随着工质参数的提高,给水泵出口处的压力也随之提高。为了确保高压条件下部件的安全,目前 600 MW 机组配备的给水泵为圆筒形、双壳体的结构形式。图 12 - 4 是汽动给水泵的结构示意图。

该泵为双吸式五级卧式双壳体筒形离心泵。它主要由外壳、端盖、内泵体等部件组成。

泵的外壳是无中分面的锻制圆柱筒。泵的进口管道与外壳采用法兰连接,出口管则采用焊接方法与外壳焊成一体。前、后端盖与外壳之间采用止口定位、螺栓螺母连接方式,端盖与壳体之间还设有密封垫片。前、后端盖上部均焊有平衡管法兰,前、后端盖由平衡管连通,使给水泵进、出口处的轴封均处于泵的进口压力之下。平衡管上还接有暖泵管道,该管道经一个隔离阀后接至除氧

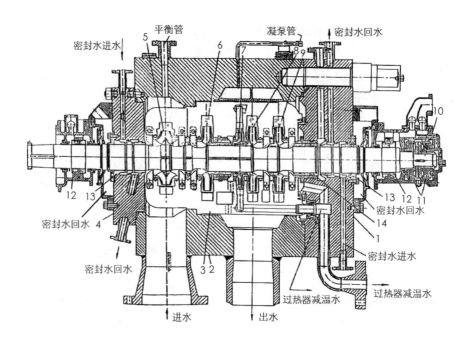

图 12-4 汽动给水泵结构示意图

注:1——后端盖;2——外壳体;3——泵壳;4——前端盖;5——1 级叶轮;
6——2 级叶轮;7——后置级叶轮;8——4 级叶轮;9——3 级叶轮;10——泵轴;
11——推力轴承。

器,用于给水泵启动或停机时暖泵和放气。后端盖内的平衡水能够减小 3 号叶轮进口处的泄漏量,使得 3 号叶轮进口处具有双层密封,压力水通过平衡套筒上的螺旋密封和泵的进口压力水密封。

泵的内壳体呈双蜗壳形,分为上、下两半,采用法兰结构连接方式。内壳体套装在外壳之中,采用止口、密封垫片的定位密封方式,并通过后端盖固定。内壳体内部包含泵的转子,内壳体和转子组成泵的泵芯。整个泵芯体可以从外壳内抽出,需要检修时,只需将泵芯上半壳打开,整个泵的转子将看得很清楚,便于检查,检修。泵芯蜗壳的中分面经过磨光,不设垫片,在压力的作用下,密封良好。泵芯所有的蜗壳和流道铸造成一个整体部件。

内壳体采用双蜗壳的目的是平衡泵在运行时的径向力。因为径向力的产生对泵的工作极为不利,使泵产生较大的挠度,甚至导致密封环(磨损环)、套筒发生摩擦而损坏。同时,径向力对于转动的泵轴来说是一个交变载荷,容易使轴因疲劳而损坏。内壳体采用双蜗壳结构,将压水室分隔成两个对称部分,叶轮上半部的液体沿外蜗壳流出,叶轮下半部的液体沿内蜗壳流出。虽然外蜗壳与内蜗壳内沿叶轮的径向力分布不是均匀的,但是上、下蜗壳相互对称,因此作用在叶轮上的径向力近似相等,彼此抵消,达到平衡。

泵的转动部分在泵芯的蜗壳内,包括叶轮、主轴、套筒、轴承等部件。在各级叶轮进出口、平衡套筒、中间套筒处,均设有可以更换的密封环。密封环轴向长度根据该处的压差而定,以减小泵芯与叶轮之间的轴向泄漏量。密封环与叶轮、套筒之间的径向间隙约为 0.5 mm。1、2 级叶轮,后置级叶轮以及 3、4 级叶轮为对称布置,以减小轴向推力。叶轮为密封式结构,精密铸造而成,流道表面光洁,以保证较高的通流效率。1 级叶轮为双吸式结构,能够降低其进口流速,使其在较低的进口静压头下也不发生汽蚀,安全运行。其余各级叶轮均为单吸式结构。

叶轮上的叶片在叶轮进口处的布置采用延伸式。叶片延伸布置比平行布置做功面积大,进口处速度较低,能提高泵的抗汽蚀能力。但叶片在叶轮进口处不宜延伸太多,以免进口处的叶片上、下端直径相差太大造成流角不同。

各级叶轮、平衡套筒和中间套筒与泵轴之间均采用过盈配合,且用平键固定。叶轮、套筒在装卸时,加热温度为 150 ℃ ~ 200 ℃。

泵轴两端的轴封装置均采用密封水、节流套筒的螺旋密封形式。螺纹齿顶与节流套筒之间留有径向间隙,轴封冷却水(即密封水)通过套筒上的节流孔流入螺纹槽与套筒内圆之间的间隙,当泵轴旋转时起轴向密封作用。各级叶轮的进、出口以及中间套筒与对应密封环之间,均采用径向密封的结构形式。

九、前置泵

给水泵向锅炉输送经除氧器除去气体的给水,由于除氧器出口的给水是除氧器压力下的饱和水,因此给水泵吸入管路系统的有效汽蚀余量为泵的吸入口和除氧器水箱水面的高度差产生的静压头与流动阻力之差。为保证给水泵的安全运行,使泵内的水不致汽化而产生汽蚀,给水泵必须设置在除氧器水面以下,并具有足够的距离,该距离称为倒灌高度。倒灌高度产生的水柱静压力必须大于泵的汽蚀余量与吸入管路阻力之和,保证给水泵不产生汽蚀。

但是,现代大容量锅炉给水泵的转速均较高。根据汽蚀相似定理,同一台泵的汽蚀余量与转速的平方成正比。由此可见,当泵的转速提高后,泵的汽蚀余量就大大增加,泵的汽蚀性能恶化,再加上机组的滑参数运行,除氧器必须在给水泵轴中心线以上很高的位置才能满足需要。鉴于以上原因,目前普遍在高速给水泵前设置低速的前置泵。由于前置泵转速较低,泵的汽蚀余量大大降低,同时设置前置泵时又充分考虑到抗汽蚀的要求,因此前置泵本身具有较好的抗汽蚀性能。前置泵与给水泵串联工作时,使给水泵进口的给水压力比给水的汽化压力高出许多。设置前置泵后,给水泵一般不太容易发生汽蚀,而且前置泵可以使除氧器标高位置不致太高。因此,无论汽动给水泵还是电动给水泵前都装设前置泵。

汽动给水泵的前置泵为单级双吸卧式离心泵。图 12 - 5 为结构示意图。

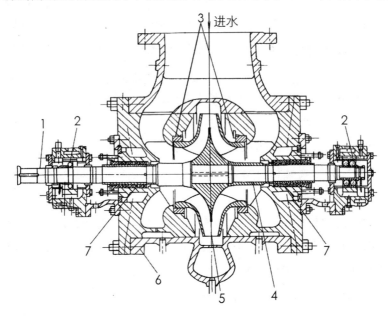

图 12 - 5   前置泵结构示意图

注:1——泵轴;2——轴承;3——壳体磨损环;4——中间套筒;5——叶轮;
6——泵壳;7——水封环。

泵轴两端的轴封采用盘根结构,其冷却水来自闭式冷却水系统。轴封盘根中部设有带节流孔的密封环,称为轴封的水封环。此外的密封水来自凝结水系统,该密封环与泵轴套筒之间的径向间隙设计值为 0.5 mm。密封水经水封环上的节流孔流入盘根,其回水排入地沟。前置泵叶轮的两侧进口处均设有密封环,该密封环与叶轮之间的径向间隙设计最小值为 0.635 mm。

第二节　给水除氧系统的运行

除氧器运行中应监测除氧器的压力、温度、水位及进水流量等,确保相关参数正常,运行工况与机组负荷应相适应,温度变化率不能太大,压力不能超过额定值。正常运行时,水位控制应投入自动,水位在 1800 mm～2200 mm 范围之内;除氧器正常运行中应对就地水位计和远程水位计进行校核;当机组负荷大幅度变化或除氧器加热由辅汽切换至四抽供汽时,应加强监测和调整除氧器水位、压力,以防发生振动;监测除氧器出水含氧量(应不高于 5 μg/L),若超限,应调整排氧门开度,使除氧器溶氧合格;各阀门、管道不应有漏水、漏汽、汽水冲击、振动等现象。

给水泵组运行过程中,系统应无漏油、漏水、漏汽现象。泵组振动、轴承温度、前置泵出口流量、进出口压力、前置泵及汽泵进口滤网前后压差正常。检查各轴端冷却水,油箱油位正常。若油位升高,应进行底部放水检查,并通知化学人员化验油质;若油位降低,应检查油系统是否泄漏,必要时通知检修人员。润滑油压力和温度、各轴承油流、滤网前后压差应正常。小机润滑油温度由水侧调节阀自动调节,若调节阀失灵,可隔离调节阀,用旁路阀手动调节小机油温。检查小机调节系统工作是否正常,若发现调门晃动应及时处理。检查密封水系统运行是否正常,汽泵密封水回水温度控制在 50 ℃～60 ℃,当汽泵密封水回水温度至 80 ℃且无法降低时应申请停泵。检查小机、汽泵、汽泵前置泵、齿轮减速箱各运行参数是否在正常范围内。

一、给水除氧系统的运行

1. 除氧器的投运

(1)确认检修工作完毕,工作票已收回,设备完整、良好,现场整洁,系统具备投运条件。

(2)相关阀门状态符合启动要求;系统中所有热工仪表齐全、完好,指示正确。

(3)确认气动调节门、电动门已送气、送电,联锁保护实验正常;确认凝结水系统运行正常,对除氧器上水管道注水排气,以防管道振动或除氧器喷嘴损坏;确认辅助蒸汽系统运行正常,对辅汽至除氧器加热管道进行暖管疏水;电动开启除氧器启动排气门。

(4)除氧器上水前,确认整个凝结水系统充满水。

(5)缓慢开启除氧器进水调节阀,开始以不高于40 t/h的进水速度给除氧器充水,然后逐步加大除氧器进水调节阀开度,提高进水速度,充水至1800 mm~2200 mm。

(6)开启除氧器放水门进行循环冲洗,水质合格后关闭放水门,水位维持在1800 mm~2200 mm。投入除氧器加热,升温速率控制在3 ℃/min,升温至104 ℃。注意辅汽母管压力维持在0.8 MPa和1.0 MPa之间,温度为280 ℃。除氧器压力升至0.147 MPa,水温升至104 ℃左右时,适当开启除氧器连续排气门,关闭启动排气门,维持定压运行。

(7)根据除氧器的含氧量调整连续排气门的开度。

(8)当机组启动后,四抽压力大于0.2 MPa时,将除氧器汽源切为本机四级抽汽(检查确认除氧器压力低于四级抽汽压力,开启四级抽汽电动门及四级抽汽至除氧器电动门,关闭辅助蒸汽至除氧器调节门)。四级抽汽投入后,除氧器由定压运行改为滑压运行。当给水泵启动后,根据情况投入除氧器水位"自动"。

2.除氧器停运

(1)除氧器随机组停止而滑停。当负荷下降,除氧器压力低于0.2 MPa时,除氧器切为辅助蒸汽供汽。切换过程中控制除氧器压力低于四级抽汽压力,当压力降至0.147 MPa,除氧器做定压运行。

(2)机组打闸后,锅炉不需要进水时,停止除氧器加热并将加热汽源隔离,除氧器停止进水,注意凝汽器水位应正常。

(3)确认3号高加正常疏水调节门关闭,关闭1、2、3号高加到除氧器的连续排气门。

(4)除氧器若长期停用(超过两个月),应排尽积水,自然干燥,必要时放置干燥剂。

3.汽泵组禁止启动条件

小机电超速保护或METS保护动作不正常;调速系统不能稳定地控制转速;速关阀、低压调门、高压调门,其中之一不能关严或动作不正常;主要仪表(如转速表)失灵,轴向位移、振动、给水流量、进汽压力、温度不稳定;小机交流油泵、直流油泵、盘车装置,其中之一工作不正常;盘车时汽泵组内部有明显的金属摩擦声;油箱油位低至规定值,油质不合格;给水泵再循环系统回路故障,影响阀门正常开、关;给水泵出口逆止阀卡涩或关闭不严;给水泵中间抽头逆止阀卡涩或关闭不严;有危及设备和人身安全的缺陷。

4.汽动给水泵组启动前的检查和准备工作

(1)检查并确认压缩空气系统正常,小机各相关气动阀门、汽源已投入;检查各相关电动门电源已投入;辅汽系统已投运,汽源满足小机启动要求。

(2)检查并确认小机油箱油位正常,油质合格,放水一次。若油箱油温低于15 ℃,应投入油箱电加热器,油温升至35 ℃后停用电加热器。润滑油滤网及调节油滤网均一组投运,另一组备用。检查并启动小机油系统,小机润滑油油压、调节油油压、小机、汽泵、汽泵前置泵各轴承及减速箱回油正常。

(3)检查并确认除氧水箱水质合格,水位正常,水温符合要求;检查并确认小机循环水系统运行正常,小机凝汽器已通水;检查并确认开式冷却水、闭式冷却水系统运行正常。小机冷油器冷却水视小机油温上升情况适时投入。检查小机、主机凝结水系统是否已正常投运。

(4)汽泵密封水系统各阀门状态正确,投入汽泵和前置泵冷却水、密封水,密封水压力调节阀投自动,密封水压差、回水温度正常;检查并确认系统内所有放水门关闭,稍开前置泵进口门,开泵组放气门,空气放尽后关闭,全开前置泵进口门。

(5)视情况对汽泵组进行暖泵,暖泵结束后关闭暖泵门。

(6)确认小机油系统运行正常,密封水正常,汽泵内注满水,暖泵停止,投入小机电动盘车装置,盘车转速为104 rpm。小机、汽泵、汽泵前置泵动静部分无异声。

(7)开启汽泵出口电动门及高加注水手动门,对高压给水管道和高加水侧静压注水排空气,空气排完后关闭汽泵出口电动门,开启汽泵出口电动门旁路阀。

(8)检查并确认小机真空泵组汽水分离器水位正常,冷却器冷却水已投入。真空泵组具备启动条件。

(9)确认再循环气动调整门及前后电动门在全开位置,给水泵出口门在全关位置。

（10）确认汽泵转速控制在手动位置，小机的速关阀、高压调门、低压调门在关闭位置。打开小机疏水阀组各疏水阀门及轴封汽管道、小机进汽管道相关疏水门。用辅汽对小机轴封汽管道和小机进汽管道进行暖管疏水。

5. 汽动给水泵组的启动

给水泵组启动前，小机排汽安全阀在关闭位置，投入小机轴封汽，启动轴封风机，小机轴封处不吸汽、不冒汽，轴封加热器工作正常，维持轴封加热器内 $-1.5\ kPa \sim -2.0\ kPa$ 的真空；启动小机真空泵对小机抽真空，轴封送汽后应尽快使汽轮机冲转；小机进汽管道暖管结束后，做小机冲转准备。

小机冲转条件：

①小机控制模块无异常，油系统运行正常。

②润滑油总管油压为 $0.18\ MPa \sim 0.25\ MPa$，润滑油温为 $38\ ℃ \sim 42\ ℃$。

③蒸汽温度与缸温匹配，且至少有 $50\ ℃$ 的过热度，蒸汽品质合格。

④小机真空 $92\ kPa$ 左右。

⑤小机盘车运行正常，连续运行 $2\ h$ 以上。

⑥汽泵组已具备投运条件，小机、汽泵、汽泵前置泵无跳闸条件。

⑦小机冲转参数：冷态启动（停机时间不低于 $72\ h$）时，进汽压力 $\geq 0.55\ MPa$，进汽温度 $< 300\ ℃$；温态启动（停机时间 $12 \sim 72\ h$）时，进汽压力 $\geq 0.55\ MPa$，进汽温度 $< 300\ ℃$；热态启动（停机时间 $< 12\ h$）时，进汽压力 $\geq 0.55\ MPa$，进汽温度 $\geq 300\ ℃$。

小机冲转升速及带负荷过程中的注意事项：

（1）在 MEH 控制界面上，点击"手动复位"按钮，检查并确认 METS 跳闸首出消失，给水泵"启动允许"条件满足；点击"开速关阀"按钮，速关阀开启后，速关阀油压约 $0.85\ MPa$，启动油压降为 0。

（2）进行一次小机速关阀活动实验。

（3）在 MEH 控制界面上，点击"自动模式"按钮，在"转速设定"中输入目标转速 $1000\ r/min$，点"确认"，在"速率设定"中输入 $300\ r/min$，点"确认"，最后点击"进行"按钮，检查小机实际转速是否上升。升速至 $1000\ r/min$ 进行低速暖机（冷态暖机时间为 $20\ min$；温态、热态时不暖机，但需停留约 $5\ min$ 对汽泵组进行检查），确保机内无异声，振动无异常。升速过程中，如果需在某一转速停留，则按"保持"；需继续升速，则按"进行"。暖机结束后，以 $300\ r/min$ 的升速率，将小机转速升至 2000 r/min。

（4）在转速为 2000 r/min 时，停留约 10 min 对汽泵组进行检查，检查无异常再以 300 r/min 的升速率将小机转速升到 2860 r/min。升速至 2860 r/min 时，检查汽泵组是否一切正常，就地检查高加内部压力与给水泵出口压力是否相差不大；开启汽泵出口电动门，出口电动门全开后关闭其旁路阀。小机转速达 2800 r/min 时，检查小机相关疏水阀是否自动关闭。

（5）根据锅炉需要手动调节小机转速，在小机转速维持不变的情况下由给水调整门控制给水流量（小机转速的控制尽量以给水调整门开度较大为准，以减小节流损失）。

（6）当小机转速升至 3000 r/min，且小机"遥控允许"灯亮时，可将 MEH 的控制模式切至"遥控方式"，小机转速不再在 MEH 中控制，变为在"给水主操"上手动控制。（"遥控允许"灯亮，不投"遥控方式"，则小机转速还是在 MEH 中的"自动模式"下控制。）

（7）随着负荷上升，视情况投入"给水主操"自动，如"给水主操"投入自动，则系统接收来自锅炉闭环控制系统 CCS 的给水流量需求信号，实现小机转速的自动控制。

（8）当省煤器入口流量达 800 t/h 左右时，逐渐缓慢关闭给水泵再循环调整门。机组负荷上升到 250 MW～280 MW 时，检查四抽压力是否正常，将小机汽源由辅汽切为四抽。

小机冲转升速及带负荷过程中的注意事项：

（1）升速过程中，应严格按启动曲线升速。升速过程中，加强与三期的联系，控制好辅汽联箱的压力和温度。

（2）升速过程中，应注意振动、轴温、转速、油压的监测，注意倾听给水泵组内部声音，发现有金属摩擦声或振动超标时立即停机。

（3）升速过程中，应注意小机油温是否正常，否则手动调整。

（4）小机运行时，如排汽温度达 90 ℃，检查小机排汽缸喷水电磁阀是否已自动打开。

（5）汽泵启动后，注意检查高加进、出口三通阀的状态。如进、出口三通阀开启，给水切至高加水侧，则要注意检查并关闭高加注水门。

（6）机组负荷上升到 250 MW～280 MW 后，检查四抽压力是否正常，将小机汽源由辅汽切为四抽。

6. 汽动给水泵组停运

(1)检查并确认小机备用主油泵、事故油泵、盘车电机均能正常工作。确认小机速关阀、调节汽阀灵活,无卡涩现象。

(2)随着主机负荷的下降,CCS 会自动降低小机的转速,给水压力和给水流量随之下降。当机组负荷下降到 270 MW 左右时,适当开启汽泵再循环调整门。当机组负荷下降到约 260 MW 时,将小机汽源由本机汽源切为辅汽(辅汽由本机冷再或邻机供汽)。

(3)当小机转速下降到"锅炉自动"控制方式最低值时,解除"给水主操"自动。由给水调节阀控制给水流量和压力,满足锅炉需要。

(4)根据锅炉情况,适时关闭中间抽头电动门。锅炉熄火前始终维持给水流量在启动流量以上,防止锅炉因给水流量低而熄火。

(5)锅炉熄火后降低给水泵转速,维持小流量向锅炉上水。上水结束后,关闭汽泵出口电动门。

(6)当小机凝结水流量小于 15 t/h 时,缓慢开启小机凝泵再循环调整门。

(7)按下 MEH 控制界面上的"紧急停机"按钮。检查并确认小机速关阀、调节汽阀关闭,小机转速下降,汽动给水泵及其前置泵转速随之下降,记录惰走时间。

(8)停止小机凝泵,检查小机凝泵出口电动门是否联关。停止小机真空泵,稍开小机真空破坏一、二次门。

(9)小机转速下降到 350 r/min 时,检查小机盘车电机是否联锁启动,小机电动盘车应自动投入,否则手动投入。检查并确认小机盘车转速为 104 r/min。

(10)小机真空到 0 时,关闭小机轴封供汽门。如主机轴封汽已停止,停运轴封风机。

(11)小机停机后,缸温最高部位降至 150 ℃以下且盘车满 6 h,停止小机盘车。

(12)关闭前置泵进口电动门,注意泵内压力不应上升。

(13)根据情况关闭汽泵密封水(小机盘车期间维持主机凝泵低速运行,凝结水走再循环,目的是为汽泵提供密封水)。

(14)确认闭式水系统停运后,解除小机油泵联锁,小机主油泵停运。解除小机油箱排烟风机联锁,小机油箱排油烟风机停运。

二、事故处理

1.除氧器水位异常

现象:除氧器水位过高或过低报警;除氧器水位调整门开度异常。

原因:除氧器水位自动调节失灵;除氧器系统阀门误操作;除氧器压力大幅度波动;锅炉爆管,给水或凝结水系统严重泄漏;高加疏水切至凝汽器;凝泵出力不足或故障。

处理方法:

(1)核对就地水位计,确认除氧器水位异常。检查除氧器水位是否自动,若异常应切至手动调节。检查凝结水、给水流量及凝汽器水位是否正常。

(2)除氧器水位低时,检查除氧器事故放水门、底部放水门是否关闭严密。必要时可增开备用凝泵以维持除氧器水位,并加强对凝汽器水位的监测和调节。

(3)除氧器水位过低时,应防止除氧器发生超压;当除氧器水位下降至低Ⅱ值时,给水泵及前置泵应跳闸,否则应故障停泵;当除氧器水位升至高Ⅱ值时,除氧器溢流电动门及3号高加事故疏水门开启,3号高加疏水调整门关闭,应设法降低除氧器水位至正常值;当除氧器水位升至高Ⅲ值时,检查并确认除氧器事故放水门开启,四抽电动门、逆止阀、四抽至除氧器进汽门、四抽至小机电动门、四抽至辅汽电动门关闭,相关疏水门开启;注意小机转速变化。

(4)经处理无效,无法维持机组正常运行,则应联系值长要求停机。

2.除氧器压力升高

现象:除氧器压力过高并报警;除氧器安全门起座。

原因:高加疏水量过大或带汽;除氧器进水突然减少或中断;机组变负荷率过快;除氧器满水;供汽压力过高。

处理方法:发现除氧器压力升高,应核对表计,判断除氧器压力是否真实升高;若除氧器水位自动调节失灵,应切至手动,维持除氧器水位正常;若机组负荷增加太快或超负荷运行,应降低机组负荷;检查高加是否正常;检查辅汽至除氧器调整门动作是否正常,必要时将其关闭;若经处理无效,压力持续上升,应降低机组负荷,将高加疏水切至凝汽器,关闭除氧器进汽电动门,开启除氧器溢流电动门,防止除氧器超压。

3.除氧器振动大

原因:除氧器进水、进汽突增或突降;给水流量大幅度波动,造成除氧器水位快速波动。高加大量疏水突然进入除氧器。

处理方法:调整除氧器进水量和进汽量;调整给水流量;调整高加疏水量和疏水方式。

4.汽泵组紧急停运条件

泵组突然发生强烈振动,泵内有明显的金属摩擦声或撞击声;小机发生水冲击;小机油系统着火,无法立即扑灭,并危及设备安全运行;任一轴承断油、冒烟或轴承回油温度超过 75 ℃;小机油箱油位下降至最低值,即使加油也无法恢复;给水泵发生严重汽化;给水泵系统管路破裂,且无法隔离,威胁人身及设备安全;轴封处冒火花;泵组保护应动作而未动作。

5.汽泵组紧急停运步骤

(1)做好机组停运准备,汽泵组停运,机组必须停运。

(2)按"紧急停小机"按钮,检查并确认小机速关阀、调节汽阀关闭,转速下降,汽泵出口门关闭。

(3)若需破坏真空应使小机真空泵停止运行,适当开启小机真空破坏门。小机真空到 0 后,再停止工作小机轴封汽。

(4)注意小机惰走时间,检查小机转速到 350 r/min 时,盘车电机是否自动投入(盘车转速为 104 r/min),倾听小机声音。

(5)完成汽泵组及机组停运的其他操作。

6.汽泵组油压低

现象:小机润滑油总管压力低并报警;调节油压力低并报警;给水泵组各轴承温度升高并报警。

原因:压力油管漏油;油泵工作异常;小机交流油泵、直流润滑油泵出口逆止阀不严;润滑油滤油器或调节油滤油器堵塞;油箱油位过低;小机冷油器进口或出口可调节流阀调整不当。

处理方法:

(1)发现油压不正常下降时,应立即查明原因,设法提高油压。

(2)若油压下降是由运行油泵故障造成的,则应立即手动启动备用油泵;若油压下降是由备用油泵出口逆止阀不严引起的,则应进行隔离;若油滤网前后压差达 0.08 MPa,则应切至备用滤网;若油系统大量漏油,应采取隔离措施,无法隔离时应停泵,并做好防火措施。

(3)若润滑油总管压力下降至 0.10 MPa 或调节油压下降至 0.65 MPa,辅助油泵应自启动;若润滑油总管压力下降至 0.08 MPa,小机跳机,此时要注意做好机组的停运工作;若润滑油总管压力下降至 0.04 MPa,禁止投小机盘车。

(4)若油压降低,应严密监测各轴承振动、温度等参数;当轴承温度上升或接近限值时应适当降负荷,当轴承温度超限时应紧急停泵;通知检修人员调节可调节流阀。

7. 小机真空下降

现象:小机排汽真空低并报警;汽泵出力下降。

原因:小机轴封汽压力过低或中断;小机循环水量过低或中断;小机真空泵工作异常,真空泵内水温太高;小机真空系统泄漏;小机凝汽器水位太高。

处理方法:

(1)检查小机轴封压力是否正常,若轴封压力低应当调整至正常范围;检查小机循环水是否正常,若水量不足应加大水量至正常范围。

(2)若小机真空泵工作异常,应启动备用泵。若真空泵内水温太高,应检查冷却器冷却水是否正常。若小机真空系统泄漏,则及时查找泄漏原因并堵漏。

(3)若小机凝汽器水位太高,应尽快降低凝汽器水位。

(4)小机排汽绝对压力升至 40 kPa 时,排汽压力高 I 值报警,应降低汽泵出力。小机排汽绝对压力升至 70 kPa 时(即真空 −30 kPa 左右时),小机应跳闸,否则手动停止小机,做好机组停运操作。小机排汽压力升至 70 kPa(表压力)时,小机排汽安全阀应动作。

8. 小机进水

现象:高、低压进汽管法兰、轴封、汽缸结合面处冒出水蒸气或溅出水滴;清楚地听到高、低压进汽管内有水击声;轴向位移、振动增大,推力轴承温度及回油温度升高。

原因:进汽带水;轴封蒸汽疏水不充分;轴封蒸汽减温水自动调节失灵。

处理方法:确认小机已进水,应紧急停运小机,检查确认速关阀、调整门关闭,转速下降。做好机组停运操作。开启小机本体疏水门,开启高、低压进汽管道疏水门,同时应注意机组真空变化。记录惰走时间,并完成小机正常停机的其他操作。

9.给水泵汽蚀

现象:前置泵出口或汽泵入口压力波动;汽泵出口压力下降且摆动;给水流量下降且摆动;水泵内有噪音及水击声,泵组振动增大。

原因:除氧器内部压力突然下降或水位太低;除氧器水温过高;前置泵或汽泵进口滤网堵塞;汽泵进口压力过低;给水泵再循环调整门未开启,使给水泵在小于给水泵对应最小流量下运行。

处理方法:汽泵进口轻微汽化时,查明原因,消除汽化因素,防止汽泵产生汽蚀,损坏设备。迅速全开再循环阀,提高除氧器水位及压力。若汽泵已产生严重汽蚀,应做好机组停运工作,停运汽泵。

第十三章　回热加热系统及其设备

回热循环是由回热加热器、回热抽汽管道、水管道、疏水管道、疏水泵及管道附件等组成的一个加热系统,而回热加热器是该系统的核心。如图 13 - 1 所示。

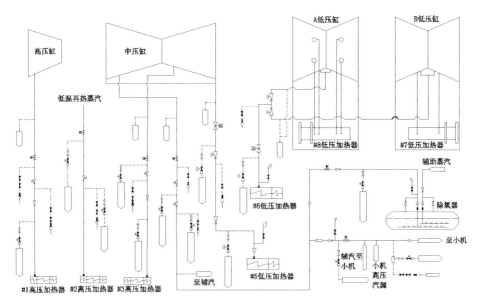

图 13 - 1　回热加热系统图

图 13 - 1 为九江电厂机组的回热加热系统,汽轮机组采用 8 级非调整抽汽。1、2、3 级抽汽分别供给三台高压加热器;4 级抽汽供汽给除氧器、锅炉给水泵汽轮机和辅助蒸汽系统等;5、6、7、8 级抽汽分别供汽给四台低压加热器。7、8 号低加为各用一个壳体的加热器,卧式布置在凝汽器喉部。

为防止汽轮机超速和进水,除 7、8 级抽汽管道外,其余管道上都设有气动止回阀。1、2、3、5、6 级抽汽管道设有一个气动止回阀,1、3、5 级抽汽管道加设一个不带执行机构的逆止阀。4 级抽汽管道由于所接设备较多,在总管上设置了两个同口径的气动止回阀。至除氧器、小机、辅汽联箱的支管上各设一个不带执行机构的逆止阀。

各段抽汽管道具有完善的疏水措施,防止在机组启动、停机及加热器故障时有水积聚。回热抽汽系统中的每个电动隔离门和气动逆止阀前后均设有疏水阀,疏水排至凝汽器疏水扩容器。各疏水支管上沿疏水流向设置截止阀和气动疏水调节阀。

正常运行时,各高压加热器的疏水均采用逐级自流疏水方式,3 号高压加热器出口的疏水引入除氧器;5 号低压加热器的正常疏水接至 6 号低压加热器,然后通过两台 100% 容量、互为备用的加热器疏水泵引至 6 号低压加热器后的凝结水管道。7、8 号低压加热器的正常疏水分别接至疏水冷却器,疏水冷却器疏水接至凝汽器。除正常疏水管路外,各加热器还设有危急疏水管路。

每台加热器(包括除氧器)均设有启动排气和连续排气装置,以排除加热器中的不凝结气体。所有高压加热器汽侧的启动排气排入大气,连续排气均接至除氧器。低压加热器汽侧的启动排气排入大气,连续排气接至凝汽器中。所有加热器的水侧放气都排入大气。

第一节 回热加热系统设备结构

加热器按照内部汽、水接触方式的不同,可分为混合式加热器与表面式加热器两类;按受热面的布置方式,可分为立式和卧式两种。

一、混合式加热器

加热蒸汽与水在加热器内直接接触,在此过程中蒸汽释放出热量,水吸收了大部分热量,温度得以升高,在加热器内实现了热量传递,完成了提高水温的过程。

1. 混合式加热器及其系统的特点

(1)可以将水加热到该级加热器蒸汽压力所对应的饱和水温度,充分利用了加热蒸汽的热能,热经济性比表面式加热器高。

(2)由于汽、水直接接触,没有金属传热面,因而加热器结构简单,金属耗量少,造价低,便于汇集各种不同参数的汽、水流量,如疏水、补充水、扩容蒸汽等。

(3)可以兼作除氧设备使用,避免高温金属受热面被氧腐蚀。

(4)全部由混合式加热器组成的回热系统很复杂,导致回热系统运行安全性、可靠性低,系统投资大。一方面凝结水需依靠水泵提高压力后才能进入比凝汽器压力高的混合式加热器内。在该加热器内,凝结水被加热至该加热器蒸汽压力下的饱和水温度,其压力也与加热器内的蒸汽压力一致。使其在更高压力的混合式加热器内被加热,还得借助水泵来重复该过程。另一方面为防止输送饱和水的水泵发生汽蚀,水泵应有正的吸入水头.需在适当高度设置一个水箱,水箱还要具有一定的容量以确保负荷波动时运行的可靠性。

(5)随着汽轮机蒸汽初压力提高到亚临界、超临界和超超临界,汽轮机叶片结垢及处于真空下的低压加热器氧腐蚀的现象应引起重视。

2.混合式加热器的结构

为了在一定的时间内将水加热到加热器蒸汽压力下的饱和水温度,在混合式加热器中蒸汽与水的接触面应尽可能大,时间也应尽可能延长。因此,混合式加热器在进行结构设计时应使水变成微细水流、雾化水珠和薄水膜等,且与加热蒸汽成逆向流动和多层横向冲刷,如此才能最大限度地利用加热蒸汽的热能,使水在加热器出口处达到饱和状态。

根据布置方式的不同,混合式加热器又有卧式与立式两种。图13-2所示为卧式混合式低压加热器。

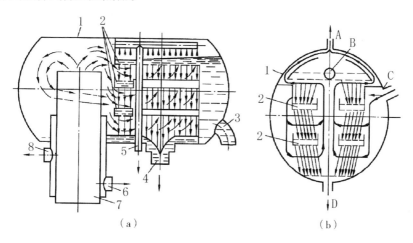

图13-2 卧式混合式加热器结构示意图

(a)结构图 (b)加热器内加热示意图

注:1——外壳;2——多孔淋水盘;3——凝结水入口;4——凝结水出口;5——汽气混合物引出口;6——事故时凝结水到凝结水泵进口联箱引出口;7——加热蒸汽进口;8——事故时凝结水到凝汽器的引出口;A——汽气混合物出口;B——凝结水进口;C——加热蒸汽入口;D——凝结水出口。

此外还有以除氧为主而设计的混合式加热器,常简称除氧器。它们都有一个共同特点:在加热或冷凝过程中分离出的不凝结气体和部分余汽被引至凝汽器或专设的冷却器。对于非重力式混合式加热器和除氧器,应在出口设置一定容积的集水箱,以确保其水泵运行安全、可靠。

二、表面式加热器

加热蒸汽和水在加热器内通过金属管壁进行传热,通常水在管内流动,加热蒸汽在管外冲刷放热后凝结,成为加热器的疏水,疏水温度为加热器内蒸汽压力下的饱和温度。由于金属壁面热阻的存在,管内流动的水吸热升温后在出口的温度比疏水温度要低,它们的差值称为端差。

1. 表面式加热器的特点

与混合式加热器相比,表面式加热器及其系统具有以下几个特点:

(1)因端差的存在,未能最大限度地利用加热蒸汽的热能,热经济性比混合式加热器差。

(2)由于有金属传热面,因此金属耗量大,内部结构复杂,制造较困难,造价高。

(3)不能除去水中的氧和其他气体,未能有效地保护高温金属部件的安全。

(4)全部由表面式加热器组成的回热系统较简单,运行安全、可靠,布置方便,系统投资和土建费用少。

(5)水被加热后要进入锅炉,水泵出口的压力比锅炉压力高,各加热器内的水管应能承受比锅炉压力还高的水压,导致加热器材料价格上涨。综合比较技术经济性,绝大多数电厂不会全部采用仅由表面式加热器组成的回热系统,而是在中间适当的位置采用混合式加热器,兼作除氧和收集各种气流、水流的作用,同时将表面式加热器系统分隔成高压加热器和低压加热器两组。水侧部分承受给水泵压力的表面式加热器称为高压加热器,承受凝结水泵压力的表面式加热器称为低压加热器。

2. 表面式加热器结构

表面式加热器也有卧式和立式两种。一般大容量机组采用卧式的较多。其结构如图 13-3 所示。

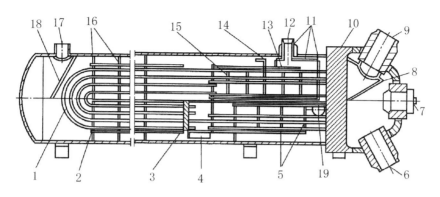

图 13 – 3 管板—U 形管束卧式高压加热器结构示意图

注:1——U 形管;2——拉杆和定距管;3——疏水冷却段端板;4——疏水冷却段进口;5——疏水冷却段隔板;6——给水进口;7——人孔密封板;8——独立的分流隔板;9——给水出口;10——管板;11——蒸汽冷却段遮热板;12——蒸汽进口;13——防冲板;14——管束保护环;15——蒸汽冷却段隔板;16——隔板;17——疏水进口;18——防冲板;19——疏水出口。

加热器由筒体、管板、U 形管束和隔板等主要部件组成。筒体的右侧是加热器水室。水室内有分流隔板,将进、出水隔开。给水由给水进口进入水室下部,通过 U 形管束吸热升温后从水室上部的给水出口离开加热器。加热蒸汽由入口进入筒体,经过蒸汽冷却段、冷凝段、疏水冷却段后由气态变为液态,最后由疏水出口流出。

卧式加热器的换热面管横向布置。在相同的凝结、放热条件下,其凝结水膜比竖管薄,其单管放热系数高,同时在筒体内易于布置蒸汽冷却段和疏水冷却段。因此,卧式的热经济性高于立式。但它的占地面积比立式大。目前我国 300 MW、600 MW 以上机组的回热系统多数采用卧式回热加热器。

图 13 – 4 为管板—U 形管束立式低压加热器。这种加热器的受热面由铜管或钢管制成的 U 形管束组成,采用胀接或焊接的方法固定在管板上。整个管束插入加热器圆形筒体内。管板上部有用法兰连接的将进、出水空间隔开的水室。水从与进水管连接的水室流入 U 形管,吸热后从与出水管连接的另一个水室流出。加热蒸汽从进汽管进入加热器筒体上部,借助导向板的作用不断改变流动方向,呈 S 形流动,反复横向冲刷管束外壁并凝结、放热,冷凝后的疏水汇集到加热器下部的水空间,由疏水自动排除装置排出。

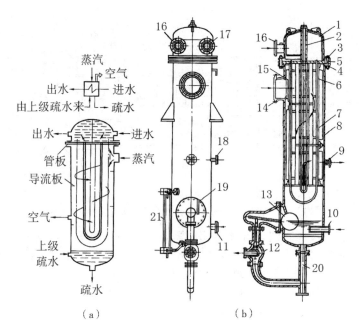

图 13-4 管板—U 形管束立式低压加热器

(a)图例(上部)及结构示意 (b)结构外形及剖面

注:1——水室;2——拉紧螺栓;3——水室法兰;4——筒体法兰;5——管板;6——U 形管束;7——支架;8——导流板;9——抽空气管;10、11——上级加热器来的疏水入口管;12——疏水器;13——疏水器浮子;14——进汽管;15——护板;16、17——进、出水管;18——上级加热器来的空气入口管;19——手柄;20——排疏水管;21——水位计。

立式加热器的优点是:占地面积小;安装和检修方便;结构简单;外形尺寸小;管束管径较粗、阻力小;管子损坏不多时,易采用堵管的办法快速抢修。其缺点是:当压力较高时,管板的厚度加大,薄管壁的管子与厚管板连接工艺要求高;对温度敏感;运行操作严格;换热效果较差。立式加热器在中小机组和部分大机组中运用较广。

第二节　回热加热系统的运行

回热加热系统运行时,加热器进汽压力、温度、出水温度、疏水温度、水位应正常;加热器及抽汽管道、疏水管道等无泄漏、振动、水冲击现象;高加疏水端差小于 8 ℃,低加疏水端差在 5.5 ℃和 11 ℃之间,发现端差增大应分析原因,及时处理;加热器疏水调整门调节正常,若疏水调整门开度不正常增大时,加热器钢管可能有泄漏;若加热器水位达到保护值,应检查保护动作情况,分析水位波动的原因,及时进行处理,并确认加热器钢管无泄漏;运行中任一一台高加水位出现高Ⅲ值或水位测点故障,则三台高加汽侧全部解列,给水切至旁路;运行中任一一台低加水位出现高Ⅲ值或水位测点故障,则相应低加组解列,凝结水切至旁路。

一、回热加热系统的运行

1. 高、低压加热器投运前的检查

(1)相关阀门状态符合启动前状态;系统中所有热工仪表齐全、完好,指示正确,保护联锁实验正常。

(2)存在如下情况之一,禁止加热器投运:

①加热器水位报警不正常,保护及联锁动作不正常;②加热器水侧投运后,汽侧水位明显上升,确认加热器管束破裂、泄漏;③加热器的抽汽逆止阀、疏水门或电动门有卡涩现象,无法正常开关;④加热器的主要参数无法监测;⑤设备存在其他严重影响安全运行的缺陷。

2. 加热器投运原则

(1)加热器投运时,先投水侧,后投汽侧;加热器汽侧投运顺序是先低压后高压;停运顺序相反。控制加热器出水温度变化率不超过 2 ℃/min。

(2)加热器投运过程中应注意疏水能否自流,必要时通过危急疏水阀来控制水位。加热器疏水水位投入自动控制时,应遵循从高压到低压的原则逐级投用。

(3)7、8 号低加汽侧随机滑启,1、3 号高加,5、6 号低加和高加汽侧可在机组全速稳定后投入,2 号高加在锅炉点火、旁路开启、高压旁路后有一定压力时即可投入,以提高给水温度。撤出加热器时可采用随机滑停。

3. 低压加热器的投运

(1)检查并确认低加各放水门关闭,放空气门打开,微开加热器水侧入口电动门。

(2)加热器水侧各放空气门连续出水后逐一关闭,加热器汽侧无明显水位上升。

(3)全开加热器水侧进口门,开启加热器水侧出口电动门。待加热器水侧旁路电动门的关闭条件满足且前后无压差后,关闭加热器旁路电动门。缓慢开启加热器汽侧连续排气门,注意凝汽器真空变化。

(4)检查并确认各低加抽汽逆止阀已开启。稍开抽汽电动门,对加热器暖体20 min,若加热器水位升高,开启事故疏水门进行排放。

(5)缓慢打开抽汽电动门,控制加热器出水温度变化率小于2 ℃/min。

(6)低加投运初期采用危急疏水调整门控制加热器水位。待5号低加疏水满足逐级自流后,切至正常疏水,并投入水位自动。

(7)当机组负荷升至200 MW且6号低加疏水水质合格后,启动低加疏水泵:

①检查6号低加A疏水泵相关阀门状态是否正常,A疏水泵启动允许条件是否满足;②适当开启低加疏水泵出口至主凝结水调整门;③关闭6号低加危急疏水阀,6号低加水位上升至 −38 mm左右时,启动A疏水泵,开启其出口电动门;④根据情况关闭疏水泵再循环调整门,提升A疏水泵转速至适当转速;⑤根据情况投入A疏水泵变频“自动”或出口调整门“自动”。

(8)检查加热器的进出水温度、疏水温度、水位和端差等参数是否正常。

(9)低加疏水冷却器和7、8号低加汽侧随机投入。

4. 高压加热器的投运

(1)检查并关闭高加水侧放水门、高加三通阀控制水快开电磁阀、疏水电磁阀。

(2)缓慢开启高加水侧放气门,微开高加注水门,控制高加水侧压力不超过1 MPa,空气放尽后关闭水侧放气门。

(3)继续对高加进行注水,观察加热器汽侧水位是否明显上升。当高加水侧压力与给水母管压力一致时,先开启水侧出口门,后开启入口三通阀,高加走主路。关闭高加注水门。开启三段抽汽管道疏水门暖管。

(4)稍开3号高加抽汽电动门,投入3号高加,控制出水温度变化率不超过2 ℃/min。高加投运初期采用危急疏水阀控制加热器水位。

(5)开启启动排气门,逐渐开大抽汽电动门。启动放气门,见汽后关闭。打开连续排气至除氧器手动门。注意疏水调节情况。

(6)控制给水温升,逐渐开启3号高加抽汽电动门至全开。

(7)用相同的方法投入2号和1号高加汽侧。

（8）当1、2号高加疏水满足逐级自流后，切至正常疏水，并投入水位自动。当机组负荷升高，3号高加疏水水质合格且疏水能疏至除氧器时，切至正常疏水，并投入水位自动。

（9）检查加热器的进出水温度、疏水温度、水位和端差等参数是否正常。

5. 正常运行中高加的撤出

（1）机组在额定负荷时，应适当减负荷。

（2）关闭高加连续排气门。缓慢关闭抽汽电动门直至关闭，控制高加出水温降率≯2 ℃/min。

（3）当相邻加热器汽侧压差不能满足疏水自流要求时，应及时开启事故疏水门，关闭正常疏水门，注意加热器水位变化。

（4）关闭抽汽逆止阀。检查抽汽逆止阀前、后疏水门是否开启。

（5）开启高加控制水电磁快开阀，检查高加进、出水三通阀是否迅速关闭。先关闭高加进水三通阀强制手轮，后关闭高加出水三通阀强制手轮。

（6）开启高加水侧疏水电磁阀，对高加水侧进行泄压。

（7）根据需要关闭高加正常疏水门、事故疏水门及前后隔离门、抽汽管道疏水门以及高加水侧疏水电磁阀。

（8）高加撤出过程中，应注意给水温度、分离器出口过热度、除氧器水位等的变化，并及时进行调整。根据需要完成高加的其他隔离工作，开高加汽侧、水侧放气门和放水门，将高加汽侧、水侧泄压至零。

6. 正常运行中低加的撤出

（1）开启上一级低加事故疏水门，关闭上一级加热器正常疏水门，关闭低加连续排气门。

（2）逐渐关闭抽汽电动门直至全关，低加出水温降率控制在2 ℃/min左右。

（3）根据加热器汽侧压力及疏水情况，将疏水切至事故疏水，保持水位正常。

（4）关闭抽汽逆止阀，开启抽汽逆止阀前、后疏水门。

（5）开启低加水侧旁路阀。关闭低加进、出口门，注意凝结水流量是否正常。

（6）根据需要做好其他隔离工作。6号低加停用时要适时停止低加疏水泵,低加停用后开汽侧放水门时要注意机组真空的变化。

二、事故处理

1. 加热器紧急停用

紧急停用条件:①加热器的汽水管道或阀门等爆破,危及人身或设备安全;②加热器水位持续上升,经处理无效,水位上升至高Ⅲ值而保护未动作;③加热器所有水位计失灵,无法监测水位;④加热器水位保护失灵。

紧急停用步骤:①立即解列故障加热器,将加热器汽侧停运,水侧走旁路,按规定适当减机组负荷;②确认抽汽电动门、逆止阀关闭,相应管道疏水门开启;③确认加热器旁路阀开启,进、出口门关闭,高加需关闭进、出口联成阀强制手轮;④完成加热器正常停运的有关操作;⑤当加热器停用后,应及时调整主、再蒸汽温度等参数使其在正常范围内。

2. 加热器水位升高

现象:加热器水位指示上升;加热器水位高报警;加热器出水温度下降。

原因:疏水调整门自动调节失灵;加热器泄漏;负荷突变;水位计失灵。

处理方法:

(1)发现加热器水位异常,应核对就地水位计。

(2)检查正常疏水调整门自动调节是否正常,否则立即切至手动调节。

(3)当水位上升至高Ⅰ值,检查事故疏水调整门是否开启,否则立即手动开启。当水位上升至高Ⅱ值,检查上一级加热器疏水是否切除,否则手动切除。当加热器水位上升至高Ⅲ值时,加热器保护动作,汽、水侧撤出运行,否则手动紧急停运。

(4)若加热器管道泄漏,应撤出运行,并进行隔离(7、8号低加须停机后处理)。

(5)若6号低加水位高,应检查低加疏水泵运行是否正常,通过调整低加疏水泵出口调节门(或者启动备用低加疏水泵)降低6号低加水位。若6号低加水位继续升至高Ⅲ值,保护动作,6号低加解列。

(6)7、8号低加任一水位升至高Ⅲ值时,检查7、8号低加及低加疏水冷却器大旁路电动门是否自动打开,进、出口电动门是否自动关闭,否则手动操作。

第十四章　主、再热蒸汽及旁路系统

第一节　主、再热蒸汽及旁路系统流程和组成

连接锅炉过热器和汽轮机高压缸的蒸汽管道,以及由这些管道通往各辅助设备的支管,都属于发电厂的主蒸汽系统的组成部分。连接锅炉再热器冷段与汽轮机高压缸、锅炉再热器热段和中压缸的蒸汽管道,以及由这些管道通往各辅助设备的支管,都属于发电厂的再热蒸汽系统的组成部分。

大型中间再热机组均为单元制布置。为了便于机组启停、事故处理以及采用特殊要求的运行方式,解决低负荷运行时机炉特性不匹配的矛盾,基本上均设有旁路系统。所谓的旁路系统是指锅炉所产生的蒸汽部分或全部绕过汽轮机(或再热器),通过减温减压设备(旁路阀)直接排入凝汽器的系统。

再热机组旁路系统的形式:

(1)两级串联旁路系统(实际上是两级旁路三级减压减温):应用在国产125 MW和200 MW机组上。

(2)一级大旁路系统:由锅炉来的新蒸汽通过汽轮机,经一级大旁路减压减温后排入凝汽器。一级大旁路系统应用在再热器不需要保护的机组上。

(3)三级旁路系统:由两级串联旁路和一级大旁路系统合并组成。

(4)三用阀旁路系统:是一种由高、低压旁路组成的两级串联旁路系统。它的容量一般为100%,因一个系统具有"启动""溢流""安全"三种功能,故被称为三用阀旁路系统。

一、旁路系统的作用

1.加快启动速度,改善启动条件

大容量单元再热机组普遍采用滑参数启动方式。为适应这种启动方式,必须在整个启动过程中不断调整锅炉的蒸汽量及其压力和温度,以满足汽轮机启动过程中的冲转、升速、带负荷等阶段的不同要求。这些要求只靠调整锅炉的燃料量或蒸汽压力是难以实现的,在热态启动时更难。采用旁路系统后,就可

以迅速调整新蒸汽的温度或再热蒸汽的温度,以适应汽缸温度变化,从而加快启动速度,缩短并网时间。

2. 保护锅炉再热器

正常运行工况下,汽轮机高压缸的排汽通过再热器再热至额定温度,并使再热器冷却。在机组启、停和甩负荷等工况下,汽轮机高压缸没有排汽冷却再热器,此时可经旁路把减温减压后的新蒸汽送入再热器,使再热器不因干烧而损坏。

3. 回收工质,消除噪声

机组启、停和甩负荷过程中,有时需要维持汽轮机空转。锅炉最低稳燃负荷一般为额定负荷的30%左右,但汽轮机空载汽耗量一般仅为额定值的7%～10%,因而会有大量多余的蒸汽。若直接将这些蒸汽排入大气,不仅会造成大量的工质损失和热损失,而且会产生很大的排汽噪音,污染环境,这都是不允许的。设置旁路系统后则可达到既回收工质又保护环境的目的。

4. 防止锅炉超压,减少锅炉安全门动作次数

在汽轮机甩负荷时,旁路系统可及时排出多余的蒸汽,减少锅炉安全门的启跳次数,有助于保持安全门的严密性,延长其使用寿命。

5. 发电机或电网故障时,可以停机不停炉,或带厂用电运行

如果旁路容量选择得当,当汽轮发电机故障时,可采用停机不停炉的运行方式;当电网故障时,机组可带厂用电运行,有利于尽快恢复供电,提高电网的稳定性和机组的可用率。

二、主、再热蒸汽系统和旁路系统流程

九江电厂660 MW机组汽轮机旁路为高、低压两级串联旁路(低压旁路分为两路)。高压旁路容量为40% BMCR,低压旁路总容量为40% BMCR与高旁喷水量之和。

高压旁路系统装置由高压旁路阀(高旁阀)、喷水调节阀、喷水隔离阀等组成,低压旁路系统装置由低压旁路阀(低旁阀)、喷水调节阀、喷水隔离阀等组成。如图14-1所示。

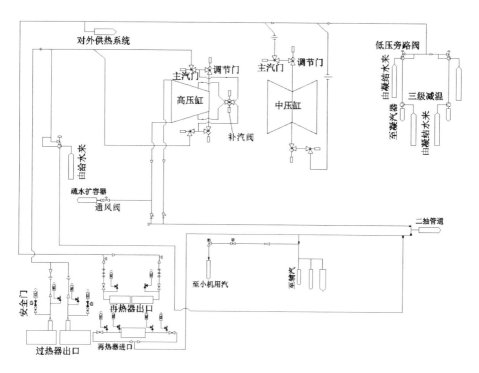

图 14 - 1　主、再热蒸汽系统及旁路图

三、旁路系统的组成

1. 汽轮机高压旁路系统

主蒸汽管和高排蒸汽之间,直接由一根连接管连接起来,而高压旁路控制阀位于连接管道上。高压旁路阀用来旁通到高压缸的过热蒸汽,同时将主蒸汽压力减压至再热器冷段压力水平。在将主蒸汽旁通并减压至再热冷段之前,其温度必须减至预先设定值。

系统设置了高压旁路喷水控制阀及高压旁路喷水隔离阀。高压旁路喷水隔离阀可切断来自锅炉给水泵的高压减温水。

2. 汽轮机低压旁路系统

在再热热段管道和凝汽器之间配备有连接管道,通过它将再热热段蒸汽排入凝汽器。低压旁路控制阀位于该连接管道上,用来旁通进入中压缸的再热蒸汽,并降低再热热段蒸汽管的压力。通过低压旁路控制阀的旁通蒸汽经过装在凝汽器上的单独的低压旁路减温减压器之后,温度和压力降至预先设定值。

低压旁路减温装置的喷水来源于凝结水泵出口,并通过低压旁路减温装置喷水控制阀控制喷水量。

第二节　主、再热蒸汽系统和旁路系统的运行

旁路系统必须在充分暖管后才能投入自动,利用高压旁路减温水调节阀控制高压旁路后的蒸汽温度不高于 360 ℃,不低于 280 ℃。

低压旁路压力设定值应根据再热蒸汽压力逐渐升高到冲转参数,利用低压旁路减温水调节阀将减压阀后的蒸汽温度控制在 80 ℃~120 ℃。保持高、低旁喷水量与高、低旁流量之间的匹配,避免再热冷段和低旁后管道产生水击,检查确认低旁三级减温水调节阀全开。若旁路减温水调节阀打不开,则旁路阀应关闭。

高压旁路减温水调节阀不能在旁路阀开启前开启,应稍滞后开启。高压旁路阀关闭时,其减温水调节阀同时或超前关闭。

锅炉点火后,如总燃料量大于 25%且机组未并网,一定要严格控制高、低旁的开度(不能小于 5%),防止再热器保护动作和锅炉 MFT。

机组温态、热态、极热态启动时,将高、低旁自动定值相应提高,控制机前压力和再热汽压力,使之满足机组冲转的要求。旁路全关后,DEH 中压力控制回路自动由"限压 1"方式切为"初压 2"方式。

1. 旁路系统投运前的检查

确认旁路系统检修工作完毕,工作票已收回,安全措施已恢复。设备完整、良好,现场整洁,系统已经具备投运条件。确认旁路系统相关阀门符合启动前状态,旁路系统中所有热工仪表齐全、完好,指示正确。

确认旁路系统有关电源投入正常,压缩空气压力正常(在 0.4 MPa 和 0.8 MPa 之间)。确认主机真空已建立,循环水系统、凝结水系统、给水系统运行正常。

检查并确认三级减温水前后隔离门、水幕喷水前后隔离门、排汽缸喷水前后隔离门开启。

2. 旁路系统投运和退出(冷态)

(1)锅炉起压后开启三级减温水、水幕喷水。

(2)稍开(5%~10%)低旁阀暖管,检查低旁减温水截止阀是否自动开启。稍开(5%~10%)高旁阀暖管,检查高旁减温水截止阀是否自动开启。注意机

前压力、再热汽压力以及高、低压旁路后蒸汽压力和温度。

（3）当低旁阀后蒸汽温度达120 ℃时，低旁减温水调节阀投入"自动"，定值设为120 ℃。检查低旁减温水调节阀是否自动将低旁阀后蒸汽温度控制在120 ℃左右，否则手动调整；将低旁阀后蒸汽温度控制在120 ℃～160 ℃。

（4）当高旁阀后蒸汽温度达280 ℃时，高旁减温水调节阀投入"自动"，定值设为320 ℃。检查高旁减温水调节阀是否自动将高旁阀后蒸汽温度控制在320 ℃左右，否则手动调整；将高旁阀后蒸汽温度控制在280 ℃～360 ℃。

（5）根据锅炉升温升压情况，逐步提高高旁阀自动定值至5.5 MPa（机前压力）。检查机前压力、高旁阀开度、高旁阀后蒸汽压力和温度是否正常。减温水管道、旁路管道应无振动现象。若高旁阀自动失灵则手动调整。

（6）根据锅炉升温升压情况，逐步提高低旁阀自动定值至0.8 MPa（再热汽压力）。检查再热汽压力、低旁阀开度、低旁阀后蒸汽压力和温度是否正常。减温水管道、旁路管道应无振动现象。若低旁阀自动失灵则手动调整。

（7）当机组并网后，逐步开大汽机调门并加负荷，检查高、低压旁路减压阀自动逐步关小，在高、低压旁路减压阀逐步关小的过程中，检查相应减温水调节阀自动关小。

（8）关闭高旁减温水调节阀和截止阀，关闭高旁阀，关闭低旁减温水调节阀和截止阀，关闭低旁阀，关闭三级减温水和水幕喷水。

第十五章 轴 封 系 统

第一节 轴封系统流程及设备结构

一、轴封系统的作用

轴封蒸汽用来密封穿过汽缸的轴。各汽封采用同一汽源供汽（280 ℃ ~ 320 ℃，转子温度不大于 300 ℃时为 240 ℃，0.3 MPa ~ 0.8 MPa）。机组达到约 70%的负荷时，汽封能够自密封，不再需要外部供汽，高、中压汽封漏气直接供给低压汽封。

二、轴封系统的流程

九江电厂 660 MW 机组的轴封系统由汽轮机的轴封装置、轴封加热器、轴封压力调节阀、轴封风机、压力溢流阀及相应的管道、阀门组成，如图 15 - 1 所示。

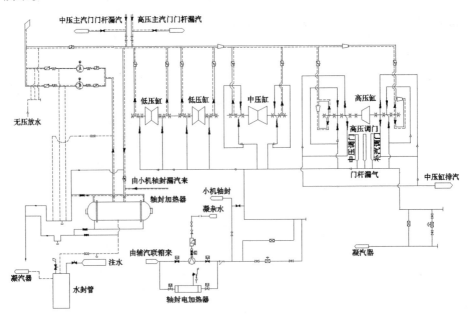

图 15 - 1 轴封系统图

当机组在启动或低负荷运行时,轴封蒸汽系统的汽源来自辅助蒸汽系统。随着机组负荷的增加,高、中压缸轴封漏汽和高、中调门的阀杆漏汽也相应增加,致使轴封蒸汽压力上升。轴封控制器将逐渐关小轴封进汽调节阀,以维持轴封蒸汽压力正常。当轴封进气阀全关时,轴封蒸汽系统实现自密封,此时,轴封蒸汽压力改由轴封溢流阀来控制,轴封溢流阀将多余的蒸汽排放至凝汽器。如果溢流调节阀开足或运行故障,必须手动打开溢流旁路阀。小机轴封系统的汽源为辅汽,小机轴封汽压力由压力调节阀控制。

二、轴封加热器的作用

轴封加热(冷却)器是汽轮机轴封系统中的一个重要的热交换设备,是利用汽封排汽来加热凝结水的表面式加热器,又称汽封蒸汽冷却器。其主要作用有:用凝结水来冷却汽轮机各段轴封和高压主汽阀阀杆抽出的汽气混合物;在轴封加热器汽侧腔室内形成并维持一定的真空,防止蒸汽从轴封端泄漏;使混合物中的蒸汽凝结成水,从而回收工质;将汽气混合物的热量传给主凝结水,提高机组运行的经济性;同时将汽气混合物的温度降低到轴封风机长期运行所允许的温度。

三、轴封加热器的结构

轴封加热器主要由壳体、水室、管板、管束等组成,其结构如图 15 – 2 所示。该轴封加热器水室上设有冷却水进出管。在轴封加热器进、出水室间设有旁路阀,允许 100% 冷却水进入轴封加热器水室,并能保证经管束的冷却水量满足运行要求,否则将难以维持所需真空。

轴封加热器的管束由半径不等的 U 形管、管板及隔板等组成,管板和换热管采用强度胀 + 密封焊 + 贴胀连接。管束在壳体内可自由膨胀,下部装有滚轮,以便检修时抽出和装入管束。壳体上设有轴封漏汽及阀杆漏汽进口管、蒸汽空气混合物抽出管、疏水出口管、事故疏水接口管及水位指示器接口管等。在冷却水进、出口水室和汽气混合物进口管上装有温度计,汽气混合物进口管上还装有压力表,以供运行中监视用。

轴封汽系统正常运行时,进入轴封加热器的轴封回汽带有空气,轴封回汽在轴封加热器内凝结,但回汽所带的空气不凝结,聚集在轴封加热器内,既不利于轴封加热器的热交换,也影响轴封回汽的通畅。抽去轴封加热器内积聚的空气,使轴封加热器内始终有微负压,有利于轴封回汽通畅,也有利于轴封加热器

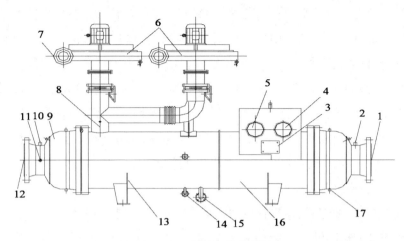

图 15 - 2　轴封加热器结构

注:1——冷却水出口;2——双金属温度计;3——铭牌;4——阀杆漏汽进口;
5——轴封漏汽进口;6——风机;7——风机出口;8——蒸汽空气混合物排出口;
9——进水室;10——双金属温度计;11——压力表;12——冷却水进口;13——水
位计;14——磁浮液位计接口;15——疏水出口;16——壳体;17——螺塞。

内的热交换。为此轴封加热器配置两台轴封风机,用以排出轴封冷却器内的不凝结气体。两台电动轴封风机互为备用,都通过支架和法兰固定在支座上,其驱动电机在轴封风机的侧面。

整个轴封加热器由壳体下部的支架固定在支座上,右边的支架为死点,左边的支架用来支持加热器向左侧自由膨胀。

轴封加热器的疏水方式有单级水封(U 形管)和多级水封两种。U 形管是一种根据压差自动排水的装置,U 形管内水柱的高度是由凝汽器内的压力和轴封加热器内的压力的差值决定的。正常情况下,水柱封住凝汽器入口,不让空气和蒸汽漏入凝汽器内部破坏真空,而疏水是通过自身的重量压入凝汽器的。

多级水封原理如图 15 - 3 所示。

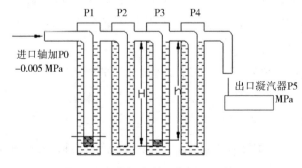

图 15 - 3　多级水封工作原理示意图

第二节　轴封系统的运行

轴封系统运行时应检查轴封蒸汽压力调节是否正常,轴封压力维持在35 mbar。轴封供汽调整门前温度应正常,维持在280 ℃和320 ℃之间,避免出现大幅波动。轴封加热器联锁应投入。轴封风机应运行正常,轴封加热器水位应正常,轴封加热器内保持微负压,防止轴封蒸汽外溢。轴封汽投用后,应保证一定的凝结水流量通过轴封加热器。

当轴封温度高于340 ℃或低于260 ℃时,应检查温度调节阀是否已经达到调节极限。在电网允许的情况下,机组将通过负荷的改变参与轴封温度调节,若调节无效,必须将机组手动打闸。在自密封阶段,当轴封供汽母管的温度高于310 ℃时,温度控制回路会产生积分量(动作于轴封供汽调整门),使轴封供汽调整门微开,节流产生的部分冷气来调节轴封供汽母管的温度。轴封供汽调整门前的温度应保证有5 ℃以上的过热度;若该温度过高,主机轴封供汽调整门会强制关闭。

向轴封送汽时,应注意低压缸排汽温度变化和盘车运行状况。尽可能缩短送轴封汽和抽真空以及送轴封汽至机组冲转的间隔时间。严禁转子在静止状态下向轴封送汽。机组热态启动必须先送轴封汽,后抽真空。

一、轴封系统的运行

1.轴封系统投运前的检查

(1)主机轴封系统和小机轴封系统都可单独投运,检查与准备工作基本相同。当小机单独送轴封汽、抽真空时,关闭主机轴封漏汽至轴加(即轴封加热器)阀门,防止主机轴封处吸入空气。

(2)确认主、小机轴封系统检修工作完毕,工作票已收回,安全措施已恢复。设备完整、良好,现场整洁,系统已经具备投运条件。检查确认主、小机轴封系统阀门状态符合启动要求。

(3)确认辅汽系统运行正常。确认主、小机轴封系统相关气动调节门、电动门传动正常,联锁保护实验正常。系统中所有热工仪表齐全、完好,指示正确。

(4)主、小机循环水系统已投运。主、小机凝结水系统运行正常,轴加水侧已通水。轴加U形管已注水、放气。主、小机轴封漏汽至轴加相关阀门开启。

（5）确认主、小机盘车投入正常。确认主、小机真空系统具备投运条件。

（6）确认轴封汽是过热蒸汽,并根据汽机转子温度选择合适的轴封蒸汽温度。对于主机,高压转子温度小于200 ℃时,轴封温度维持在240 ℃～300 ℃;高压转子温度在200 ℃～300 ℃时,轴封温度参见轴封温度限制曲线;高压转子温度大于300 ℃时,轴封温度维持在280 ℃～320 ℃。

2. 轴封系统投运的操作步骤

（1）完成辅汽至轴封调节站前管道暖管工作,注意轴封系统管道无振动现象。

（2）开启轴封系统供、回汽管道疏水门,适当微开轴封压力调节门,对轴封供汽管道进行暖管、疏水,注意管道无振动现象。

（3）启动一台轴封风机,用轴封风机进口门调整轴封风机入口负压,轴封风机入口负压维持在－1.5 kPa 和－1 kPa 之间。若风机振动、声音等正常,将另一台投备用。

（4）主机轴封系统暖管结束后将轴封母管压力调至35 mbar,轴封压力调节门、轴封溢流门投自动,并检查自动跟踪是否正常。小机轴封母管压力调至5 kPa～8 kPa,小机轴封压力调节门投自动并检查自动跟踪是否正常。

（5）检查轴封蒸汽减温水是否具备投入条件,视轴封供汽温度投入。轴封供汽压力、温度及盘车运行情况应正常。主机负荷达250 MW 以上时,检查主机轴封是否实现自密封。

3. 轴封系统停运的操作步骤

确认机组停运,凝汽器真空到零。关闭轴封压力调节门、溢流门、供汽手动门,关闭轴封蒸汽减温水调节阀。主机和小机轴封系统都停运后,解除轴封风机联锁,停止轴封风机运行。开启轴封系统相关疏水。

二、事故处理

1. 轴封供汽不足

现象:凝汽器真空下降;轴封供汽母管压力下降;就地可听到轴封处有吸气声。

原因:辅汽至轴封供汽调整门失灵,或阀门误关;轴封供汽母管溢流调整门失灵,或阀门误开;轴封供汽温度低,保护关闭轴封供汽门。

处理方法:

（1）若辅汽至轴封供汽调整门失灵,则手动调节或开启旁路调整门进行调节,并联系检修人员处理。

（2）若轴封溢流调整门失灵,应关小调整门后的隔离门;或开启溢流旁路手动调整门进行调节,以维持正常的轴封母管压力。

（3）若启停机过程中(或机组低负荷时)轴封汽中断,轴封无法实现自密封,会造成机组真空下降,应在轴封供汽温度正常后尽快向轴封恢复供汽,并按相关规定进行事故处理。若低真空保护动作,机组跳闸,破坏真空,应关闭进入凝汽器的所有疏水,防止转子在惰走时发生动静碰磨。轴封压力低,会使轴封系统进空气。若机组未跳闸,且一小时内无法恢复,则应破坏真空,紧急停机。

2. 轴封蒸汽压力低

（1）检查辅助蒸汽联箱压力。如果压力低,增开辅汽联箱进汽手动门。若来汽压力低,联系邻机提高辅汽压力。

（2）检查轴封母管压力。如果轴封母管压力低,开启辅汽供汽旁路阀,使压力升高至正常。

（3）检查并确认主蒸汽供汽调节阀(SSFV)处于开启状态。如果该阀未开,通知检修人员处理。

（4）检查并确认辅汽供给阀(SSAFV)和轴封汽泄载阀(SSPUV)动作正常。如辅汽供给阀(SSAFV)不能自动开启或轴封汽泄载阀(SSPUV)开启后不能自动关闭,应通知检修人员处理。

3. 轴封蒸汽压力高

（1）检查主蒸汽供给阀(SSFV)是否误开,如误开,关闭主汽供汽电动门,通知检修人员处理。

（2）检查辅汽供给阀(SSAFV)和轴封汽泄载阀(SSPUV)动作是否正常,如辅汽供给阀(SSAFV)不能自动关闭或轴封汽泄载阀(SSPUV)不能自动开启,通知检修人员处理。

（3）确保轴封蒸汽母管安全阀在 0.137 MPa 时动作。

（4）检查轴封风机工作是否正常。

（5）检查轴封加热器是否满水。

4. 轴封汽压力波动

检查仪用压缩空气供应压力是否正常;检查各气动阀的控制机构动作人员

正常。

5. 轴封汽温度波动

在轴封汽汽源温度稳定的情况下,轴封汽温度波动主要是轴封母管积水造成的,停机后应检查下列部件是否堵塞:轴封母管疏水节流孔板、轴封回汽管"U"形水封、安装于低压轴封进口处的疏水分离器的节流孔板。

6. 轴封风机跳闸

检查备用轴封风机是否自动启动,否则手动启动;检查轴加水位是否正常;检查是否有电气方面的原因。

第十六章　发电机冷却系统

发电机是把机械能转变成电能的装置,即是一种能量转换装置。其在运行过程中必然会发热,如不及时把产生的热量带走,发电机绝缘材料将会因超温而老化。发电机冷却系统包括密封油系统、氢气系统、定子冷却水系统。大型汽轮发电机组定子绕组采用水冷却;而转子绕组、铁芯通过氢气冷却,为了防止氢气外漏,采用密封油系统对其进行密封。

第一节　发电机冷却系统流程及设备结构

一、密封油系统

发电机密封油系统的功能是向发电机密封瓦提供压力略高于氢压的密封油,以防止发电机内的氢气从发电机轴与轴颈处的间隙向外泄漏。密封油进入密封瓦后,经密封瓦与发电机轴之间的密封间隙,沿轴向从密封瓦两侧流出,即分为氢气侧回油和空气侧回油,并在该密封间隙处形成密封油流,既起密封作用,又润滑和冷却密封瓦。密封油系统是根据密封瓦的形式而决定的,最常见的有双流环式密封油系统和单流环式密封油系统。图 16 - 1 是发电机单流环式密封瓦的结构图。

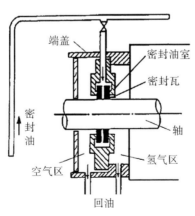

图 16 - 1　单流环式密封瓦的结构图

油氢压差调节阀用于发电机密封油系统,通过对氢压和弹簧压力之和与油压进行比较,当压差变化时,压差阀开度发生变化,使油氢压差保持在正常范围内。油氢压差阀结构图如图 16 - 2 所示。

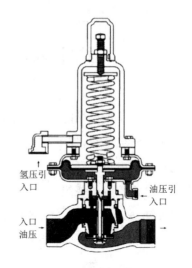

氢压通过控制管路引入主膜片上方,密封油压通过管路引入主膜片下方。当氢压升高时,弹簧带动膜片和阀杆下移,阀门开度增大,压差阀出口流量增加使密封油油压增大,直至在设定的压差值附近达到平衡。反之,当氢压降低时,弹簧带动膜片和阀杆上移,阀门开度减小,压差阀出口流量减小使密封油油压减小,直至在设定的压差值附近达到平衡。

图 16 - 2　油氢压差阀结构

图 16 - 3 是九江电厂发电机氢密封油系统图(单流环式)。密封油系统主要由真空油箱、储油箱、主油泵(2 台交流油泵)、真空泵、事故油泵(1 台直流油泵)、过滤器、冷油器、压差阀、浮子阀、排烟风机等组成。

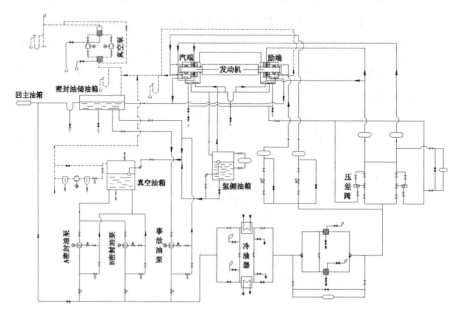

图 16 - 3　密封油系统图

二、氢气系统

发电机通风损耗的大小取决于冷却介质的质量,质量越轻,损耗越小。氢气的密度最小,所以用氢气冷却发电机,有利于降低损耗。此外,氢气的传热系数是空气的 5 倍,换热能力好,氢气的绝缘性能好,控制技术也比较成熟。但用氢气冷却发电机也有风险:如果氢气泄漏使环境中的氢气达到一定浓度(4% ~ 74%)就可能引起爆炸。所以在机组启动过程中,采用二氧化碳作为氢气充、排过程中的中间置换介质。

发电机氢气系统专用于氢气冷却发电机组,其主要功能有:

(1)使用中间介质(一般为二氧化碳)实现发电机内部气体置换。

(2)通过压力调节器使发电机内的氢气压力自动保持在规定值。

(3)通过氢气干燥器除去发电机内氢气中的水分。

(4)使发电机内的氢气纯度保持在较高水平,氢气纯度如果较低,就会影响冷却效果,增加通风损耗。

(5)采用相应的表计对发电机内氢气压力、纯度、温度以及油水漏入量进行监测,超限时发出报警信号。

大型汽轮机发电机定子铁芯外部和转子绕组内部由氢气密闭循环系统进行冷却,气体由安装在转子两端的单级轴流式风扇驱动。发电机机座由端板、外皮和风区隔板等组焊而成,并形成特定的环形进风区和出风区。从风扇来的气流通过机座内的导风管进入各冷风区,再从铁芯背部沿铁芯径向风沟进入气隙,然后进入转子绕组风道。冷却转子绕组后,气流回到气隙,并沿着铁芯径向风沟进入机座热风区,经导风管流过安装在端罩上部的冷却器,冷却后再回到风扇前继续循环。如图 16 - 4 所示。

九江电厂发动机氢气系统采用干燥的氢气对发电机转子绕组和定子铁芯进行冷却,发电机氢冷系统为闭式氢气循环系统,发电机内的热氢通过氢气冷却器由开式冷却水冷却。如图 16 - 5 所示。

三、定子冷却水系统

大型发电机采用水—氢—氢冷却方式,即定子绕组(包括定子引线、定子过渡引线和出线)为水内冷。水内冷绕组的导体既是导电回路又是通水回路,每个线棒分成若干组,每组含有一根空心铜管和数根实心铜线,空心铜管内通过的冷却水带走线棒产生的热量。在线棒出槽的末端,空心铜管与实心铜线分开,

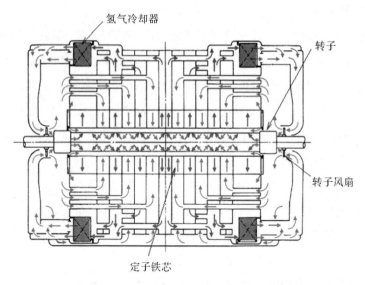

图 16 - 4　发电机内的氢气冷却回路

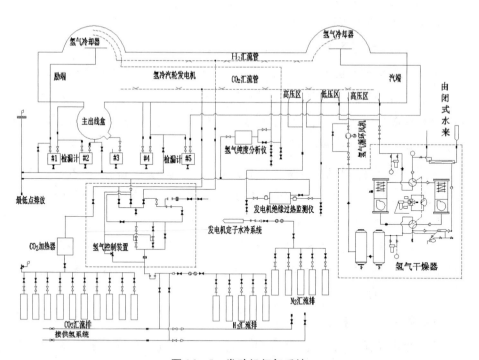

图 16 - 5　发动机氢气系统

空心铜管与其他空心铜管汇集成型后与专用水接头焊好,并由一根较粗的空心铜管与绝缘引水管连接到总的进(或出)水汇流管。发电机定子绕组进、出水汇流管分别装在机座内的励端和汽端;汇流管的进口位置设在机座励端顶部的侧面;出口位置设在机座汽端顶部的侧面。如图 16 - 6 所示。

图 16 - 6　发电机定子线圈进水结构图

　　发电机定子冷却水系统的作用是在发电机运行过程中,提供温度、流量、压力和品质符合要求的水作为冷却介质,通过定子绕组空心线圈将绕组损耗产生的热量带出,在定子冷却器中由开式水带走定冷水从定子绕组吸收的热量。发电机定子冷却水系统在发电机运行中,应监测水压、流量和电导率等参数是否在规定范围内。利用冷却水调节阀调节定子绕组冷却水的进水温度,使之保持在规定范围内并基本稳定。

　　九江电厂发电机定子冷却水系统采用独立密闭循环水系统。内冷水箱采用独立密闭的充气式水箱,并设置气压调节装置。冷却器的冷却水采用开式循环冷却水。定子绕组冷却水的进水温度范围为 40 ℃ ~ 50 ℃,进水温度由自动调节装置调节,出水温度不大于 85 ℃。系统备有 10% 容量的"混合床"离子交换器。在额定负荷下,定子绕组内冷却水允许断水运行 30 s;定子冷却水系统设有蒸汽加热装置,以使机内不结露。发电机内设有漏水监测装置。系统配备两台 105% 容量的冷却水冷却器,两台 100% 容量的耐腐蚀水泵,一台工作,一台备用。如图 16 - 7 所示。

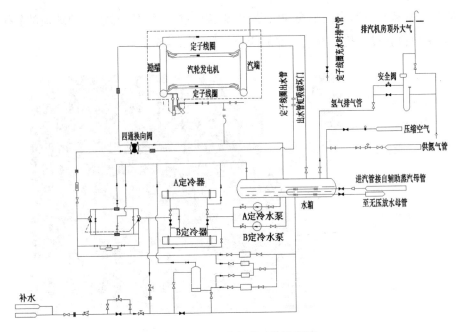

图 16 - 7   定子冷却水系统流程图

第二节   发电机冷却系统的运行

密封油系统运行时应加强监测密封油系统相关参数,特别要注意油箱油位的监测,检查并确认密封油系统管道、设备无泄漏现象,交流密封油泵、密封油真空泵及排油烟机运行良好。密封油滤网应每8 h 转动密封油刮片式滤网手柄一次。必要时切换至另一组,并通知检修人员清理。

定期检查发电机检漏计的运行情况,在运行中若发电机检漏计放出油,应注意调整油氢压差,查找原因。

机组正常运行中,应注意监测氢压;发电机的额定氢气压力为 0.5 MPa,最低为 0.48 MPa,最高为 0.52 MPa,低于 0.48 MPa 或高于 0.52 MPa 时将发出报警信号。漏氢量应小于 12 m³/d,否则应分析原因、查找漏点。

发电机运行中氢气纯度、湿度应合格;不合格时应排污、补氢,来提高纯度、减少湿度。氢气纯度正常时应不低于 96%,含氧量不得超过 1.2%,否则应排污、补氢。发电机进水温度应高于冷氢温度 2 ℃ ~ 3 ℃。在运行中,应保持油压

> 氢压 > 水压。

定期检查各检漏计液位,若发现有油、水出现,应及时排尽,并迅速查找原因,消除隐患。

发电机正常运行中,应投运氢气干燥器。当机内露点温度高于 – 5 ℃时,应立即检查干燥装置是否失效。

氢气循环风机运行时,如油量报警指示灯亮,应打开贮油箱放油阀门,放掉积油。积油放完后,关闭放油门。当超温(> 80 ℃)报警时,应检查冷却循环水系统是否正常。

发电机氢气冷却器额定冷氢温度为 46 ℃,最低为 40 ℃,最高为 48 ℃,当低于 40 ℃或大于 50 ℃时将发出报警信号。

发电机在额定氢压(0.5 MPa)工况下,投运两组氢气冷却器,每组氢气冷却器有两个并联的水支路。当停用一个水支路(1/4 氢气冷却器退出运行)时,发电机的负荷应降至额定负荷的 80% 以下,且发电机继续运行。

定冷水系统运行时应检查定冷水箱水位、压力是否正常。检查并确认定冷泵轴承座油位、振动、声音、轴承温度、出口压力及轧兰滴水情况正常,备用泵联锁投入。检查发电机定冷水温自动调节是否正常,正常运行时发电机定子线圈进水温度应高于发电机内冷氢温度 2 ℃ ~ 3 ℃。

定子线圈的进水温度变化范围为 45 ℃ ~ 50 ℃,超过 53 ℃或低于 42 ℃均发出报警信号。总出水管的出水温度应不高于 80 ℃,高于 85 ℃时将发出报警信号。当定子线圈任一出水支路的出水温度达到 85 ℃或定子线圈层间温度达到 90 ℃时,将发出报警信号。检查定冷水滤网进、出口压差是否正常;当前后压差达到 40 kPa 时,应切换至备用滤网,定冷水滤网由检修人员清理干净后方可缓慢投入备用。

运行中定子线圈层间温度最高为 90 ℃,最高温与最低温之差不得超过 10 ℃,否则报警。最高温与最低温之差达 14 ℃时,申请解列停机。运行中定子上、下层线圈的出水温度最高为 85 ℃,同层线圈的出水温差不得超过 8 ℃,否则报警。最高温度达 90 ℃或同层线圈出水温差达 12 ℃时,申请解列停机。

一、发电机冷却系统的运行

1. 密封油系统投运前的检查和准备工作

(1)确认检修工作完毕,工作票已收回,安全措施已恢复,设备完整、良好,现场整洁,系统具备投运条件。系统阀门状态已检查结束,符合启动前状态。确认系统油路通畅,并已冲洗干净。

(2)系统中各种控制电源、信号电源已投入,各种热工仪表齐全、完整,已投入运行。各设备电机绝缘合格后送电。

(3)确认主机润滑油系统、开式水系统运行正常。密封油冷油器水侧注水排空气后,运行侧冷油器的进口门置于调节位置,出口门全开。备用侧冷油器将进口门关闭,出口门全开。

(4)确认密封油油泵出口压力调节门、压差阀和浮动油油流调整阀整定完毕,动作性能良好,各滤网转动灵活。密封油真空油箱和氢侧回油箱的浮球阀处于自由调节状态。确认排烟风机下的排污 U 形管中充满油。

2. 密封油系统的投运

(1)密封油系统注油

①开启密封油贮油箱至真空油箱的回油门和密封油真空油箱补油阀的前隔离门,向真空油箱注油。将密封油真空油泵和一台排烟风机投入运行。

②检查密封油真空油箱油位是否正常,启动一台交流密封油泵。注意监视密封油真空油箱油位。油位过低时应及时停泵,待油位恢复正常后再重新启动油泵。

③开启密封油真空油箱抽空气调节门使真空达到 $-45 \text{ kPa} \sim -35 \text{ kPa}$。对密封油冷油器、滤网进行注油和排气。

④注意监视密封油氢侧回油箱的油位。在发电机内无压力或压力较低时,密封油氢侧回油箱中的油位可能与密封油贮油箱中的油位齐平,此时无法通过油位计观察油箱内的实际油位,需要密切观察是否有消泡箱液位高报警信号发出及浮子检漏计是否有油水放出,防止发电机进油。

⑤油泵停运,依次启动另一台交流密封油泵和直流密封油泵,并分别运行几分钟以便排净泵内的空气。

(2)密封油真空油泵的启动

①检查密封油真空油箱油位是否正常;②关闭密封油真空油泵的入口门和旁路阀;③开启泵体上的气镇阀;④启动真空油泵;⑤真空油泵启动约 30 min,并用手触摸泵体,能感觉到热度后开启真空油泵入口门;⑥调节真空油箱真空调节门,使油箱中的真空在 -45 kPa 和 -35 kPa 之间。

（3）密封油系统的启动

①启动一台密封油贮油箱排烟风机，入口负压调至 - 0.5 kPa 和 - 0.3 kPa 之间，将另一台排烟风机投入联锁备用。

②启动一台交流密封油泵，运行正常后将另一台交流油泵和直流油泵投入联锁备用。联系检修人员到场，调整油泵出口压力、油氢压差和浮动环的油流至正常。

③全面检查并确认油系统无泄漏现象。密切监视各漏液检测装置、密封油箱和消泡箱等装置的液位变化，确保无异常报警信号发出，严禁发电机进油。

④密封油油温升高到不低于 38 ℃，冷油器闭式水侧投用，密封油油温控制在 43 ℃ 和 49 ℃ 之间。

3. 密封油系统的停止

发电机气体置换完毕，机内压力到零，汽机盘车已停运才能停止运行密封油系统。

（1）解除密封油交、直流备用泵联锁。切断直流密封油泵电源，停运油泵。停运密封油真空油泵。解除备用排烟风机联锁，停运排烟风机。

（2）如果密封油系统停运后，主机润滑油系统仍在运行，需监视消泡箱液位高报警信号，防止发电机进油。

（3）发电机气体置换结束，且所有密封油泵都已停运，关闭密封油真空油箱的进油门，并做好油位的监视。

4. 氢气系统气体置换原则

（1）气体置换应在转子静止或盘车时进行，同时密封油系统应投入运行；若遇紧急情况，可在机组转速小于 1000 r/min 时进行气体置换，但不允许发电机充入二氧化碳气体在额定转速下运行。

（2）氢冷系统投运时，应先用二氧化碳置换空气，再用氢气置换二氧化碳。严禁空气与氢气直接接触。

（3）氢冷系统停运时，应先进行发电机排氢，再用二氧化碳置换氢气，最后用空气置换二氧化碳。

（4）气体置换过程中，机内气体压力应始终维持在 0.015 MPa 和 0.02 MPa 之间。气体置换期间，不可以进行发电机绝缘测试工作。

5. 氢气系统启动前的检查

(1)确认发电机气密性实验合格,所有减压阀和安全阀已整定好。系统阀门状态符合启动前状态。

(2)拆除氢气控制装置上的压缩空气连接短管。

(3)确认润滑油系统、密封油系统运行正常,发电机处于静止状态或盘车状态。

(4)备足供置换用的二氧化碳和氢气。

6. 氢气系统投入

(1)二氧化碳置换空气

①将纯度分析仪取样切至上部进气,并设置纯度分析仪工作为"空气中的二氧化碳"位置。投入电加热装置,防止发电机内结露。

②开启发电机充二氧化碳,并调节发电机空气排放门开度。当机内二氧化碳纯度达93%时开始排死角,继续充入二氧化碳直到纯度达95%。

③停止发电机二氧化碳置换,停用二氧化碳电加热。

(2)用氢气置换二氧化碳

①将供氢母管至本机氢气控制装置的连接短管接上。

②将纯度分析仪取样切至下部进气,并设置纯度分析仪工作为"二氧化碳中的氢气"位置。

③检查供氢气压力是否在 0.6 MPa 左右,缓慢开启向本机的进氢门,调节发电机二氧化碳排放门,至氢气纯度达到95%以上时排死角 2 min。

④氢气纯度达到96%后,关闭二氧化碳排放门。

(3)逐渐将发电机内氢压升至 0.47 MPa,同时注意密封油压力自动调节应正常。

(4)投入氢气干燥器及发电机绝缘过热监测装置。根据氢温及时投入氢冷器温度自动调节。

7. 定子冷却水系统投运前的检查和准备工作

(1)确认定冷水系统检修工作完毕,工作票已收回,安全措施已恢复,设备完整、良好,现场整洁,系统已经具备投运条件。定冷水系统阀门状态符合启动前状态。确认系统所有热工仪表齐全、完好,指示正确。确认定冷水泵、各电磁阀、压差计已送电。

（2）定冷水系统各阀门传动正常,保护联锁实验正常。

（3）确认开式冷却水系统投入运行,系统各放水门关闭,空气门开启。

（4）确认发电机内氢压不低于 0.2 MPa。定冷泵轴承油位、油温正常,油质良好。

8. 定子冷却水系统的投运

（1）确认定冷水补水水源水质合格,定冷水导电率≤1.5 μS/cm。

（2）关闭水箱压力开关隔离门、充氮管路隔离门、压缩空气隔离门和水箱排气隔离门,隔离水箱对外的接口,同时打开发电机定子线圈排气门。

（3）检查并确认发电机定子冷却水四通换向阀位置正确（即:正常运行状态下,A 与 B 通,C 与 D 通;反冲洗状态下,A 与 C 通,B 与 D 通）。

（4）开启补水电磁阀前后的手动门,用除盐水或凝结水向定冷水系统注水。控制补水的进口压力为 0.5 MPa,允许的最高补水温度为 50 ℃。

（5）打开离子交换器进、出口门和排气门,将水充入离子交换器。约充水 5 min 后关闭进、出口门和排气门。

（6）打开离子交换器旁路阀,将水充入水箱,同时将水流充入水泵、过滤器、定冷水冷却器及其连接管道。

（7）打开定冷水冷却器排气门和过滤器排气门,对定冷水冷却器和过滤器进行排气,时间约为 30 min。然后将离子交换器、过滤器和定冷水冷却器的排气门先关闭,再旋开一整圈,用于连续排气。

（8）当水箱液位达到正常位置时,补水电磁阀将自动关闭,此时可手动打开电磁阀旁路阀,越过水箱高液位继续补水,直至线圈排气门放出水来。

（9）联系设备人员对定冷水系统全部测量点进行排气。

（10）启动一台定冷水泵。调节发电机进口门,将流过定子绕组的水流量设置为运行设定值。在绕组注水排气过程中,需要切换水泵,保持一台定冷水泵运行。

（11）维持供水系统的水循环,反复开启、关闭定子绕组进、出口管道排空门进行排气,直至没有空气排出,一般此冲洗和排气过程需 2 个多小时。

（12）当从线圈排气门喷出的水流中不再含有空气时停泵,依次关闭电磁阀旁路阀、离子交换器旁路阀和补水隔离门。联系化学人员再次化验水质,注水结束。

（13）用氮气对定冷水箱进行吹扫：①确认定冷水系统已注满水；②确认氮气瓶上的减压阀设为 0.1 MPa；③开启氮气瓶截止阀，对定冷水箱进行吹扫；④约 1 m³（标准大气压）的氮气从钢瓶中排入定冷水箱后，可认为水箱中空气已排除干净，关闭氮气瓶截止阀，结束吹扫。

（14）启动定冷水泵：①检查并确认定冷水箱水位在高位，对系统中的管道、冷却器和滤网注水排空气；②投用一台冷却器和一组滤网（运行侧冷却器、滤网注水排空气后关闭排空气门）；③启动定冷水泵，检查并确认水泵电流、振动、声音等正常；④检查并确认定冷水泵启动后水箱水位正常，自动补水正常；⑤检查并确认备用冷却器、滤网的空气门放尽空气后稍开，维持一小股水流动；⑥及时调整定冷水水压至少低于氢压 0.035 MPa；⑦调整发电机定子绕组进口门使定冷水流量为 116 t/h，待定冷水流量、压力稳定后，将备用泵联锁投入；⑧通知化学人员化验水质，视水质情况进行系统循环清洗。

二、事故处理

1. 密封油泵故障

现象：密封油泵故障报警；密封油压下降或波动；运行中交流密封油泵跳闸，备用交流密封油泵联启；直流密封油泵联启。

原因：密封油真空油箱油位过低；泵体机械部分故障；电机电气部分故障。

处理方法：（1）若运行中交流密封油泵故障停运，检查备用交流密封油泵是否自启。若备用泵拒动，应手动启动，否则申请故障停机。（2）若两台交流密封油泵均故障停运，直流密封油泵应自启，维持密封油压。否则应立即手动启动，并申请故障停机。（3）若直流密封油泵也无法运行，导致密封油完全中断，应立即停机，紧急排氢。（4）迅速查明原因，排除故障。

2. 密封油真空泵故障

原因：密封油真空油箱油位过高；泵体机械部分故障；电机电气部分故障。

处理方法：（1）若密封油真空泵跳闸，应关闭密封油真空泵进口调整门前的隔离门，并开启真空泵旁路阀。（2）密封油真空泵停运一定时间后，发电机氢气纯度会下降，需排污、补氢，提高纯度。

3. 密封油氢侧回油箱油位高

现象：就地检查密封氢侧回油箱满油位；发电机消泡箱中液位高报警。

原因：氢侧回油箱自动排油阀失灵，浮动杆被卡住；氢侧回油箱排油阀后的隔离门误关。

处理方法:(1)立即就地确认密封油氢侧回油箱油位,若油位高于允许值,则开启氢侧回油箱油阀旁路阀,待油箱油位正常后关闭。(2)若氢侧回油箱自动排油阀卡住,可通过开、关氢侧回油箱排油阀旁路阀,反复升降油位使浮动阀恢复正常。(3)在氢侧回油箱自动排油阀失灵期间,可短时用氢侧回油箱排油阀旁路阀调节油位,此时应严密监视油箱油位使其在正常范围内,以免造成氢气泄漏。

4.密封油氢侧回油箱油位低

现象:氢侧回油箱油位低报警;就地检查氢侧回油箱油位低。

原因:氢侧回油箱自动排油阀失灵,浮动杆被卡住;氢侧回油箱排油阀旁路阀误开。

处理方法:(1)立即就地确认密封油氢侧回油箱油位,若油位低于允许值,检查氢侧回油箱排油阀旁路阀是否关闭,否则手动关闭。(2)若氢侧回油箱自动排油阀被卡住,可通过开、关氢侧回油箱排油阀后的隔离门,反复升降油位使浮动阀恢复正常。(3)在氢侧回油箱自动排油阀失灵期间,可短时用氢侧回油箱排油阀后的隔离门调节油位,此时应严密监视油箱油位使其在正常范围内,以免造成氢气泄漏。

5.密封油真空油箱油位高

现象:密封油真空油箱油位高报警;就地检查密封油真空油箱观察窗满油;密封油真空油泵跳闸。

原因:密封油真空油箱自动补油阀失灵,浮动杆被卡住;密封油系统停运后密封油真空油箱自动补油阀前的隔离门未关闭。

处理方法:(1)检查交流密封油泵是否运行正常。(2)若交流密封油泵运行正常,说明密封油真空油箱自动补油阀失灵,通过关小密封油真空油箱补油阀前的隔离门来调节油位至正常。(3)若密封油真空泵因油位高跳闸,待密封油真空油箱油位正常后,重新投入密封油真空泵。(4)待油箱油位可见后,可通过关、开密封油真空油箱补油阀前的隔离门来调节油位升降使浮球阀恢复正常;反之,则申请故障停机。(5)确认密封油系统停运后关闭密封油真空油箱自动补油阀前的隔离门。

6. 密封油真空油箱油位低

现象:密封油真空油箱油位低报警;就地检查密封油真空油箱观察窗,看不到油位;交流密封油泵跳闸,直流密封油泵联启。

原因:密封油真空油箱补油阀前的隔离门或密封油贮油箱至真空油箱的回油门误关;密封油系统总排油门误开;密封油真空油箱负压过低;密封油真空油箱自动补油阀失灵,浮动杆被卡住。

处理方法:(1)若是上述阀门误关或误开引起,则待阀门恢复后,密封油箱油位逐渐上升,恢复正常。(2)若油箱负压过低,则检查真空泵及真空泵进口调整门是否正常。(3)检查直流密封油泵是否启动,否则应立即手动启动。(4)若密封油真空油箱自动补油阀卡住,可通过关、开密封油真空油箱补油阀前的隔离门来调节油位升降使浮球阀恢复正常;反之,则申请故障停机。

7. 密封油压力偏低

原因:密封油滤网堵塞;密封油压差故障;交流密封油泵失常;密封冷油器泄漏;密封油泵出口安全阀失灵。

处理方法:(1)当滤网压差大,应转动密封油滤网使之恢复正常;若仍无效,则切换至备用滤网。(2)密封油泵工作异常,则切至备用密封油泵运行,并全面检查系统各参数是否正常。(3)若密封冷油器内漏,则切至备用密封冷油器运行。(4)联系检修人员检查密封油压差动作情况。(5)调整再循环门使之恢复油压,若密封油泵出口安全阀失灵,联系检修人员处理。

8. 氢气压力低

现象:氢压下降或报警;补氢量增加。

原因:密封油压力降低;氢冷器出口氢气温度下降;氢系统泄漏或误操作。

处理方法:(1)发现氢压降低,应核对就地表计;若确认氢压下降,必须立即查明原因予以处理,并增加补氢量以维持发电机内额定氢压,同时加强对氢气纯度及发电机铁芯、线圈温度的监视。(2)若密封油压力下降引起氢压降低,应按密封油压力降低处理。(3)检查氢温自动调节是否正常,若调节失灵,应切至手动调节。(4)若氢冷系统泄漏,应查出泄漏点,同时做好防火防爆的安全措施;若氢冷器泄漏,应减负荷,并隔离泄漏氢冷器,必要时停机处理;若定子线圈泄漏,则应停机处理。(5)机内氢压下降,必要时降低定冷水压力,以维持氢压大于定冷水压力并在规定范围内。(6)若氢压下降无法维持额定值,根据定子

铁芯、转子线圈温度,相应降低机组负荷直至停机。

9. 氢温异常

现象:氢温升高或降低;氢温高报警或低报警;定子铁芯温度升高或降低。

原因:氢温自动调节失灵;开式冷却水压力、温度变化;机组负荷突增或突降。

处理方法:(1)检查氢温自动调节情况,若调节失灵应切至手动调节或用旁路阀调节;(2)检查开式冷却水压力及温度情况,并维持在正常范围内;(3)加强对机组振动的监视,必要时降低机组负荷运行;(4)若氢温升高,应视铁芯温度情况,联系值长,机组相应减负荷。

10. 氢气纯度降低

现象:氢气纯度低报警;氢气纯度显示偏低。

原因:氢气纯度仪测量有误;密封油真空泵故障;氢气纯度不合格;密封油压力过低,外界空气进入发电机;系统误操作。

处理方法:(1)若氢气纯度仪测量有误,联系检修人员校验;(2)发现氢气纯度下降时,应检查压差阀自动调节是否正常,否则联系检修人员调整压差阀;(3)检查氢侧密封回油箱油位是否正常,若是由油箱浮球阀失灵引起,则联系检修人员处理;(4)若密封油真空泵故障,按真空泵故障处理;(5)进行发电机排污、补氢工作,使纯度维持在正常范围内。

11. 氢气湿度上升及处理方法

检查氢气干燥器是否投运,切换时间是否过长,同时检查氢气干燥器出口的露点是否正常。

若氢气干燥器进、出口露点相差过小或出口露点过低,说明干燥器的吸附剂已饱和,必要时切换运行另一侧干燥器。氢冷器漏水引起的氢气湿度上升,应及时减负荷,并进行隔离。

12. 定冷水流量低

现象:定冷水流量低和发电机定冷水进、出口压差低报警;发电机各部温度异常。

原因:定冷泵故障或跳闸;定冷水滤网堵塞;定冷水箱水位过低。

处理方法:(1)运行泵故障或跳闸,备用泵未联启,立即手动启动备用泵;(2)滤网脏污堵塞,则切换至备用滤网;(3)定冷水箱水位过低,应加大补给水供水,直至水箱水位恢复正常;(4)无法维持水循环时,发电机断水保护应动作,解列发电机。

13.定冷水压力低

现象:定冷水压力下降;定子线圈进水流量低;定冷水滤网压差大报警;定冷水回水温度及定子线圈温度升高。

原因:定冷泵故障或跳闸;定冷水滤网堵塞;备用定冷水泵出口隔离门/逆止阀内漏;定冷水系统泄漏;定冷水箱水位过低;定冷水系统误操作。

处理方法:(1)运行泵故障或跳闸,备用泵未联启,立即手动启动备用泵。(2)若定冷水压力降低,应立即检查上述原因,并采取相应措施果断进行处理,设法恢复正常。(3)若定冷泵出口压力低,可调节定冷水进水流量调节阀;若继续下降,应启动备用泵。(4)若定冷水系统管道、阀门等泄漏,则在确保机组安全运行的前提下设法隔离。

14.定冷水电导率增加

现象:定冷水电导率高报警;就地电导率指示表读数增大;定冷水箱排气流量计数值异常增大。

原因:氢气漏入水中;补水水质不合格;离子交换器中的树脂失效;系统未冲洗干净。

处理方法:(1)如氢气漏入水中所致,应及时汇报,并监视氢气和氮气压力、定冷水压力、电导率等参数的变化,必要时停机处理;(2)检查定冷水冷却器,若有泄漏,及时切换运行备用冷却器;(3)若定子线圈进水电导率高,可适当增加进入离子交换器的流量;(4)若离子交换器中的树脂使用寿命到期或失效,应及时联系检修人员更换;(5)若发电机绕组发生故障,应停机处理。

第十七章　循环水系统

在单元机组运行时,汽轮机排汽所携带的大量热量需要带走,因此机组设计了循环水系统以冷却汽轮机的排汽。在凝汽器中,冷却汽轮机排汽的供水系统称为循环水系统,循环水系统的主要功能是向汽轮机凝汽器提供冷却水,以带走凝汽器的热量,将汽轮机排汽冷却并凝结成凝结水。循环水系统除了提供汽轮机凝汽器的冷却水用水,还向引风机、汽轮机凝汽器和开式水系统提供冷却水。

第一节　循环水系统流程及设备结构

一、循环水系统流程

九江电厂的循环水系统采用带自然通风冷却塔的再循环扩大单元制供水系统。每台机组配循环水泵两台(每台机组配置一台定速电机和一台双速电机),冷却塔一座,循环水供水和排水管各一根,回水沟一条。其工艺流程为:循环水泵站→压力供水管→凝汽器/开式冷却水→压力回水管→冷却塔→冷却塔集水池→自流回水沟→循环水泵坑。如图 17−1 所示。

循环水系统主要设备包括四台循环水泵及相应的液控止回蝶阀、平板滤网、拦污栅、平面钢闸门,还包括循环水管道伸缩节、取排水构筑物、水管沟、虹吸井等。

液控蝶阀兼有蝶阀和止回阀的功能,运行和检修时用于连通或切断循环水系统,与循环水泵自动联锁启闭,也可通过就地电控箱和电厂 DCS 系统人工操作并监控状态,采用二阶段关闭方式工作,即:关闭该蝶阀时,从全开位先快关至 20°;停泵后,出口蝶阀再从 20° 位置连续慢关至全关位置。这种关闭方式,既可避免出现大量倒灌水,又不会产生水锤现象。

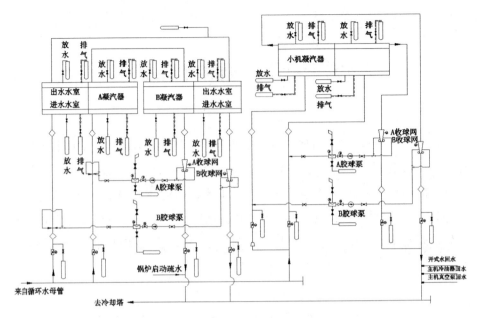

图 17 - 1　循环水系统图

二、循环水系统设备

(一) 循环水泵

循环水泵叶轮、轴及导叶为可抽式、固定式叶片,水泵的检修不必放空吸水池。电机与泵直联,单基础安装,出口在基础层之下;垂直向下的喇叭口吸水,水平出水;泵的下部浸没在水中,采用水润滑导向轴承,并有轴保护管将清洁的润滑水与泵输送的循环水隔开;泵做成转子可抽出式,即在维修拆卸时不必拆动泵的外筒体、外部管路和安装基础,只要将需要维修的转子部件从泵壳中向上抽出;叶轮和叶轮室之间的间隙值通过上部联轴器处的调整螺母予以调节;水泵的轴向推力由电机承受。循环水泵的结构如图 17 - 2 所示。

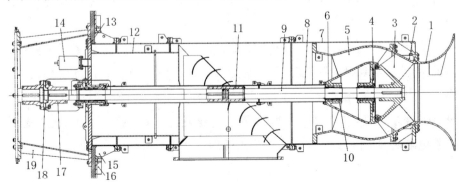

图 17 - 2　循环水泵结构图

注:1——吸入喇叭口;2——叶轮室;3——叶轮;4——导叶体端盖;5——导叶体;6——轴套;7——外接管;8——内接管;9——主轴;10——导向轴承;11——套筒联轴器;12——导流片;13——O 形圈;14——双口排气阀;15——支撑座;16——安装垫板;17——联轴器;18——轴端调整螺母;19——电机支座。

(二)胶球清洗装置

胶球清洗装置由二次滤网、装球室、胶球泵、收球网、胶球、管道阀门和控制装置等组成。工作系统图如图 17 – 3 所示。从图中可以看到,比重与水相近的海绵状胶球进入装球室后,启动胶球泵。胶球在比循环水压力略高一点的水流的带动下,进入凝汽器水室进口,随即同循环水混合并由水室进入冷凝管。因胶球输送管出口朝下,故胶球分散均匀,凝汽器的各冷凝管进球概率大致相同。胶球是一种质地柔软且富有弹性的海绵橡胶球,其直径比冷却水管内径大1 mm ~ 2 mm,在水管中仍可被压缩成卵形,与水管内壁形成整圈的接触面,如图 17 – 4 所示。

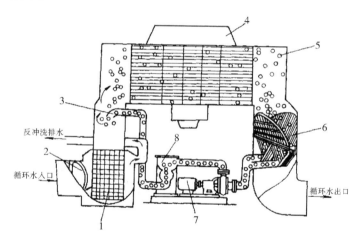

图 17 – 3 胶球清洗装置工作系统示意图

注:1——二次滤网;2——反冲洗蝶阀;3——注球管;4——凝汽器;5——胶球;6——收球网;7——胶球泵;8——加球室。

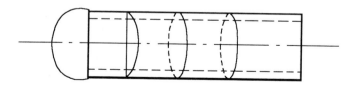

图 17 – 4 软胶球在冷凝管中行进的示意图

在行进过程中,胶球对水管内壁的挤压和摩擦将壁面的污垢随胶球一起带出管外。胶球离开水管时,在自身弹力的作用下,突然恢复原状,使胶球表面带出的污垢脱落,并随冷却水流向出水管,继而至收球网。在网壁的阻拦及出水的冲带下,胶球进入网底。因胶球泵进水管口接在此处,故胶球在泵的进口负压的作用下被吸入泵内,在泵内获得能量后,重新进入装球室并重复以上运动。根据机组的大小、胶球管道的长短及循环水流速的不同,胶球在系统中循环一周的时间一般为 10 s ~ 30 s,个别的要 40 s。

三、冷却塔

冷却水塔简称冷却塔或冷水塔(如图 17 - 5),是电厂用来冷却水的构筑物,一般高度根据电厂的机组大小而定,是电厂节约用水、循环用水的重要保证。冷却塔中水和空气的热交换方式之一是流过水表面的空气与水直接接触,通过接触传热和蒸发散热,水中的热量散发到空气中。采用这种冷却方式的称为湿式冷却塔(简称湿塔)。冷却水进入凝汽器吸热后,沿压力管道送至冷却塔内的配水槽中,沿着配水槽由冷却塔的中心流向四周,再从配水槽下部的喷淋装置溅成细小的水滴落入淋水装置,经散热后流入集水池,集水池中的冷却水再沿着供水管由循环水泵进入凝汽器中重复下一阶段的循环。水流在飞溅下落时,冷空气依靠塔身所形成的自拔力由冷却塔的下部吸入并与水流呈逆向流动,吸热后的空气由塔的顶部排入大气。

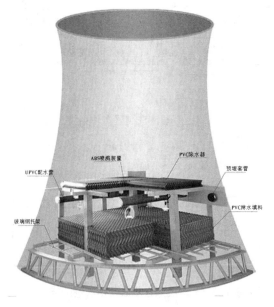

图 17 - 5　自然通风冷却塔

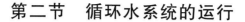

第二节　循环水系统的运行

循环水系统通常采用一机一泵运行方式,夏、秋季由于机组真空、循环水温度比较高,采用一机两泵或两机三泵运行方式。两台机组运行时,一般将循环水泵出口联络门开启,循环水系统采用母管制运行方式。正常情况下,凝汽器循环水进、出口温差(同路)应小于 10 ℃。夏季凝结器循环水入口水温达 26 ℃左右或同流道循环水进、出口温差大于 14 ℃时,根据情况可以启动第二台循环水泵。

循环水系统运行中应检查并确认循环水泵电流正常,循环水泵电机轴承油位正常,油质合格,循环水泵本体无异声。检查循环水泵出口液控蝶阀油系统的油位、油压均正常(出口蝶阀油站油位为 1/2 ~ 2/3,油压为 13 MPa ~ 16 MPa。油压达 16 MPa 时,油泵停止;低于 13 MPa 时,油泵自启)。检查循环水集水坑水位是否正常,集水坑排水泵联锁是否正常,否则手动启停排水泵。检查循环水冷却水塔水位是否正常,必要时投入冷却水塔补水。前池水位应正常。

循环水泵电机推力轴承温度和上导瓦轴承温度不大于 70 ℃;下轴承温度不大于 80 ℃;电机定子线圈温度不大于 125 ℃;电机轴承振动正常,不大于 0.06 mm,最大不超过 0.075 mm;电机轴承冷却水压力维持在 0.1 MPa 左右;循环水泵填料函进水压力维持在 0.12 MPa 左右;冷却水流量不小于 38 t/h。

严密监视循环水泵出口压力,凝汽器循环水进、出口压力,防止循环水泵出力不足,导致凝汽器排汽温度升高、真空下降等异常情况发生。

一、循环水系统的运行

1. 循环水系统投运前的检查

(1)确认循环水系统联锁保护实验合格,投入正常。确认平板滤网清洁无杂物,冷却塔水位正常,泵坑排水泵等电机绝缘合格后送电,试启正常。检查循环泵入口钢闸门是否在开启位置。检查循环水泵前池水位是否正常(8 m ~ 8.8 m),否则通知化学人员启动四期循环水补水泵向塔池补水。

(2)确认循环水泵电机加热器已退出,绝缘合格后送电;确认循环水泵出口液控蝶阀正常,出口液控蝶阀控制油系统已投入,系统正常。

(3)确认循环水泵电机上轴承室油位正常,油质合格。检查并确认工业水、循环水泵轴封水和电机冷却水正常。

(4)检查并关闭主机及小机凝汽器循环水进、出水管及水室所有放水门,检查并确认循环水管道自动排气装置的手轮已开启。

(5)开启主机凝汽器循环水进口电动蝶阀 A/B,开启主机凝汽器循环水出口电动蝶阀 A/B。开启小机凝汽器循环水进口电动蝶阀 A/B,开启小机凝汽器循环水出口电动蝶阀 A/B。

(6)循环水系统初次启动前应进行循环水管道静压注水。(关闭凝汽器循环水进口电动门后、出口电动门前的放水门,通知热工做好出口液控蝶阀的仿真,防止液控蝶阀离开关位 60 s,循环水泵未运行,关液控蝶阀。开启循环水泵出口液控蝶阀,注水至各排空气门无气排出时,关闭循环水泵出口液控蝶阀,并对塔池补水,使循环水泵前池水位维持在 8 m 和 8.8 m 之间,通知热工恢复仿真。)

(7)确认循环水通道已建立及凝汽器水侧可以进水。确认电动滤网进口门已关闭,循环水先不进开式冷却水系统。待循环水母管压力正常后,视情况向开式冷却水系统注水。当小机单独启动,主机凝汽器不带热负荷时,可开启低速循环水泵只对小机凝汽器水侧通水。

2.循环水系统的启动

(1)将待启动循环水泵出口液控蝶阀开至30%～35%,"中停"出口液控蝶阀,启动一台循环水泵。

(2)对主机和小机凝汽器水室逐个注水排空气,各排空气门见水后关闭。全开循环水泵出口液控蝶阀,检查潜池回水是否正常。

(3)检查并确认循环水泵电机电流返回正常并稳定。检查并确认循环水泵出水压力正常,循环水泵电机各轴承温度、电机线圈温度正常,电机各部位声音、振动正常。检查并确认循环水泵和循环水进、出水母管自动排气装置动作正常。

(4)将循环水系统排水泵投入自动。

(5)检查并确认凝汽器循环水进水压力正常。

(6)将循环水泵轴封水和电机冷却水切换为循环水泵出口管供水。

(7)第一台循环水泵启动正常,确认另一台循环水泵具备启动条件,投入备用。全面检查并确认循环水系统及设备运行正常。

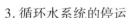

3. 循环水系统的停运

（1）解除备用循环水泵的联锁。

（2）确认主机及小机凝汽器真空到零,主机及小机轴封系统停运。确认循环水母管已单列运行,低压缸排汽温度低于 50 ℃（喷水减温阀未开的情况下）。确认循环水系统和开式冷却水系统各用户允许停运循环水系统。确认循环水泵所有保护正常投入。

（3）关闭循环水泵出口液控蝶阀,出口液控蝶阀阀位调至 20%。延时 8 s,循环水泵应跳泵,否则立即手动停止循环水泵。检查并确认循环水泵停运正常,不倒转。

4. 胶球清洗装置的投运与停运

（1）检查并确认投运侧循环水运行正常,已投入装置电源。

（2）电动关闭收球网（球不能通过收球网）。电动关闭装球室切换阀。检查并关闭装球室进、出口门。关闭装球室底部的放水门。

（3）打开装球室盖,装入经过浸泡的合格的胶球（主机每侧装 1600 个,小机每侧装 150 个）。

（4）关闭装球室盖,开启装球室排空气门,开启装球室出口门对装球室注水排空气。空气排完后,关闭排空气门。开启胶球泵进口手动门。

（5）启动胶球泵。开启胶球泵出口电动球阀、装球室切换阀。此时装置进入清洗状态。

（6）运行 30 min 后,关闭装球室切换阀（球不能通过装球室）,此时装置进入收球状态。收球状态下运行 30 min 后（当观察不到胶球回流后）,关闭胶球泵出口电动球阀,停运胶球泵。

（7）关闭装球室出口手动门。胶球清洗装置退出后统计收球率。视情况开启收球网。断开装置电源。

5. 运行中半侧凝汽器循环水隔绝操作（主机）

小机与主机半侧凝汽器循环水隔离和恢复的注意事项基本相同,小机运行中半侧凝汽器循环水隔离与恢复参照主机进行。小机凝汽器隔离半边循环水后,机组最多带 450 MW 负荷。

在凝汽器半边隔离、泄压、放水过程中,应特别注意凝汽器真空的变化及集水坑水位。

在隔离过程中,若真空下降至 90 kPa,或排汽温度上升至 54 ℃,应立即停止操作,进行恢复处理,并增开备用真空泵。

(1)使准备停用侧凝汽器胶球清洗装置收球结束,胶球系统停止运行,并将该胶球清洗程控退出,断开胶球泵动力电源。

(2)联系值长减负荷至 75% 以下(约 490 MW)。

(3)适当开大运行侧凝汽器循环水进、出口门。缓慢关闭停用侧凝汽器循环水进、出口门,注意真空变化。

(4)待停用侧凝汽器循环水进、出口门关严后停电,开启停用侧循环水进口门后、出口门前管道的放水门。

(5)将停用侧凝汽器水室放空气门开启。开启停用侧凝汽器水室放水门泄压放水。

(6)当水压降到零后,缓慢开启停用侧凝汽器水侧人孔门进行清扫、查漏工作,并密切注意凝汽器真空变化。若在隔离过程中真空下降,应立即停止操作,增开备用真空泵,进行恢复处理。

6.凝汽器半边隔离后的恢复(主机)

(1)检查确认凝汽器检修工作全部结束,工作人员已撤离,所有工具和垃圾均已取出,人孔门已关闭,工作票已收回。

(2)送上待恢复侧凝汽器的进、出口电动门电源。

(3)关闭待恢复侧凝汽器循环水管和水室所有放水门。

(4)逐渐开启凝汽器循环水进口门,对凝汽器循环水侧注水排空气。注意冷却塔水位,及时对冷却塔补水。

(5)凝汽器水室放空气门见水后关闭。逐渐开大循环水出口电动门。调节凝汽器循环水两侧的进口门,使两侧出水水温相当。

二、事故处理

当循环水泵或电机发生强烈振动,保护拒动,循环水泵或电机内有清晰的金属摩擦声,电机冒烟或着火,轴承冒烟或轴承温度急剧升高,循环水严重泄漏威胁人身及设备安全时,应紧急停止循环水泵运行。

1.循环水泵跳闸

原因:热工或电气保护动作;循环水泵电机故障。

处理方法:(1)检查跳闸泵出口蝶阀是否关闭,否则手动关闭,防止循环水泵倒转;(2)若备用泵未启动,应立即手动启动;(3)若无备用泵或备用泵合闸不成功,待跳闸泵出口蝶阀关闭后,应立即抢合一次跳闸泵;(4)负荷较高时快速减负荷,启动备用真空泵,防止低真空保护动作;(5)若机组循环水无法恢复,按循环水中断处理。

2. 循环水泵出力不足

原因:叶轮磨损严重;平板滤网堵塞;电机故障使转速下降;发生汽蚀;前池水位过低。

处理方法:清理拦污栅;更换或修理叶片;若转速低,应检查电机电压和频率是否正常;冲洗滤网。

3. 循环水泵倒转

正常停泵备用时,循环水泵发生倒转,关严泵出口蝶阀,使泵停止倒转。正常运行中循环水泵事故跳闸后倒转时,应将出口蝶阀关闭严密,同时启动备用循环水泵,视凝汽器真空和排汽温度情况,降低机组负荷。循环水泵倒转严重时,禁止启动。

第十八章　开、闭式冷却水系统

在火电厂中,发电机氢气、空气或冷却水的冷却器和汽轮机润滑油的冷却器都需要大量冷却水。发电机组中还有许多转动机械因轴承摩擦而产生大量的热量,发电机和各种电动机运行因存在铁损也会产生大量的热量。这些热量如果不能及时排出,积聚在设备内部,将会造成设备超温而损坏。为了确保设备安全运行,电厂中需要完备的冷却水系统,对各设备进行冷却,开、闭式水系统主要是给这些设备提供冷却水。

第一节　开、闭式冷却水系统流程及设备结构

九江电厂机组的开式循环冷却水系统由 2 台 100% 容量的电动旋转滤网、2 台 100% 容量的开式循环冷却水泵、2 台 100% 容量的闭式循环冷却水热交换器及连接管道、阀门等设备组成。如图 18−1 所示。

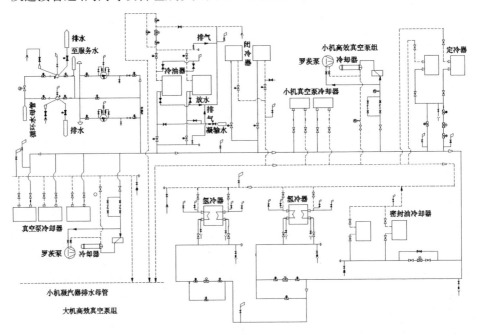

图 18−1　开式循环冷却水系统图

　　闭式循环冷却水系统配有 2 台100%容量的闭式循环冷却水泵,1 台运行,1 台备用。闭式冷却水泵的容量应不小于最大冷却水量的 110%。闭式水经闭冷器冷却后供主机凝泵、小机凝泵、小机冷油器、氢气干燥器、低加疏水泵、化学精处理取样架、制氢站、炉侧相关辅机用水。如图 18 - 2 所示。

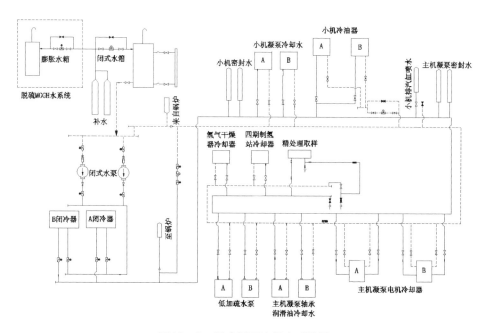

图 18 - 2　闭式循环冷却水系统图

一、主要设备结构

1. 闭式水泵

　　闭式水泵是闭式冷却水系统的主要设备,它的作用是向各冷却用户提供冷却水,以带走各用户的热量,防止其超温而损坏。闭式水泵大多为单级离心式水泵,如图 18 - 3 所示。

2. 电动滤水器

　　电动滤水器由滤水机构、执行机构、排污机构、控制单元、操作单元、保护装置六部分组成,如图 18 - 4 所示。

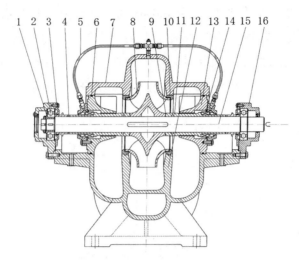

图 18－3 闭式水泵结构示意图

注:1——轴承衬套;2——轴承;3——轴承压盖;4——O 形密封圈;5——回水管部件;6——O 形密封圈;7——泵盖;8——叶轮;9—— O 形密封圈;10——双吸密封环;11——泵轴;12——泵体;13——密封体;14——机械密封;15——轴;16——轴封体。

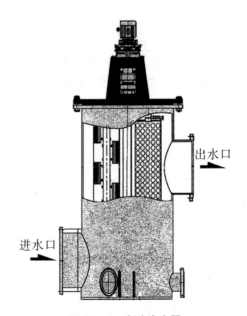

图 18－4 电动滤水器

3. 板式换热器

板式换热器由固定压紧板、上导杆、下导杆、一级活动压紧杆、前支柱构成,如图 18 - 5 所示。板式换热器具有传热效率高、可以随意改变冷却面积、热损失小、使用安全可靠、有利于低温热源的利用、冷却水量小、占地少、易维护、阻力损失少、投资效率高等特点。

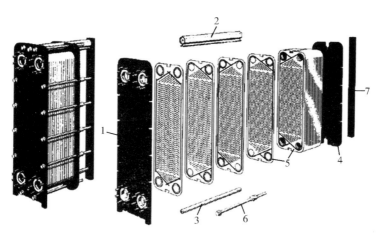

图 18 - 5　板式换热器结构图

注:1——固定压紧板;2——上导杆;3——下导杆;4——一级活动压紧杆;5——板片;6——压紧螺柱及螺母;7——前支柱。

固定压紧板和前支柱之间悬挂着数量经过计算的板片。每块板片都配有密封垫片。板片都装在框架上,相邻板片之间的旋转角度为 180°。这就是说,板片间通道每隔一块板片的角孔周围都形成了双重垫片密封。板束由一些压紧螺柱和螺母压紧。

板束形成一系列的平行通道,每种流体相间进入板片之间的适当通道,通常为逆流方式。板片的组成由实际需要决定,众多平行通道形成单程或多程流动。板片装有密封垫片,当板束被压紧后,垫片保证流体介质与大气之间的有效密封。入口周围的双重垫片密封可避免入口和传热区域之间即不同介质之间相互混合。

板式换热器可适应各种实际需要。装上所需数量的板片,即可得到要求的传热面积。板束可组装成单流程或多流程。每个流程均有若干平行的流体通道。所有的连接管口均位于固定压紧板上。

第二节 开、闭式冷却水系统的运行

开式冷却水泵运行时,应监视运行泵出口压力、母管压力,确保压力正常,泵的振动正常。在循环水温度较低时,两台开式冷却水泵可停运备用,开启开式冷却水泵旁路阀,开式水自流运行。开式冷却水泵轴承温度与外界温度的差值不大于 35 ℃,轴承部位最高温度不大于 75 ℃。备用泵良好,无倒转现象。检查运行泵及备用泵轴承油位、油质是否正常。

闭式水系统运行时,应检查确认闭冷水箱水位及自动补水正常。若水位降低,应查明原因,予以消除,必要时开启旁路阀补水。检查确认运行泵电流、泵组振动、声音、轴承温度、出口压力、法兰滴水情况应正常。闭冷器的闭冷水出水温度应正常。根据季节,可将两台闭冷器并列运行。检查闭冷水箱补水量是否在正常范围内,如补水量太大或突然增大,应对系统查漏。运行中若热交换器脏污,应进行切换,联系检修人员清洗。完成定期切换和实验工作。

一、开、闭式水系统的运行

1. 开式冷却水系统的启动

(1)确认开式水系统检修完毕,工作票已收回,安全措施已恢复,设备完整、良好,现场整洁,系统已经具备投运条件。

(2)开式水系统阀门状态已按要求检查完毕,确认无误(至少一台闭冷器的开式水侧进、出口电动门开启)。

(3)各进口电动滤网及相关阀门测绝缘合格,送电正常。系统中所有热工仪表齐全、完好,指示正确。

(4)检查并确认系统所有放水门关闭,循环水系统运行正常。

(5)微开循环水至一台电动滤网的入口门,对电动滤网注水排空气,见连续水流后关闭排空气门。注水结束后,开启入口门,注意调整循环水压力。

(6)开启该电动滤网出口门,注意调整循环水压力。该电动滤网投入"自动"。

(7)将另一台电动滤网出口门开启,排完空气后备用。

(8)根据开式冷却水系统流程依次对开式冷却水泵、闭式冷却水热交换器开式水侧、主机冷油器、密封油冷油器、主机及小机机械真空泵冷却器、发电机氢气冷却器、定子冷却水冷却器等进行注水排空气。各开式冷却水用户注水排空气结束后,根据需要将部分用户的开式水侧置于"运行"位置,其余置于"备用"位置。

(9)根据循环水压力、开式冷却水压力、闭式冷却水水温、主机油温、发电机氢温、主机和小机真空泵工作水温等各相关参数决定是否启动开式冷却水泵。

(10)若启动一台开式冷却水泵,则应检查并确认开式冷却水泵电流、出口水压、振动、声音正常。

2.开式冷却水系统的停运

确认开式水用户不再需要开式循环冷却水。备用泵退出联锁,停运开式泵。确认出口逆止阀关闭,泵出口压力返回。检查并确认出口阀已关闭,泵不倒转。

3.电动滤网的停运

停运前冲洗电动滤网一次。冲洗完毕后将其解除自动。断开电动滤网电源。关闭电动滤网进、出口阀。开启滤网排空门,泄压后关闭。

4.闭式冷却水系统启动前的检查

(1)确认闭式冷却水系统检修完毕,工作票已收回,安全措施已恢复,设备完整、良好,现场整洁,系统已具备投运条件。

(2)按照辅机运行通则进行启动前检查,各阀门符合启动前状态,气动调节门、电动门传动正常。所有热工仪表齐全、完好,指示正确。

(3)确认闭冷水系统冲洗完成,闭冷水系统中所有放水门关闭。启动凝输泵将闭冷水箱水位补至正常,检查并确认水质合格,投入水位自动。

(4)完成闭冷水系统充水放气工作,闭冷器一台投运,一台备用;至少投运一组闭冷水用户,确保系统流通。(或适当开启闭式泵再循环门,泵启动后用再循环门调节闭式水压力。)

5.闭冷水系统的投运

(1)确认闭冷水泵进口门开启,出口门关闭。

(2)启动一台闭冷泵,注意启动电流的大小及返回时间,检查并确认泵出口门自动开启,泵组振动、声音、轴承温度、进口滤网前后压差、出口压力、格兰滴水、闭冷水箱水位均正常,系统无泄漏。

(3)检查备用闭冷泵是否正常备用,是否投入联锁。

（4）根据系统要求，及时投运闭冷器开式水侧。

（5）用闭式水泵再循环门调节闭式水压力至正常。

6.闭式冷却水系统的停运

（1）机组停运，确认闭冷水用户均停用，公用系统用户已切至邻机，系统满足停运条件。

（2）确认闭冷器的开式冷却水已停用。

（3）解除闭冷泵联锁。停运闭冷泵，确认泵出口门自动关闭。将闭冷水箱补水隔离。

二、事故处理

1.闭式冷却水箱水位低

原因：闭式冷却水箱补水调节门不正常；系统泄漏；系统放水门误开；闭冷器内漏。

处理方法：（1）检查补水调节门是否正常，如有异常应开启其旁路补水，保证水箱水位；（2）检查系统是否泄漏，若冷却器泄漏，应切至备用冷却器；（3）检查系统放水门是否误开，如误开启，应关闭；（4）检查补水压力是否过低，若补水压力低，可启动凝输泵向闭冷水箱补水。

2.闭冷水母管压力低

现象：闭冷水母管压力低报警；闭冷水母管压力低至 0.35 MPa 时，备用泵启动。

原因：运行泵工作不正常；系统泄漏；入口滤网堵塞；闭冷水箱水位低。

处理方法：（1）闭冷水母管压力下降时，应检查闭冷水泵出口压力、闭冷水箱水位、闭冷水泵进口滤网及有关放水门、管路等工作情况，针对原因做相应处理。（2）若运行泵出力不足，应确认备用泵自动启动，否则手动启动。若系统泄漏，应隔离漏点，联系检修人员处理。若入口滤网堵塞，应启动备用泵，停止运行泵，通知检修人员处理。（3）若闭冷水箱水位低，应及时补水和查漏，确保水位正常。

第十九章 真 空 系 统

真空系统的作用是机组启动时在凝汽器内建立真空,在机组正常运行时,不断抽出凝汽器内的空气,以维持凝汽器的真空。

第一节 真空系统流程及设备结构

九江电厂机组的主汽轮机为双背压汽轮机,主凝汽器为高、低背压双壳体凝汽器。主汽轮机设置 3 台 50% 容量的机械水环式真空泵,1 台高效真空泵组(罗茨水环真空泵组)。在机组启动建立真空期间,先启动 2 台或 3 台机械水环式真空泵。主机真空在 −90 kPa 以上时,视情况启动高效真空泵组,逐台停运机械水环式真空泵,并投入联锁。

给水泵汽轮机采用自带水冷凝汽器的湿冷系统,配置 1 个独立的凝汽器,设置 2 台 100% 容量的机械水环式真空泵,1 台高效真空泵组(罗茨水环真空泵组),启动时,先启动 1 台或 2 台机械水环式真空泵。小机真空在 −85 kPa 以上时,视情况启动高效真空泵组,逐台停运机械水环式真空泵,并投入联锁。

主机及小机高效真空泵组包括 1 台水环式真空泵、1 台气冷罗茨真空泵、2 台电机、汽水分离器、罗茨真空泵冷却器、工作液冷却器、内部管线、仪表、阀门等,如图 19−1 所示。

主机与小机真空系统之间设有一根联络管。根据现场实际情况,主、小机真空系统可联通运行,也可分开运行。

水环式真空泵结构如图 19−2 所示。水环式真空泵主要部件是叶轮和壳体:叶轮是由叶片和轮毂构成的;叶片有径向平板式,也有向前(向叶轮旋转方向)弯式。壳体内部有一个圆柱体空间,叶轮偏心地装在这个空间内,同时在壳体的适当位置开设吸气口和排气口。吸气口和排气口开设在叶轮侧面壳体的气体分配器上,形成吸气和排气的轴向通道。

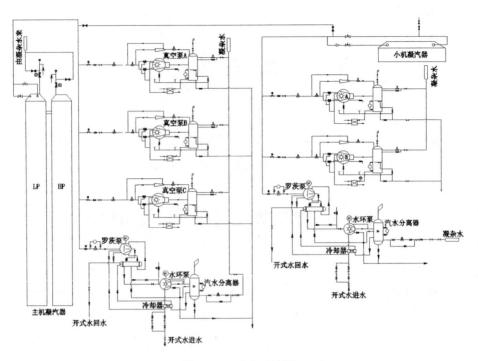

图 19 - 1　真空系统图

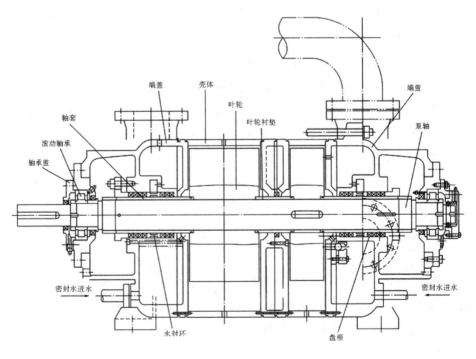

图 19 - 2　水环式真空泵结构图

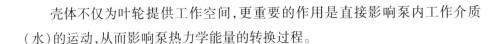

壳体不仅为叶轮提供工作空间,更重要的作用是直接影响泵内工作介质(水)的运动,从而影响泵热力学能量的转换过程。

第二节 真空系统的运行

真空系统运行时,应检查运行真空泵密封填料盒处的泄漏量是否正常,检查并确认盘根无过热现象。检查真空泵工作水的温度,工作水冷却器工作效果不佳时,应及时切至备用泵运行并联系检修人员处理。检查并确认运行真空泵及备用真空泵汽水分离器水位正常,自动补水正常。

真空泵正常工作时的电流应无较大波动,若电流出现波动或者突然大幅上升,应及时停泵并切至备用泵运行。真空泵轴承温度应小于 85 ℃,振动允许值为 0.08 mm。

检查并确认主机真空正常,系统无泄漏,真空泵入口压力正常,真空泵无异常声音,备用真空泵投入联锁。确认各阀门所处状态正确,凝汽器真空破坏阀水封正常。

检查并确认气冷罗茨真空泵油位在正常油位线处。若油位低于最低油位线,则需要加油,且油质应正常,未乳化。两端油室的温度正常(低于 50 ℃),最高不超过 80 ℃。水环式真空泵轴承温度正常(低于 60 ℃),最高不超过 70 ℃(水环式真空泵为润滑脂,气冷罗茨真空泵采用 100 号真空泵油)。严格按照气冷罗茨真空泵的特性和技术指标使用,运行时最高的入口压力不得超过泵允许的最高入口压力。

运行时注意电动机的负荷和泵的运行温度。正常情况下,罗茨真空泵的最高温升不得超过 50 ℃,最高温度不得超过 90 ℃。

高效真空泵组运行时出现电动机过载、泵温度异常升高、声音异常、振动较大等情况,应立即启动一台或两台机械真空泵,检查确认正常后再停运高效真空泵组,通知检修人员检查处理。若要长期停机,应将泵组的放水门开启,排空工作水。

一、真空系统的运行

1.凝汽器真空系统启动前的检查

(1)确认凝汽器真空系统检修完毕,工作票已收回,安全措施已恢复,设备完整、良好,现场整洁。

(2)确认真空系统阀门状态符合启动前要求。

(3)确认油系统运行正常(主机需润滑油系统、顶轴油系统、密封油系统运行正常),盘车已投入。确认辅助蒸汽、压缩空气、循环水、开式水、闭式水、凝结水系统已正常投运。轴封供汽管道已暖管。

(4)确认高效真空泵组气冷罗茨真空泵两端油腔中的油质正常,油位处于视镜的 1/2 ~ 2/3。

(5)确认高效真空泵组电源柜上的水环泵、罗茨泵、入口电动门、入口气动门、破空电磁阀的信号都在"遥控"状态。

(6)确认真空系统有关表计投入正常,指示正确。确认真空泵电机已送电。确认气动调节门、电动门传动正常,联锁保护实验正常。确认真空泵汽水分离器水位正常,分离器水位投入自动。

(7)投入真空泵热交换器冷却水,关闭主机真空破坏阀。

(8)小机单独抽真空时,关闭主机轴封漏汽至轴加手动门。

2. 真空泵组的启动

(1)确认轴封系统已正常投入,机组已具备抽真空条件。

(2)启动一台主机机械水环式真空泵,确认电流、泵组振动、声音、轴承温度、汽水分离器水位正常,凝汽器真空开始逐渐上升。

(3)用相同方法启动主机的第二台和第三台机械水环式真空泵,检查主机凝汽器真空是否上升。当主机凝汽器真空升至 - 90 kPa 以上时,视情况启动主机高效真空泵组。主机高效真空泵组运行正常后,逐台停运主机机械水环式真空泵,并投入备用。

(4)小机抽真空时先启动两台小机机械水环式真空泵。小机真空升至 - 85 kPa 以上时,视情况启动小机高效真空泵组。小机高效真空泵组运行正常后,逐台停运小机机械水环式真空泵,并投入备用。

(5)高效真空泵组的启动步骤:①启动泵组水环式真空泵;②检查并确认罗茨真空泵联锁启动;③检查并确认泵组入口电动门联锁开启;④条件满足后,检查并确认泵组入口气动门联锁开启;⑤就地检查高效真空泵组的运行情况。

(6)轴封、真空系统投运后,应注意监视汽轮机上、下缸金属温差和转子偏心度的变化。

3.真空泵组的停运

（1）机械真空泵停运步骤

①确认真空泵满足停用条件；②解除备用真空泵联锁；③停运真空泵，检查并确认真空泵入口气动门和入口电动门自动关闭；④关闭汽水分离器补水隔离门；⑤根据需要完成其他隔离操作。

（2）高效真空泵组停运步骤

短时间停运（如做真空严密性试验时）：①确认高效真空泵满足停用条件；②解除备用真空泵联锁；③关闭泵组入口气动门；④联锁停运罗茨真空泵和水环式真空泵；⑤联锁关闭入口电动门；⑥检查并确认泵组破空电磁阀先自动开启，约 20 s 后再自动关闭。

长时间停运（如停机时）：①确认高效真空泵满足停用条件；②解除备用真空泵联锁；③关闭泵组入口电动门，运行 10 min ~ 15 min；④关闭泵组入口气动门；⑤联锁停运罗茨真空泵和水环式真空泵；⑥检查并确认泵组破空电磁阀先自动开启，约 20 s 后再自动关闭；⑦关闭汽水分离器补水隔离门；⑧根据需要完成其他隔离操作。

二、事故处理

1.真空泵出力下降

原因：工作水温度过高；吸入管道泄漏或滤网堵塞。

处理方法：检查真空泵冷却器是否堵塞，并确认开式冷却水压力、温度是否正常；切换至备用真空泵运行，并联系检修人员处理。

2.真空泵跳闸

现象：真空泵开关跳闸，电流到零；若真空严密性不好，则真空会立即下降。

原因：电机故障；泵体轴承温度高；等等。

处理方法：检查备用真空泵是否联锁启动，否则应立即手动启动备用泵；检查跳泵的原因，消除故障后投入备用；检查跳闸泵入口气动门是否已关闭，否则手动关闭。

3.高效真空泵组故障、原因和处理方法

高效真空泵组也会出现各种故障，须针对不同故障产生的原因做不同的处理，详见表 19 - 1。

表 19-1　高效真空泵组故障、原因和处理方法

故障	故障原因	处理方法
抽气量不足	真空系统泄漏	按泄漏故障处理方式进行
	真空泵叶轮两端磨损,侧面间隙增大	重新调整侧面间隙 更换或修复叶轮等磨损件,恢复原有间隙
电动机电流突然升高	叶轮与电动机转子发生轴向窜动,使叶轮发生磨损	重新调整电动机轴承的轴向力,消除轴向窜动现象
	工作水循环量过大	检查工作水、机械密封冲洗管线和孔板,更换孔板
	运转中泵腔内有异物进入,使转子被卡住或与其他零件发生摩擦	防止异物进入 拆泵清除异物,修复磨损面
	排气管有异物进入,使排气受阻	清除异物,使排气畅通
	系统突然泄漏或压力突然升高	排除泄漏原因和消除压力升高的原因
运转中电动机负荷偏高	水环式真空泵进水量过多	调节进水量
	电动机两端轴承轴向力较大	拆开电动机两端盖,重新调整轴承轴向力
真空泵内有异常声音	叶片破碎	更换叶轮
	泵内有杂物	停机清除杂物
	叶轮和电动机转子发生轴向窜动	重新调整电动机轴承轴向力,消除轴向窜动现象
	转子和配气盘的间隙有变化	检查和调整间隙

第二十章　润滑油系统

润滑油系统的基本功能是为机组的全部轴承和盘车装置提供润滑油,为发电机氢密封系统供油,为顶轴油系统提供压力油。

第一节　润滑油系统流程及设备结构

九江电厂660 MW机组的汽轮机润滑油系统包括主油箱、交流润滑油泵、直流事故油泵、2台100%容量的冷油器、2台100%容量的润滑油过滤器、抽油烟机、阀门、管道、仪表等设备,如图20-1所示。润滑油系统为汽轮发电机组各轴承提供润滑油,还可以为发电机密封油系统提供初始注油。

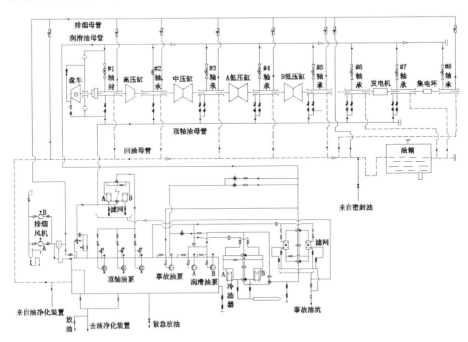

图20-1　润滑油系统图

顶轴油系统油源来自主机润滑油箱。系统有 3 台 50% 容积的叶片泵,向汽轮机和发电机各轴承注入高压润滑油,以承受转子的重量,同时还向盘车液动马达提供动力油。盘车装置是自动啮合型的,能使汽轮发电机组转子从静止状态转动起来,盘车转速为 48 r/min ~ 54 r/min。盘车装置能做到在汽轮机冲转达到一定转速后自动退出,并能在停机时自动投入。盘车装置与顶轴油系统、润滑油系统间设有联锁。

一、交流润滑油泵

在机组运行时,交流润滑油泵为汽轮机各轴承提供润滑油。

二、集装油箱

油箱采用集装形式,将油系统中的大量设备如主油泵、事故油泵、顶轴油泵、油烟风机、油位指示器、电加热器等集中布置在油箱内,以方便运行、监视,既简化电站布置,又便于防火。如图 20 - 2 所示。

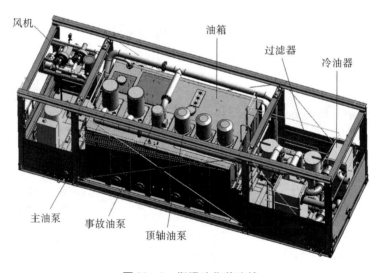

图 20 - 2　润滑油集装油箱

三、冷油器

油系统中设置的两台冷油器,为板式换热器。一台运行,一台备用。冷油器以闭式冷却水作为冷却介质,带走因轴承摩擦产生的热量,保证进入轴承的油温为 40 ℃ ~ 45 ℃。冷油器结构如图 20 - 3 所示。

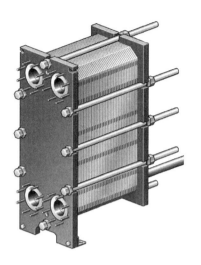

图 20 - 3　冷油器

四、油烟风机

系统中设有两台 100% 容量的、用交流电动机驱动的抽油烟风机,安装在集装油箱盖上。该装置使汽轮机的回油系统以及各轴承箱回油腔室内形成微负压,以保证回油通畅,并对系统中产生的油烟混合物进行分离,将烟气排出,将油滴送回油箱,减少对环境的污染,保证油系统安全、可靠。同时为了防止各轴承箱回油腔室内负压过高,汽轮机轴封漏汽窜入轴承箱内造成油中进水,在油烟分离器上设有蝶阀,用以控制排烟量,使轴承箱内的压力保持微负压。

五、顶轴装置

顶轴装置主要用于在机组启动、停机、盘车过程中,向机组各轴承和盘车装置提供高压油,强制顶起各轴轴颈,使之与轴承间形成静压油膜,消除轴颈与轴承的干摩擦。

六、事故油泵

事故油泵在交流润滑油泵不能工作时向机组供油。

第二节　润滑油系统的运行

润滑油系统运行中,应检查并确认主机润滑油系统无泄漏现象,运行油泵及排烟风机的电流、轴承温度、振动等参数正常。室内主油箱油位低至 - 10 mm 时要加油。定期化验润滑油油质,若油质超标,应立即进行净化,并分析原因、采取对策。汽机转速大于 15 r/min 时,所有油泵的控制回路必须投入"自动"。检查并确认冷油器出口油温在 45 ℃ 和 52 ℃ 之间。冷油器脏污时,应及时切至备用冷油器运行,并联系检修人员清洗。在正常情况下,主机润滑油净化装置应保持连续运行。汽轮机转速大于 540 r/min 时,顶轴油泵自动停运;转速小于 510 r/min 时,顶轴油泵自动启动。

一、润滑油系统的运行

1.润滑油系统启动前的检查

(1)确认汽机润滑油系统检修完毕,工作票已收回,安全措施已恢复,管道和设备完整、良好,现场整洁,系统已经具备投运条件。

(2)润滑油系统各阀门状态检查完毕,符合启动前要求。冷油器及油滤网一侧运行,一侧备用,相关放油门已关闭。

(3)润滑油系统所有仪表齐全、完好,各压力表一次门、二次门开启,油位计投入正常,热工各种保护、报警装置良好并投入正常。

(4)确认润滑油系统有关电源已送电,联锁、保护校验和阀门校验工作均已完成。确认润滑油箱已清洗合格,并已注入油质合格的润滑油。首次对主油箱加油时应考虑油箱和系统的充油量。注油过程中,应确认油箱实际油位与油位计指示相符,油位报警正确。

(5)油泵启动前,主油箱油温应大于 20 ℃。若主油箱油温低于 20 ℃,应投入油箱电加热。

(6)确认开式冷却水系统已投运(冷油器油侧投运后再投运水侧)。

(7)主机润滑油系统长期停用后再次启动时,应先启动主机直流润滑油泵对系统进行注油排空。冷油器投运前,必须对油侧和水侧进行充介质排空,并根据油温变化适时投运一台冷油器,另一台备用。

(8)确认油净化装置具备投运条件。

2.润滑油系统及盘车的启动

(1)启动一台主油箱排烟风机,调整主油箱和各轴承箱油烟抽出管道上的调节挡板,主油箱和各轴承箱内负压维持在 −7.5 mbar 和 −15 mbar 之间,将另一台排烟风机置于备用位置,投入联锁。

(2)启动润滑油净化装置。启动直流润滑油泵,对油系统进行充油排空。检查并确认油泵出口油压、电机电流、泵组振动均正常,各轴承回油正常,系统

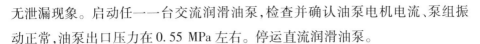

无泄漏现象。启动任一一台交流润滑油泵,检查并确认油泵电机电流、泵组振动正常,油泵出口压力在0.55 MPa左右。停运直流润滑油泵。

(3)调整主机润滑油压力调整门,将润滑油滤网后的油压维持在0.37 MPa和0.44 MPa之间。

(4)切换主机交流润滑油泵运行,检查另一台油泵的工作情况。确认两台交流润滑油泵和直流油泵均工作正常,且运行期间的油压、油流符合主机运行要求,备用交流润滑油泵和直流油泵投入联锁。检查各轴承的润滑油流量是否正常,否则联系检修人员进行调整。

(5)根据油温上升情况,投入冷油器冷却水,油温控制在45 ℃和52 ℃之间。

(6)启动顶轴油泵:①顶轴油泵启动前必须再次确认油路畅通,防止油泵打闷泵而损坏;②依次启动任意两台顶轴油泵,检查油泵工作情况,油泵出口压力为16 MPa左右;③检查并确认顶轴油系统无泄漏现象,顶轴油泄压阀和各油泵出口的安全阀工作正常,顶轴油滤网后母管压力维持在15.5 MPa左右,各轴承轴颈被顶起高度为0.05 mm~0.08 mm;④检查各轴承顶轴油压力是否正常,否则需要重新整定顶轴油压力;⑤备用顶轴油泵投入联锁。

(7)投入盘车装置

盘车装置投入前的注意事项:①润滑油压力应在0.37 MPa和0.44 MPa之间,润滑油温度应大于20 ℃;②顶轴油泵运行良好,顶轴油压力为15.5 MPa左右;③发电机密封油系统工作正常;④投入连续盘车前,应先手动盘车,盘车正常后(一个人可以盘动)方可投入连续盘车。

盘车控制回路投入自动:

①汽机转速小于120 r/min,盘车电磁阀自动投入;②汽机转速大于180 r/min,盘车电磁阀自动退出;③通过调节盘车装置液压马达的顶轴油供油门,使盘车转速在48 r/min和54 r/min之间;④机组正常运行时,盘车空转转速在6 r/min和12 r/min之间;⑤液压盘车装置不能正常投运时,采用手动盘车;⑥盘车装置液压马达中的油温不得超过80 ℃,油温大于70 ℃时,禁止启动顶轴油泵;⑦观察偏心度不大于原始值±0.02 mm。

3.盘车运行规定

(1)汽轮发电机组停运后,转速降至120 r/min时,盘车应自动投入。而汽机冲转前,盘车至少投运 4 h。

(2)盘车投入后无法盘动大轴时,应查明原因,及时处理。严禁采用行车、通新蒸汽或压缩空气等方法强行盘车,而应采取以下闷缸措施,以防止转子热弯曲:①隔离汽轮机本体的内外冷源;②关闭汽机的所有疏水门,包括汽门、本体、抽汽管道疏水门,进行闷缸;③严密监视和记录汽缸各部分的温度、温差和转子偏心率随时间的变化情况;④上、下缸温差小于 50 ℃后可手动尝试盘车,若转子能盘动,则盘转 180°进行校直;⑤转子偶数次盘转 180°后,转子偏心和方向回到原始状态时,可连续盘车。

(3)汽机高压缸下缸内壁金属温度大于 150 ℃时,若要临时停用盘车,应每隔 30 min 手动盘车 180°。故障恢复,手动盘车偶数次后,投入连续盘车。

(4)汽机转子 TAX 温度小于 100 ℃,可停用连续盘车。

(5)严禁盘车停运时向轴封送汽。

二、事故处理

1. 润滑油压下降

现象:汽机润滑油压低报警;各轴承温度和回油温度升高;润滑油压力表指示下降。

原因:油泵工作不正常;供油管路泄漏;冷油器泄漏;主油箱油位低;备用油泵出口逆止阀不严;冷油器出口滤网堵塞。

处理方法:

(1)润滑油压下降时,应立即核对就地表计,查明原因,注意监视油压、各轴承温度、回油温度等参数的变化。发现油流中断或轴承温度异常升高,达到极限时,立即破坏真空停机。

(2)当润滑油滤网后的压力降至 0.28 MPa 时,应立即启动备用交流润滑油泵;下降至 0.23 MPa 时,确认直流润滑油泵启动,汽机保护跳闸,否则应手动打闸,破坏真空紧急停机,使顶轴油泵自动启动。

(3)当润滑油压下降至 0.28 MPa,经启动备用交流润滑油泵后,油压有回升趋势时,应采取下列措施:

检查交流润滑油泵进、出口油压是否正常。

检查交、直流润滑油泵出口逆止阀,若是出口逆止阀不严,油压维持不住,应启动该油泵,并向值长汇报。

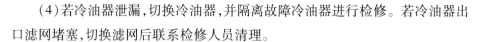

（4）若冷油器泄漏,切换冷油器,并隔离故障冷油器进行检修。若冷油器出口滤网堵塞,切换滤网后联系检修人员清理。

2. 主机润滑油温度高

原因:冷油器冷却水量少;冷油器结垢;润滑油温控阀故障。

处理方法:增加冷却水量;切换冷油器,必要时两路冷油器并列运行;若温控阀故障,通知检修人员处理;检查轴承和回油温度,直至降负荷或停机。

3. 主油箱油位升高

原因:轴封压力太高或轴加真空低;油箱泡沫太多;冷油器泄漏,水进入油中;补油系统运行不正常。

处理方法:主油箱底部放水,若水量较多应联系化学人员化验油质,必要时通知检修人员滤油,并检查润滑油净化装置工作是否正常;若轴封压力高,应调节轴封汽压和轴加真空;若冷油器泄漏,应及时切换,并通知检修人员查漏。

4. 主油箱油位降低

原因:主机润滑油系统、顶轴油系统、密封油系统管路泄漏或放油门、放水门误开;发电机进油;主油箱、发电机密封油贮油箱负压调整不当;排烟风机抽油;油箱油温下降;主机油净化系统漏油或阀门状态不正确,系统跑油;主油箱内负压减小,甚至冒正压;密封油贮油箱负压增大。

处理方法:

（1）机组正常运行中,发现主油箱油位突然下降 10 mm～20 mm,应立即查找原因。若事故放油门、放水门或滤油门误开,应及时关严;若发电机进油,应及时调整发电机氢侧回油箱油位;若是冷油器泄漏,应切换冷油器,隔离泄漏冷油器;若主机油净化系统漏油,可暂时停运油净化装置,隔离油净化系统;若主油箱内负压不正常减小,应启动备用排烟风机,调节主油箱内负压至正常。

（2）若密封油贮油箱负压太大,应适当关小密封油贮油箱排烟风机入口风门,调节贮油箱内负压至正常。

（3）若油位下降,应按下列规定处理:油箱油位降至 −10 mm,应及时补油使油位正常;油箱油位降至 −100 mm,汽机跳闸保护动作。

（4）油压、油位同时下降,应设法补油;油压、油位无法维持达到停止汽轮机运行的数值时,应破坏凝汽器真空立即停机,并做好防火措施。

5. 停机后盘车及油系统故障

（1）若润滑油系统故障不能运行，禁止投入盘车。重新投运油系统后，须进行油循环，直至轴承温度小于 130 ℃，方可投入盘车。

（2）若密封油系统故障停运时，必须立即停止盘车，润滑油及顶轴油系统保持运行，每隔 10 min 翻动转子使转子转 180°。

（3）若顶轴油压过低导致盘车困难，应及时使油压恢复正常。

（4）若盘车投不上，严禁强行投入盘车，须保证润滑油系统正常运行。同时隔离汽机进行闷缸，并严密监视上、下缸温差，稍后再手动试盘，盘得动且缸内无明显的金属摩擦声后，应先翻转 180°，以后每隔 10 min 翻动转子使转子转 180°，12 h 后每隔 30 min 翻动转子使转子转 180°。直到盘车连续运行。机组再次启动时，应严密监视轴承的振动水平。

6. 机组惰走期间顶轴油供应中断

应破坏真空，尽早停止惰走；做好轴承金属温度的监测，保持主机润滑油正常运行；机组再次启动时，应严密监视惰走期间轴承金属温度异常的轴承；发现温度再次升高时，应停机检查轴承。

7. 紧急供油运行

目的：主机润滑油系统紧急供油运行是为了在火灾发生时或有火灾隐患（如油系统发生泄漏）时，采取必要的控制措施使汽轮机停机。

主要操作顺序：紧急停机，破坏真空，启动直流润滑油泵，撤出交流油泵联锁后停运交流润滑油泵，撤出顶轴油泵预选和联锁后停运顶轴油泵（低转速），撤出盘车联锁后关闭盘车电磁阀，撤出油箱电加热和油净化装置。

第二十一章　EH 油系统

采用抗燃油作为调节系统用油的机组装备有专用的抗燃油供油系统——EH(electro hydraulic)油系统。因此,它比单一的透平油系统复杂,运行和维护的工作量也更大。对于高参数的大容量机组,为了提高调节系统的工作性能,增加它的可靠性和灵敏度,要求有更高的工作油压,以改善动态响应的品质,减小执行机构的尺寸,降低机械惯性和摩擦的影响,减少耗油量。但油压的提高可能会引起更多的油泄漏,增加发生火灾的危险性。显然,采用抗燃油可以解决这个问题。一般抗燃油的闪点在 500 ℃以上,因此即使抗燃油接触电厂高温部件也不会引起火灾。但抗燃油价格昂贵,并对人体健康有一定影响,不宜在润滑油系统等有一定开放性的油系统中使用,因此一般采用独立的、封闭的抗燃油供油系统。

EH 油系统的特点有:工作油压高;可直接采用流量控制的形式;对油质的要求特别高;具有在线维修功能。

为了提高控制系统的动态响应品质,现代大型汽轮机组普遍采用抗燃油作为控制和调节系统的工作油。抗燃油是一种用三芳基磷酸酯人工合成的油,具有良好的润滑性能、抗燃性能和流体稳定性,自燃点在 560 ℃以上。因而在发生事故的情况下,当高压动力油泄漏到高温部件上时,发生火灾的可能性大大降低。抗燃油的氧化性和水解稳定性也比通常使用的矿物润滑油好,可延长油液的使用寿命。其挥发性以及油中的游离气体释放度较低,在运行中发生气蚀的可能性减少,有利于设备的维护。

但抗燃油价格昂贵,并对人体健康不利,不宜作为润滑油使用,因此需要设置单独的供油系统。抗燃油是人工合成油,对非金属材料的溶解性比矿物润滑油更强。而且,抗燃油的质量密度较大,因此一些杂质微粒容易悬浮在油中,从而损伤部件。特别是在较低的温度下,抗燃油黏性很大,更容易影响系统运行。故 EH 供油系统必须在油温达到要求后才能启动。

为了保证电液控制系统的性能完好,在任何时候都应保持抗燃油油质良好,使其物理和化学性能都符合规定。因此,在启动系统前要对整个系统进行严格的清洗,系统投入使用后也必须根据需要运行抗燃油再生装置,以保证油质良好。

第一节　EH油系统流程及设备结构

九江电厂660 MW机组的EH油系统由EH供油系统和EH油动机组成。供油系统和油动机通过一组不锈钢压力油管和回油管连接起来,将供油系统的压力油送到阀门执行机构,并将执行机构的回油送回EH油箱。

EH供油系统由油箱、压力油系统和在线循环系统三部分构成,如图21-1所示。

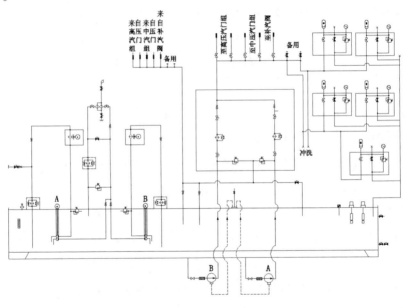

图21-1　EH油供油系统图

压力油系统由EH主油泵、过滤器、溢流阀、蓄能器、控制器以及压力测量装置组成。EH主油泵采用变量恒压泵,油泵出口的压力油通过总管分成五路,经过隔离阀后分别送到主汽门和调门油动机。

在线循环系统包括冷却系统和再生系统,冷却系统采用空气冷却,结构简单,不需要冷却水,完全避免了常规冷却器中的水进入油中的可能性。冷却油泵将油从油箱送到空气冷却器,通过风扇对油进行冷却,冷却油再经滤油器回到油箱。再生系统由分子筛和离子交换器组成,起到过滤油中杂质、改变抗燃油的酸值、改善油质的作用。冷却油泵和再生油泵由一台电动机带动。

一、EH 油泵

EH 油泵为压力补偿式变量柱塞泵。当系统流量增加时,系统油压将下降。如果油压下降至压力补偿器设定值,压力补偿器会调整柱塞的行程,将系统压力和流量提高。同理,当系统用油量减少时,压力补偿器会减小柱塞行程,使泵的排量减少。

系统采用双泵工作系统。一台泵工作,另一台泵备用,以提高供油系统的可靠性。两台泵布置在油箱的下方,以保证净正吸入压头。

二、蓄能器

蓄能器为丁基橡胶皮囊式蓄能器,预充氮压力为 10.0 MPa。蓄能器组件安装在油箱的底座上,通过集成块与系统相连。集成块包括隔离阀、排放阀以及压力表等。压力表指示的是油压,而不是气压。蓄能器用来补充系统瞬间增加的耗油以及减小系统油压波动。关闭截止阀可以将相应的蓄能器与母管隔开,因此蓄能器可以在线修理。

三、冷油器

冷油器共有两个,装在油箱上。冷油器设有一个独立的自循环冷却系统(主要由循环泵和温控水阀组成)。温控水阀可根据油箱油温设定值,调整水阀进水量的大小,以确保在正常工况下工作时,油箱油温能控制在正常的工作温度范围之内。

四、再生装置

油再生装置(如图 21-2 所示)由硅藻土滤器和精密滤器(即波纹纤维滤器)组成:前者降低油中的酸值;后者除去油中的其他杂质。每个滤器上装有一个压力表和压差指示器。压力表指示装置的工作压力,压差指示器动作表示滤器需要更换。

硅藻土滤器和波纹纤维滤器均有可调换式滤芯。关闭相应的阀门,打开滤油器盖,即可调换滤芯。

油再生装置是保证液压系统油质合格的必不可少的部分。当油液的清洁度、含水量和酸值不符合要求时,启用液压油再生装置,即可改善油质。

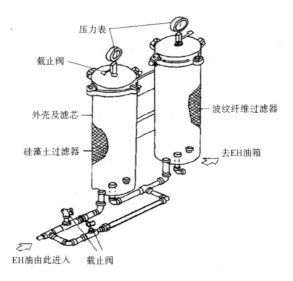

图 21 - 2　EH 油再生装置

五、EH 油箱

EH 油箱(如图 21 - 3 所示)用不锈钢板焊接而成,密封结构,设有人孔板供维修、清洁油箱时使用。油箱上部装有空气滤清器和干燥器,使供油装置呼吸时对空气有足够的过滤精度,以保证系统的清洁度。油箱中还插有磁棒,用以吸附油箱中游离的铁磁性微粒。EH 油箱不装设底部放水阀;EH 系统使用的是抗燃油,在工作温度下抗燃油的密度一般为 1.11 ~ 1.17,比水的密度大,即使 EH 油箱中有水,也只能浮在油面上,因此无法在油箱具体位置安装放水阀。

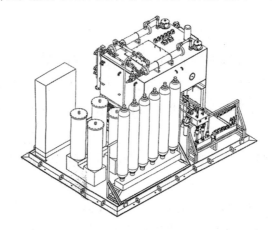

图 21 - 3　EH 油箱示意图

第二节　EH 油系统的运行

机组正常运行时,EH 油箱油位为 530 mm ~ 700 mm。EH 油母管压力为 15 MPa ± 0.5 MPa,出口滤网油压差应小于 0.7 MPa。供油温度正常保持在 45 ℃ 和 55 ℃ 之间,当 EH 油温高于 55 ℃ 时,启动冷却风扇;当 EH 油温低于 51 ℃ 时,停止冷却风扇。检查并确认系统各连接部位无泄漏现象,各油动机下方不漏油。

检查并确认油泵及电机轴承、电机外壳温度在正常范围。EH 油系统再生装置过滤器前后压差达 0.25 MPa 时,更换滤芯。当 EH 油中和性指数(酸值) 大于 0.25 mg KOH/g 时,投入硅藻土过滤器。当上述指标不超限时,可单独投入纤维过滤器,调整旁路阀,控制流量。机组运行时不允许一次隔离一个以上的储能器,高压储能器充氮压力为 9.3 MPa,压力小于 8.27 MPa 时应重新充气。

一、EH 油系统的运行

1. EH 油系统启动前的检查

(1)确认 EH 油系统检修完毕,工作票已收回,安全措施已恢复,设备完整、良好,现场整洁,系统已经具备投运条件。

(2)EH 油系统阀门状态检查完毕,符合启动要求。系统中所有热工仪表齐全、完好,指示正确。

(3)系统储能器预充试验合格,高压储能器充氮压力为 9.3 MPa。

(4)确认 EH 油箱油位正常,油质合格。有关联锁、保护校验合格并投入。

(5)确认 EH 系统有关电源已送电。确认 EH 油箱油温大于 15 ℃,否则启动 EH 油循环泵打循环提高油温(如果有 EH 油加热装置,应投入加热装置。待油温达 45 ℃后,停运加热装置)。待 EH 油温达 25 ℃以上,启动 EH 油泵。

(6)检查所有主汽门、调门电磁阀状态是否正确。(所有跳闸电磁阀失电,主汽门控制电磁阀得电。)

2. EH 油泵的启动

(1)在 DEH 操作界面上选择 EH 油泵首启泵。检查系统油压是否正常(> 15 MPa),检查油泵及电机振动、声音等是否正常。

(2)检查并确认系统的各管道、接头、油动机无泄漏现象,系统油压达 16

MPa,并投入备用泵联锁。

(3)启动一台 EH 油循环泵,出口压力应大于 0.5 MPa,投入备用泵联锁。

二、事故处理

1. 主机 EH 油压下降

原因:EH 油箱油位低;EH 油系统泄漏;运行油泵工作异常,备用 EH 油泵出口逆止阀不严;EH 油系统过滤器脏污;EH 油系统安全门误动;主汽门或调门相关电磁阀状态不正常或卡涩。

处理方法:

(1)若 EH 油压下降,应核对就地表计,迅速查明原因,进行相应的处理。

(2)若油压降至 11.5 MPa 或低于 14.5 MPa 延时 100 s,应确认备用油泵联动正常,否则手动启动。

(3)若两台 EH 油泵运行仍无法维持主机 EH 油压,应做好停机准备。

(4)若发现 EH 油系统泄漏,应在尽量维持 EH 油压的前提下,隔离泄漏点,并及时联系检修人员加油,做好防火措施。

(5)检查 EH 运行油泵工作是否异常、溢流阀是否动作、备用泵出口逆止阀是否严密,必要时切换 EH 油泵运行。

(6)若运行过滤器压差高,应切换油泵运行,联系检修人员处理。

(7)若油动机伺服阀泄漏,应向值长汇报,并根据情况要求机组减负荷,做好相应隔离工作,并通知检修人员处理。

(8)若系统泄漏无法隔离,影响机组的正常、安全运行,应故障停机。当 EH 油压降至 10.5 MPa,汽轮机应跳闸;否则应紧急停机,并停运 EH 油系统。

(9)通知热工或机务检查各电磁阀状态,确保各电磁阀状态正确。

2. EH 油箱油温高

检查 EH 油循环泵及冷却风扇运行是否正常;检查 EH 油循环泵出口溢流阀是否动作;检查加热器是否误投入。

3. EH 油箱油位高/低

检查 EH 油箱油位计读数;检查 EH 油系统管路是否泄漏;检查 EH 油系统中所有的泄放阀是否全关。打开 EH 油系统冷却器油侧放油阀,如果发现有水从中持续流出,则说明有油泄漏。切换备用冷却器运行,关闭停用的冷却器的进、出口阀。

第二十二章 化学水处理

在火力发电厂的热力系统中,水的品质是影响热力设备安全、经济运行的重要因素。天然水中含有许多杂质。若这些水不经净化处理就引入热力设备,将会引起各种危害,如热力设备结垢、腐蚀、积盐。

结垢:结垢极易发生在热负荷较高的部位,如锅炉的炉管、各种热交换器。结垢的金属管壁会过热,强度下降,导致管道损坏。冷却水处理不当,会使凝汽器铜管结垢,降低换热效率,从而降低汽轮机出力。

腐蚀:水质不良会导致热力设备被腐蚀,主要是电化学腐蚀。经常与水接触的金属部位被腐蚀,将大大减少设备的使用年限。

积盐:含有大量杂质的蒸汽通过过热器和汽轮机时,杂质会沉积下来,使过热器、汽轮机积盐。过热器积盐有可能引起爆管,汽轮机积盐将大大降低汽轮机的出力。

第一节 化学水处理设备及流程

一、化学预处理系统

原水由升压泵打入澄清池,进行凝聚、澄清处理(氯化铝加入升压泵入口)。升压泵出口分别连通,互为备用,可向机械搅拌澄清池、网格沉淀池进水。澄清池、网格沉淀池出水一部分直接进入高压工业水池和低压工业水池,一部分进入滤池、V形滤池,经过滤处理后分别进入化学水池、生活水池和消防水池。最后由综合泵房和消防泵房向厂区供给水质合格的工业用水、化学用水、生活用水及消防用水。如图 22-1 所示。

1. 机械搅拌澄清池

机械搅拌澄清池是一种泥渣循环型澄清池。池体由第一反应室、第二反应室和分离室三部分组成,如图 22-2 所示。

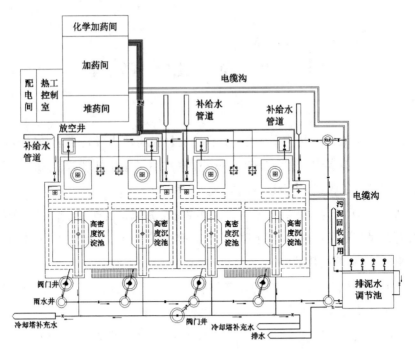

图 22-1 原水预处理站系统图

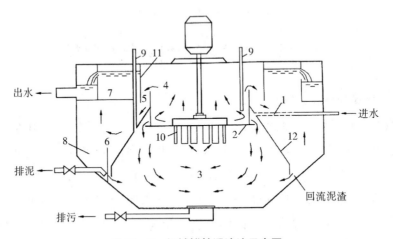

图 22-2 机械搅拌澄清池示意图

注:1——进水管;2——环形进水槽;3——反应室;4——第二反应室;5——导流室;6——分离室;7——集水槽;8——泥渣浓缩室;9——加药管;10——搅拌叶轮;11——导流板;12——伞形板。

这种澄清池的工作特点是利用机械搅拌叶轮的提升作用来完成泥渣的回流和接触絮凝。其工作方式为:原水由进水管进入环形三角配水槽内混合均匀,然后经槽底部的配水孔流入第一反应室,在此与分离室内的回流泥渣混合;混合后的泥水再经叶轮提升至第二反应室继续反应,以形成较大的絮粒。第二反应室设有导流板,以消除叶轮提升作用所造成的水流旋转,使水流平稳地经导流室流入分离室沉降分离。分离区的上部为清水区,清水向上流入集水槽和出水管。分离室的下部为悬浮泥渣层,少部分排入泥渣浓缩器,浓缩至一定浓度后排出池外。混凝剂一般加在进水管中,絮凝剂加在第一反应室。

2. 重力式空气擦洗滤池

用过滤法去除水中的悬浮物是滤料的机械阻留和表面吸附的综合结果,也就是过滤过程有两个作用:机械筛分和接触凝聚。

机械筛分作用主要发生在滤料层的表面。滤层在反洗后,由于水的筛分作用,小颗粒的滤料在上,大颗粒的在下,依次排列,所以上层滤料间形成的孔眼最小。当含有悬浮物的水进入滤层时,滤层表面易将悬浮物截留下来。不仅如此,截留下来的悬浮物和吸附着的悬浮物之间会发生彼此重叠和架桥等作用,结果在滤层表面形成了一层附加的滤膜,它也起机械筛分的作用。这种滤膜的过滤作用,又称为薄膜过滤。

在过滤中,带有悬浮物的水进入滤层内部时,事实上也在产生过滤作用。这正和混凝过程中用泥渣作为接触介质相类似。滤层中的滤料比澄清池中悬浮的泥渣颗粒排列得更紧密,水中的微粒在流经滤层中的弯弯曲曲的孔隙时,与滤料颗粒有更多的碰撞机会,在滤料表面起到有效的接触凝聚作用,使水中的颗粒易于凝聚在滤料表面,故被称为接触凝聚作用。有些资料也称为渗透过滤。

二、锅炉补给水处理

原水经净水站处理后进入原水箱,由原水泵输送至生水加热器,水温提高后进入自清洗过滤器。进行预过滤后,原水进入超滤系统,经过超滤处理,其浊度不高于0.2NTU,SDI值不高于2。为保证超滤通量符合要求,要定时对超滤进行反洗和加强化学反洗。若有必要,还需对超滤进行化学清洗处理。超滤产水进入超滤水箱后通过反渗透供水泵输送至保安过滤器,经过保安过滤器的预过滤可防止较大颗粒物进入反渗透设备。保安过滤器出水经高压泵增压后进入反渗透设备进行预脱盐,产水进入淡水箱,由淡水泵输送至三期一级除盐及混床系统。出水进入三期除盐水箱,最终由除盐水泵输送至主厂房凝结水补水箱。

1. 工艺流程

锅炉补给水处理系统采用超滤加反渗透加一级除盐和混床的化学除盐处理工艺。超滤及反渗透系统流程如图22-3所示:经凝聚、澄清、过滤后的淡水(浊度小于5NTU)→原水箱→原水输送泵→生水加热器→自清洗过滤器→超滤膜组件→超滤水箱→反渗透供水泵→反渗透保安过滤器→反渗透高压泵→反渗透膜组件→淡水箱→淡水泵→一级化学除盐和混床。

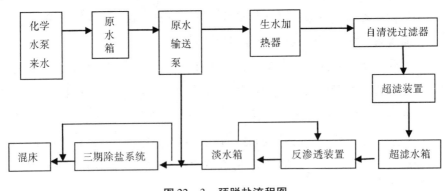

图22-3 预脱盐流程图

2. 超滤设备

超滤(UF)系统工艺采用中空纤维膜分离技术,中空纤维膜分离技术是一种新型的净化分离技术。中空纤维膜壁上有 $0.01\ \mu m \sim 0.03\ \mu m$ 的贯通孔。在压力驱动下,尺寸小于膜分离孔径的分子或粒子可穿过纤维壁,而尺寸大于膜分离孔径的分子或粒子则被纤维壁截留,从而实现大、小粒子的分离。超滤(UF)反渗透处理技术对进水都有很严格的要求,使用超滤膜分离技术进行水处理可彻底去除水中的胶体、细菌、微生物、悬浮物等,使出水的总悬浮固体(TSS)小于 0.1 ppm,污染指数(SDI)小于2。这可大大减少后续设备的再生、清洗频率,提高生产效率,减少排污、能耗及化学药品消耗。

超滤装置由原水箱、加热器进水 Y 形过滤器、原水输送泵、原水加热器、自清洗过滤器、超滤水箱、超滤反洗水泵、超滤反洗保安过滤器、超滤反洗管道混合器、超滤加药装置等组成,如图22-4所示。

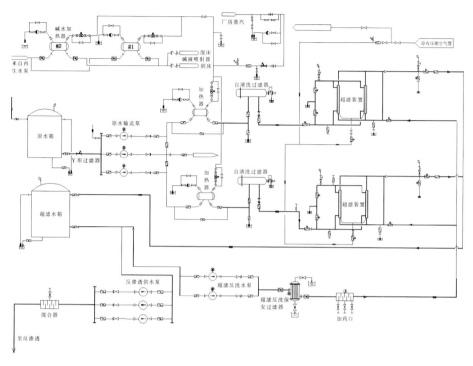

图 22 - 4　锅炉补给水超滤系统图

3. 反渗透装置

反渗透系统主要去除水中的溶解盐类,同时去除一些有机大分子和前阶段未去除的小颗粒等。预处理系统产水进入反渗透膜组件后,在压力作用下,大部分水分子和微量的其他离子通过反渗透膜,经收集后成为产水,通过产水管道进入后续设备。水中的大部分盐分和胶体、有机物等不能通过反渗透膜,残留在少量的浓水中,由浓水管排出。

反渗透(RO)膜分离技术的优点有:能连续运行,不会因再生而停机,产水水质稳定、安全;无须用酸碱再生,无须酸碱储备设施和酸碱稀释运送设施,避免工人接触酸碱;无再生污水,无须污水处理设施;节省了反冲和清洗用水;减小车间建筑面积;降低运行成本和维修成本;安装运行简单,不需要技术很高的操作工。

反渗透装置由进水监测设备、保安过滤器、高压泵、反渗透膜元件、反渗透冲洗系统、反渗透膜组件的药品注入单元等组成,如图 22 - 5 所示。

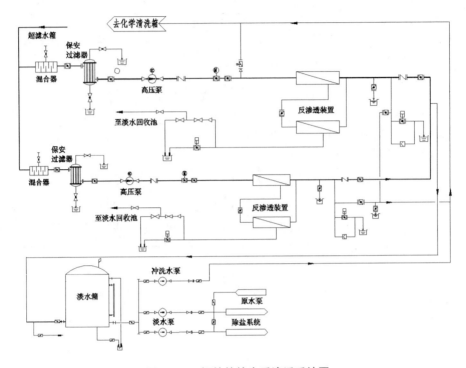

图22-5　锅炉补给水反渗透系统图

4.锅炉补给水的化学除盐

水的化学除盐是水中所含各种离子和离子交换树脂进行化学反应而被除去的过程。当水中的各种阳离子和H型离子交换树脂反应后,水中的阳离子就只含有从H型离子交换树脂上交换下来的氢离子;当水中的各种阴离子与OH型离子交换树脂反应后,水中的阴离子就只含有从阴树脂上交换下来的氢氧根离子。这两种离子互相结合生成水,从而实现水的化学除盐。

当水中各种离子都被交换成氢离子和氢氧根离子时,就实现了水的深度化学除盐。如果水中还残留某种或某几个阳离子或阴离子,则实现的是水的部分化学除盐。

为了实现深度化学除盐,必须采用具有强酸性阳树脂和强碱性阴树脂的系统。如要实现部分化学除盐,则可采用各种阳树脂和各种阴树脂组合的系统,包括弱酸性阳树脂和弱碱性阴树脂构成的系统。

经过深度化学除盐,很多地表水、井水可被制成纯水;经过部分化学除盐,含较多盐分的地表水、井水可被制成淡水。

在H型阳离子交换后,水中存在大量的氢离子,并与碳酸氢离子结合生成难解离的碳酸氢（H_2CO_3）。它可以用真空脱碳器或大气式除碳器除去，也可以用强碱性阴离子交换树脂交换除去。前者操作简单，能节约运行费用，因此在化学除盐系统中，一般均设有除碳器。

火力发电厂水处理中应用最广泛的是固定床离子交换器。所谓固定床是指交换剂在一个容器内先后完成制水、再生等过程的设备。固定床离子交换器按水和再生液的流动方向分为顺流再生式、对流再生式（包括逆流再生离子交换器和浮床式离子交换器）和分流再生式；按交换器内的树脂种类和状态，分为单层床、双层床、双室双层床、满室床及混合床；按设备的功能，又分为阳离子交换器（包括钠离子交换器和氢离子交换器）、阴离子交换器和混合离子交换器。

（1）逆流再生离子交换器

为了克服顺流再生工艺出水端树脂再生度低的缺点，现在广泛采用对流再生工艺，即运行时的水流方向和再生时的再生液流动方向相对进行的水处理工艺。习惯上将运行时水向下流动、再生时再生液向上流动的对流水处理工艺称为逆流再生工艺，采用逆流再生工艺的装置称为逆流再生离子交换器；将运行时水向上流动、再生时再生液向下流动的对流水处理工艺称为浮床水处理工艺。

由于逆流再生工艺中再生液和置换水都是从下向上流动的，如果不采取措施，流速稍快就会发生和反洗那样使树脂层扰动的现象，使有利于再生的层态被打乱，这通常被称为乱层。若再生后期发生乱层，那么会将上层再生差的树脂或多或少地翻到底部，这样就发挥不出逆流再生工艺的优点。因此，在采用逆流再生工艺时，必须在设备的运行操作阶段就采取措施，以防止溶液向上流动时发生树脂乱层。

（2）混合离子交换器

混合离子交换器简称混床，它是将阴、阳两种离子交换树脂按一定比例混合装填于同一交换床中，在运行前，先把它们分别再生成氢氧根离子和氢离子，然后与压缩空气混合均匀后再投入制水。由于运行时混床中阴、阳树脂颗粒互相紧密排列，因此阴、阳离子交换反应几乎是同时进行的。正因如此，经阳离子交换所产生的氢离子和经阴离子交换所产生的氢氧根离子都不会积累起来，而是立即生成水，基本上消除了反离子的影响，交换反应进行彻底，出水水质好。它常串接在一级复床后，用于初级纯水的进一步精制。处理后的纯水可作为高压及以上锅炉的补给水。

三、凝结水处理

凝结水净化是为了去除整个水汽系统在启动、运行和停运过程中产生的机械杂质,如氧化铁等金属氧化物和胶体硅等;去除补给水、凝结水和凝汽器泄漏时带入的溶解盐类,从而保证给水的高纯度;保证机组在凝汽器发生少量泄漏时能正常运行,在有较大泄漏时,能留出申请停机所需的时间。

凝结水净化装置通常包括前置过滤器和混合床两部分。

1. 凝结水过滤处理

机组启动初期,凝结水含铁量较高,凝结水不进入凝结水精处理混床系统,仅投入管式过滤器,迅速降低系统中的铁悬浮物含量,使机组尽早转入运行阶段。当压降超过设定值时,管式过滤器退出运行,用反洗水泵和压缩空气进行反洗。

当前置过滤器压降不低于 0.12 MPa 时,表明大量固体被截留了,前置过滤器退出运行,用反洗水泵和压缩空气进行反洗。前置过滤器进口母管设 0 ~ 100% 旁路。当运行一台过滤器时,前置过滤器旁路允许 50% 的凝结水通过;当运行两台过滤器时,前置过滤器旁路允许关闭;当没有过滤器运行时,前置过滤器旁路 100% 开启,不允许关闭;当前置过滤器压降大于 0.12 MPa 时,前置过滤器旁路自动 100% 开启。在任何情况下,前置过滤器旁路都允许 100% 开启。其流程如图 22 - 6 所示。

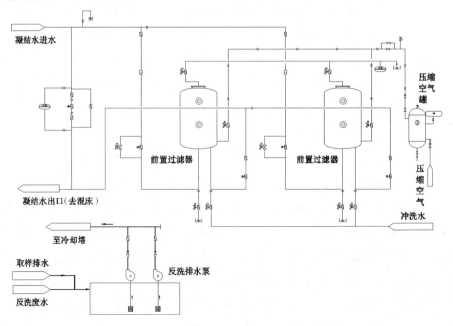

图 22 - 6 凝结水精处理前置过滤器单元系统流程图

2. 凝结水混床

运行混床分为#1、#2 列,每列混床设置三台体外再生高速混床。正常运行时,两台混床运行,一台备用。每台混床的出口均设有树脂捕捉器和再循环管。每列混床设有旁路阀。一旦发生非正常情况,旁路自动开启。系统旁路阀会自动打开以便保护混床设备和树脂。其流程图如图 22 – 7 所示。

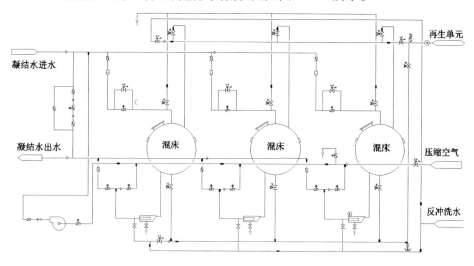

图 22 – 7　凝结水精处理混床单元系统图

混床所用的阴、阳树脂体积分别为 2.0 m^3（200 L 一桶的树脂需 10 桶）和 3.2 m^3（200 L 一桶的树脂需 16 桶）。各气动阀用气、树脂输送动力用气由主厂房仪用空压机的空气母管供给。

3. 再生系统

混床具有一套体外再生装置。每次只能对一台混床内的树脂进行再生。该体外再生装置主要有树脂分离塔、阴再生塔、阳再生塔（兼作树脂混合储存塔）、废水过滤器、废水池、酸碱计量箱、热水箱、泵与风机等设备。混床失效后,树脂被依次送往 SPT（分离塔）、ART（阴再生塔）、CRT（阳再生塔）中分离、再生。再生用水来自能储存 500 t 水的凝结水储存箱。为防止阴、阳树脂交叉污染,分离塔中总是留有一层阴、阳树脂,体积为 1.0 m^3,阴、阳树脂体积比为 2∶3。再生时排放的酸碱废水先排至精处理系统的废水池内,再由废水泵送至废水系统进行处理。再生酸碱应采用优质酸碱。

第二节　化学水处理系统的运行

一、化学水处理系统的运行

1. 制水系统的操作

(1)投运前的检查

1)检查并确认凝聚剂储液箱液位在 1/2 以上,浓度为 2% ~ 3%,凝聚剂储液箱出药门已开启,加药泵已受电备用,出口门已开启。

2)升压泵旁无人工作,已受电,处于备用状态。初次投运或泵体刚解体大修后投运时,出口门应关闭。旋开泵体顶部排气阀排尽空气后,开启出口门。升压泵进口管加矾一次阀处于开启状态。

3)澄清池中排门、底排门关闭。排泥反冲阀关闭。搅拌机和刮泥机油位、油质正常,电动机已受电。

4)滤池出口手动门、排汽管排气阀已开启。各水池进口自闭阀正常。

5)高、低压工业水池池体清洁。工业水池进口门、消防水池进口门已开启。水位计(含热工仪表)正常,顶部人孔门已关闭。

6)生活水池池体清洁。进口门已开启。水位计(含热工仪表)正常,顶部人孔门已关闭。

7)化学水池池体清洁。进口门已开启。水位计(含热工仪表)正常,顶部人孔门已关闭。

(2)凝聚剂的配制(固体聚合铝)

1)清除溶解箱内的杂物,关闭底部排水门,开启溶解箱进口门,向溶解箱内加水到 1/2 水位左右。

2)根据欲配的溶液体积和溶度计算所需的凝聚剂剂量和包数以及所需的溶解次数。启动搅拌装置,向溶解箱内加入凝聚剂,每个溶解箱满水后加入 25 kg(1 袋)凝聚剂。边溶解,边搅拌,边开启溶解箱出口门,使药液流入药液池,启动提升泵向凝聚剂储存箱加药。

3)凝聚剂溶解、加药完毕后,停止搅拌机。继续加水使其浓度达到 2% ~ 3%。

(3)澄清池的启动

1）启动澄清池刮泥机。

2）升压泵变频投运操作步骤:检查变频器调速电位器指示是否为0%,启动#1或#2升压泵,合上变频柜风扇电源,开启需要启动的升压泵进口电动门、出口手动门,按下升压泵合闸按钮,给升压泵变频送电。将变频器"启动/停止"旋钮打至"启动"位置,缓慢调节调速电位器旋钮,使升压泵出口流量控制在150 t/h和200 t/h之间。启动加矾计量泵,根据需要调节加药量。初期加药量为常量的1~1.5倍。

3）升压泵工频投运操作步骤:开启升压泵进口电动门、出口手动门,启动升压泵、加矾计量泵,根据需要调节出水流量和加药量,初期水流量为150 t/h~200 t/h(压力为0.1 MPa~0.2 MPa),加药量为常量的1~1.5倍。(可辅之以人工加药方式。)

4）当搅拌机叶轮浸入水中时,启动搅拌机,并调节转速控制装置使转速控制在800 r/min和900 r/min之间(实际叶片转速为6 r/min~8 r/min);转速的调节由搅拌机变速器控制装置进行。当循环建立后,如二反区泥渣松散、颗粒小,或进水浊度低,可考虑增加细黄泥。

5）开始时澄清池出水水质不合格,应关闭出口门,将澄清池出水排放至#1排泥池。水质合格、浊度小于10NTU后方可开启出口门,允许澄清池出水进入工业水池或重力式空气擦洗滤池。同时缓慢调节调速电位器旋钮,慢慢增加进水流量,一般每30 min增加20 t~30 t,逐步达到额定出力,并调整凝聚剂加药量为正常量(此时泵的行程调整至60%),通常10 kg~12 kg凝聚剂处理1000 t水。

6）若澄清池出水水质不佳时,应迅速查明原因,及时处理。

7）备用澄清池在启动前应先将底部排污,防止刮泥机压耙,再按上述步骤启动。

8）澄清池检修后,因池底无活性污泥存在,可采用潜水泵从另一台运行中的澄清池的二反区抽取活性污泥,加快投运进度,但必须保证运行中的澄清池水质不受到影响。

(4)澄清池的停运

1）澄清池停运前,先对澄清池底排泥5 min,防止底排管堵塞。待水位正常后,停运升压泵。升压泵变频停运操作步骤:将变频器调速电位器调至0%,将变频器"启动/停止"旋钮打至"停止"位置。按下升压泵分闸按钮,将变频器退出运行。关闭升压泵进口电动门和出口手动门,将变频柜风扇电源关闭。

2)升压泵工频停运操作步骤。当澄清池需要停运时,停运澄清池的顺序为:先停运升压泵,停止向澄清池进水;停运加药系统;后停运搅拌机、刮泥机。

3)停运计量泵,关闭进药阀,开进药阀排污门,排去存液。

4)若澄清池短期停用(不超过 7 天),搅拌机和刮泥机继续运转,转速调至 3 r/min ~ 4 r/min(调速器为 300 r/min ~ 400 r/min),并适当排泥。同时注意保持水位超过波纹板,以防止波纹板受日光照射而老化。

5)若澄清池长期停用,刮泥机继续运转,保持水位超过波纹板。

2. 超滤系统的操作

(1)启动与投运

1)启动前检查超滤装置是否具备投运条件;启动次氯酸钠加药泵,调整流量,使加药量达到要求;启动超滤进水泵。

2)冬季投运管式蒸汽加热器,水温控制在 16 ℃ ~ 18 ℃。

3)启动混凝剂加药泵,调整流量,使加药量达到要求。

4)启动保安过滤器:打开保安过滤器的空气门、进口门,当保安过滤器内的空气全部排出后关闭空气门;启动超滤膜组件,打开超滤膜组件的出口门、进口门。

5)调整超滤进水泵的出口手动门,调整流量使流量达到预定值。

(2)停运

停运超滤进水泵;关闭保安过滤器的进口门;关闭超滤膜组件的进口门和出口门。

3. 反渗透装置的操作

(1)启动与投运

1)启动前检查反渗透装置是否具备投运条件。

2)启动保安过滤器,打开保安过滤器的空气门、进口门。当保安过滤器内的空气全部排出后,关闭空气门。

3)启动还原剂投加装置,启动阻垢剂投加装置。

4)依次打开反渗透装置的浓水排放门、浓水回收门和不合格淡水排放门。

5)启动高压泵,调节其出口门,使反渗透进水流量达到设计流量。

6）调节反渗透装置浓水排放门,使浓水流量达到预定值;调节阻垢剂计量泵流量至规定值。

7）当反渗透装置淡水质量达到要求后,打开淡水门,关闭不合格淡水排放门,向水箱供水。

（2）停运

关闭高压泵电动门;当压力降至规定值时,停运高压泵;关闭反渗透装置所有阀门。

4.一级除盐加混床的运行操作

（1）投运

1）确认动力电源、控制电源已投入。

2）淡水箱液位已处于中位以上。废水池液位已处于低位状态。酸碱贮存罐内已备有足够的再生剂。

3）仪用空气系统已投入正常运行。各气动门的动作试验、开度调整工作已结束。各有关导电度表、二氧化硅等工业表计已处于备用状态。

4）待投运的阳床、阴床、混床、除碳器风机已处于备用状态。淡水泵、中间水泵、再生水泵、废水泵已处于备用状态。

5）检查以下手动阀门是否打开:淡水箱进口门、淡水箱出口门、淡水泵进口门、淡水泵出口门、阳床进口门、中间水泵进口门、中间水泵出口门、阴床出口门、混床出口门、除盐水箱进口门。

6）根据设备状况选择控制方式。若用"步进"或"自动"方式,必须设定好时间。

7）步序启动顺序:阳床进水→阳床正洗→中间水箱进水→阴床进水→阴床正洗→一级除盐运行→混床进水→混床正洗→混床制水。

（2）停运

1）停运系统的前提条件

阳、阴床失效;有关设备管道异常、发生事故或需要检修;淡水箱液位过低或除盐水箱液位高;混床失效;阴、阳床制水累积数达到3000 t;混床出水比电导率大于0.2 μS/cm或二氧化硅含量大于20 μg/L;混床制水累积数达到20000 t。

2）停运步骤

以自动方式停运的操作步骤,如表22 – 1所示。

表 22 - 1　一级除盐加混床以自动方式停运的操作

步序	时间	打开阀门	启动设备	说明与注意事项	上位机操作
停运				床体失效;阴、阳床制水累积数达到3000t;除盐水箱液位高	先停止混床的制水,再停止一级除盐的制水

以点操方式停运的操作步骤,如表 22 - 2 所示。

表 22 - 2　一级除盐加混床以点操方式停运的操作

步序	操作内容	注意事项
1	停运淡水泵	点操结束后,到现场关闭下列阀门: ①阳、阴、混床在线压力表的进口门 ②阴、混床电导表排污门 ③阴、混床硅表进口门 ④关闭阳床进口手动门和阴、混床的出口手动门 ⑤关闭进、出口取样门,防止床体干层
2	停运中间水泵	
3	关闭混床出口门(M2)	
4	关闭混床进口门(M1)	
5	关闭阴床出口门(A2)	
6	关闭阴床进口门(A1)	
7	关闭阳床进口门(C1)	
8	关闭阳床出口门(C2)	
9	停运除碳风机	

5. 前置过滤器的运行

(1)前置过滤器启动前的检查

1)本系统所有检修工作票已收回。检查贮气罐压力是否在 0.6 MPa 和 0.8 MPa 之间。电磁阀箱已送电、送气,具备操作条件。所有检测仪表(压力表、电导仪等)均处于良好的备用状态。

2)前置过滤器所有阀门应处于备用状态,进、出口手动阀都在开启状态。

3)所有在线仪表投运正常。控制室、现场所有照明应充足。无漏水、漏气现象。程控系统工作正常,画面无异常现象。

(2)前置过滤器的自动投运

在操作界面选择所需投运设备的控制画面,点击"过滤器"后弹出菜单,点击"解列/备用"按钮。此时该前置过滤器进行充水、升压,待过滤器压力和系统压力相同后,从"解列"方式切换到"备用"方式。待过滤器弹出"备用"(设备在备用状态下)按钮后,再点击"备用/运行"按钮。前置过滤器再次升压成功后,过滤器依次开进口门、出口门,待出口门完全开到位后,过滤器弹出"运行"按钮后,前置过滤器旁路阀自动关 50%。

（3）前置过滤器的自动停运

在监视器操作界面中选择所需停运设备的控制画面,点击"过滤器"按钮后弹出菜单,点击"运行/备用"按钮。此时电动旁路阀开启,前置过滤器出口门、进口门关闭。旁路阀自动打开50%后,过滤器转为备用。点击"备用/解列"按钮,排气门开启,开始泄压。过滤器压力小于100 kPa后,过滤器转为"解列"状态。

（4）前置过滤器的手动投运

1）在监视器操作界面中选择所需停运设备的控制画面,将需操作的阀门切换到"手动"状态。

2）进水排气:启动反洗水泵,开前置过滤器进水气动门、排气门;直至排气母管上液位开关打开,出现"溢流"按钮后,停运反洗水泵,关进水气动门、排气门。

3）升压:开启前置过滤器进口手动阀、升压阀;直至前置过滤器床体内的压力接近凝结水母管压力后,关闭升压阀。

4）投运:开启前置过滤器进口手动阀、出口气动阀,观察压力和流量情况。

5）关闭电动旁路阀;待前置过滤器压力、流量均正常后,将电动旁路阀关闭50%。

6）投运另一台前置过滤器;待两台前置过滤器运行正常后,将电动旁路阀全关。

（5）前置过滤器的手动停运

1）在监视器操作界面中选择所需停运设备的控制画面,将需操作的阀门切换到手动状态。

2）将前置过滤器旁路阀开至50%,通过点操分别关闭此台前置过滤器的出口门、进口门。

3）打开前置过滤器排气阀,泄压后关闭排气阀。

4）确认前置过滤器旁路阀开至100%后,再泄压。

6.精处理高速混床的运行操作

（1）精处理高速混床启动前的检查

1）检查贮气罐压力是否在0.6 MPa和0.8 MPa之间。电磁阀箱应送电、送气,具备操作条件。

2)所有检测仪表(压力表、电导仪等)均处于良好的备用状态。

3)高速混床所有阀门应处于备用状态,进、出口手动阀都在开启状态。进、出口母管管道已排气,管道中的水已排尽。高速混床内的树脂层高度应适中,床面应平整,树脂应再生好且混合均匀。

4)再循环泵和电机处于良好的备用状态。所有分析仪器、仪表、药品应齐全、完好。控制室、现场所有照明应充足。树脂捕捉器无堵塞现象。取样架冷却水开启。无漏水、漏气现象。旁路应全开。程控系统工作正常,画面无异常现象。

(2)精处理高速混床的自动投运

在操作界面选择混床单元的控制画面,点击所需投运的"混床"后弹出菜单,点击"解列/备用"按钮。此时该混床进行充水、升压,待混床压力和系统压力相同后,从"解列"方式切换到"备用"方式。待混床弹出"备用"按钮后(设备在备用状态下),点击"备用/运行"按钮。再次升压成功后,混床依次开进口门、出口门。待出口门完全开到位,混床弹出"运行"按钮后,高速混床旁路阀自动关50%。投运另一台精处理高速混床。精处理高速混床旁路阀开度自动关至0。

(3)精处理高速混床的自动停运

在操作界面选择混床单元的控制画面,点击所需停运的"混床"后弹出菜单,点击"运行/备用"按钮。此时电动旁路阀开启,混床出口门、进口门关闭。旁路阀自动开启50%后,混床转为备用。点击"备用/解列"按钮,排气门开启,开始泄压。过滤器压力小于100 kPa后,混床转为"解列"状态。停运另一台高速混床。旁路阀自动开启100%。

(4)高速混床的手动投运

1)在操作界面选择混床单元的控制画面,将需操作的阀门切换到手动状态。

2)充水、排气:启动反洗水泵,开启失效树脂顶部的冲洗水门、进脂门、排气门。排气母管上的液位开关动作画面出现"溢流"按钮后,停运反洗水泵,关闭混床失效树脂顶部的冲洗水门、进脂门、排气门。

3)升压:开启混床进口手动阀、升压阀;直至混床床体内的压力与凝结水母管压力相近后,关闭升压门。

4）投运：开启混床进口手动门、出口气动门。

5）关闭电动旁路阀；待混床压力、流量均正常后，将电动旁路阀关闭50%。

6）投运另一台混床；待两台混床运行正常后，将电动旁路阀全关。

（5）高速混床的手动停运

1）在监视器操作界面中选择所需停运设备的控制画面，将需操作的阀门切换到手动状态。

2）将混床电动旁路阀开至50%，通过点操各阀门分别关闭此台混床的出口门、进口门。打开混床排气阀，泄压后关闭排气阀。

二、事故处理

1.超滤系统异常的原因和处理方法

表22－3　超滤系统异常的原因和处理方法

现象	原因	处理方法
透膜压力高	超滤膜被污染	查出污染原因，进行适当的清洗
		降低回收率
		缩短反洗间隔
		修改反洗加药方案
	反洗控制故障	检查并调整反洗单元
	产水流量过高	调整流量
	进水水温过低	提高进水温度
产水流量低	超滤膜组件被污染	查出污染原因，进行适当的清洗 调整反洗参数
	阀门开度设置不正确	检查并保证所有应打开的阀处于开启状态并调整阀门开度
	流量仪出问题	检查流量仪，保证流量仪正确运行
	供水压力太低	提高进水压力
	进水水温过低	提高进水温度
在自动状态下系统不能运行	供水泵不启动	排除接线错误的可能 将泵置于手动状态重新启动，正常后转换为自动控制
	PLC程序有误	检查程序
进口压力高	淡水泵控制故障	检查并调整变频控制系统
	压力仪表故障	检查压力表
进口压力低	淡水泵故障	检查淡水泵
	阀门故障	检查进口门

续表 22 - 3

现象	原因	处理方法
产水浊度高	进水水质超出允许范围	检查进水水质,具体内容包括浊度、COD、总铁
	有空气进入浊度计	排出空气
	膜组件泄露	修补或更换膜组件

2. 反渗透装置异常的原因和处理方法

(1) 反渗透系统脱盐率显著下降,产水流量略有上升,压差略有下降。具体见表 22 - 4。

表 22 - 4　反渗透系统异常的原因和处理方法(一)

直接原因	间接原因	处理方法
膜功能衰退	运行时间长	更换膜元件
	进水温度高	
	进水 pH 不合适	
	进水余氯高	
膜泄漏	膜元件振动大	更换膜元件
	压差过大	
	膜元件受水锤等冲击	
内部连接器或中心管断	压差过大	更换连接器或膜元件
	进水温度高	

(2) 反渗透系统压差显著上升,产水流量略有下降,脱盐率略有下降。具体见表 22 - 5。

表 22 - 5　反渗透系统异常的原因和处理方法(二)

直接原因	间接原因	处理方法
膜元件变形	压差过大	调整反渗透元件
	温度过高	
膜被污染(悬浮物)	预处理质量不好	改善预处理质量
	保安过滤器被穿透或短流	更换滤芯
	高压泵机械密封损坏	检修高压泵
	悬浮物污染	化学清洗
膜被污染(结垢)	阻垢剂选型或加药方案不合理	改进阻垢剂、加药方案
	运行时间过长	化学清洗
	进水质量不好	改善进水水质

3. 前置过滤器高速混床故障及处理方法

表 22 – 6　前置过滤器高速混床故障及处理方法

现象	原因分析	处理方法
前置过滤器压差高	滤元堵塞严重	彻底反冲洗
		调整反冲洗参数
		联系检修人员检查,更换滤元
混床出水不合格	混床失效	停运再生
	树脂混合不均匀	重新混脂
	凝结水水质恶化	及时联系检修人员查明凝汽器是否泄漏
	再生不良	查明原因,重新再生
混床周期制水量减少	混床偏流	联系检修,消除偏流
	树脂混合不均匀	重新混脂
	再生不彻底	查明原因,重新再生
	进水不良	检查凝汽器是否泄漏,检查加氨量
	树脂损失	补充树脂
	树脂被污染或老化	复苏或更换树脂
	运行流速高	分析进水水质,检查分析热力系统水汽质量
混床压差过高	带入粉末状物质	进行反洗
	树脂被污染	复苏或更换树脂
	碎树脂过多	增大反洗流速,延长反洗时间,同时防跑大粒树脂;补充一定量的树脂
	进水流速过高	减小流速
	凝结水入口悬浮物杂质较多	体外空气擦洗和水反洗
混床压力升高,流量变小,但压差不大	树脂捕捉器堵塞	冲洗树脂捕捉器
	出口门未开到位	检查出口门,并全部开启

4. 再生系统故障及处理方法

再生系统也会出现各种故障,其原因和处理方法如表 22 – 7 所示。

表 22 – 7　再生系统故障及处理方法

现象	原因分析	处理方法
再生液浓度不当	喷射器故障	联系检修
	喷射器进水调节不当	调整到合适的流量
	计量箱出口阀故障	联系检修
	浓度计故障或取样流量不合理	联系检修或调整取样流量
	计量箱无再生剂	加入适量的再生剂
碱液温度不当	稀释水流量不当	调整稀释水流量
	温度控制器故障	联系检修
	热水箱三通阀故障	联系检修

续表 22 - 7

现象	原因分析	处理方法
分离塔、阴塔或阳塔反洗、擦洗跑树脂	罐体水位过高	适当降低罐体水位
	反洗流量、擦洗气量太大	减小反洗流量、擦洗气量
	顶部配水装置松动	必要时解体检修
	底部水帽松动	必要时解体检修
树脂损失	①罐体底排泄漏	检修罐体底排,添加适量的树脂
	反洗、擦洗跑树脂	减小反洗、擦洗强度,添加适量的树脂
	磨损	添加适量的树脂
再生后正洗水质不合格	再生时阴、阳树脂分离不完全	重新分离再生
	树脂混合不均匀	重新混脂
	酸、碱质量不好,或再生时酸、碱的用量、浓度、流量、温度控制不当	查明原因,重新再生
	树脂被污染或老化	复苏或更换树脂
	床层偏流	联系检修,消除偏流

第三篇 电气设备及运行

第二十三章 同步发电机

第一节 概 述

在大容量火电技术方面,发达国家已有较成熟的经验:1000 MW 机组不断出现。国内装备制造业这几年发展也非常迅速。对于二极隐极式汽轮发电机而言,发展大容量机组在制造、基建和运行的经济性方面具有下列优点:

(1)可降低发电机造价和材料消耗率。根据国外的资料,一台 800 MW 机组的单位成本比一台 500 MW 机组低 17% ,一台 1200 MW 机组的单位成本比一台 800 MW 机组低 15% ~20% 。

(2)可降低电厂基建安装费用。电厂单位造价随着单机容量的增大而降低。若 200 MW 机组电厂单位造价为 100% ,800 MW 机组电厂单位造价可降低 15% ,1000 MW 机组电厂单位造价可降低 30% 。

(3)可降低运行费用,减少煤耗及单位千瓦运行人员和厂用电率。

(4)可减少电厂布点,有益于环境保护,减少污染。近几十年来,世界各国汽轮发电机的单机容量都不断增大,发展速度都很快。在 20 世纪 50 年代,单机容量为 100 MW ~ 200 MW;20 世纪 60 年代,单机容量发展到 300 MW、500 MW 和 600 MW;20 世纪 70 年代,单机容量又发展到 800 MW 和 1200 MW。近年来,由于出现能源危机,核技术和核动力得到了发展。

国产的大功率汽轮发电机根据各厂产品型号、容量、电压、冷却方式的不同,现已形成不同的系列,如 TQN、QFSS、QFQS、QFS 等系列。发电机型号中,第一、第二个字母 TQ 表示同步汽轮发电机,QF 表示汽轮发电机;第三个字母 N 表示氢冷,Q 表示转子氢内冷,S 表示转子水内冷;第四个字母 S 表示定子水内冷。

额定容量(VA、kVA、MVA 等)或额定功率(W、kW、MW 等),指发电机输出功率的保证值。发电机通过额定容量值可以确定电枢电流,通过额定功率可以确定配套原动机的容量。补偿机则用 kvar 表示。

额定电压,指额定运行时定子输出端的线电压,单位为 V、kV 等。

额定电流,指额定运行时定子的线电流,单位为 A。

额定功率因数,指额定运行时电机电枢输出端电能的频率,我国标准工业频率规定为 50 Hz。

额定转速,指额定运行时发电机的转速,即同步转速。

除上述额定值外,同步发电机铭牌上还常列出其他的运行数据,例如额定负荷时的温升、励磁容量和励磁电压等。

第二节 同步发电机的原理及结构

一、同步发电机的工作原理

同步发电机是电力系统中生产电能的重要设备,其工作原理是利用电磁感应原理将原动机转轴上的动能通过定子、转子间的磁场耦合,转换到定子绕组变为电能。

按原动机的不同,同步发电机分为水轮发电机、汽轮发电机、柴油发电机等。水轮发电机、柴油发电机转速较低,极数多,多为凸极式转子;汽轮发电机转速很高,采用隐极式转子。如图 23 – 1。

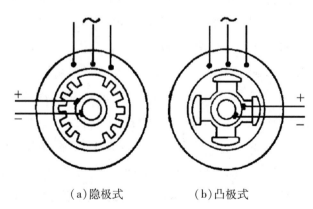

(a)隐极式　　　　　　(b)凸极式

图 23 – 1　旋转磁极式同步电机示意图

发电机主要有定子和转子两部分,定子、转子之间有气隙,原理如图 23-2所示。定子上有 AX、BY、CZ 三相绕组,它们在空间上彼此相差 120°电角度,每相绕组的匝数相等。转子磁极(主极)上装有励磁绕组,由直流励磁(其磁通方向从转子 N 极出来),经过气隙、定子铁芯、气隙,再进入转子 S 极而构成回路,

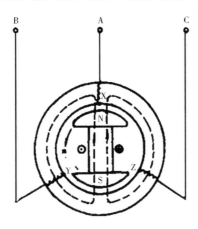

图 23-2 同步发电机的工作原理

用原动机拖动发电机沿逆时针方向旋转,则磁力线将切割定子绕组的导体。由电磁感应定律可知,在定子导体中能感应出交变的电势,由于发电机定子三相绕组在物理空间布置上相差 120°,那么转子磁场的磁力线势必先切割 A相绕组,再切割 B 相绕组,最后切割 C 相绕组。因此,定子三相感应电势大小相等,在相位上彼此相差 120°电角度。

我国规定交流电网的标准工作频率(简称工频)为 50 Hz,即同步速与极对数成反比,最高为 3000 r/min,对应于 $p=1$。极对数越多,转速越低。660 MW同步发电机的转速为 3000 r/min。

二、发电机的结构

九江发电机采用水—氢—氢冷却方式,即定子绕组为水内冷,转子绕组为氢气直接冷却,铁芯和结构件表面为氢冷却的方式。

发电机由定子、转子、端盖及轴承、油密封装置、冷却器、引出线及瓷套端子、集电环、内部监测系统等部件组成。

1.定子

(1)定子铁芯

定子铁芯是构成发电机磁回路和固定定子绕组的重要部件。现在大型汽轮

发电机定子铁芯的质量占电机总质量的 30% ~ 35%,铁损占总损耗的 15% ~ 20%,因此降低铁损对提高发电机效率是很有意义的。随着大型发电机的发展,特别是百万级机组的出现,为了减少铁芯内的磁滞和涡流损耗,现在的大型发电机的定子铁芯一般采用 0.5 mm 厚的扇形高导磁率、低损耗的无取向冷轧硅钢片叠装而成,在硅钢片两侧表面涂有 F 级环氧绝缘漆。定子铁芯轴向采用反磁支持筋螺杆和对地绝缘的高强度反磁钢穿心螺杆,通过两端的压指、压圈及分块连接片,铁芯的两边端齿上开有分隔槽,并用黏结胶将边段黏成整体。在两端的压圈和反磁性分块连接片之间设有用硅钢片叠压黏结起来而形成的内圆为阶梯形看台式的磁屏蔽。这些措施有效地减少了端部漏磁引起的附加损耗,故端部温升较低,使发电机具有良好的进相运行的能力。

定子铁芯内设有许多径向通风道,由氢气表面冷却、多路并联通风,对应转子进风和出风间隔的十多个风区。在铁芯内圆上进风区和出风区之间、环绕气隙上部 5/6 的圆周上镶嵌了风区隔环以减少串风,提高通风散热的效能。

(2)定子绕组及绕组装配

大容量汽轮发电机的定子绕组和一般三相交流发电机的定子绕组一样,都采用三相双层短距分布绕组,目的是改善电动势波形,即消除绕组内的高次谐波电动势,以获得近似的正弦波电动势。发电机定子三相绕组接成星形或多星形,可使线电动势内不出现 3 次和 3 的倍数次谐波电动势。绕组采用短节距,可以消灭或削弱 5、7 和 11 等高次谐波电动势。

水内冷机组的定子绕组是由实心股线和空心导线交叉组成的,均包有玻璃丝绝缘层。上层线棒的导电截面积比下层大。定子绕组在槽内固定于高强度玻璃布卷包模压槽楔下。示意图如图 23 - 3 所示。在铁芯两端用割有倒齿的、行之有效的关门槽楔就地锁紧,防止运行中因振动而产生轴向位移。定子绕组的端部全部采用钢—柔绑扎固定结构。它由充胶的层间支撑软管、可调节绑环、径向支撑环、绝缘楔块和绝缘螺杆等结构件以及绑带、适形材料等将伸出铁芯槽口的绕组端部固定在绝缘大锥环内,成为一个牢固的整体。在绕组端部靠近铁芯槽口的可调节绑环上,汽、励两端各设有一道气隙挡风环(板),用以限制进入气隙的风量。

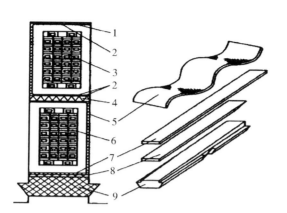

图 23 - 3 定子绕组槽内固定示意图

注:1——槽底垫条;2——适形垫条;3——下层线棒;4——层间垫条;5——侧面
波纹板;6——上层线棒;7——楔下垫条及调节垫条;8——斜楔;9——定子槽楔。

定子绕组端部用浸胶无纬玻璃纤维带绑扎固定在由绝缘支架和绑环组成
的端部固定件上,绑扎固定后进行烘焙固化,使整个端部在径向和周向成为一
个刚性的整体,确保端部固有频率远离倍频,避免运行时发生共振。

轴向可沿支架滑销方向自由移动,减少负荷或工况变化在定子绕组和支撑
系统中引起的应力,满足机组调峰运行的要求。图 23 - 4 是定子端部结构示
意图。

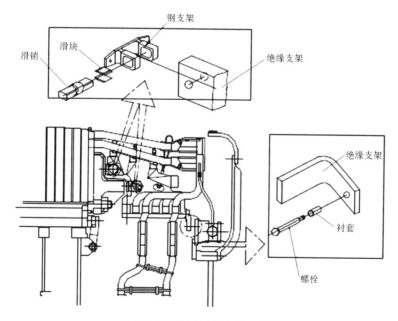

图 23 - 4 定子端部结构示意图

（3）定子出线

发电机定子出线导电杆装配在出线磁套管内,组成了出线瓷套端子。结构设计使定子出线穿过装在出线盒上的绝缘瓷套管,将定子绕组出线端子引出机座外,并保证不漏氢、不漏水。每相绕组由若干个绕组组成,如果每相绕组全部串联,三相接成 Y 形,将有 6 根引出线;如果每绕组并联成两路,三相接成双 Y 形,将有 12 根引出线;如果接成三 Y 形,每相 3 条并联支路在电机内部连在一起,引出线仍为 6 根。目前大型发电机组出线瓷套端子共有 6 个,其中 3 个主出线端子通过金具引出;另外 3 个斜装的为中性出线端子,由中性点母板及编织铜排连接起来形成中性点。出线瓷套端子和中性点母板均为水内冷。出线瓷套端子对机座、对水路都是气密的。以每个出线瓷套端子为中心,从出线盒向下吊装着若干个同心的电流互感器,供仪表测量或继电保护用。

（4）定子水路

总进水汇流管、出水汇流管分别装在励端和汽端的机座内,对地绝缘,运行时需接地。它们的进水口、出水口及排气管分别放在汇流管上方,这是为了防止绕组在断水情况下失水。但它们的法兰设在机座的上侧,便于和机座外部的总进、出水管相连。排、放水管口分别放在机座两端的下方,具有特殊的设计结构,对机座是密封的,但能适应温度变化产生的变形,对机座和相连接的外部管道都是可靠绝缘的。在外部总进水管、出水管上装有测温和报警元件。在用水冷专用绝缘电阻表测量定子绕组绝缘电阻时,要求总进水汇流管、出水汇流管对地有一定的绝缘电阻。

2. 氢冷却器

发电机的氢冷却器卧放在机座顶部的氢冷却器外罩内。在汽、励两端的氢冷却器外罩内各有一组氢冷却器,每组分成两个独立的水支路。

3. 转子

转子部分由转轴、转轴绕组、转子绕组的电气连接件、护环、中心环、风扇、联轴器和阻尼系统等部件构成。

（1）转轴

转轴通常是由转子和转子本体组合在一起构成的一个整体。发电机转轴由高机械性能和导磁性良好的合金钢锻件加工而成。在转轴本体大齿中心沿轴向均匀地开了多个横向月形槽。在励磁端轴柄的小齿中心线上开有两条均衡槽,以均衡磁极中心线位置的两条磁极引线槽。这些都是为了使转轴上正交两轴线的刚度更均匀,从而降低倍频振动。在大齿上开有阻尼槽,使发电机在不平衡负载时可以减少在横向槽边缘处的阻尼电流,避免尖角处的温度急剧升高,有效地提高发电机承受负序的能力。为削弱运行时在近磁极中心的气隙磁通和转子轭部磁通局部饱和,改善磁场波形,在靠近大齿的两个嵌线槽分别采用了不等距分布。

(2)转子绕组

转子绕组由冷拉含银无氧铜线加工而成,因此既抗蠕变,又防氢脆。每圈导线由直线、弯角和端部圆弧所组成。转子本体采用气隙取气斜流通风方式。绕组在槽内的直线部分沿轴向分成十多个进、出风区相间的区段,在宽度方向有两排反方向斜流的径向风孔。在转子绕组的槽楔上有风斗,风斗有两种形式:在进风区的为吸风风斗,在出风区的为甩风风斗。来自定子铁芯径向风道的氢气,被转子进风区的吸风风斗从气隙吸入转子绕组中两条反向的斜流风道,再从绕组底部进入左、右两侧反向的斜流风道,进入出风区。热风则从左、右两条对称的斜流风道出来,在一个甩风风斗相遇后被甩出槽楔,排入气隙的转子出风区,再进入定子的径向风道,这样就形成了与定子相对应的进风区、出风区相间的气隙取气斜流通风系统。发电机通风示意图如图23-5所示。

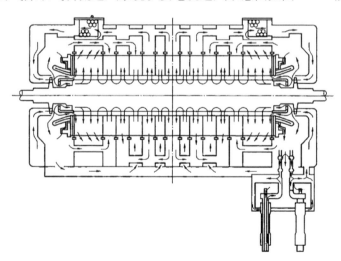

图23-5 发电机通风示意图

(3)转子槽楔、护环、中心环、风扇环

转子槽楔由铝合金制成,在径向开通风道,并在顶部被加工成风斗形,具有气隙取气进风斗、出风斗的作用。槽楔上的风斗结合楔下垫条中的特殊风孔型式形成一斗两路,并且两路流量均匀分配的通风方式。转子绕组顶部由具有良好的耐应力和腐蚀能力的整体锻制的高强度反磁合金钢护环来支撑,护环热套在转子本体端部的配合面上,为悬挂式结构。中心环、风扇环均为合金钢锻件,风扇叶片为铝合金锻件。单级螺旋桨式风扇对称布置在转子两端,向定子铁芯背部和转子护环内部送风。

(4)转子阻尼系统

阻尼绕组有全阻尼和半阻尼之分。全阻尼是转子各槽的槽楔下都压有一根全长的阻尼条。装设阻尼绕组的作用有:减小涡流回路的电阻,提高阻尼作用和发电机承受不对称负荷的能力;改善端部护环和齿间的接触状态,使端部电流分布均匀并使温升降低,对护环起保护作用;防止定子电压波形变坏和励磁绕组开路时出现过电压现象;产生阻尼力矩,减少转子振动。转子本体大齿上月牙槽边缘处的负序涡流的发热温度最高,而发电机负序能力的大小主要取决于这个部位的温升。

4.冷却系统

汽轮发电机采用水—氢—氢冷却方式,即定子线圈(包括定子引线)采用直接水冷,定子出线采用氢内冷,转子线圈采用直接氢冷(气隙取气方式),定子铁芯采用氢冷。发电机采用密闭循环通风冷却,机座内部的氢气由装于转子两端的轴流式风扇驱动。集电环和电刷由空气冷却,集电环间设有离心式风扇。如图 23-6 所示。

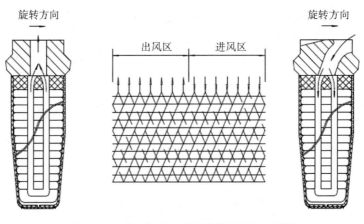

图 23-6 转子绕组本体气隙取气风路示意图

第三节 同步发电机的运行

发电机的运行应以其出力曲线为依据,该曲线规定了在不同工况下汽轮发电机组输出的容量。在绘制发电机出力曲线时,考虑了多方面的因素,包括将定子、转子绕组和铁芯中的热点温度限制于切实可行的运行温度上,而这些温度不能直接从测温元件得到。出力曲线是设计计算和试验分析相结合所取得的综合性结果。发电机有关标准公认的、由测温元件探测得到的温度可能不是最热点的温度。由于不能直接得到最热点的温度,温度的检测点应尽量靠近预计的热点,但是在最热点与测温点之间的温度梯度不是不变的。它的变化取决于氢压、出力、冷却方式和通风系统。所以测得的温度不适宜作为调节发电机的出力的依据。

发电机的安全运行,应该依靠发电机及其辅机系统的各种自动监控装置,因此发电机必须在有关系统及其监控装置全部安装完毕、调试合格后方能投入运行。同时,发电机运行的安全性还取决于运行人员的高度责任感和主观能动性。运行人员必须严密监视并跟踪运行时各种主要参数模式,以便及早发现隐患,及时处理,而不要依赖于自动报警。若在同一工况下发现定子绕组的温度或温差明显不同于正常方式时,应立即提高警惕,防患于未然。因此,在启动阶段应该逐项验证各种运行参数的记录的可靠性,并将其保存作为今后运行中检测的依据。

一、发电机的运行特性

同步发电机在对称负荷下的运行特性曲线是确定发电机主要参数、评价发电机性能的基本依据。和其他电机一样,同步发电机在分析中习惯采用标幺值系统,其基值包括:容量基值,单位为 VA;电压基值,单位为 V;电流基值,单位为 A;阻抗基值,单位为 Ω;转速基值,单位为 r/s;励磁电流,单位为 A。

由试验方法测定的同步发电机运行特性包括空负荷特性($I=0$)、短路特性($U=0$)、负荷特性、外特性和调整特性等。下面简单介绍这些特性。

1. 空负荷特性

空负荷特性是发电机转子在额定转速下旋转时,f 为常数和 I 为零的条件下,电动势和励磁电流之间的关系,即 $E_0=f(I_t)$。空负荷特性曲线是电机的一条基本特性曲线,如图23-7所示。它不仅表示了电动势和励磁电流的关系,也表示了励磁电流和磁通的关系,所以,空负荷曲线也是电机磁性材料的磁化曲线。空负荷特性可以通过计算或试验得到,试验测定的方法与直流发电机类似。同步发电机的空负荷特性常用标幺值表示,空负荷电动势以额定电压为基值,额定励磁电流为励磁电流的基值。用标幺值表示的空负荷特性具有典型性,不论电机容量的大小、电压的高低,其空负荷特性都非常接近。

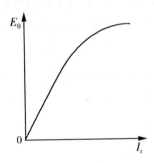

图23-7 空负荷特性曲线

空负荷特性在同步发电机理论中有重要作用:①将设计好的发电机的空负荷特性与实际空负荷特性实验后测定的数据相比较。如果两者接近,说明发电机设计合理;反之,则说明该发电机的磁路过于饱和或者材料没有充分利用。②空负荷特性结合短路特性可以求取同步发电机的参数。③发电厂通过测取空负荷特性来判断三相绕组的对称性和励磁系统的故障。

2. 短路特性

短路特性是在定子三相绕组短接,转速 $n=n_e$,f 为常数,$u=0$ 的条件下励磁电流 I_t 和三相稳定短路电流 I_k 间的关系,即 $I_k=f(I_t)$。

短路特性可用实验方法求得。因定子绕组电阻 r_1 较电抗 x_a 小得多,故短路电流几乎为一个纯感性电流。I_k 产生的电枢反应为纵轴电枢反应,有去磁作用。发电机稳定短路时,气隙内的合成磁通和漏磁电动势都很小,铁芯处于不饱和状态。所以,I_k 和 I_t 为直线关系。

3. 负荷特性

负荷特性是发电机在转速 $n=n_e$,f 为常数,保持负荷电流 I 和功率因数 $\cos$ 不变的条件下,励磁电流 I_t 和端电压 U 之间的关系,即 $U=f(I_t)$。

负荷特性可用实验方法求得。若用可变电阻作电阻负荷,用同步电动机作可变电感或可变电容负荷,调节励磁电流时,保持负荷电流 I 和功率因数 $\cos$ 不变,即可绘出负荷特性图。如图 23 – 8 所示。

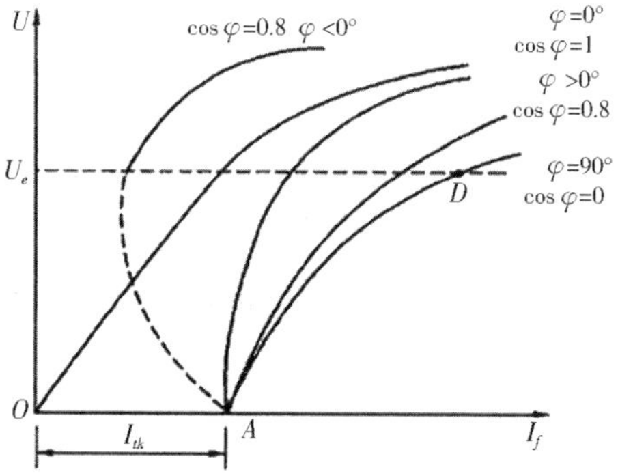

图 23 – 8　负荷特性曲线

图 23 – 8 中绘出了 $I = I_e$,$\cos \varphi = 1$,$\varphi = 0$;$I = I_e$,$\cos \varphi = 0.8$,$\varphi > 0$;$I = I_e$,$\cos \varphi = 0.8$,$\varphi < 0$ 这三种条件下的特性曲线。A 点为三相稳定短路点,在此点,$I = I_e$,$\cos \varphi = 0.8$,$\varphi = 90°$,$U = 0$。OA 段是产生短路电流为定子额定电流时所需的励磁电流。感性负荷时,电枢反应为去磁作用,负荷特性低于空负荷特性;容性负荷时,电枢反应为助磁作用,负荷特性高于空负荷特性。最有实用意义的是纯感性负荷特性,即 $I = I_e$,$\cos \varphi = 0$,$\varphi = 90°$。图中 AD 曲线即为零功率因数负荷特性曲线。其中:在 A 点,$U = 0$;在 D 点,$U = U_e$。

4. 同步发电机的外特性

同步发电机的外特性一般指在内电势不变的情况下,负载电流变化时,发电机机端电压变化的曲线,主要是测试发电机的纵轴同步电抗,也就是发电机的内阻抗,是衡量同步发电机带负载能力的重要指标。但现在同步发电机多采用可控硅快速励磁和阻尼绕组,其纵轴同步电抗多为暂态值,远远小于稳态值。此外由于励磁系统的调节作用,外特性可以人工制造出来,可以是正的或负的。正的外特性就是机端电压随负载电流增长而降低,负的外特性就是机端电压随负载电流增长而提高。一般励磁系统都可以在 ±15% 的范围内调节。

5. 同步发电机的调整特性

调整特性是转速和端电压为额定值、负载功率因数为常数时,励磁电流 I_f 与负载电流 I 之间的关系。

二、发电机运行

发电机按照制造厂铭牌规定额定参数运行的方式为额定运行方式,在这种运行方式下允许发电机长期连续运行。正常运行中,发电机的电压允许范围应在额定值的 95% ~ 105% 以内,即 21. 85 kV ~ 24. 15 kV;发电机的定子电流允许范围应在额定值的 95% ~ 105% 以内,即 9875. 25 A ~ 10914. 75 A;在以上范围内额定容量不变。正常运行中,频率应保持 50 Hz,其变动范围为 50 Hz ± 0. 2 Hz,即 49. 8 Hz ~ 50. 2 Hz。在这个范围内,其额定功率不变。

1. 发电机功率因数的运行监视

①应在额定功率因数为 0. 85 时迟相运行;②发电机按照出力图规定的功率因数变化范围运行;③在励磁系统手控方式下运行时,有功功率与无功功率的比例为 3∶1,或按调度命令执行。

2. 进相运行条件

①发电机进相运行必须严格按调度安排进行,听从值长的命令,当与系统的联络线因故障拉开一回后,应迅速增加发电机励磁,使其转入迟相运行;②进相的机组 AVR 必须投自动运行,且 Ⅰ、Ⅱ 通道正常,低励限制功能正常投运;③进相运行的机组 ABTS(厂用备用电源自投装置)应能可靠自投。

3. 进相运行深度

①220 kV 母线电压低于 228 kV 时,禁止进相运行;②机组出力达到 350 MW 及以上时,禁止进相运行;③最大允许进相深度应小于 30 Mvar;④进相运行中,低励限制动作时,应停止继续增加进相深度,并做好详细记录。

4. 进相运行检查项目

①6 kV 母线电压应不低于 5. 7 kV;②定子铁芯、出水、出风等各部温度不应明显上升;③各轴瓦振动不超标;④进相运行时需加强监视,如机组失稳,则必须增加励磁和迅速减少有功出力,并将发电机励磁电流迅速增加至正常值;⑤如 AVR Ⅰ、Ⅱ 通道之一故障时,应将发电机转入迟相运行;⑥当机组失稳,调节无效时,可将机组解列。

发电机允许在三相电流不平衡的条件下运行,但定子最大一相电流和最小一相电流之差不应超过额定电流的 8%,最大一相电流不得超过额定电流。

当发电机满足以下条件时,发电机允许的最大连续输出功率为 384 MW (458 MVA):发电机各部温度不超过规定的范围;发电机氢压为额定氢压;氢气冷却器冷却水温度为 46 ℃;发电机功率因数为 0. 85;发电机各处振动不超过允许值。

发电机允许降氢压运行,但应满足下列条件:

(1)发电机最低氢压为 0. 375 MPa。在 0. 375 MPa ~ 0. 414 MPa 内,发电机可带额定出力。

(2)定子绕组冷却水进水压力和氢气冷却器进水压力必须低于氢压,其压差不小于 0. 04 MPa。

(3)发电机励磁系统强励倍数为 2 倍,强励时间为 20 s。正常强励动作时间内不得手动干预,应密切监视发电机的运行。

(4)发电机在任何工况下运行,都必须使密封油压高于机内氢压 0. 05 MPa ±0. 02 MPa,机内氢压高于定子绕组冷却水进水压力和氢气冷却器进水压力 0. 04 MPa。同时定子内冷水进水温度应高于氢气冷风温度。

(5)在任何运行工况下,发电机进氢温度不应低于 25 ℃。

(6)发电机氢气冷却器有四台。当一台退出运行,在发电机冷却水系统运行正常时,发电机可带 80% 的额定出力运行,但发电机各部温度不得超过规定值。

(7)在发电机运行中,应调节定子冷却水和负荷使定子绕组温升小于 20 ℃/h,防止发电机内部导体的热应力过大。

(8)发电机运行中,发电机工况监测装置应运行正常,无报警信号。

三、事故处理

发变组凡发生下列情况之一,应立即将发电机和系统解列,并迅速向值长汇报:

(1)发电机冒烟着火,氢气发生爆炸。

(2)主变、励磁变、高厂变严重故障,需要紧急停用。励磁系统冒烟着火,发电机碳刷架冒烟着火处理无效。

(3)子线圈大量漏水,并伴有定子接地、转子接地等。发电机发生强烈振动,机内有摩擦、撞击声。发电机定子冷却水故障而保护未动作。

(4)密封油中断,发电机漏氢着火。发电机内部有明显故障,但保护或开关未动作。机、炉故障需要紧急停运发电机。发生人身事故需要停机。

发变组凡发生下列情况之一,应立即向值长汇报,经值长同意后将发电机和系统解列;发电机铁芯过热,超过允许值,调整无效;发电机漏氢,氢压无法维持;发电机内部漏水;发电机密封油系统漏油严重,无法维持运行;发电机氢冷系统故障,氢温超限,调整无效;发生机组跳闸保护以外的其他故障,发电机无法继续运行。

1. 发电机过负荷

发电机功率、电压和各部温度不超过允许值;判断过负荷的原因,若无功负荷过高,调节励磁电流降低无功出力,使定子电流恢复至额定值,并注意功率因数不得超过规定范围;向值长汇报,必要时降低发电机有功出力,使定子电流、转子电流降至额定值以内;在系统事故情况下,密切监视过负荷的运行时间和倍数,注意不超过允许时间和倍数。

2. 发电机温度异常

检查发电机定子电流和转子电流是否超过额定值,若超限则降至额定值以内运行;检查发电机定子冷却水系统、氢气及其冷却水系统是否正常;联系检修人员检查温度指示是否正确,若无法解决,应降低发电机有功出力和无功出力,必要时申请解列停机。

3. 发电机运行中励磁调节器工作不稳定

现象:发电机转子电流和无功负荷突然大幅度波动;励磁系统调节器输出电压、电流突然大幅度波动。

处理方法:切换 AVR 调节器至备用调节器运行,检查励磁调节器工作情况;适当调整发电机励磁电流,若调整无效,则将发电机励磁系统切换为手动调节方式运行;通知检修人员处理。

4. 发电机转子绝缘偏低

现象:在 DCS 中发出转子接地故障相应报警信号;转子电压表指示降低,电流表指示增大;无功表指示降低或反向;发电机定子电压降低。

处理方法:配合检修人员测量发电机转子对地电压值,判断接地极性和程度;如果转子绝缘偏低的同时,发电机振动较大,超过规定值,应立即将发电机解列;检查发电机滑环、励磁回路,并进行清扫,在清扫中严禁人为接地短路等;发生转子对地绝缘永久性偏低后,向网调汇报,根据网调的命令转移负荷,准备停机;对发电机转子励磁回路进行全面检查,向值长汇报,并通知维修人员处理。

5. 发电机励磁整流柜故障

若励磁整流柜内的快速熔断器熔断,应检查发生故障的整流柜是否已退出运行,通知检修人员处理,检查其余运行柜的情况;若整流柜跳闸,检查跳闸原因,通知检修人员处理;若2台整流柜退出,其余整流柜继续运行,应密切监视并调整发电机励磁电流,密切检查运行整流柜的运行情况;若2台整流柜运行时再出现整流柜跳闸,应停机处理。

第二十四章　电力变压器

第一节　概　　述

一、变压器的分类

按单台变压器的相数来区分,电力变压器可分为三相变压器和单相变压器。在三相电力系统中,一般使用三相变压器。当容量过大,受到制造条件或运输条件限制时,在三相电力系统中也可将三台单相变压器连接成三相组使用。单机容量为 660 MW 的发电厂,都采用发电机—变压器组单元接线,其中主变压器(常称为主变)的容量都在 700 MVA 以上,多采用三相变压器。也有将三台单相变压器接成三相组的。

按绕组数目分,变压器有双绕组、三绕组或更多绕组等型式。双绕组变压器是适用性强、应用最广的一种变压器。三绕组变压器常在需要把三个电压等级不同的电网相互连接时采用。例如,系统中 220 kV、110 kV、35 kV 之间有时就采用三绕组变压器来连接;660 MW 发电机的厂用工作电源都由发电机出口支接,当厂用高压为 10.5 kV 和 3 kV 两个电压等级时,也常采用三绕组变压器。三绕组变压器的一般结构为:在每个铁芯柱上同心排列着三个绕组;中压绕组靠近铁芯,低压绕组处于中压绕组与高压绕组之间,高压绕组在最外层。三绕组变压器常用于功率流向由高压传送至中压和低压的情况。

660 MW 机组的启动兼备用变压器,当高压和两级中压(10.5 kV 与 3 kV)绕组均为 Y 接线时,为提供变压器 3 次谐波电流通路,保证主磁通接近正弦波,改善电动势的波形,常常设第四个 A 接线的绕组,即成为四绕组变压器。

大容量(单机 200 MW 及以上)机组的厂用电系统,只采用 6 kV 级厂用高压时,为安全起见,主要厂用负荷需由两路供电而设置两段母线。这时常采用分裂低压绕组变压器,简称分裂变压器。它有一个高压绕组和两个低压绕组,两个低压绕组称为分裂绕组。实际上这种变压器是一种特殊结构的三绕组变压器。

分裂绕组变压器的结构特点是,绕组在铁芯上的布置应满足两个要求:①两个低压分裂绕组之间应有较大的短路阻抗;②每一个分裂绕组和高压绕组之间的短路阻抗应较小且相等。高压绕组采用两段并联,其容量按额定容量设计;分裂绕组都是低压绕组,其容量分别按50%的额定容量设计。其运行特点是:当一低压侧发生短路时,另一未发生短路的低压侧仍能维持较高的电压,以保证该低压侧母线上的设备能继续正常运行,并能保证该母线上的电动机能紧急启动,这是一般结构的三绕组变压器所不及的。

此外,自耦变压器也可能在某些大型电厂升压所中应用,用于连接电压级差不大的两个高压系统。自耦变压器的工作原理与普通变压器的工作原理有所不同。自耦变压器的两个绕组之间不仅有磁的联系,而且还有电路上的直接联系。通过自耦变压器传输的功率也由两部分组成:一部分通过串联绕组由电路直接传输;另一部分通过公共绕组由电磁感应传输。单相双绕组自耦变压器,如果接成三相,以星形连接最为经济、常用。但由于铁芯的磁饱和特性,在绕组的感应电动势中将出现3次谐波。为了消除3次谐波,减小自耦变压器的零序阻抗,以稳定中性点电位,在三相自耦变压器中,除公共绕组和串联绕组外,一般还增设了一个接成三角形的第三绕组。第三绕组与公共绕组、串联绕组之间只有磁的联系,没有电路上的直接联系。自耦变压器的第三绕组通常制成低压($6\text{ kV} \sim 35\text{ kV}$),用于消除3次谐波,还可用于向附近地区供电、连接调相机或补偿电容器等。

为了加强绝缘和改善散热,电力变压器的铁芯和绕组被一起浸入灌满变压器油的油箱中,因此电力变压器又被称为油浸式变压器。它包括油浸自冷变压器、油浸风冷变压器、强迫油循环风冷变压器和强迫油导向循环水冷变压器等。此外,还有一类电压不太高的、无油的干式变压器,适用于需要防火的场合。在660 MW机组厂房内的厂用低压变压器,出于防火需要而普遍采用干式变压器。

除了电力变压器,按用途分,变压器还包括特殊用途变压器。特殊用途变压器是根据不同用户的具体要求而设计制造的专用变压器。它主要包括整流变压器、电炉变压器、试验变压器、矿用变压器、船用变压器、中频变压器、测量变压器和控制变压器等。

二、变压器的技术参数

变压器的技术参数有额定容量、额定电压、额定电流、额定温升、阻抗电压百分数,都标在变压器的铭牌上。此外,铭牌上还标有相数、接线组别、额定运行时的效率、冷却介质温度等参数或要求。

额定容量是设计规定的在额定条件使用时能保证长期运行的输出能力,单位为 kVA 或 MVA。对于三相变压器而言,额定容量是指三相的总容量。

额定电压是由制造厂规定的变压器在空载时额定分接头上的电压。在此电压下,变压器能长期安全、可靠运行,单位为 V 或 kV。变压器空载时,在一次侧额定分接头处接上额定电压,二次侧的端电压即为二次侧额定电压。对于三相变压器,如不做特殊说明,铭牌上所标明的额定电流是线电流,额定电压是指线电压。

变压器各侧的额定电流是由相应侧的额定容量除以相应绕组的额定电压计算出来的线电流值。对于三相变压器,如不做特殊说明,铭牌上标的额定电流是指线电流。

我国规定标准工业频率为 50 Hz,故电力变压器的额定频率都是 50 Hz。

变压器内绕组的温度或上层油的温度与变压器外围空气的温度(环境温度)之差,称为绕组或上层油的温升。每台变压器的铭牌上都标明了该变压器的温升限值。我国标准规定绕组温升的限值为 65 ℃,上层油温升的限值为 55 ℃,变压器周围的最高温度为 40 ℃。因此变压器在正常运行时,上层油的最高温度不应超过 95 ℃。

阻抗电压百分数在数值上与变压器的阻抗百分数相等,表示变压器内阻抗的大小。阻抗电压百分数又称为短路电压百分数。

短路电压百分数是变压器的一个重要参数。它表示变压器在满载(额定负荷)运行时变压器本身的阻抗压降的大小。它对于变压器在二次侧突然短路时将会产生多大的短路电流有决定性的意义,对变压器的并联运行也有重要意义。

短路电压百分数的大小与变压器容量有关。当变压器容量小时,短路电压百分数也小;变压器容量大时,短路电压百分数也相应较大。我国生产的电力变压器的短路电压百分数一般在 4% 和 24% 之间。

空载损耗是以额定频率的正弦交流额定电压施加于变压器的一个线圈上(在额定分接头位置),而其余线圈均为开路时,变压器所吸取的功率,用以补偿变压器铁芯损耗(涡流损耗和磁滞损耗)。

变压器空载运行时,由空载电流建立主磁通,所以空载电流就是激磁电流。额定空载电流是以额定频率的正弦交流额定电压施加于一个线圈上(在额定分接头位置),而其余线圈均为开路时,变压器所吸取电流的三相算术平均值,以额定电流的百分数表示。

短路损耗是以额定频率的额定电流通过变压器的一个线圈,而另一个线圈接线短路时,变压器所吸取的功率。它是变压器线圈电阻产生的损耗,即铜损(线圈在额定分接点位置,温度为 70 ℃)。

对于强迫油循环水冷却变压器,冷却水源的最高温度不应超过 30 ℃,水温过高将影响冷油器的冷却效果。冷却水源温度的规定值,标在冷油器的铭牌上。此外还对冷却水的进口水压有规定,必须比潜油泵的油压低,以防冷却水渗入油中。但水压太低,水的流量太小,也会影响冷却效果,因此对水的流量也有一定的要求。不同容量和型式的冷油器,有不同的冷却水流量规定。以上这些规定都标在冷油器的铭牌上。

第二节　变压器结构和原理

一、电力变压器结构

较大容量的油浸式变压器一般由铁芯、绕组、油箱、冷却装置、绝缘套管、绝缘油以及附件所构成,附件包括油泵、控制箱、温度计、气体继电器、有载或无载开关及操动机构、压力释放阀、吸湿器、变压器智能在线监测系统、油流继电器、蝶阀等设备。其整体结构如图 24 – 1。

1. 铁芯

铁芯是变压器的磁路部分。为了降低铁芯在交变磁通作用下的磁滞损耗和涡流损耗,铁芯材料采用厚度为 0.35 mm 或更薄的优质硅钢片。铁芯由几种不同尺寸的硅钢片在其两面涂以绝缘漆后叠装而成。叠装的原则是接缝越小越好,第一层接缝与第二层接缝互相错开,第二层叠片压在第一层上,第三层压在第二层上,以此类推。目前广泛采用导磁率高的冷轧晶粒取向硅钢片,采用450 斜接缝,以缩小体积和重量,节约导线用量,降低导线电阻所引起的发热损耗。

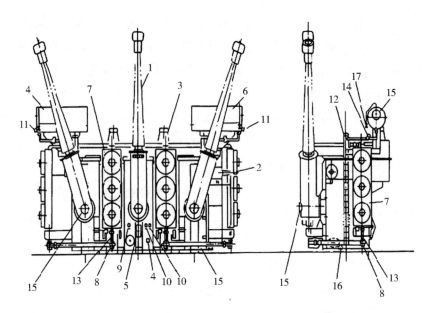

图 24 - 1 主变外形

注:1——高压套管;2——高压中性套管;3——低压套管;4——分接头切换操作器;5——铭牌;6——油枕;7——冷却器风扇;8——油泵;9——油温指示器;10——绕组温度指示器;11——油位计;12——压力释放装置;13——油流指示器;14——气体(瓦斯)继电器;15——人孔;16——干燥和过滤阀;17——真空阀。

在大容量变压器中,为了使铁芯损耗产生的热量能被绝缘油在循环时充分带走,从而达到良好的冷却效果,通常在铁芯中设冷却油道。冷却油道的方向可以与硅钢片的平面平行,也可以与硅钢片的平面垂直。三相五柱式铁芯变压器的基本结构如图 24 - 2 所示。

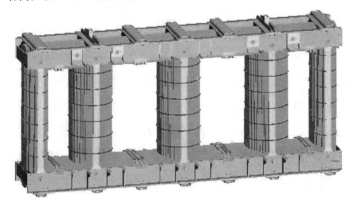

图 24 - 2 铁芯结构图

2.绕组

绕组全部采用铜导线。制作绕组时,对绕组的电气强度、耐热强度、机械强度等基本要求都要满足。

变压器的绕组,按高压绕组和低压绕组在铁芯上的排列方式,有两种基本形式:同心式和交叠式。同心式绕组的高压绕组和低压绕组均做成圆筒形,但圆筒的直径不同,然后同轴心地套在铁芯柱上。交叠绕组,又称为饼式绕组,高压绕组和低压绕组各分为若干线饼,沿着铁芯柱的高度方向交错排列。交叠绕组多用于壳式变压器。芯式变压器一般采用同心式绕组。为了方便绝缘,通常低压绕组靠近铁芯,高压绕组则套在低压绕组外面;低压绕组和高压绕组之间,以及低压绕组和铁芯之间都留有一定的绝缘间隙和散热油道,并用绝缘纸筒隔开。

绕组是变压器运行时的主要发热部件。为了使绕组有效地散热,除绕组纵向内、外侧设有油道外,双层圆筒形绕组内层和外层之间,也用绝缘的撑条隔开,构成纵向油道。对于线饼式绕组,每两个线饼之间也用绝缘板条隔开,构成横向油道。纵向油道和横向油道是互相连通的。

绕组采用整体大压板和专用压紧装置进行压紧。铁芯和绕组形成一个坚固的整体。如图24-3所示。

图24-3 绕组

3.油箱

变压器油箱是变压器的本体部分,其中充满油,将变压器的铁芯和线圈密闭在其中。油箱一般由钢板焊接而成,顶部不应有积水,内部不能有窝气死角。大中型变压器的器身庞大、笨重,在检修时起吊很不方便,所以都做了箱壳。这种箱壳好像钟罩,当器身需要检修时,吊起较轻的箱壳,即上节油箱,器身便完全暴露出来了。

变压器油箱的基本作用可概括为保护油箱、盛油。

4.无载分接开关

变压器分接头切换开关,简称分接开关,是用来调节绕组(一般为高压绕组)匝数的装置。为适应电网电压的变化,变压器高压绕组(或中压绕组)设有一定数量的抽头(即分接头)。如果切换分接头必须将变压器从电网切除后进行,即不带电才能切换,这被称为无励磁调压;这种分接开关被称为无励磁分接开关,也称为无载调压分接开关。

5.套管

变压器绕组的引出线从箱内穿过油箱引出时,必须经过绝缘套管,以使带电的引线绝缘。绝缘套管主要由中心导电杆和瓷套组成。导电杆在油箱内的一端与绕组连接,在外面的一端与外线路连接。

绝缘套管的结构主要取决于电压等级。电压低的一般采用简单的实心瓷套管。电压较高时,为了加强绝缘能力,瓷套和导电杆之间留有一道充油层,这种套管称为充油套管。目前,随着新材料的应用,在电力系统中出现了采用玻璃纤维制作的绝缘套管。这种套管具有无油、无气,固体绝缘(电气性能更稳定),阻燃绝缘材料,无分解,电气性能稳定,无燃烧和爆炸危险等特点。而且这种套管质量较传统的瓷套管更轻,便于安装和检修,其主绝缘(内绝缘)为玻璃纤维浸环氧树脂交叉、叠加缠绕而成。

电压在 110 kV 以上时,采用电容式充油套管(简称电容式套管)。套管内绝缘油与变压器本体油和大气隔绝,具有防潮能力强、绝缘强度高、油质稳定、重量轻、安装方便等特点。高压电容式充油套管的结构如图 24 - 4 所示。

套管的储油柜为全密封结构,因而能避免大气的侵蚀。为避免温度升高时油体积膨胀造成套管内压力过大,在储油柜上部留有一定的缓冲空间,装有油位计供观察油位。

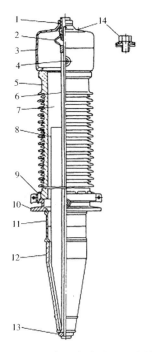

图 24 – 4 高压电容式充油套管

注:1——顶端螺帽;2——可伸缩连接段;3——顶部储油室;4——油位计;5——空气侧瓷套;6——导电管;7——变压器油;8——电容式绝缘体;9——压紧装置;10——安装法兰;11——安装电流互感器;12——油侧瓷套;13——底端螺帽;14——密封塞。

6. 变压器油

油浸式变压器使用的变压器油,是从石油中提炼出来的矿物油,其介质强度和闪点高,黏度和酸碱度低,杂质和水分极少。变压器油的绝缘电阻、介质损耗、击穿电压等电气性能要求很高。在变压器中,它既是绝缘介质,又是冷却介质。在使用过程中,由于油中混入了轻质原油、水分、杂质、气体、水溶性酸和碱等影响电气化学性能的物质,变压器油的使用寿命大大缩短,进而对绕组、绝缘材料造成一定的影响。

7. 气体继电器

变压器在运行过程中,有时会遇到突然短路、空载合闸、过负荷、线圈匝间或层间短路等不良现象。安装一些保护装置,即可有效预防这些突发故障,保护变压器在长期稳定运行中不受损坏。

气体继电器(又称瓦斯继电器),装在油枕与主油箱之间的连接管路上。气体继电器能检测出变压器内部产生气体、油位过低和严重故障引起油的大量分解等。

在出现过热故障时,绝缘材料因温度过高而分解产生气体,少量气体能溶解在变压器油中;气体过多,不能被变压器油溶解时,就会上升到油箱上部,通过联管进入继电器。这时继电器的上浮子位置逐渐下降,液面下降到对应继电器整定的容积时,上浮子上的磁铁使继电器内的干簧接点动作,继电器发出信号。

变压器出现漏油或其他故障时,会导致储油柜内的变压器油通过联管流出,进而使油位逐渐下降,上浮子动作发出信号。如果没有及时处理故障,油位继续下降,下浮子的位置也会逐渐下降。当下浮子位置达到设定的位置时,下浮子磁铁使继电器内的干簧接点动作,继电器发出变压器分闸的信号。

第三节　变压器的运行

正常运行时,值班员应监视变压器的有功功率、无功功率、电流、油温和绕组温度(均不许超过允许值),按规定对变压器进行巡视、检查。在出现过负荷、设备有缺陷、检修后以及天气突变时,应增加巡视、检查次数。

一、变压器的运行

1. 正常巡视时应检查的项目

(1)变压器绕组温度、油温正常。就地表计与集控室表计指示一致。油枕、高压套管油位、油色正常。瓦斯继电器内充满油且无气体。套管无裂纹,没有破损,无严重放电痕迹。本体清洁、无杂物,各部件无渗油、漏油现象。压力释放阀正常,呼吸器硅胶未失效。

(2)变压器本体无异常振动、异常声音,无异味,各部引线接头无松动、过热、断裂现象。有载调压的分接头调节装置运行正常,分接头位置正确,且与集控室表计指示一致。

(3)变压器冷却器控制箱运行正常,各开关位置正确,控制箱门关闭正常,冷却器油泵、风扇运行正常,油流指示正确。变压器外壳接地线以及高、低压侧中性点接地装置正常。

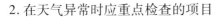

2. 在天气异常时应重点检查的项目

(1)大风天气时,变压器引线无剧烈摆动和松脱现象,顶盖及周围无杂物。大雪天气时,根据套管及引线端子上的雪花是否立即溶化,判断变压器是否过热;瓷瓶不出现造成闪络的冰柱。大雾天气时,套管无放电现象。

(2)骤冷、骤热时,注意油温、油位的变化情况,冷却装置运行情况,是否有冰冻或过热情况。

(3)雷雨后,变压器各部无放电痕迹,引线连接处无水汽。

3. 干式变压器的检查项目

变压器无异常振动,无异常声音和气味;绕组温度指示正常;各部连接导体无松动及过热现象;冷却风扇运行正常。变压器周围无漏水现象或其他危及安全的杂物。

4. 变压器瓦斯保护的运行

(1)正常运行时,变压器及其有载调压装置重瓦斯保护必须投入运行。

(2)在变压器运行中,补油、滤油、更换潜油泵、更换净油器的吸附剂以及瓦斯保护二次回路工作时,应联系检修人员将重瓦斯改接至"信号"位置,此时变压器其他主保护装置严禁退出。工作完毕后运行初期,若瓦斯保护报警,可将气体排掉。运行2小时后,若瓦斯保护仍报警,应及时联系化学人员进行气体分析。运行48小时后,若油内无气体,联系检修人员将重瓦斯切换至"跳闸"位置。

(3)新安装或大修后的变压器充电时,瓦斯保护应该切换至"信号"位置。运行初期,若瓦斯保护报警,可将气体排掉;运行2小时后,若瓦斯保护报警,应及时联系化学人员进行气体分析。运行48小时后,若油内无气体,应将重瓦斯切换至"跳闸"位置。

(4)变压器油位计的油面异常升高或呼吸系统有异常现象时,要查明原因。需打开放气阀门或放油阀门时,应将重瓦斯改接至"信号"位置。运行中,变压器的差动保护和瓦斯保护不得同时退出。

5. 变压器投入运行前的准备

(1)变压器在安装和检修后、投入运行前以及停用两周以上时,应测量绝缘电阻,其值与上次测定值比较应无显著降低,且不低于以下规定值:①干式变压器的绝缘电阻标准为 6 MΩ;②油浸式变压器的绝缘电阻标准见表 24－1。

表 24 - 1 油浸式变压器的绝缘电阻标准

电压等级 (kV)	不同温度下的电阻							
	10 ℃	20 ℃	30 ℃	40 ℃	50 ℃	60 ℃	70 ℃	80 ℃
220	1200	800	540	360	240	160	100	70
20	600	400	270	180	120	80	50	35
6	450	300	200	130	90	60	40	25

(2)额定电压为 1000 V 及以上的绕组用 2500 V 摇表测量,额定电压为 500 V 以下的绕组使用 1000 V 摇表测量。

(3)油浸式变压器绝缘电阻吸收比($R60/R15$)不应低于 1.3,并不低于前次绝缘电阻的 1/3。

(4)在雨季、周围潮湿的情况下,长期停用的干式变压器应防止受潮。变压器绝缘电阻不合格时,应向生产副总汇报,并通知检修人员处理。

6. 变压器送电前的检查

(1)有关检修工作票全部终结,安全措施全部拆除,常设遮拦和标示牌恢复正常。变压器本体顶部无遗留物,各部外观清洁,无损坏、渗油、漏油现象,三相相色标志正确。变压器油位、油色正常。高压套管完好、无异常,油位、油色正常。

(2)变压器绕组温度计、油温度计、呼吸器、压力释放阀和外壳接地线、中性点接地装置完好,无异常。

(3)瓦斯继电器内无气体,气体取样管路的阀门应开启,继电器连接管路的阀门应开启。各冷却器和油箱间的连接阀门以及油泵进口阀门和出口阀门应开启。

(4)变压器分接头位置正确,且三相一致;有载调压装置远方操作可靠,位置指示正确。变压器铁芯接地装置完好、无异常。

(5)冷却装置启动、联动以及自启动正常,冷却电源的联动试验正常。继电保护整定符合规定,保护投入正确。事故排油设施正常,消防系统完好。变压器间隔内清洁,无危及安全的杂物和孔洞。

7. 变压器的操作

(1)新安装或大修后的变压器投入运行前,应进行五次全电压冲击合闸试验,主变压器和高压厂用变压器可以和发电机一起进行零起升压试验。冲击合闸时,变压器应用高压侧开关进行。

（2）主变压器投入、停止运行前，均应合上变压器 220 kV 侧中性点接地刀闸；运行中切换中性点接地刀闸应先合后拉。

（3）变压器投入运行前，一般应先合上高压侧开关，后合上低压侧开关；停止运行时，反之。

（4）变压器在安装后或进行过有可能变动相位的工作后，必须在核相正确后，方可进行并列操作。

（5）变压器并列运行必须符合下列条件：①相位及接线组别相同；②电压比相等（允许差 5%）；③阻抗电压相等（允许差 10%）；④容量比不得大于 3∶1。

（6）无载调压变压器改变分接头位置，应在变压器停电，并做好安全措施后，由检修人员进行。分接头位置改变后必须测量三相直流电阻是否正常，并对分接头位置改变情况做好记录。

（7）启备变有载调压装置正常时投"REMOTE"运行，改变分接头由运行人员远方电动操作。当远方电动操作故障时，允许在变压器处就地电动操作；电动操作故障时，允许手动机械操作。手动机械操作时，必须做好联系工作，每调节一档，都要严格监视 6 kV 母线电压的变化。

（8）高压变压器分接头调整步骤如下：

集控室远方电动操作：①检查集控室电气辅助控制盘上有载调压抽头表计是否有指示；②在集控室电气辅助控制盘上调节"RAISE"或"LOWER"旋钮，增加或减少 6 kV 母线电压；③监视分接头位置显示器指示是否与就地对应，每次切换一个分接头；④重复上述步骤，直到调至所需要的 6 kV 电压为止。

就地控制箱电动操作：①将就地分接头控制箱内的"LOCAL/REMOTE"控制开关切换至"LOCAL"位置；②在就地分接头控制箱内调节"RAISE/LOWER"开关来增加或减少 6 kV 母线电压；③监视就地分接头位置是否正常；④重复上述步骤，直到调至所需要的 6 kV 电压为止。

就地控制箱手动操作：①将就地分接头控制箱内的"LOCAL/REMOTE"控制开关切换至"LOCAL"位置；②拉开就地分接头控制箱内的电动操作装置的电源开关 Q1、F15；③插入摇把，按机械标明的升降旋转方向摇动摇把，增加或减少 6 kV 母线电压；④重复上述步骤，直到调至所需要的 6 kV 电压为止。

（9）高压变压器无载调压分接头调整工作，在拉开变压器各侧开关和刀闸，做好安全措施后进行。分接头切换由检修人员进行。切换后，运行值班员应记录切换情况。

（10）变压器分接头调整的注意事项：①无论手动操作还是电动操作，一次都只能调节一档，避免切换时间太长造成多级切换。②变压器处于过载状态时，不可频繁切换；当负荷大于额定值的150%时，禁止切换操作。③电动调节分接头失控时，应在分接头指示某一挡时按下"STOP"按钮，停止调压器转动。④所有切换操作完成后，均应做好记录，进行交接班。

8. 主变冷却器投入的步骤

（1）合上冷却器两路400 V 电源开关和冷却器控制电源开关。检查冷却器控制箱内的控制开关（包括旧控制箱内的交直流输入开关、新控制箱内的所有开关以及刀闸）均在合上位置。

（2）将新控制柜前屏电源控制开关切至"自动"位置，进行两组电源切换试验，正常后将控制开关切至"手动"位置，检查冷却器电源投入是否正常。

（3）将#1、#2、#3、#4 组冷却器控制开关切至"手动"位置。各组冷却器运行正常后，将#1、#2、#3、#4 组冷却器控制开关切至"自动"位置，检查各组冷却器是否停止运行。

（4）将新控制柜前屏电源控制开关切至"自动"位置，检查 JY – BQFK 微机是否已设置好启动程序。

9. 主变冷却器退出的步骤

（1）将#1、#2、#3、#4 组冷却器控制开关切至"停止"位置，检查各组冷却器是否停止运行。将电源控制开关切至"停止"位置。

（2）拉开冷却器控制电源开关和冷却器两路400 V 电源开关。

（3）主变冷却器应在变压器充电前投入自动运行。变压器退出备用时，冷却器同时退出备用。

（4）当变压器因内部故障而跳闸停用时，冷却器应立即退出运行。

10. 启备变运行中停电的操作步骤

（1）检查启备变所带6 kV 段已倒至高厂变供电。拉开启备变至所带6 kV 段进线电源开关，并摇至试验位置，拉开控制电源开关、保护电源开关。

（2）检查启备变220 kV 侧270 开关的 SF6 压力是否正常。在 DCS 系统中，将270 开关的切换开关切至"MAN"位置。在 ECB 上拉开270 升关，检查其"分"位置。

（3）在 DCS 系统中，将 220 kV 侧 270 开关的切换开关切至"OFF"位置。拉开 270 开关靠变压器侧的相应刀闸，拉开 270 开关靠母线侧的刀闸，检查刀闸是否已拉开。

（4）拉开 270 开关变压器侧、母线侧的刀闸操作电源开关，以及 270 开关控制电源开关。

（5）拉开集控室启备变保护电源开关。停止变压器冷却器运行，拉开冷却器控制箱内的全部开关以及冷却器两路 400 V 电源开关。按需要布置安全措施。

11. 启备变送电的操作步骤

（1）启备变系统工作已结束，工作票已终结，安全措施全部拆除。启备变有载调压装置远方电动调整试验正常。启备变绝缘电阻合格，一次有关回路符合运行条件。

（2）合上 220 kV 侧 270 开关控制电源开关。合上集控室启备变保护电源开关。检查启备变有关保护是否投入正常。

（3）合上启备变冷却器两路 400 V 交流电源开关和控制电源开关，投入变压器冷却器自动运行，合上变压器有载调压装置电源开关。

（4）检查变压器分接头在相应电压挡的位置，将分接头就地控制箱内的"LOCAL/REMOTE"控制开关切换至"REMOTE"位置。

（5）检查启备变 220 kV 侧 270 开关是否已拉开，合上弹簧储能电源开关，检查开关弹簧储能是否正常。

（6）合上 270 开关母线侧、变压器侧的刀闸控制电源开关。合上 270 开关靠母线侧的刀闸，合上 270 开关靠变压器侧的相应刀闸，检查刀闸是否已合好。

（7）检查启备变低压侧 PT 一次保险是否已装好，所有 6 kV 开关在"拉开"位置，根据需要将对应的低压侧 6 kV 开关转热备用。

（8）在 DCS 系统中，将 270 开关的切换开关切至"MAN"位置。在 ECB 上合上 270 开关向启备变充电且充电正常。

（9）调整启备变有载调压装置，检查分接头调整是否正常。在 DCS 系统中将 270 开关的切换开关切至"OFF"位置。

二、事故处理

1. 变压器油位异常

变压器油位因气温变化而上升，高出油位指示极限，经查明不是假油位所致时,则应联系检修人员放油至正常油位;因气温变化油位显著下降时,则应联系检修人员补油。因漏油、渗油,变压器油位下降时,应联系检修人员处理并补油;因大量漏油,变压器无法维持正常油位时,应申请停电处理。

2.变压器冷却器故障

密切监视变压器负荷、温度是否在允许范围内。检查冷却器控制电源和动力电源是否正常。检查冷却器风扇、油泵热继电器是否动作。若处理无果,通知检修人员处理。

若冷却器不能恢复运行,且变压器上层油温度已到规定值,应按规定降低负荷或停止变压器运行。

3.变压器温度异常

核对温度表指示是否正确。检查变压器负荷,若电流超限应降低负荷。检查变压器冷却器的运行情况;若冷却器故障,则应降低负荷或转移负荷。检查变压器的通风情况。将变压器温度与同样负荷和冷却条件下的温度进行核对分析。变压器上层油温超过105 ℃时,应立即降低负荷。

若以上检查均正常,变压器温度不正常并不断上升,则应认为变压器已发生内部故障,应立即将变压器停电检修。

4.变压器着火

立即拉开电源,拉开变压器各侧开关和刀闸,迅速将备用变压器投入运行。停止冷却器运行。使用灭火装置灭火,灭火时使用电气专用灭火器,严禁用水灭火,并通知消防队。

若油溢至变压器顶盖上而着火,则应打开变压器下部的事故放油门放油,使油位低于着火处。若是变压器内部故障引起着火,则不能放油,以防止变压器发生严重爆炸。

在确认变压器各侧停电后,有水喷雾消防装置的变压器应及时启动水喷雾消防装置,并严密监视灭火情况。采取有效措施将火灾区域与运行设备隔离,以防火灾蔓延,必要时可将临近设备停电,谨防火灾区域扩大。

当消防人员到达事故现场时,值班人员要积极配合,设立安全通道,并给消防人员介绍现场的设备情况,防止消防人员误触电。

5.变压器轻瓦斯保护动作

现象:DCS系统发出"变压器瓦斯报警"信号。

处理方法:

(1)检查变压器运行情况(电流、电压、油位、温度、油色、声音等),若发现内部有危及变压器安全运行的明显征兆,应立即停止运行。

(2)联系检修人员检查轻瓦斯保护报警是否正确。记录变压器瓦斯报警的次数和时间间隔。通知检修人员收集瓦斯继电器内的气体并鉴别气体性质。

(3)若是空气,应开启瓦斯继电器排气阀,排出空气,并查明原因;若是漏油、加油或油系统不严密引起的,则将重瓦斯切到"信号"位置,处理完后再切到"跳闸"位置。

(4)若是可燃气体或瓦斯保护多次发出信号,且发出信号的时间间隔较短,则可能是变压器内部有轻度故障,应立即汇报,尽快停止变压器运行。

(5)联系化学人员对变压器进行色谱分析。

6. 变压器重瓦斯保护动作

现象:DCS 系统发出"变压器瓦斯动作"信号;报警铃响,发"变压器故障"光字牌;变压器各侧开关跳闸。

处理方法:

(1)对变压器本体进行全面检查。进行气体分析和油质化验,如发现问题,不得将变压器投入运行。检查变压器其他继电保护动作情况。

(2)拉开变压器各侧刀闸,测量变压器绝缘电阻,并由检修人员测量变压器直流电阻。

(3)经以上检查、分析、化验均未发现问题,应由检修人员对瓦斯保护回路进行检查。

(4)确认误动后经总工程师批准,再将变压器投入运行。若不是误动,且对地绝缘良好,有条件时,主变压器、高压厂用变压器可用零起升压试送电。其他厂变不得强送,由检修人员进行内部检查处理。

7. 变压器差动保护动作

现象:报警铃响,发"变压器故障"光字牌;变压器各侧开关跳闸;变压器就地保护盘上发出差动保护动作信号。

处理方法:

(1)有备用变压器的应投入运行备用变压器。检查差动保护范围内所有电气设备是否有短路、闪络及烧伤痕迹。检查变压器是否有喷油现象,油位、油色是否有异常变化。

(2)拉开变压器各侧刀闸,测量变压器绝缘电阻,并由检修人员测量变压器直流电阻。经检查未发现异常,应由检修人员检查变压器二次回路。确定为差动保护误动并消除后,经总工程师批准,再将变压器投入运行。

(3)若变压器在送电时差动保护动作跳闸,而在送电前测量绝缘电阻是合格的,此时只需检查二次回路。检查无误后,经总工程师同意可再充电一次。充电时应严密监视跳闸是否由励磁涌流引起;若再跳闸,必须在详细查明原因后方可送电。

8.变压器过流保护动作

现象:报警铃响,发"变压器故障"光字牌;变压器各侧开关跳闸;变压器就地保护盘上发出过流保护动作信号。

处理方法:有备用变压器的,备用变压器应投入运行。无备用变压器时,可强送一次,若不成功则不得再送。对保护范围内的电气设备和变压器本体外部进行检查,若发现故障,则消除故障后恢复送电。若不是内部故障引起的,而是由过负荷、开关越级跳闸、系统故障或保护装置本身故障引起,则可重新运行变压器。

第二十五章 励磁系统

第一节 励磁系统的分类和作用

同步发电机是把原动机机械能转换成三相交流电能的设备。为了完成这种功率转换,并满足系统运行的要求,发电机本身还需要有可调节的直流磁场,并能够适应运行工况的变化。产生这个磁场的直流励磁电流,称为同步发电机的励磁电流。为同步发电机提供可调励磁电流的整套设备,称为同步发电机的励磁系统。

同步发电机的励磁系统包括产生励磁电流的电源及其附属设备,一般由励磁功率单元和励磁调节器组成,如图 25-1 所示。励磁功率单元向同步发电机转子提供励磁电流,而励磁调节器则根据输入信号和给定的调节准则控制励磁功率单元的输出。励磁系统的自动励磁调节器对提高电力系统并联机组的运行稳定性具有相当大的作用。

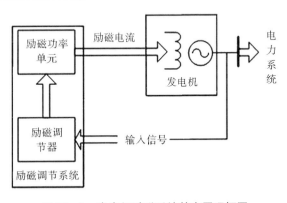

图 25-1 发电机励磁系统基本原理框图

其中励磁功率单元是指向同步发电机转子绕组提供直流励磁电流的励磁电源部分,而励磁调节器则是根据输入信号和给定的调节准则控制励磁功率单元输出的装置。由励磁调节器、励磁功率单元和发电机本身组成的整个系统,称为励磁控制系统。励磁系统是发电机组的重要组成部分,它对电力系统和发电机本身的安全稳定运行有很大的影响。

一、励磁系统的主要作用

同步发电机的运行特性与它的空载电动势的大小有关,而空载电动势是发电机励磁电流的函数,所以调节励磁电流就等于调节发电机的运行特性。在电力系统正常运行和发生事故时,同步发电机的励磁系统起着重要的作用,优良的励磁调节系统不仅可以保证发电机安全运行,提供合格的电能,还能改善电力系统的稳定条件。

励磁系统的主要作用有:根据发电机负荷的变化相应地调节励磁电流,以维持机端电压为给定值;控制并列运行的各发电机间无功功率的分配;提高发电机并列运行的静态稳定性和暂态稳定性;在发电机内部出现故障时,进行灭磁,以减少故障损失;根据运行要求对发电机实行最大励磁限制和最小励磁限制。

同步发电机励磁系统的形式多种多样,按照供电方式可以划分为他励式和自励式两大类。具体分类如图 25 - 2 所示。

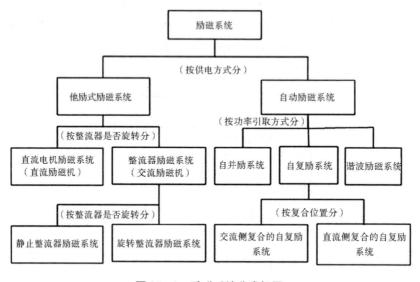

图 25 - 2 励磁系统分类框图

二、励磁系统的技术要求

随着电力系统的发展,发电机单机容量不断增加,对发电机励磁控制系统提出了更高的要求。励磁控制系统除维持发电机电压水平外,还要求能对电力系统的静态稳定性和暂态稳定性起作用。由于微处理机迅速发展,微机自动励磁调节器技术日趋成熟,采用微机型双自动励磁调节器已成为大型发电机励磁系统设计的首选方案。采用励磁系统是发电机正常运行时自动控制电压的环节,也是提高电力系统稳定性的有效措施。发电机励磁系统要满足一系列的技术要求。

(1)强励要求:强励电压倍数为1.8,强励电流倍数为1.5。

(2)1.1倍额定励磁电压和额定电流时的运行要求:当发电机的励磁电压和电流不超过其额定励磁电流和电压的1.1倍时,励磁系统能连续运行。

(3)短时过载能力:励磁系统具有短时过载能力,按强励电压倍数为1.8、强励电流倍数为1.5、持续时间为10 s的要求进行设计。

(4)电压调节精度和调差率:发电机电压调节精度不大于0.5%的额定电压。励磁控制系统暂态增益和动态增益的值能在机端电压突降15%~20%时,保证使可控硅控制角达到最小值。AVR对发电机电压的调差采用无功调差。调差率范围应不小于±10%。

(5)电压响应速度:无刷励磁系统电压响应时间不大于0.5 s。在空载额定电压下,当电压给定阶跃响应为±10%时,发电机电压超调量不大于阶跃量的30%;振荡次数不超过3次;发电机定子电压的调整时间不超过5 s。发电机零起升压时,自动电压调节器保证定子电压的超调量不超过额定值的10%,调节时间不大于10 s,电压振荡次数不大于3次。

(6)电压频率特性:当发电机空载频率变化±1%,采用电压调节器时,其端电压变化不大于±0.25%的额定值;在发电机空载运行状态下,自动电压调节器的调压速度每秒不大于1%的额定电压,不小于0.3%的额定电压。

(7)电压响应比:无刷励磁系统电压响应比每秒不小于2.5倍。

(8)自动电压调节器的调压范围。发电机自动调整范围:空载时能在20%~110%的额定电压范围内稳定、平滑调节;负载时能在90%~110%的额定电压范围内稳定、平滑调节。整定电压的分辨率不大于额定电压的0.2%。发电机手动调节范围:能在10%的空载励磁电压到110%的额定励磁电压范围内稳定、平滑调节。

(9)电压频率特性:当发电机空载频率变化±1%,采用电压调节器时,其端电压变化不大于±0.25%的额定值;在发电机空载运行状态下,自动电压调节器的调压速度每秒不大于1%的额定电压,不小于0.3%的额定电压。

（10）发电机转子线圈过电压保护：旋转整流装置设有必要的 R - C 吸收回路，用于抑制尖峰过电压；旋转整流装置能承受直流侧短路故障、发电机滑极、异步运行等工况而不损坏。

（11）旋转整流装置。旋转整流装置中的并联元件采用具有高反向电压的二极管，每臂有 10 个支路，共有 20 个二极管，有足够的裕量，能保证额定励磁和强励的要求。应严格控制二极管的正向压降及其偏差。旋转整流装置及旋转熔断器应能承受离心力的作用，其特性不应因疲劳而损坏或明显变化。旋转整流装置配有保护旋转熔断器。在正常运行时，熔断器不产生有害疲劳，也不会产生特性畸变。熔断器熔丝熔断有信号指示。

三、励磁系统原理

九江电厂 660 MW 机组的励磁系统为 NES5100 自并励静止励磁系统。励磁系统由 NES - 5100 励磁调节器（1 个）、FLZ - 3000 大功率整流柜（4 个）、FLK 灭磁开关柜（1 个）、FLR 非线性电阻柜（1 个）、FLJ - 1 交流进线柜（1 个）、FLJ - 2 直流出线柜（1 个）、励磁变压器及励磁系统其他附属设备等组成，如图 25 - 3 所示。励磁系统配置了 4 个单柜单桥输出 3000 A 的整流柜，退出一个整流柜后，能够满足励磁在各种工况下长期运行；在退出 2 个整流柜后，能在额定工况下长期运行。自动调节方式调节发电机机端电压，手动调节方式调节励磁电流。

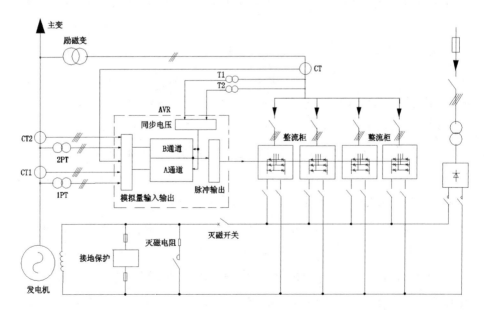

图 25 - 3　励磁系统图

励磁系统限制器包括励磁过流限制器、无功功率过励限制、瞬时强励限制、伏赫限制器、P/Q限制器、电力系统稳定器(PSS)。励磁保护包括瞬时过流保护、反时限过流保护、AC过压保护、DC过压保护、励磁接地故障监视器、PT断线防误强励保护。励磁变接至发电机出口母线上,起励电源取自厂用400V机MCC2母线段。

1. 励磁过流限制

励磁过流限制也称为励磁过电流反时限限制,主要用来防止转子回路过热。当系统电压较低时,发电机输出无功过大,发电机励磁电流超过最大长期运行允许电流,必须对励磁电流进行限制,防止长时过流导致发电机励磁绕组过热而损坏。励磁绕组发热与励磁电流的平方和维持时间的乘积成正比关系,即磁场电流和允许运行时间成反时曲线,电流越小,允许时间越长。

2. 无功功率过励延时限制

无功功率过励延时限制通过P/Q限制来实现。发电机无功功率过励区域比发电机允许安全范围小得多,总留有足够的安全裕度,即实际的无功功率过励限制曲线比过励允许曲线低。

无功功率过励限制的原理:装置实时检测发电机有功功率和无功功率,根据点与直线的位置计算公式,判断实际运行点离过励限制曲线的远近(模值)和内外(符号)。当运行点越过过励限制曲线进入图中的过励区域,过励限制即启动计时,到延时时间后,装置即以无功功率作为被调节量,调节偏差即为运行点至过励曲线的距离,从而保证发电机运行点回到安全运行区域内。

3. 瞬时强励限制

瞬时强励限制,又称为强励顶值限制。其作用是防止在调节过程中发电机转子电流瞬时超过容许的强励顶值。

4. 伏赫限制

发电机运行时,发电机端电压与发电机频率的比值有一个安全工作范围,当伏赫兹比值超过安全范围时,容易导致发电机及主变过激磁和过热现象,因此当伏赫兹比值超出安全范围时,必须限制发电机端电压幅值,控制发电机端电压随发电机频率变化的幅度,维持伏赫兹比值在安全范围内。

5. 电力系统稳定器

电力系统稳定器是励磁调节器的一个标准功能。它通过引入一个附加的反馈信号,增加弱阻尼或负阻尼控制系统的正阻尼系数,以抑制同步发电机的低频振荡,提高发电机组(线路)的最大输出能力,有助于保持整个电网的稳定性。

第二节　励磁系统的运行

励磁系统运行中在控制室检查限制器是否都没有动作。运行 AVR 通道的设定值低于发电机的极限值。备用 AVR 通道自动跟踪运行通道。励磁电流、发电机机端电压和无功功率正常。励磁柜就地检查无报警信号,运行正常,励磁系统采用恒电压调节(自动)方式,励磁电压正常,无异常声音。

整流柜风机正常运行,整流块指示正常,空气过滤器干净,无报警信号。

励磁系统在运行中,严禁打开柜门。

一、励磁系统的运行

1. 励磁系统由冷备用转热备用的操作步骤

(1)励磁系统灭磁开关在断开位置;合上厂用 380 V 母线上至交流起励电源开关;合上厂用 380 V 母线上至励磁照明和加热器的电源开关;送上厂用 380 V 母线上至 AVR 风机的电源 1;送上厂用 380 V 母线上至 AVR 风机的电源 2。

(2)合上直流 110 V 段上至灭磁开关柜操作电源开关 1;合上直流 110 V 段上至灭磁开关柜操作电源开关 2;合上直流 110 V 上至励磁调节器的电源。

(3)合上 UPS 上至励磁调节器的电源 1;合上 UPS 上至励磁调节器的电源 2。

(4)装上励磁系统柜内起励回路 F1 保险和测量回路保险;合上励磁调节柜工控机电源小开关 Q5,检查工控机是否启动正常;送上励磁整流柜风机一、二路电源 QM1 到 QM8;合上灭磁开关柜操作电源开关 Q21;合上灭磁开关柜备用电源开关 Q22。

(5)合上励磁调节器 A 套交流电源 Q1;合上励磁调节器 B 套交流电源 Q2;合上励磁调节器 A 套直流电源 Q3;合上励磁调节器 B 套直流电源 Q4。

(6)合上开入继电器电源 Q8;合上辅助电源及加热电源小开关;合上各励磁整流柜交、直流侧隔离开关 QS1、QS2。

(7)将各整流柜脉冲控制开关打至"投入"位置;确认各整流柜两路风机继

电器热耦均已复位。

（8）分别合上各整流柜风机动力开关、控制电源开关。

（9）检查调节器是否运行良好；将调节器 A 套选为主套，将调节器 B 套选为从套。检查并确认 A 套"主/从"灯亮，B 套跟踪正常。

（10）检查并确认 PSS 控制器控制开关置于"退出"位置；检查并确认 CRT 画面上励磁调节器状态和反馈与控制盘相一致；检查并确认 CRT 画面上无异常报警信号；检查并确认电力系统自动无功控制（AVC）装置运行正常，选择规定运行方式。

2. 励磁系统由热备用转冷备用的操作步骤

（1）检查并确认发电机灭磁开关 FMK 就地在"断开"位置；检查并确认发电机励磁系统 1~4 号整流柜 CDP 显示屏显示正常，"OFF"灯亮。

（2）拉开 1 号励磁整流柜风机一、二路电源小开关 QM1、QM2；拉开 2 号励磁整流柜风机一、二路电源小开关 QM3、QM4；拉开 3 号励磁整流柜风机一、二路电源小开关 QM5、QM6；拉开 4 号励磁整流柜风机一、二路电源小开关 QM7、QM8。

（3）拉开灭磁开关柜操作电源开关 Q21、Q22。

（4）拉开励磁调节器 A 套交流电源开关 Q1、B 套交流电源开关 Q2；拉开励磁调节器 A 套直流电源开关 Q3、B 套直流电源开关 Q4。

（5）拉开工控机电源开关 Q5；拉开开入继电器电源开关 Q8。

（6）拉开 1、2、3、4 号励磁整流柜交、直流侧隔离开关 QS1、QS2。

（7）拉开辅助电源开关及加热器电源开关 Q11；拉开厂用母线、直流母线、UPS 至励磁系统的电源开关。

3. 励磁调节器的操作步骤

（1）电源投入

励磁调节器一般由两路独立的交流电源和两路直流电源供电。两路独立的交流电源、直流电源分别作为 A、B 套调节器的交、直流工作电源。任何一路输入电源消失均不影响调节器的正常工作。另外，工控机和交换机均采用交流电源。正常运行情况下，调节器交流电源开关 Q1、Q3，直流电源开关 Q2、Q4，工控机电源开关 Q5 均处于合闸位置。

（2）零起升压

机组第一次启动或大修之后一般采用零起升压方式。操作步骤如下：

①调节器设为电压闭环控制方式。退出系统电压跟踪功能。

②采用软起励的机组暂时退出软起励功能，未采用软起励的机组应通过"就地减磁"按钮将电压给定值降为10%。

③自动起励或人工起励，发电机应建压在预置的设定值并保持稳定。

④对发电机或主变进行零升试验。

（3）正常开机

零起升压正常后，即可进行正常开机。调节器上电后，即对发电机电压给定值进行预置，励磁系统接到以下命令时，发电机电压升到预置值：调节器接到开机建压令，且发电机转速达到95%，由调节器输出起励命令使发电机起励升压。

（4）空载运行

正常开机建压后，即可进行下列操作：

就地控制：操作调节器面板上的"就地增磁""就地减磁"按钮，可对发电机电压进行调节。

远方控制：操作中控室的励磁调节把手或按钮，或通过监控系统可对发电机电压进行调节。

（5）停机操作

正常停机灭磁：发电机停机时，停机继电器接点动作信号输入励磁调节器后，调节器自动逆变灭磁。

人工逆变灭磁：按下逆变灭磁按钮，如果发电机已解列，调节器自动逆变灭磁。

事故停机灭磁：发电机事故停机，通过保护或监控系统引入动作接点，断开灭磁开关灭磁。

（6）通道切换

自动切换：主通道故障（PT断线、电源故障、同步相序故障、脉冲计数故障、脉冲回读故障等）时，自动切换到从通道。

人工切换：操作调节器面板上的"置主开关"后切换到从通道。人工切换之前须对比两套调节器的电压给定值、电流给定值是否相同，且机端电压偏差在0.2%以内，转子电流偏差在0.5%以内；触发角度近似相等。

4.整流柜退出的操作步骤

将整流柜的脉冲控制开关切至"退出"位置。拉开整流柜的交流输入、直流输出隔离开关。拉开整流柜的风扇电源小开关。

5.整流柜投入操作

合上整流柜的风扇电源小开关。合上整流柜的交流输入、直流输出隔离开关。将整流柜的脉冲控制开关切至"投入"位置。

二、事故处理

当调节器出现故障、限制或告警信号时，EX03 主机板和 EX06/EX07 开关量板上对应灯亮，同时输出接点信号。一些故障现象的确认要结合励磁系统发送到中控室的信号和调节器面板上的故障、告警、限制信号，并查询工控机界面上的"故障日志"窗。

1.调节器上电时所有信号发出不能复归

若插件板未插好，请断电后重插。若 CPU 板损坏，请断电后更换。若开关量板损坏，请断电后更换。误发低励限制。若模拟量板损坏，请检查其采样情况，必要时更换模拟量板。PT、CT 内外回路接触不良，请检查。

2.发电机转子一点接地故障

立即停止转子回路上的工作，检查转子回路。如有接地点，应设法排除。测量转子对地电压并换算成绝缘电阻值。如确认转子内部接地，一时无法排除，应立即报告值班调度，申请停机处理。

3.励磁变压器温升过高

检查励磁系统是否过负荷运行。检查整流功率柜是否掉相运行。检查励磁变压器冷却系统是否正常工作。若在运行中不能恢复正常，应向值班调度申请倒备励或停机处理。

4.励磁整流功率柜故障

（1）可以分柜运行的整流功率柜发生单柜故障，可以减负荷运行，退出故障的整流功率柜应进行处理。

整流功率柜发生多桥臂故障时，可做如下处理：①若励磁电流可以调节，立即倒备励运行；无备励系统者可向值班调度申请机组解列，灭磁后处理。②若励磁电流无法调节，经调度同意可将机组解列，灭磁后处理。③多桥臂故障引起机组失步，应立即将机组解列灭磁。

5.励磁电流及无功负荷异常

若机组进相过深但尚未失步,立即降低有功负荷至空载,同时增加励磁电流。若励磁电流调节无效,应倒备励运行或将机组解列。

6.起励失败

(1)检查调节器是否在等待状态,电压给定值、电流给定值是否太小。检查调节器是否无法进入空载状态。检查 V/F 参数是否设置错误。检查是否满足"起励异常封脉冲"条件。

(2)检查励磁系统的阳极开关(刀闸)、直流输出开关(刀闸)是否合上,灭磁开关合闸是否到位,PT 高压侧隔离开关是否合上,PT 保险是否熔断,PT 回路接线是否松动。

(3)检查起励电源、脉冲电源等是否投入,起励电源是否正常。检查起励回路、脉冲变压器、可控硅整流回路和转子回路是否短路或接地等。检查励磁操作控制回路是否正常。

(4)检查主回路接线是否有问题,同步回路是否异常,励磁变高压侧保险是否熔断。

(5)查明原因之前不得再次起励。

7.励磁系统误强励

励磁系统误强励时,应立即减少励磁电流。若能减到正常运行电流值,可倒备励运行;若无备励或减磁无效,应立即灭磁或停机。

8.PT 断线

若测量 PT 接线或仪表 PT 接线有问题,请检查测量 PT 回路和仪表 PT 回路。若 PT 熔丝接触不好,请检查 PT 熔丝。运行中处理断线的 PT 二次回路故障时,应采取防止短路的措施;无法在运行中处理的,应提出停机申请。

9.失磁保护动作或灭磁开关(磁场断路器)跳闸

(1)检查是否励磁装置故障引起失磁。如短时不能处理好,在转子绝缘电阻值和回路正常的情况下,可用备励升压并网。

(2)检查转子回路及整流功率柜功率电源回路是否存在短路故障点。

(3)灭磁开关(磁场断路器)跳闸,应查明原因,排除故障以后方可升压并网。

(4)若误碰、误动引起失磁保护动作,可立即升压并网。

10.励磁变压器过流保护动作

（1）检查励磁装置，确认整流功率柜是否失控，转子回路是否有短路点。

（2）检查励磁变压器和电缆是否有短路点。

（3）故障已排除或未发现明显故障点时，在励磁变压器绝缘电阻正常的情况下，可用手动方式对机组励磁变压器进行零起递升加压，无异常后再正式投运。

11.转子过电流保护动作

检查励磁装置，确认调节器、整流功率柜是否失控。检查转子回路是否有短路点。若调节器或整流功率柜失控，可退出主励，用备励升压并网。

第二十六章 直 流 系 统

第一节 直流系统的组成

发电厂和各类变电站的直流系统是为保护装置、自动装置、信号设备、事故照明、应急电源以及断路器分、合闸操作提供直流电源的电源设备。直流系统是一个独立的电源,它不受发电机、厂用电和系统运行方式的影响,并在外部交流电中断的情况下,保证由后备电源——蓄电池继续提供直流电源。

直流系统主要由交流配电单元、充电模块、直流馈电、集中监控单元、绝缘监视单元和蓄电池等部分组成,如图 26 – 1 所示。交流输入电流经交流配电单元提供给充电模块;充电器模块输出的直流,通过充电母线对蓄电池组充电,同时向直流负荷提供电源;绝缘监测单元可在线监测母线和各支路的对地绝缘情况;集中监控单元可实现对交流输入电流、充电模块、直流馈电、绝缘监视单元和蓄电池组等运行参数的采集以及对各单元的控制和管理,并可通过远程接口接受后台操作员的监控。

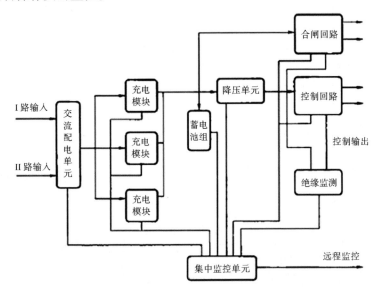

图 26 – 1 直流电源系统组成图

对于采用 660 MW 及以上机组的大型发电厂,单元控制室和升压站直流电系统的设置,应满足继电保护主保护和后备干部保护由两套独立直流电系统供电的双重化配置原则。目前国内电力操作电源系统接线方式主要有以下几种:

(1)以母线分段为标准,可分为单母接线方式、单母线分段接线方式、双母接线方式等;

(2)以降压装置为标准,可分为带降压装置接线方式和不带降压装置接线方式;

(3)以充电机和蓄电池组数为标准,可分为一组充电机一组蓄电池方式、二组充电机一组蓄电池方式、一组充电机二组蓄电池方式、三组充电机一组蓄电池方式等。

九江电池 5、6 号机组装有六组免维护密封式蓄电池、十套硅整流充电装置,分为 110 V 和 220 V 直流系统:110 V 直流系统主要作为控制、操作、信号继电保护、自动装置及网控 UPS 逆变装置等的直流电源;220 V 直流系统作为事故照明、机组 UPS 逆变装置、汽机直流油泵等的直流动力电源。

网控室装有两组 110 V 蓄电池(每组 52 瓶)、两段直流母线、三台硅整流充电装置,I、II 母线各配一组蓄电池、一台整流柜,3 号备用。如图 26 - 2 所示。

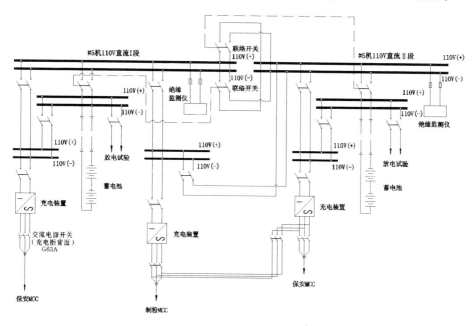

图 26 - 2　5 号机 110 V 直流系统接线图

7 号机组装有三组免维护密封式蓄电池、三套高频开关电源充电装置,分为 220 V 和 110 V 直流系统:110 V 直流系统主要作为控制、操作、信号继电保护、自动装置等的直流电源;220 V 直流系统作为事故照明、机组 UPS 逆变装置、汽机直流油泵等的直流动力电源。机组配备了两组 600 Ah、110 V 的蓄电池,每台机有 104 瓶,两段直流母线,两组 300 A 高频开关电源充电装置。如图 26 - 3 所示。机组配备了一组 1800 Ah、220 V 的蓄电池,每台机有 104 瓶,一段直流母线,一组 220 A 高频开关电源充电装置。

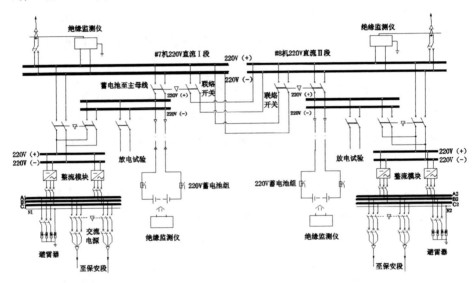

图 26 - 3　7 号机 220 V 直流系统接线图

第二节　直流系统的运行

直流系统的任何操作都不应使直流工作母线瞬间停电。硅整流装置和蓄电池必须并列运行,直流母线不允许脱离蓄电池运行。硅整流装置故障时,应投入备用硅整流装置与蓄电池并列运行,一般不允许硅整流装置单独向负载供电。

在母线并列操作前,必须检查两段母线电压是否相等($\Delta V \not> 3$),正、负极性相同,无接地故障,方可并列。凡有双回路供电或其他负荷有联络刀闸,不论电

源侧是否在同一母线上都应在解列点处拉开,各自供电,不得并列。

新安装或检修后第一次联网操作时,直流系统的联络线必须核对极性,严防直流回路短路。

蓄电池组不允许并联运行。如蓄电池在出厂后存放时间超过六个月,使用前必须进行更新充电。电池的快充每月最多只能一次,否则会影响电池的寿命。蓄电池室内温度应控制在 15 ℃ ~ 35 ℃。对蓄电池充电电压和直流母线电压的规定如下:在正常情况下,110 V 直流母线电压应为 118 V,蓄电池浮充电压应设定为 118 V,以保持对蓄电池浮充电;220 V 直流母线电压应设定为 238 V,蓄电池浮充电压应设定为 238 V,以保持对蓄电池浮充电。

一、直流系统的运行

1. 直流系统绝缘电阻的规定

直流母线和控制盘小母线在拉开所有连接支路时,用 500 V 摇表测量,其绝缘电阻值不得小于 10 MΩ。控制、测量、信号和合闸回路的绝缘电阻用 500 V 摇表测量,绝缘电阻值不得小于 1 MΩ。机组直流母线绝缘电阻值最低不得低于 7 kΩ,支路绝缘电阻值不得低于 7 kΩ;220 V 直流系统母线绝缘电阻值最低不得低于 25 kΩ,支路绝缘电阻值最低不得低于 25 kΩ。

2. 硅整流装置投入前的检查

检查并确认检修工作票已终结,安全措施和试验用的临时措施已拆除,盘内及周围清洁、无遗留物件;检查并确认各仪表、控制装置及信号、保护回路正常,接线良好,无松动现象;检查并确认接触器和空气开关机构灵活,无卡涩现象;检查并确认充电器输出极性与蓄电池极性相同;检查并确认交流输入电源电压正常;检查并确认充电器的交流输入开关、直流输出开关在拉开位置;检查并确认充电器外壳接地良好。

3. 110 V 硅整流装置的投入运行的操作步骤

检查待投装置有无异常;合上保安 7A、7B 段上至待投高频开关电源装置的交流电源开关;合上高频开关电源装置上的两路交流输入开关;合上高频开关电源装置柜后的开关;检查高频开关电源装置有无异常报警信号;分别合上高频开关电源装置整流模块、交流输入开关;检查充电模块自动启动是否正常;合上高频开关电源装置直流输出至主母线的开关;检查硅整流装置输出电压、电流情况。

4. 硅整流装置退出运行的操作步骤

根据实际运行情况进行直流系统运行方式的调整;拉开直流输出开关至直流母线的开关;拉开每一个充电模块;拉开交流输入开关;拉开硅整流装置低压侧电源开关;硅整流装置的倒换操作采用先并列后拉开方式。

5. 直流配电盘的检查项目

母线电压正常(110 V 母线电压为 110 V～118 V,220 V 母线电压为 220 V～238 V);蓄电池浮充电流和负荷电流正常;配电盘各表计、信号指示正常,盘内无异常声音和气味;盘面清洁,无杂物;盘上各开关、刀闸的位置正确,且无过热现象。

6. 硅整流装置的检查项目

设备无异常,紧固件、导线连接良好,无松动、脱焊等现象;各元件、接头无发热现象;无异常声音、气味和放电现象;各开关、把手位置正确;风扇运行正常;表计和信号正确。

7. 蓄电池的检查维护项目

蓄电池室应照明充足,清洁、干燥、阴凉,通风良好。蓄电池室禁止引入火种。各连接头无松脱、短路、接地现象。若蓄电池出现电压异常、有裂纹、变形、电解液泄漏、温度异常等情况,应找出原因并更换有故障的蓄电池。

二、事故处理

1. 直流系统接地

现象:预告信号警铃响;发相应的直流系统电源故障光字牌;就地直流母线绝缘监测仪上的绝缘电阻降低(金属性接地时,则该极降至零),另一极电压升高(金属性接地时,电压升高至母线电压)。

处理方法:

(1)用微机绝缘监测仪查找接地,确定接地支路;检查直流母线正、负极对地电压,查明接地极性和接地程度。

(2)对于有关接地支路负荷,在不影响机组正常运行的情况下联系有关方面后进行拉合操作,确定接地地点。

(3)在微机绝缘监测仪发生故障或无法确定接地点时,试拉各路可疑回路,查找接地。查找接地应遵循下列原则:不能危及机组安全;试拉各路可疑回路,应先室外、后室内;先查找不重要负荷,后查找重要负荷;在试拉前应征得值长同意。

（4）查找接地顺序：①拉开连接 1 号 10 V Ⅰ、Ⅱ 段的双回路负荷的一路开关，切断环形负荷；②在接地故障发生时操作的设备；易发生漏水、汽蚀、受潮的回路；③允许瞬时拉、合直流电源的回路；④对机、炉运行无影响的回路；⑤重要负荷；⑥闪光装置、绝缘监察装置、硅整流装置；⑦母线或蓄电池组。对于积灰较严重，且容易受潮，绝缘普遍下降的系统，应立即对母线及端子进行清扫，然后再找故障原因。

（5）发生接地后，值班人员应迅速查找原因，并进行隔离，通知检修人员处理。

（6）查找直流接地的注意事项：①对不稳定接地，可待其稳定后进行查找；②停止直流回路的所有工作，以免造成二点接地或短路等异常情况；③当机组直流油泵运行时，严禁在停 220 V 直流电的情况下查找；④试拉重要负荷或解除有关信号、控制、保护回路前，应先做好安全措施，并征得值长同意；④查找直流系统接地点时应由两人进行，一人选择，另一人监视接地变化情况，以判断是否有存在接地故障的设备。

2. 熔断器熔断

现象：熔断器有熔断现象；如蓄电池熔丝熔断，则直流母线电压和微机整流装置输出电流降低，发出"电池熔丝断"报警信号；如机组硅整流装置输出熔丝熔断，则直流母线电压降低，硅整流装置输出电流为零，蓄电池放电。

处理方法：检查有关报警信号，确认报警正确；故障设备若有备用，应切换至备用设备运行，停用故障设备；检查故障保险，查明原因，排除故障，更换保险；正常后，恢复原运行方式。

3. 直流母线电压异常

现象：直流母线电压表指示异常；发相应的直流系统电源故障光字牌。

处理方法：检查硅整流装置是否正常，必要时用备用硅整流装置代替，调整合适的浮充电电流；检查是否由负荷变化引起，若是，则重新调整负荷分配；若是误报警，通知检修人员处理。

4. 硅整流装置跳闸

现象：预告信号警铃响；发相应的直流系统充电装置故障光字牌；直流母线电压降低，硅整流装置输出电流为零，蓄电池放电。

处理方法：检查有关信号，确认报警正确；检查硅整流装置有无异常和保护动作情况。如系装置本身故障，启动备用硅整流装置运行；若非本身故障，系外部引起，应排除故障，恢复运行。

5.直流母线电压消失

直流母线电压消失，主要原因可能是母线短路。若故障点明显，立即隔离故障点，恢复送电。

若发现负荷保险熔断或严重发热，查明该回路没有短路后才能送电。

若故障点不明显，应拉开失电母线全部负荷和电源，检查母线绝缘，用硅整流装置对母线试送电，正常后再送蓄电池组，然后恢复直流负荷。直流系统短路后，应对蓄电池组进行全面检查。

第二十七章　不间断电源系统及柴油发电机

第一节　不间断电源

一、不间断电源（UPS）组成

随着发电厂单机容量的增加和机组控制水平的提高,发电厂不间断供电负载和敏感负载数量逐渐增多。这要求发电厂采用大容量的不间断供电电源系统。发电厂的 UPS 一般采用单相或三相正弦波输出,为机组的计算机控制系统,数据采集系统,重要机、电、炉保护系统,测量仪表及重要电磁阀等负荷提供与系统隔离的、防止干扰的、可靠的不停电交流电源。

UPS 系统一般包括整流器,逆变器,静态开关,手动维修旁路开关,输入隔离变压器,输出隔离变压器,旁路隔离变压器,旁路调压变压器,直流隔离二极管,并联运行均流控制单元,本机液晶监视器,本机诊断系统,与 DCS 的通信接口,调试、监视和维修专用通信口,负载功率因数测量装置,输入、输出滤波器,输入、输出回路开关,快速熔断器,变送器及馈线柜。UPS 系统接线如图 27 – 1 所示。

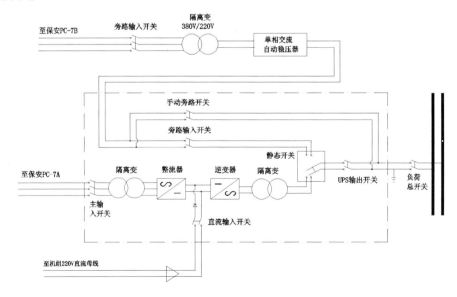

图 27 – 1　UPS 系统接线图

UPS 的工作方式有以下几种:

(1)正常运行方式。在正常运行方式下,输入电源来自保安 PC 段的 400 V 交流母线,经整流器转换为直流,再经逆变器转换为 220 V 交流,并通过静态切换开关送至 UPS 主母线(其间还要通过一个手动旁路开关 S)。

(2)当整流器故障或正常工作电源失去时,将由蓄电池直流系统 220 V 母线通过闭锁二极管经逆变器转换为 220 V 交流,继续供电。

(3)在逆变器故障、过负荷或无输出时,通过静态切换开关自动切换为由旁路系统供电。旁路系统电源,来自事故保安段,经隔离降压变压器、稳定调压器,再经静态切换开关送至 UPS 主母线。

(4)当静态切换开关需要维修时,可手动操作旁路开关使其退出,并将 UPS 主母线切换为由旁路交流电源系统供电。

在正常情况下,逆变器和旁路电源必须保持同步,并按照旁路电源的频率输出。当逆变器输出频率和旁路电源输入频率之差大于 0.7 Hz 时,逆变器将失去同步,并按自己设定的频率输出,如旁路电源和逆变器输出频率的差小于 0.3 Hz 时,逆变器自动以 1 Hz/s 或更小的频差与旁路电源自动同步。

当逆变器输出发生过电流,过电流倍数为额定电流的 120% 时,自动切换为由旁路电源供电。当直流输入电压小于 176 V 时,逆变器自动停止工作,并自动切换为由旁路电源供电,防止逆变器在低压情况下运行而被损坏。

静态开关由一组并联反接可控硅和相应的控制板组成。由控制板控制可控硅的切换,逆变器故障或过载时,会自动切至旁路电源运行,并发出报警信号,总的切换时间不大于 4 ms。逆变器恢复正常后,经适当延时切回逆变器运行,切换逻辑保证手动切换和自动切换过程中连续供电。

手动旁路开关用于当逆变器检修时将逆变器输出切换至旁路电源。手动旁路开关有两个位置:ON、OFF。ON:负载由手动旁路供电,静态开关和负载母线隔离,静态开关和旁路电源隔离,逆变器同步信号切断。可对 UPS 进行检测,或停电维护。OFF:负载由逆变器供电,静态开关随时可以自动切换为正常工作状态。旁路隔离稳压柜包括旁路隔离变压器、旁路稳压调压器、伺服电机控制回路。调压有自动和手动两种方式。

二、UPS 的运行

1.启停操作原则

当 UPS 正常启动或因低电压关机后启动,逆变器只有在直流电压达到额定

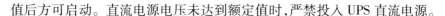

值后方可启动。直流电源电压未达到额定值时,严禁投入 UPS 直流电源。

2. UPS 系统的投运

合上 UPS 装置旁路输入开关,检查并确认 UPS 装置旁路自检正常;将 REC-TIFIER 开关和 ST、SW 开关打到"ON"位置,等待约 1 min 后将 BATTERY 开关打到"ON"位置;UPS 会进行一系列自检(大概要 1 min),在自检完毕后 LCD 面板上将显示"UPS OFF";按一次"ON/OFF"按钮,等待约 40 s 后 LCD 上会显示输出电压;确认逆变器指示灯 INVERTER 点亮;如果没有主输入或旁路输入,LCD 会显示"B/P/INPUT LOW";将 OUTPUT 开关打到"ON"位置,UPS 可以带负载运行。

3. UPS 的停运

关闭 UPS 所接的所有负载;在控制面板上连按两次"ON/OFF"按钮;将 UPS 上的所有开关打到"OFF"位置;大约 3 min,DC 母线电容电量放完后,前面板上的指示灯才会熄灭。

4. 进入维修旁路模式

维修旁路允许 UPS 在不影响负载的情况下(输出不中断)将 UPS 关机,以进行维修。但必须按照下列步骤完成"先合后断"操作。

进入维修旁路模式的步骤:

(1)确认前面板上的 SYNC 和 BYPASS 指示灯是绿色的;连按两次"B/P INV"按钮,将 UPS 转到旁路供电模式;确认 B/P 指示灯点亮(红色)。

(2)将 MAINT BYPASS 开关打到"ON"位置;将 OUTPUT 开关打到"OFF"位置。

(3)连按两次"ON/OFF"按钮将 UPS 关闭;将 ST、SW、RECTIFIER 和 BAT-TERY 开关打到"OFF"位置;当前面板上的所有指示灯都熄灭后,即可对 UPS 内部进行维护。

5. 退出维修旁路模式

(1)确认 OUTPUT 开关在"OFF"状态;合上 RECTIFIER、ST、SW 和 BAT-TERY 开关;确认 LCD 上显示"SELF – CHECK OK"的信息,接着会自动显示"UPS OFF"。

(2)按一次"ON/OFF"按钮后等待约 40 s,直到 LCD 上显示"UPS OK"的信息;连按两次"B/P INV"按钮将 UPS 转到旁路供电模式;确认 B/P 指示灯点亮

（红色）。

（3）合上 OUTPUT 开关,将 MAINT BYPASS 开关打到"OFF"位置。

（4）通过按"B/P INV"按钮将 UPS 转回到逆变器供电模式,确认前面板上的 INV 指示灯点亮（绿色）。

（5）严禁在 UPS 非旁路供电的模式下操作 MAINT BYPASS 开关（B/P 指示灯红灯点亮的情况下才可操作）。

第二节 柴油发电机

发电厂的柴油发电机组,是专门为大型单元机组配置的交流事故保安电源。当电网发生事故或其他原因致使厂用电长时间停电时,它可以给机组提供安全停机所必需的交流电源,如汽轮机的盘车电动机电源、顶轴油泵电源、交流润滑油泵电源,从而保证机组在停机过程中不被损坏。目前,单机容量为 200 MW 及以上的发电厂中,普遍采用专用柴油发电机组作为交流事故保安电源。

一、柴油发电机组的特点和功能

1. 特点

柴油发电机组的保安备用电源系统有一套完整的设备。它的主要特点有:

（1）运行不受电力系统运行状态的影响,它是独立、可靠的电源。

（2）启动迅速。当厂用电中的保安段母线失去电源后,柴油发电机组能在 15 s 之内自动启动,完全能够满足发电厂中允许短时间中断供电的交流事故保安负荷（如盘车电机、顶轴油泵、润滑油泵等）的供电要求。

（3）可以长期运行,能够满足长时间事故停电的供电要求。

（4）结构紧凑,辅助设备较为简单,热效率较高,经济性较好。

2. 功能

柴油发电机组有自启动功能、带负荷稳定运行功能、自动调节功能、自动控制功能、模拟试验功能和并列运行功能等。

（1）自启动功能

柴油发电机组可以保证在发电厂停电事故发生后,快速自启动带负荷运行,接到启动指令后能在 15 s 内一次自启动成功（带额定负荷运行）。这种柴油发电机组的自启动成功率很高,设计要求不小于 98%。

（2）带负荷稳定运行功能

柴油发电机组自启动成功后,无论是在带负荷过程中,还是在长期运行中,都可以稳定运行。柴油发电机组有一定的承受过负荷的能力和承受全电压直接启动异步电动机的能力。具体规定可依据现场运行规程执行。

（3）自动调节功能

柴油发电机组无论是在机组启动过程中,还是在运行中,当负荷发生变化时,都可以自动调节电压和频率,以满足负荷对供电质量的要求。

（4）自动控制功能

柴油发电机组的自动控制功能主要有:①保安段母线电压自动连续监测;②自动程序启动,远方启动,就地手动启动;③机组在运行状态下自动检测、监视、报警、保护;④自动远方停机,就地手动停机,机房紧急手动停机;⑤蓄电池自动充电;⑥预润滑预热,润滑油预热,冷却水预热。

九江电厂7号机组的柴油发电机包括康明斯柴油机、斯坦福发电机、机旁控制屏、立柜控制屏、日用柴油油箱等。柴油机与发电机采用直接耦合连接。机组的电气控制部分由机旁控制屏、立柜控制屏组成,其间采用电缆连接。正常状况下,一般通过立柜控制屏操纵机组工作。

7号机组所配发电机 PI734C 采用永磁机（PMG）无刷励磁方式,为两级励磁。自动电压调节器 AVRMX321 从永磁机定子上取用永磁机的输出电源,从主机定子采集负反馈输出电压、电流信号,与内部设定的目标电压比较后,调节输出励磁机的励磁电源电压,以达到最终调节主机定子输出电压的效果。

二、柴油发电机组的运行

1. 柴油发电机组在正常备用状态下的检查项目

（1）柴油发电机的控制方式选择开关均在自动模式,柴油发电机的"紧急停止"按钮已复位。

（2）柴油发动机的润滑油油压、水温度指示正常。控制盘直流电源指示灯亮。控制盘无异常报警灯亮。控制盘各开关位置指示正常。柴油发电机出口开关正常热备用。柴油发电机启动蓄电池电压正常,工作灯亮。

（3）柴油发电机24小时燃油箱及8小时燃油箱油位正常,一般应在上限位置。燃油各阀门位置正确。

（4）柴油发动机冷却水水位正常。柴油发动机润滑油油位正常,在规定刻度范围内。柴油发动机冷却风系统正常、无堵塞。柴油发电机组本体清洁、无异物,无漏油、漏水现象。柴油发电机组各部连接牢固,无异常松动,机体接地可靠。柴油发电机室无漏水现象,照明正常。

2. 柴油发电机组运行中的检查项目

(1)柴油发电机组运行中无异常声音,无异常振动和气味。柴油发电机24小时燃油箱和8小时燃油箱油位正常;柴油发动机润滑油油位正常,在规定刻度范围内;柴油发电机组本体无漏油、漏水现象。

(2)柴油发电机组控制盘上各参数正常;柴油发电机组控制盘上运行指示灯亮,无报警信号。经常检查柴油发动机的排烟情况,分析柴油发动机的运行状况。运行过程中,应对运行状况做好记录。

3. 柴油发电机组的维护和保养

柴油发电机绝缘电阻用 500 V 摇表测量不小于 2 MΩ。每半个月空载启动柴油机一次,并进行一次联动试验。正常运转 5 min 后转为热备用状态。每半年进行一次柴油发电机带负荷试验。

4. 柴油发电机组开机前的检查

机端控制箱空气开关拉开,并确认开关在"分"位。检查柴油机润滑油油位及冷却水箱的水位,油、水不够时要及时加满。检查柴油机油箱油位,保证有足够的燃油。检查柴油机冷却风扇和充电机皮带的松紧,如皮带松动及时联系检修人员处理。检查所有连接软管有无磨损和漏油现象。检查蓄电池电极有无腐蚀等现象。柴油发电机定子、转子绝缘合格。

5. 柴油发电机组自动控制模式启动、停止的操作步骤

(1)自动控制模式

立柜控制屏上将运行方式开关转至自动,则系统处于自动模式。在此模式下,机组接受 DCS 等控制系统的起机指令,自动指挥柴油发电机组的起/停、出口总空气开关和各分路空气开关的合/分。详细的动作程序和逻辑如下:

自动启动:在正常情况下,保安 A 段母线由工作进线开关电源保 A4971、保A4972 开关供电(B 段动作程序与此类似),发电机组处于自动备用状态。当保安母线 A 失压时,电压监测装置经过判断后,工作进线保 A4971、保 A4972 开关跳闸,进线开关保 A4972、保 A4971 投备用。如备用电源投运失败,则备用进线开关与柴油发电机跳闸,合上柴油发电机出口开关保 C4970,合上保安进线开关

保 A4973。如保安 A、B 段同时失电,则柴油发电机供电的优先顺序为先起 A 段,延时后起 B 段。

紧急启动:柴油发电机收到 DCS 控制室发来的硬手操启动命令,则柴油发电机强行启动,A、B 段工作进线开关保 A4971、保 A4972 和备用进线开关保 B4972、保 B4971 跳闸。合上 A 段保安进线开关保 A4973,在第二时限合上 B 段保安进线开关保 B4973,最终带动两段保安段母线工作。

恢复电源供电的切换:保安段进线电源恢复正常后,经柴油发电机组的同期装置进行自动切换。具体步骤包括:①从柴油机供电切换至由 DCS 所选择的恢复供电开关供电;②从另一路电源供电恢复至由 DCS 所选择的恢复供电开关供电。

机组自动停机:在收到遥停柴油发电机组的指令后,自动断开机组出口断路器开关保 C4970,机组空载运行 5 min 后自动停机。

(2)手动控制模式

①在机旁控制柜上控制机组

机旁控制柜上的运行模式开关选择人工控制位(MAN),按下"I"键,将运行指令发给机组,机组启动运行。如首次启动不成功,则在内部设定好的时间间隔后,机组自动进入第二次启动,总共可循环三次。如启动三次后还没有成功,则故障停机,发出三次启动失败报警信号。

机组运行过程中,通过柜体面板上的参数表和 EMS 面板上的状态指示灯、液晶显示区等,可查看机组的机油压力、冷却水温、润滑油温、启动蓄电池的电压、柴油机的转速、机组的运行时间。结合运行中发生的故障,可观察到机组故障代码和故障内容。按下"O"键,则发出机组停机指令;停机过程中,STOP 指示灯亮。按下"急停"按钮,可使机组紧急故障停机。

②在立柜控制屏上控制机组

将立柜控制屏上的控制模式开关置于手动位置,机旁控制柜上的运行模式开关为自动控制(AUTO),按下"机组运行"按钮,此按钮与机旁控制柜上的"I"键功能相同。

机组运行过程中,同样可查看机旁控制柜上的柴油机的运行参数和状态,同时也可在立柜控制屏上浏览电量参数和其他的状态信息。

按下"急停"按钮,可使机组紧急故障停机。

③失电状况下在立柜控制屏上人工送电

失电状况下,如机组自动启动运行或送电不成功,可将机组控制模式开关转至人工控制位置。

如立柜控制系统整体失灵,则按照(1)中介绍的方法先启动机组,在机组运行稳定后,直接按下机组出口开关面板上的"合闸"按钮,合上开关,让电能输出到对应保安段的负载上。

如立柜控制系统整体正常,则按照(2)中介绍的方法先启动机组,在机组运行稳定后,按下机组出口开关 K0 的"合闸"按钮,合上开关,让电能输出到对应保安段的负载上。

④工作电源正常状态下的机组并网带载运行

确保保安 A(B)母线段有电,保 A4973(保 B4973)开关的联锁开关切至"解除"位置。按照(2)中介绍的方法先启动机组,按下机组出口总空气断路器开关保 C4970 的"合闸"按钮,然后将并网控制开关拨至 A(B)并网加载档"A +"(B +),则机组进入自动同步,自动合上 A(B)保安段柴油机的进线空气开关保 A4973(保 B4973),自动加载到预定的负载量,并以预定的负载量在电网上稳步运行。

将并网控制开关拨至 A(B)段卸载离网档"A −"(B −),则机组自动卸载、自动断开 A(B)保安段柴油机的进线空气开关保 A4973(保 B4973)。

按下机组出口总空气断路器开关保 C4970 的"分闸"按钮。按下"机组停机"按钮,使机组停机。

二、事故处理

1. 发动机本体故障诊断

(1)发动机不能转动或转动缓慢

原因	处理方法
使用的机油不对	更换机油和滤油器;使用 15W −40 机油
机油温度低	检查冷却水加热器
电瓶额定容量太低	换上容量正确的电瓶
外部或内部因素影响发动机曲轴转动	检查发动机,使其曲轴转动正常
电瓶接线断裂、松动或腐蚀	检查电瓶接线情况

续表

原因	处理方法
电瓶充电不足	检查电瓶液面、比重和充电器工作状况
启动电路元件失灵	检查启动电路元件

（2）动机难启动或不启动（出现排烟现象）

原因	处理方法
发动机转速低（小于 150 r/min）	检查启动系统
发动机传动机构咬死	分离发动机传动机构
天气寒冷时需冷启动装置或装置工作不正常	检查冷却水加热器
燃油滤清器堵塞	更换燃油滤清器
燃油系统中有空气	检查燃油管道中有无空气，旋紧燃油管接头和滤清器，检查油箱支架管
燃油吸管堵塞	检查燃油管路阻塞情况
进气系统不畅	检查进气系统是否通畅
燃油被污染	使用临时油箱，开动油机进行比较

（3）发动机能够转动，但不能启动（排气管无烟）

原因	处理方法
油箱中无燃油	加燃油
截止阀关闭	使用手动控制装置修理相关电器
喷油器无油	松开燃油泵与气缸盖之间的供油管，同时开机检查有无供油
燃油泵吸油侧接头松动	拧紧油箱、油泵之间的管路接头，和所有燃油滤清器连接
燃油滤清器堵塞或吸油管不畅	更换燃油滤清器，检查燃油软管有无不畅现象
燃油泵无油	给燃油泵加入燃油
进气或排气不畅	检查进气、排气系统，找出不通畅之处

（4）发动机能够启动，但不能持续运行

原因	处理方法
燃油系统内有空气	检查燃油中有无空气,拧紧燃油管接头,拧紧滤清器,检查燃油箱支架管
发动机传动机构咬死	分离发动机传动机构
燃油滤清器堵塞或燃油因天气寒冷结蜡	更换燃油滤清器,视天气情况使用燃油加热器
燃油吸入管不畅	检查燃油管路堵塞处
燃油被污染	使用临时油箱启动油机进行比较

(5)发动机无法停机

原因	处理方法
燃油泵手控阀打开	检查后使手控阀螺丝不要移位至最大行程
燃油泵截止阀用油环被卡住	检查有关电器的开关情况
燃油箱孔堵塞	清除或更换油箱孔
燃油排放管不畅	检查燃油排放管,找出折叠、褶皱或被夹之处
发动机运转时排烟被吸入进气系统	找出并隔离烟雾源

(6)润滑油压力低

原因	处理方法
油面不正常	检查机油是否渗漏,增加或排放机油,检查油尺刻度
机油压力表失灵	检查机油压力表
机油被燃油稀释	换机油。如再被稀释,与特约维修站联系
机油规格不对	换机油,检查机油规格
机油温度高于正常温度(120 ℃)	检查机油油位和机组的通风散热情况

(7)冷却液温度高于正常水平

原因	处理方法
冷却液液面低	增加冷却液
散热器散热片损坏或被杂质堵住(外部)	检查散热器散热片,必要时进行清洁或维修
散热器软管损坏或不通	检查软管,必要时更换
风扇皮带盘变松	检查皮带张力,必要时上紧
机油油面不正常	增加或排放机油,检查油尺刻度
冷却风扇屏板损坏或去失	检查屏板,必要时维修或更换

续表

原因	处理方法
散热器盖使用不当或失灵	检查散热器盖,必要时更换
温度表失灵	检查仪表,必要时维修或更换
散热器百叶片未全开,或保暖盖未打开	检查百叶片,必要时维修或更换,打开保暖盖

（8）冷却液温度低于正常水平

原因	处理方法
散热器百叶片停留在开的位置或开得太早	检查百叶片,必要时维修或更换
温度表失灵	检查温度表,必要时维修或更换

（9）负载下排烟过多

原因	处理方法
进气系统不畅	检查进气系统是否通畅
增压器和缸盖之间空气泄漏	检查空气泄漏情况
燃油规格错误	换燃油
气门或喷油器调节错误	调节气门或喷油器
燃油排放管不畅	检查燃油回流系统,找出折叠、褶皱或被夹之处

（10）发动机输出功率低

原因	处理方法
负载超出额定功率过多	减小负载
燃油吸油管或燃油滤清器堵塞	查找燃油管堵塞处,更换燃油滤清器
润滑油油面过高	检查油尺刻度和机油盘容量
进、排气系统不畅	检查进、排气系统
燃油中有空气	检查燃油中有无空气,拧紧燃油接管接头和滤油器,检查油箱支管
燃油排放管路不畅或油箱孔堵塞	检查燃油排放管,找出折叠、褶皱、被夹之处,清洁或更换油箱孔
气门或喷油器调节不当	调节气门或喷油器
燃油质量差	使用备有优质燃油的备用油箱,试开发动机
进气温度高(大于38 ℃)	天气温暖时,将外部空气供给增压器

续表

原因	处理方法
进气温度低(小于 0 ℃)	天气寒冷时,使用加热空气
燃油温度高(大于 70 ℃)	向油箱注满燃油,关掉燃油加热器,使燃油最高温度为 70 ℃

(11)负载的发动机达不到额定转速

原因	处理方法
负载超过发动机额定功率	减少负载
转速表失灵	使用手动转速表进行检查
燃油吸油管堵塞	检查燃油输入有无堵塞

(12)空载时冒白烟或运转不稳定

原因	处理方法
冷却液温度低	见"冷却液温度低于正常水平"处理方法
燃油质量差	使用备有优质燃油的油箱,试开发动机

2.电子调速器故障诊断

(1)发动机不能起动

原因	处理方法
柴油箱无油或阀门未打开	加油或打开阀门
无燃料进入气缸盖	接通启动马达,松开气缸盖上的燃油管,检查油管止回阀
无燃料经过油泵上的电磁阀	手动打开电磁阀
电磁阀电路有问题	检查开关上的电压,重调线路断电器,重调超速停止开关,检查安全控制器,检查电磁阀线圈电压,检查线路
无燃料通到电磁阀	松开电磁开关阀上的管塞,并盘动曲轴
无燃料通过正常关闭的执行器	检查执行器电源,检查控制器的输入、输出电源
正常打开执行器,正常关闭控制器	更换执行器或控制器使之一致
执行器正常关闭,控制器正常打开,无电磁传输信号	查明电磁传感器信号消失原因,并修好传感器,更换执行器或控制器

3.发电机部分

（1）所有 AVR 故障诊断

现象	处理方法
机组启动时无电压	检查转速；检查剩磁电压；按励磁分离试验法的步骤检验发电机和 AVR
空载时或负载时,电压不稳定	检查转速稳定性；检查稳定性设定
空载或负载时,电压过高	检查转速；检查发电机负载是否容性负载（功率因数超前）
空载时,电压过低	检查转速；检查接线处和电压调节电位器是否连接完好
加载时,电压过低	检查转速；检查 UFRO 的设定；检查无功负载和 AVR 的 DROOP 设定
并网运行时,发生失磁故障	检查 AVR 的输入、输出电源；检查旋转整流子

第二十八章　发电厂电气一次接线

将发电机、变压器、断路器和隔离开关等电气一次设备按照功能要求或预定的方式连接起来,构成完成生产、转换和分配电能任务的电路,称为电气一次接线或电气一次系统。其中,承担向厂外系统或电力用户输送电能任务的部分称为电气主接线。电气主接线反映了发电厂中电能生产、转换、输送和分配的关系以及各种运行方式。将由电气一次设备构成的电气一次接线用规定的图形符号和文字符号以单线图的形式绘制而成的电路图,称为电气一次接线图。

第一节　发电厂电气主接线

发电厂电气主接线代表了发电厂电气系统的主体结构,是电力系统网络的重要组成部分,直接影响着发电厂乃至整个系统的运行可靠性和灵活性,对一次设备的选定和二次系统的构成都起着决定性作用。因此电气主接线必须满足可靠性、灵活性和经济性三个方面的基本要求。首先,根据发电厂在电力系统中的地位和作用、电压等级的高低、负荷大小和性质等,电气主接线应能保证必要的供电可靠性和电能质量,特别是保证对重要负荷的供电。设备检修和发生事故时,停电时间应尽可能短,影响范围应尽可能小,尽可能降低事故的影响。其次,电气主接线应能适应各种运行状态,适应各种工作情况。特别是当一部分设备检修或工作情况发生变化时,电气主接线应能灵活方便地倒换运行方式,做到调度灵活,不中断向用户的供电。在扩建时应能方便地从初期扩建到最终接线。再次,在满足上述可靠性和灵活性的前提下,电气主接线应尽可能降低投资,压缩占地,减少电能损耗,以保证经济、合理。

对一个电厂而言,电气主接线在电厂设计时就根据机组容量、电厂规模及电厂在电力系统中的地位等,从供电的可靠性,运行的灵活性、方便性、经济性,发展和扩建的可能性等方面,经综合比较后确定。

我国 600 MW 机组发电厂中的电气主接线,其发电机端采用单元接线,升高电压级主要采用一台半断路器接线(即 3/2 接线)、3～5 角形接线、双母线接线及双母线分段接线等形式。对机组容量在 600 MW 及以上的电气主接线可靠性方面提出的特殊要求如下:①任何开关的检修,不得影响对用户的供电;②任一进、出线开关故障或拒动,不得切除一台以上机组及相应线路;③任一台开关检修和另一台开关故障或拒动相重合,以及分段运行或母联开关故障或拒动时,不应切除两台以上机组及相应线路。

一、600 MW 及以上机组发电厂电气主接线的基本形式

600 MW 及以上汽轮发电机组电厂有关的电气主接线基本接线形式主要有:双母线接线、一台半断路器接线(3/2 接线)、单元接线等。其中:一台半断路器接线一般用于 500 kV 系统;双母线接线多用于 220 kV 系统,也用于 500 kV 系统。

1. 双母线接线

每一回路的进、出线都各用一台断路器和两组隔离开关分别接入两组母线,两组母线之间通过母线联络断路器(简称母联断路器或母联)连接,这种接线形式称为双母线接线,如图 28－1 所示。在双母线接线中,母联断路器 QF 起到联系两组母线 W1、W2 的作用,两组母线可以同时运行,也可以一组母线运行,另一组母线备用(互为备用)。

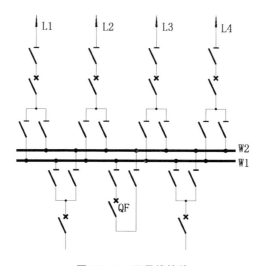

图 28－1 双母线接线

双母线接线具有较高的可靠性和灵活性。首先,通过两组母线隔离开关的倒换操作,可以轮流检修一组母线而不会使供电中断;一组母线故障后,通过倒闸操作能迅速恢复供电;检修任一回路的母线隔离开关时,只需断开该隔离开关所在的回路和与该隔离开关相连的母线,其他回路均可通过另一组母线继续正常运行。各电源和各回路的出线可以任意分配到某一组母线上,并通过倒闸操作实现各种正常运行方式的转换,灵活地适应各种运行条件和潮流变化的需要。

当两组母线同时运行且母联断路器闭合时,电源与负荷平均分配在两组母线上,相当于单母线分段(或称双母线并列)运行方式,通常称为双母线并列运行方式,也是电力系统中双母线接线的常见运行方式。每一回路的进、出线既可以运行于第一组母线 W1,也可以运行于第二组母线 W2。但通常情况下,各回进、出线总是固定连接在某一组母线上而不随意变更,即每一回路的进、出线与两组母线的连接关系是固定的,这就是所谓的固定连接方式。

当两组母线同时运行而母联断路器断开(处于热备用状态)时,各进、出线分别接在两组母线上,相当于单母线硬分段(或称双母线分列)运行方式,通常简称分母运行方式。此时这个电厂相当于分裂为两个电厂各自向系统送电。

当母联断路器断开(处于热备用状态),一组母线运行,另一组母线备用,全部进、出线都接在运行母线上时,即为单母线运行方式;两组母线同时工作,并且通过母联断路器并列运行,电源与负荷平均分配在两组母线上,且每一回路的进、出线与两组母线的连接关系是固定的,此为固定连接方式,也是目前生产中采用的正常运行方式。显然两组母线并列运行的供电可靠性比仅用一组母线运行时高。

双母线接线扩建方便。向双母线任何方向扩建,均不会影响两组母线的电源和负荷自由组合分配,在施工中也不会造成原有回路停电,因而有利于今后扩建。

在有特殊需要时,双母线接线可以用母联与系统进行同期或解列操作。当个别回路需要独立工作或进行试验(如发电机或线路检修后需要试验)时,可将该回路单独接到备用母线上运行。

双母线接线具有供电可靠、调度灵活、扩建方便的优点,在电力系统中应用广泛,并已积累了丰富的运行经验。但这种接线使用设备多,配电装置较复杂,投资较大;在运行中隔离开关作为操作电器,容易发生误操作。尤其是当母线出现故障时,须短时切换较多电源和负荷;当检修出线断路器时,仍然会使该回路停电。因此,必要时须采用母线分段和增设旁路母线等措施对双母线接线进行改进,形成双母线分段(三分段或四分段)接线或双母线带旁路接线。

2. 一台半断路器接线

每两个回路(出线或电源)用三台断路器构成一串接至两组母线,称为一台半断路器接线,如图28-2所示。接线中的断路器台数与进、出线回路数之比为1.5,所以称为一台半断路器接线,又称为3/2接线或一又二分之一接线。在一个完整串中,两个回路(进线或出线,比如回路 L1 和 T1)各自经一台断路器(QF1 和 QF3)接至不同的母线(W1 和 W2),两回路之间经联络断路器(QF2)连接。

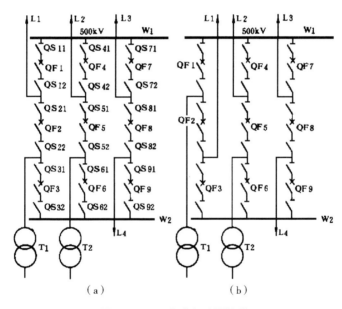

图28-2　一台半断路器接线

(a)常规布置　(b)交叉布置

正常运行时,两组母线和同一串的三个断路器都投入工作,称为完整串运行,形成多环路状供电,具有很高的可靠性。它既是一种双母线接线,又是一种多环接线。因此,一个半断路器接线兼有环形接线和双母线接线的优点,克服了一般双母线接线和环形(角形)接线的缺点,是一种布置清晰、可靠性很高和运行灵活的接线。一个半断路器接线与双母线带旁路接线比较,隔离开关少,配电装置结构简单,占地面积小,土建投资少,隔离开关不当作操作电器使用,不易因误操作造成事故。分析图 28 - 2(a)所示的接线,其主要优点如下。

(1)任何一组母线或一台断路器检修时

任一母线或任一断路器检修需退出工作时都不会造成停电,并且隔离开关不参与倒闸操作,减少了误操作引起事故的可能性。例如:500 kV W1 母线检修,只要断开 QF1、QF4、QF7、QS12、QS42、QS72 等即可,不影响供电,并可以检修 W1 母线上的 QS11、QS41、QS71 等母线隔离开关。QF1 检修时,只需断开 QF1 及 QS11、QS12 即可,也不用旁路。一串中任何一台断路器退出或检修的运行方式称为不完整串运行。

(2)一个元件故障的情况

①任何一组母线故障不会造成机组和出线停电。如 500 kV W2 母线故障时,保护动作,QF3、QF6、QF9 跳闸,其他进、出线能继续工作,并通过 W1 母线并联运行。

②一台断路器故障最多影响二回进、出线停电。靠近母线侧断路器故障时,只会造成一回进、出线停电。如 QF1 故障,QF2、QF4 和 QF7 跳闸,只造成 L1 出线停运。进、出线之间联络断路器故障时,将造成二回进、出线停电。例如,QF2 故障,QF1、QF3 跳闸,将使 T1 和 L1 停运。

(3)一个元件正常检修,又发生另一个元件故障的情况

①500 kV W1 母线检修(QF1、QF4、QF7 断开),W2 母线又发生故障时,母线保护动作,QF3、QF6、QF9 跳闸,但不影响电厂向外供电,但若出线并未通过系统连接,则各机组将在不同的系统运行,潮流可能因为不均衡而重新分布;而无电源串的出线将停电。

②一台断路器检修,同时一组母线故障,最多造成一回进、出线停电。例如,QF2 检修,W2 母线故障,T1 停运。又如:I 段母线故障,则 L1 停运;而靠近母线侧的一台断路器检修时,一组母线又故障,则不造成进、出线停电。

③一台断路器检修,另外一台断路器故障,一般情况下只会造成二回进、出线停电,但在某些情况下可能出现同名进、出线全部停电的情况。例如,当只有 T1、T2 两串时,QF2 检修,QF6 故障,则 QF3、QF5 跳闸,则 T1、T2 将停运,即两台机组全停。又如,L1、L2 系同名双回线,当 QF2 检修,QF4 出故障,则 QF1、QF5 和 QF7 跳闸,L1 和 L2 同时停运。

（4）线路发生故障而断路器拒动,最多停二回进、出线。例如,L2 线路故障,QF4 跳闸,而 QF5 拒动,则 QF6 跳闸,使 T2 停运;若 QF5 跳闸,QF4 拒动,扩大到 QF1、QF7 跳闸,使 I 段母线停运,但不影响其他进、出线运行。

一台半断路器接线的缺点是所用开关电器较多,造价较高,并要求进、出线回路数为双数。由于每一回路有两个断路器,进、出线故障将引起两个断路器跳闸,增加了断路器的维护工作量。另外继电保护的设置也比双母线复杂一些。

3. 单元接线

（1）发电机—变压器组单元接线

发电机出口,经主变压器构成发电机—变压器组,直接接入高电压系统的接线,称为发电机—变压器组单元接线。实际上,这种单元接线往往只是整个电厂主接线的一部分或一条回路,大型发电厂一般有若干个类似的单元。

发电机—双绕组变压器组成的单元接线,是大型机组普遍采用的接线方式。发电机与变压器的容量相匹配。如 660 MW(733 MVA)机组配备 800 MVA 的主变,以满足发电机带满负荷并扣除部分厂用电负荷时送出功率的需要。

（2）发电机—变压器—线路组单元接线

发电机与主变压器直接连接,而主变压器高压侧直接与一条输电线路相连接,单独送电。发电厂内不设开关站,各台主变压器之间没有电气直接连接,厂内主变压器台数与线路条数相等。每台发电机—变压器组单元各自单独送电至一个或多个开关站或变电所。主变压器高压侧一般在厂内装设一台高压断路器,作为元件保护和线路保护的断开点,也可作同期操作之用。

九江电厂 7 号机组采用发电机—变压器组单元接线方式。7 号发变组分别通过主变 220 kV 绕组与 220 kV 母线连接。220 kV 升压站采用双母线接线方式,装设有母联开关,IV 期 220 kV I 段母线与 III 期 220 kV I 段母线直接相连,IV 期 220 kV II 段 B 母线通过联络开关与 III 期 220 kV II 段 A 母线相连,分别通过浔市线、浔妙 II 线、浔威 I 线、浔威 II 线、浔港线、浔妙 I 线、浔庐线、浔湖 I 线、浔山线与江西电网联网。如图 28－3 所示。

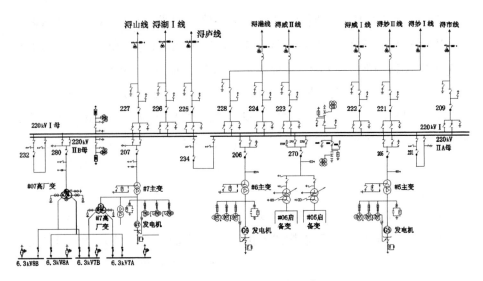

图 28 – 3　220 kV 电气一次系统图

第二节　电气一次系统的运行

九江电厂 220 kV 系统 I、IIA 母线经母联 231 开关并列运行,I、IIB 母线经母联 232 开关并列运行,IIA、IIB 母线经联络开关 234 开关并列运行,I、IIA、IIB 母线的"PT"均随其母线接入。5 号主变 205 开关、浔湖 I 线 226 开关、浔妙 I 线 228 开关、浔威 I 线 222 开关、浔市线 219 开关、07 号高备变 280 开关接于 I 母线运行。6 号主变 206 开关、浔港线 224 开关、浔威 II 线 223 开关、浔妙 II 线 221 开关、05、06 号启备变 270 开关接于 IIA 母线运行。7 号主变 207 开关、浔山线 227 开关、浔庐线 225 开关接于 IIB 母线运行。7 号主变压器 220 kV 侧中性点接地刀闸按中调命令执行。07 号高备变应与运行机组接于不同母线。07 号高备变做机组备用电源时,高压侧 280 开关应在合闸位置。07 号高备变高压侧中性点固定接地,低压侧中性点经中阻接地。

一、电气一次系统的运行

1. 电气设备的几种状态

(1)运行状态:开关和刀闸均在"合"位置,设备已带电,有关保护均投入;控制屏上开关位置指示红灯亮,刀闸指示在"合"位置。

（2）热备用状态：刀闸在"合"位置，操闸和合闸电源保险、开关均送上，有关保护均投入，一经合闸即可投入运行；控制屏上开关位置指示绿灯亮，刀闸指示在"合"位置。

（3）冷备用状态：开关和刀闸均在拉开位置，开关的操闸和合闸电源开关或保险已拉开，控制屏上开关的位置灯均不亮。

（4）检修状态：除要满足冷备用状态的所有操作要求外，还要在该电气设备一、二次回路中按检修工作票的要求，做好安全措施（小车开关应拖出柜外）。

2.倒闸操作的基本原则

（1）在拉闸、合闸时，必须用开关接通或拉开负荷电流，严禁用刀闸进行带负荷拉、合闸。拉、合刀闸前，必须检查开关三相在"分闸"位置。"拉出"和"推入"小车开关前，必须先检查并确认开关在"分闸"位置。

（2）停电拉闸的操作程序必须按照先拉开开关，后拉负荷侧（或线路侧）刀闸，再拉电源侧（或母线侧）刀闸的顺序依次操作；送电合闸的顺序与此相反。

（3）变压器停电操作时，应先拉开负荷侧（低压侧）开关，后拉开电源侧（或高压侧）开关，先拉开负荷侧刀闸，后拉开电源侧刀闸；送电操作的顺序与上述顺序相反。

（4）母线电压互感器停电时，应先拉开二次侧空气小开关，再拉开一次侧刀闸。送电操作的顺序与上述顺序相反。

（5）110 kV 及以上主变停电和送电时，必须合上中性点接地刀闸（运行中，主变中性点接地方式按调度要求执行）。冷备用状态下，主变中性点应拉开。

（6）对主变充电，一般应按照先对高压侧充电的原则进行。

（7）220 kV 感性电压互感器的投入和退出，必须在母线带电的情况下进行，以避免产生谐振。

（8）可使用刀闸拉、合电压互感器和避雷器；拉、合空载母线和直接接在母线上的设备的电容设备；拉、合变压器中性点接地刀闸；拉、合母联开关合上时的倒母线等电位。

3.倒闸操作的注意事项

（1）在操作前必须了解系统的运行方式、负荷潮流、继保及安全自动装置等情况，并考虑电源和负荷的合理分布、系统的稳定性以及系统运行方式的调整情况。

（2）送电前必须终结、收回并检查有关工作票,拆除安全措施。

（3）严禁约时停、送电的远方操作。

（4）在有雷电、下暴雨、大雾天及交接班前20分钟内均不得进行户外正常操作,事故处理例外。

（5）操作中如有疑问时,应停止操作,搞清楚后方可继续操作。若误操作,应立即停止操作,并保护现场、待命处理。

4. 倒闸操作中的规定

（1）倒闸操作必须遵守电业安全工作规程中关于倒闸操作的有关规定。

（2）倒闸操作必须根据设备管辖范围,按相应级别的调度员或值长的命令,经复诵无误后执行。

（3）倒闸操作时,不允许将设备的电气和机械防误闭锁装置退出;如需退出,必须经值长同意。

（4）厂用电系统操作时应注意母线电压一致并防止非同期并列。高厂变、高备变均不允许长期并列运行,在厂用电系统电源倒换时,允许短时并列操作。

（5）电气设备投入运行和备用前,必须先投入其相应的保护。拉、合刀闸前必须检查相应开关是否在拉开位置。拉、合刀闸后应检查刀口开度或刀口接触情况。

（6）严禁带负荷拉、合刀闸。如果出现带负荷误拉、合刀闸操作,则应注意:

①误拉的刀闸在未断弧前应迅速合上,如已断弧,严禁重新合上。

②误合的刀闸已合上时,严禁重新拉开。

（7）220 kV 母线充电后,再将母线 PT 投入;母线停电前,应先将 PT 退出。

5. 220 kV 线路由运行转冷备用的操作步骤

（1）根据调度命令调整保护。

（2）拉开线路开关,检查并确认线路开关在"分闸"位置。

（3）拉开线路侧刀闸,检查并确认刀闸已拉开。

（4）拉开母线侧刀闸,检查并确认刀闸已拉开。

（5）检查并确认刀闸位置继电器转换正确。

（6）按规定退出该线路开关有关保护压板,调整稳控装置。

（7）拉开该线路开关的控制、保护电源开关,取下控制电源保险。

（8）按规定调整 220 kV 母线保护使其符合现在的运行方式。

（9）将"事故总切换开关"由"运行1"位置切至"检修2"位置。

6.220 kV 线路由检修转运行的操作步骤

（1）检查工作已结束,工作票终结,安全措施全部拆除,线路开关在"分"位置。

（2）合上直流分配屏上该线路开关的直流电源开关。

（3）送上该线路开关控制屏的保护和控制电源开关。

（4）按规定投入该线路有关保护。

（5）合上母线侧刀闸交流电源及控制电源的开关;合上线路侧刀闸交流电源及控制电源的开关;合上母线侧刀闸,检查并确认刀闸已合好;合上线路侧刀闸,检查并确认刀闸已合好。

（6）在三期值长台上的 AVC 电脑内检查线路并确认无异常告警信号,将"事故总切换开关"由"检修2"位置切至"运行1"位置。同时合上该线路开关,检查线路开关是否在"合闸"位置。检查三相电流是否正常。

7.220 kV 由双母线运行转单母线运行的操作步骤

（1）检查并确认母联231(232)开关在"合闸"位置。调整母差保护,投入互联压板。

（2）拉开母联231(232)开关的控制电源开关。

（3）将要停电的母线上运行的元件倒至正常运行的母线上。

（4）拉开停电母线 PT 的二次侧开关。拉开停电母线 PT 的一次侧刀闸,检查刀闸是否已拉开,拉开刀闸控制电源开关。

（5）送上母联231(232)开关的控制开关。调整母差保护,退出互联压板。

（6）检查并确认母联231(232)开关电流为零,拉开母联开关,检查并确认停电母线电压、周波为零。检查并确认母联231(232)开关在"分闸"位置,拉开母联开关两侧刀闸,拉开刀闸控制电源和交流电源开关。

（7）拉开母联开关控制电源开关、保护直流电源开关。

（8）根据运行方式投入分列压板。将事故总信号小开关切至"检修2"位置。按需要布置安全措施。

8.220 kV 单母线运行转为双母线运行方式的操作步骤

（1）检查工作已结束,工作票已终结,安全措施已全部拆除。

（2）合上直流分配屏上母联开关的直流电源开关。合上母联开关控制屏上的控制电源开关。合上母联开关的保护电源开关。

（3）检查并确认母联开关在"分闸"位置。合上母联开关储能电机的电源开关,检查开关弹簧储能是否正常。

（4）电动合上母联开关两侧刀闸,检查并确认刀闸已合好,刀闸位置继电器转换正确。

（5）退出分列压板,检查并确认无告警信号,将事故信号开关切至"运行1"位置。

（6）合上母联开关,检查并确认母联开关在"合闸"位置,送电母线电压正常,退出充电保护。

（7）合上待送电母线 PT 的一次侧刀闸,检查并确认刀闸已合好。合上待送电母线 PT 的二次侧开关。按调度命令调整母差保护。拉开母联开关的控制电源开关。按标准运行方式进行负荷倒换。合上母联开关的控制电源开关。按规定调整保护装置和稳控装置。

二、事故处理

1. 事故处理的主要任务

（1）迅速限制事故的发展,消除事故根源,解除对人身和设备安全的威胁。

（2）尽一切可能保持正常设备的运行,以保证对重要用户和厂用电的正常供电。

（3）保持和尽快恢复厂用电,特别是保安电源、直流电源、UPS 电源的可靠供电。

（4）维持非故障设备的稳定运行。

（5）尽快恢复机组运行和系统运行方式。

2. 事故处理顺序

（1）根据 CRT 显示屏上显示的信息、各种声光报警信号、继电保护及自动装置的动作情况、仪表和计算机的打印记录、设备的外部象征等全面判断故障情况。

（2）迅速解除对人身和设备的威胁,必要时应停止设备运行,避免事故扩大。

（3）将故障设备与非故障设备隔离,维持非故障设备的正常运行,必要时启动备用设备。

（4）进行必要的检查和测试，进一步判断故障性质、地点及范围。

（5）进行调整和操作，使设备尽快恢复正常运行。

（6）设备损坏需要检修时，应做好安全措施，联系检修人员处理。

3. 事故处理的注意事项

（1）发生事故时，应在值长的统一指挥下沉着、冷静、迅速、果断地积极处理，并根据事故的性质、地点及范围迅速向有关领导和省调报告。

（2）发生事故时，外出巡视检查或进行其他工作的人员应迅速与值班负责人取得联系，坚守自己的岗位，并将所掌握的情况立即汇报。

（3）值班人员应迅速、准确地将事故处理的每一阶段的情况向上级汇报。

（4）处理事故时可以不填写倒闸操作票，但应执行监护复诵制。

（5）在处理事故时若下一命令须根据前一命令的执行情况来确定，指挥人应等待命令执行人亲自汇报，不得经由第三者传达，也不准根据表计的指示信号来判断命令的执行情况。

（6）所有继电保护和自动装置的掉牌和报警信号，只有得到值长同意后才可复位，对复位的掉牌、报警信号应做好详细记录。

（7）处理事故时如认为上级命令有明显错误，应及时向有关领导提出。如上级领导仍然坚持，值班人员应立即执行并做好记录。

（8）事故处理完后，值班人员应将观察到的现象和事故处理情况如实填写在记录本上，以便分析事故、查找原因，值长应将事故记录收集好。

（9）在交接班手续未办理完而发生事故时，应由交班值处理，接班值协助配合。在系统未恢复稳定状态或值长不同意交班时不得进行交接班。只有在事故处理告一段落或值长同意交接班后方可进行交接班。

（10）发生事故时若与调度通信失败，应按运行规程进行必要的处理，同时设法与调度取得联系。

4. 事故处理原则

（1）调整发电机负荷，维持正常运行，向机组长、值长报告有关情况，并向有关部门联系。

（2）复归音响和闪光信号，查明跳闸原因和已自投开关，拉开已失去作用的自动装置的投入开关。

（3）当厂用室、升压站等电气设备有明显爆炸声、短路现象时，不得抢送电源,必须在隔离故障后,才能恢复送电。

(4)检查厂用电是否失电,备用电源是否自投成功。如未自投且无"低压侧过流""零序过流"保护动作信号,应立即强送备用电源开关一次,强送不成功或自投后又跳闸,则不得再送。

(5)如厂用电无备用电源或备用电源开关拒绝合闸,工作电源未发出主保护动作信号(指差动、瓦斯、速断、低压侧过流、零序过流)时,可再强送工作电源开关一次,若强送不成功不得再送。

(6)检查光字牌和继保动作情况,迅速确定故障范围,判明是否越级跳闸。如系越级跳闸,应迅速拉开拒动开关,隔离故障点,恢复正常运行。

(7)事故情况下,MCC柜失去电源时,应拉开失电侧刀闸,合上备用侧刀闸,即"先拉后合"。

5. 系统频率异常

处理方法:系统频率正常运行时应保持在 50 Hz,偏差不得超过 ±0.2 Hz。当系统频率降至 49.79 Hz ~ 49.00 Hz 时应立即向省调汇报,并按省调的命令增加机组出力。当系统频率低于 49.00 Hz 时,应不等待调度的命令,立即根据事故过载能力将机组出力增至最大,并向省调汇报。当系统频率在 50.20 Hz 和 50.50 Hz 之间时应立即向省调汇报,并按省调的命令降低机组出力。当系统频率突然升高至 50.50 Hz 以上时,应不等待调度的命令,立即将机组出力降至最低,并向网调汇报。

6. 系统电压异常

处理方法:

(1)220 kV 母线电压应在网调下达的中枢点电压允许范围内运行,一般不得超过规定范围的 ±5%,延续时间必须超过 2 小时;或超过规定范围的 ±10%,延续时间必须超过 1 小时。

(2)当母线电压高于正常范围时,应降低发电机无功出力,但发电机的功率不得进相超过规定值。

(3)当母线电压低于正常范围时,应增加发电机无功出力,但发电机定子电流不能超过额定值的 105%。

(4)若经过调整,220 kV 母线电压仍不能调整到允许范围内运行,应立即向网调汇报。

7. 系统振荡

同步振荡现象:发电机频率稳定,变化很小;发电机及联络线电流表、有功表周期性摆动,机组有功、无功出力不过零;电压表摆动不大;发电机嗡鸣声不大。

异步振荡现象:处于送端时发电机频率升高,处于受端时频率降低,且略有摆动;发电机、变压器和联络线的功率、电流、电压指示周期性剧烈摆动;发电机和变压器在表计摆动的同时发出有节奏的嗡鸣声;白炽照明灯随电压波动有不同程度的明暗现象;发电机强励可能动作。

同步振荡的处理方法:发生振荡时,及时向省调汇报;立即退出运行机组AGC,不要干涉发电机自动装置的动作,增加发电机的无功出力,尽可能使电压提高到最大允许值。

异步振荡的处理方法:发生振荡时,及时汇报省调;立即退出运行机组AGC,频率降低时应不等待调度的指令,增加机组的有功出力至最大,频率升高时应不等待调度的指令,减少机组的有功出力,同时应保证厂用电的正常供电。调整频率至正常,直至振荡消除。不要干涉发电机自动装置的动作,增加发电机的无功出力,尽可能使电压提高到最大允许值。发电机并列操作或失磁引起振荡时,应立即将振荡发电机与系统解列。电网发生振荡时,未得到值班调度员的允许,不得无故将机组解列。系统恢复稳定后,值班人员应及时检查运行设备有无过热、变形和损坏情况,恢复系统正常运行方式。

8. 线路开关跳闸

现象:线路保护盘上的保护、重合闸动作指示灯亮,事故喇叭响;网控微机系统和线路控制盘上的跳闸开关绿灯闪光;该线路电流、功率等表计指示为零;故障录波器动作。

处理方法:

(1)检查在投运的稳措装置是否按规定动作,其他运行线路是否过载。如过载或系统周波过高,则应迅速降低运行发电机组的出力,直至手动解列一台发电机组,使运行联络线不过载并维持系统周波、电压正常。

(2)如线路发生单相故障,单相重合不成功造成三相跳闸,或线路三相故障跳闸,应立即向中调报告,听候调度的命令进行处理。

(3)如线路单相跳闸后,单重未启动或单重动作但开关拒合闸造成非全相运行,应立即手动拉开该线路的三相开关,并向省调报告听候处理;若非全相运行开关断不开,应立即向中调汇报,将该设备的潮流降至最小,倒母线用母联拉开该设备。

（4）220 kV线路的开关跳闸后,如重合闸停用或拒动,应将保护动作情况和设备检查结果汇报给省调,按调度的命令执行。经中调同意,停用跳闸线路的重合闸装置,对线路强送一次。若强送不成功,不得再送。

（5）因带电作业而停用重合闸的线路故障跳闸时,在未接到调度的指令查明原因前,不得试送。

9. 正常运行方式下220 kV一条母线故障

现象:事故喇叭响;母联开关及故障母线上的所有开关跳闸,其电流表指示到零;故障母线失压,电压表指示到零;保护盘上的保护装置动作,母线保护装置相应的光字牌亮,网控微机系统有相应的显示。

处理方法:复位音响信号及跳闸开关;调整机组出力,维持系统周波、电压正常;检查故障母线上所有开关是否均跳闸,否则手动拉开;对故障母线进行全面检查,若故障发生在母线上,应立即将故障母线所接元件倒至另一条正常母线上运行;发生故障后找出故障点,排除或隔离故障后,恢复故障母线运行;检查若未发现故障点,则应联系继电保护人员,确认保护是否误动,并联系高压试验人员,确认母线是否可以投入运行。若属保护误动或瞬间非破坏性故障,应处理后恢复正常运行方式。

10. 220 kV系统失压

现象:事故喇叭响;接在母线上的所有运行元件开关跳闸;220 kV母线失压,全厂交流电源中断(有UPS设备供电者除外);保护盘上的保护动作指示灯亮,网控微机系统上有相应的显示。

处理方法:

（1）复位音响信号及跳闸开关,依据保护动作情况判断故障的性质及范围。

（2）检查保安电源自投情况,若保安电源未自投则手动启动柴油机向保安段送电,确保机组安全停运。

（3）拉开故障母线上的未跳闸开关。

（4）检查一次系统设备,发现故障并排除后,恢复原运行方式。其步骤为:按调度的命令,用一条线路的开关给母线充电至正常,恢复母线运行;合上280

开关,恢复高备变和厂用电运行;按调度的命令恢复发电机组运行;按调度的命令恢复线路运行。

11.线路开关非全相运行

现象:返回屏信号声光信号装置动作,光字牌可能亮;线路三相电流严重不平衡;开关指示灯可能出现红灯灭或绿灯亮的情况。

处理方法:

(1)发现线路开关三相电流相差较大时,应立即向值长、中调、地调汇报,并进行检查。

(2)若本侧发生非全相运行,应立即检查本侧断路器开关状态。只有一相运行时,应立即利用远控装置将该线路断路器拉开,同时向中调汇报,等候处理。如远控装置失灵,按下列方式处理:

(3)如远控操作装置失灵,允许断路器近控分相或三相操作,但应同时满足下列条件:断路器及操作机构应在良好状态;带电的设备应属于无故障状态。

(4)若断路器用远控和近控方法均拉不开时,应向调度汇报,申请将该线路对侧断路器切断,使线路处于空载状态;将非全相运行断路器所在母线负荷转移或停电,在该断路器在无电的情况下拉开其两侧的隔离开关;或用旁路断路器代供,在等电位的情况下拉开故障断路器两侧的隔离开关解环。

(5)操作过程中应严密监视发电机定子电流,当发电机三相电流不平衡,应根据运行规程中负序电流不得超过8%的发电机额定电流的规定进行操作。如实际最大不平衡电流超过8%的额定电流,应适当降低发电机出力,使不平衡电流降低至8%以下。

(6)本侧两相运行时,应立即恢复三相运行。无法恢复全相运行时,应立即将该线路断路器拉开。

(7)断路器非全相接通引起线路非全相运行时,应利用断路器的远控操作立即恢复断路器的全相运行。

(8)操作过程中应严密监视发电机定子电流,当发电机三相电流不平衡时,应根据运行规程中不平衡电流不得超过8%的发电机额定电流的规定进行操作,如实际最大不平衡电流超过8%的额定电流时,应适当降低发电机出力,使不平衡电流降低至8%以下。

(9)如因对侧原因发生非全相运行,应立即向调度汇报,要求停运非全相运行线路,拉开本侧开关。同时严密监视线路各相电流指示及发电机定子电流,当发电机三相电流不平衡时,应根据运行规程中不平衡电流不得超过 8% 的发电机额定电流的规定进行操作。如实际不平衡电流超过 8% 的额定电流,应适当降低发电机出力,使不平衡电流降低至 8% 的额定电流以下。

(10)线路开关拉开后,应严密监视负荷潮流分布情况,运行线路不能超载。如实际外送出力已超过定值,则应减少机组出力,同时向调度汇报。

(11)及时做好各相电流的变化、时间、动作信号等记录。待查明非全相原因后,消除故障,根据中调的命令进行下一步操作。

12. 220 kV 母线 PT 断线

现象:220 kV 母线电压、频率表指示降低;网控发"220 kV 母线 PT 断线"报警信号;网控出口馈线电度表转动变慢。

处理方法:网控室退出相应的 220 kV 线路的距离、高频主保护;检查母线 PT 刀闸辅助接点接触是否良好,二次侧空气开关是否跳闸。若合上空气开关后再次跳闸,则不得再合,应通知检修人员处理;处理好后投入以上所退各保护;记录处理时间、电度表数值,以便调整出口馈线电量。

第二十九章　厂用电系统

第一节　厂用电系统的分类及形式

厂用电系统是指由机组高、低压厂变和停机/检修变及其供电网络和厂用负荷组成的系统。供电范围包括主厂房内厂用负荷、输煤系统、脱硫系统、除灰系统、水处理系统、循环水系统等。

厂用 6 kV、0.4 kV 母线各分段负荷的分配原则上要保证厂用电优质、经济运行，保证厂用电安全、可靠，保证厂用电电压质量符合规定标准，保证自动装置实施及倒闸操作灵活、方便；应尽量满足本身机组的厂用电源辅机负荷的要求，辅机负荷尽量均匀地分配在各段母线上并使通过母线开关的电流最小，使厂用电源分支开关不超过负荷运行。

1. 厂用负荷的分类

按用电设备在生产中的作用和突然中断供电所造成的危害程度分类。

(1) Ⅰ类厂用负荷

即短时（手动切换恢复供电所需要的时间）停电会造成主辅设备损坏，危及人身安全，使主机停运，影响大量出力的厂用负荷。通常它们都设有两套设备，互为备用。该类厂用电系统由两个独立的电源供电，当一个电源断电后，另一个电源立即自动投入。

(2) Ⅱ类厂用负荷

即允许短时（几秒至几分钟）停电，恢复供电后不会造成生产紊乱的厂用负荷。该类厂用电系统由两个独立的电源供电，并采用手动切换。

(3) Ⅲ类厂用负荷

即较长时间停电，不会直接影响生产，仅造成生产上的不方便的厂用负荷。该类厂用电系统由一个电源供电。但大型发电厂常采用两路电源供电。

(4) 事故保安负荷

200 MW 及以上机组的大容量电厂，自动化程度较高，要求在事故停机过程中及停机后一段时间内仍保证供电，否则可能引起主要设备损坏、重要的自动控制失灵或危及人身安全。事故保安负荷又分为直流保安负荷、交流保安负荷。

直流保安负荷包括发电机组的直流润滑油泵、事故氢密封油泵等；交流保安负荷包括盘车电动机、交流密封油泵、实时控制用的电子计算机等。

直流保安负荷的直流电源由蓄电池组供电；交流保安负荷的交流电源由快速自启动柴油发电机组(有自动投入装置功能)，或燃气轮机组供电，或由可靠的外部独立电源供电。对交流不间断供电的负荷，可接在蓄电池组的逆变装置上。

2.厂用电接线的基本形式

(1)高、低压厂用母线通常采用单母线接线形式，并多以成套配电装置接受和分配电能。

(2)发电厂的高压厂用母线一般"按炉分段"，即将厂用电母线按锅炉台数分成若干独立段。每台锅炉的每级高压厂用母线不少于两段，两段母线可由一台高压厂用变压器供电。

(3)低压 380/220 V 厂用母线，在大型发电厂中一般按炉分段；在中小型电厂中，全厂只分为两段或三段。

(4)200 MW 及以上的大容量机组，如公用负荷较多、容量较大，当采用集中供电方式比较合理时，可设立高压公用母线段。

(5)大容量机组的低压厂用电系统采用动力中心(PC)和电动机控制中心(MCC)的组合方式，每段母线由一台低压厂用变压器供电，两台低压厂用变压器分别接至高压厂用母线的不同分段上，其备用方式可以是明备用或暗备用。PC 和 MCC 均采用抽屉式开关柜。

(6)对厂用电动机的供电方式有个别供电和成组供电两种，所有高压厂用电动机及容量大于 75 kW 的低压电动机都采用个别供电方式。成组供电一般只用于低压电动机。

(7)容量在 400 t/h 及以上的锅炉有两段高、低压厂用母线，其锅炉或汽机中同一用途的甲、乙辅机，应分别接在本机组的两段厂用母线上；工艺上属于同一系统的两台及以上的辅机，应接在本机组的同一段厂用母线上。

对于大容量发电机组，发动机与变压器构成单元接线，厂用高压工作电源疫病由发动机出口与主变压器低压侧之间引接，为减小厂用母线的短路电流、改善厂用电动机自启动条件、节约投资，高压厂用工作电源多采用一台低压分裂变压器向两段高压厂用母线供电或采用一台低压分裂变压器和一台公用双绕组变压器向高压厂用负荷及公用负荷供电。图29-1为九江电厂660 MW机组发—变组系统图。图29-2为九江电厂350 MW机组发—变组系统图。

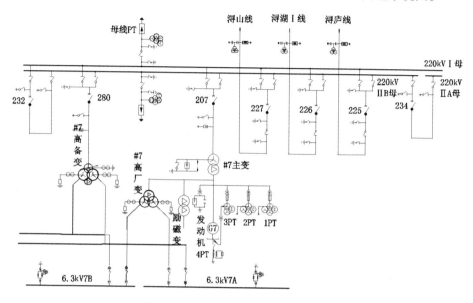

图 29-1　660 MW 机组发—变组系统图

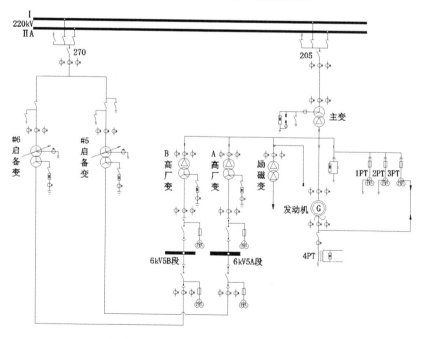

图 29-2　350 MW 机组发—变组系统图

6 kV 厂用电母线采用单母线分段,并且有明备用的厂用电接线方式。每台机组分为 A、B 两分段独立母线。6 kV 厂用电源分支取自发电机出口与主变低压侧之间,经高压工作分裂厂变分别供本机组 6 kV 厂用 A、B 分段母线,作为 6 kV 厂用母线的工作电源;另从 220 kV 母线上经 07 号高备变作为机组 6 kV 各 A、B 分段母线的备用电源。其引接部分与主母线一样采用全链封闭母线,分支线不设断路器和隔离开关,低压侧用共箱封闭母线同 6 kV 厂用母线连接。

B 高厂变运行供 6 kV 5B 段母线,A 高厂变运行供 6 kV 6A 段母线。05 号启备变处于运行状态,作为 6 kV 5A 段的备用电源;06 号启备变处于运行状态,作为 6 kV 5B 段的备用电源。各段母线的"PT"随母线同时投入运行。6 kV 系统均为中性点经中电阻固定接地系统。

3. 高压厂用电中性点接地方式

高压厂用电接地方式最常用的有不接地、经高电阻接地、经消弧线圈接地、经中值电阻接地。

(1)高压厂用电中性点不接地

在大机组高压厂用电系统中,如中性点不接地运行,其单相接地电容电流有可能达到 5 A ~ 10 A。当 IC 超过 10 A 以上时,可能在单相接地状态下产生异常过电压,有可能产生 3.5 倍的相电压,且持续时间较长,遍及全厂高压厂用电系统,从而影响电缆和电气设备的绝缘,缩短使用寿命。同时,单相接地产生异常过电压,可能导致非故障相发生击穿接地,造成两相接地短路,扩大事故范围。

(2)高压厂用电中性点经高电阻接地

高压厂用电系统中性点经高电阻接地后,相当于在电网对地容抗中,并联了一个等值电阻,能够有效地限制在单相接地时电弧重燃而使变压器中性点对地电压升高,从而降低电弧接地过电压。

(3)高压厂用电中性点经消弧线圈接地

在单相接地时,流过故障点的单相接地电容电流,将被一个相差 $180°$ 的电感电流补偿从而趋近于零。这样单相对地闪络所引起的接地故障容易自动消除,并迅速恢复电网的正常运行。对于间歇性电弧接地,消弧线圈可使故障相电压恢复速度减慢,这就降低了电弧重燃的可能性,也抑制了间歇性电弧接地过电压的幅值。

（4）高压厂用电中性点经中值电阻接地

当高压厂用电系统的单相接地电容电流大于 10 A，又不能采取中性点经消弧线圈接地时，也可以采用中性点经中值电阻接地的方式，以便将单相接地电流提高到数百安培，以增加保护的灵敏度，使厂用电系统故障时能立即动作、跳闸，同时能进一步抑制系统的过电压。

第二节　厂用电系统的运行

检查并确认厂用电系统符合正常的运行方式，进线电源开关运行方式正确。机组正常运行时，各变压器的负荷应基本平衡，各变压器的油温及绕组温度应在正常范围内，各干式变压器的温度控制仪应正常，运行冷却风扇应正常。

各负荷开关状态与 DCS 上的显示状态相对应。各配电室应保持清洁，门窗完好，无积水和异味。盘柜和电缆孔、洞的封堵应保持完整。接地线应保持完整，并可靠接地。各盘柜小开关的位置指示正确，各电流、电压或功率表指示正常。各盘柜的前、后门应关好，进、出配电室应随手将配电室门窗关好，以防小动物进入。

检查并确认 6 kV 厂用电快切装置工作正常。各开关柜无异常报警。6 kV、380 V 系统电压在 ±5% 的范围内。

一、厂用电系统的运行

1. 厂用电系统操作的一般原则和要求

（1）电气设备送电前，检修工作票应终结并已收回，并有检修人员做的"设备可投运"的书面交底。在现场情况正常，测量设备绝缘合格，确认符合运行条件后方可送电。

（2）正常情况下，6 kV 开关的停、送电及 380 V 系统电源的切换操作，必须填写操作票，一人操作，一人监护。

（3）每次停、送电操作完毕后，应及时向值长或单元长汇报。设备送电前，应将仪表和保护回路的熔丝或小开关、变送器的辅助电源送上。相关检修工作结束后，要及时恢复厂用电系统至正常运行方式。设备送电前，应根据保护定值或现场有关规定投入有关保护装置，设备禁止无保护运行。

（4）开关在试验位置进行拉合时，应考虑热控和相关回路的联锁。厂用系统送电时,应先合上电源侧开关,后合上负荷侧开关,逐级操作;停电时先拉开负荷侧开关,后拉开电源侧开关。

(5)拉、合刀闸前,开关必须在断开位置,拉、合刀闸后,应检查刀闸的位置是否正确。母线停电前,母线上的所有负荷要停运。母线运行而其相关 PT 需退出运行时,应先停用该段厂用电快切装置,拉开 PT 直流控制电源开关,停用母线低电压保护,然后拉开 PT 二次开关。恢复运行时,先投用 PT,合上 PT 二次开关,二次电压正常后合上 PT 直流控制电源开关,投用母线低电压保护,投用该段厂用电快切装置。

(6)刀闸和开关或接地刀闸等设备之间有相互闭锁功能时,不得擅自解锁操作,解除闭锁须经值长同意。对重要设备解锁,须经总工程师同意。

(7)当一段母线因故跳闸,在排除故障进行恢复前,一定要确认此段母线所有负荷的开关均已断开。否则,应手动拉开所有负荷的开关,之后才能进行母线送电操作,再进行负荷电源的恢复。

(8)带负荷拉刀闸时,在未断弧前应迅速合上;如已断弧,严禁重新合闸。带负荷合刀闸时,严禁重新拉开,断开上级电源后方可拉开。

2. 厂用电源倒换操作时的注意事项

(1)发电机—主变组解列停运前,应先将本机组的 6 kV 厂用工作电源倒换为由相应的高备变供电。

(2)6 kV 厂变倒换操作时,相应母线的备用分支电源开关合上,红灯亮,有负荷电流等变化,确认备用分支电源开关已合上后,方可进行下一步操作;否则应停止操作,以防厂用电源中断。

各机、炉 400 V 专用动力盘和动力控制中心柜的电源一般接在机组厂用母线段上。如切向另一母线段,无自动切换装置时,应快速"先拉后合",以防止环形供电产生环流。

400 V 厂用工作电源和备用电源的倒换操作,应在其电源侧同期并列的情况下进行,以免非同期合闸;无同期装置时,应先断后合。

3. 6 kV 母线倒厂用电的操作步骤

(1)工作电源切换到备用电源

确认 6 kV 段备用进线开关在工作位,6 kV 段电源快切装置运行正常;确认 6 kV 厂用段快切压板投入正常;点击 6 kV 厂用段厂用快切,将其作为并联切换方式;启动 6 kV 厂用段厂用快切装置;合上 6 kV 厂用段备用进线开关;断开 6 kV 厂用段工作进线开关;复归 6 kV 厂用段厂用快切装置信号。

(2)备用电源切换到工作电源

检查并确认 6 kV 段工作进线开关在工作位,6 kV 段电源快切装置运行正常;检查并确认 6 kV 厂用段快切压板投入正常;点击 6 kV 厂用段厂用快切,并将其作为并联切换方式;启动 6 kV 厂用段厂用快切装置;合上 6 kV 厂用段工作进线开关;断开 6 kV 厂用段备用进线开关;复归 6 kV 厂用段厂用快切装置信号。

4.6 kV 小车真空开关送电的操作步骤

(1)检查并确认检修工作全部结束,工作票已全部终结,安全措施已拆除。核对设备开关名称和编号,确认间隔位置正确。开关在拉开位置。

(2)将控制方式开关切至"就地"位,将小车开关送至试验位,装上开关二次插头。

(3)合上控制电源开关,将小车开关送至工作位。

(4)检查并确认开关储能良好。检查并确认综合保护装置显示正常,保护投入正确。将控制方式开关切至"远方"位。

5.6 kV 小车真空开关停电的操作步骤

核对开关名称和编号;确认开关已拉开;将控制方式开关切至"就地"位;断开合闸电源开关;将小车开关送至试验位;断开控制电源开关;根据要求布置安全措施。

6.6 kV F + C 开关送电的操作步骤

(1)检查并确认检修工作全部结束,工作票全部终结,安全措施拆除。认清操作开关位置并核对开关名称和编号。

(2)检查并确认开关在拉开位。将控制方式开关切至"就地"位。将小车开关送至试验位。装上开关二次插头。

(3)合上开关的控制电源,将小车开关送至工作位。

(4)检查并确认综合保护装置显示正常,保护投入正确。将控制方式开关切至"远方"位。

7.6 kV F + C 开关停电的操作步骤

(1)认清操作开关位置并核对开关名称和编号。确认开关在拉开位置,将控制方式开关切至"就地"位。

(2)断开开关的合闸电源,将小车开关停至试验位。

(3)断开开关的控制电源,取下开关二次插头。

(4)根据要求布置安全措施。

8.操作6 kV小车开关的注意事项

(1)6 kV小车开关不准停留在工作位和试验位之间的任何中间位置。

(2)摇动小车时要用力适当,发生卡涩时,要仔细检查,分析原因。严禁用力过猛,否则将造成小车开关传动机构损坏。

(3)小车开关在分闸状态下,才能进行进、出车的操作,在合闸状态下将闭锁小车开关的移动。

(4)在小车开关移动过程中,必须断开开关的储能电源,禁止在储能电源开关处于合闸状态时进行进、出车操作,防止在操作过程中开关误合闸。

(5)在开关即将送至工作位时,注意倾听开关动作的声音:开关到工作位将发出轻微的"咔嗒"声。开关状态显示两侧刀闸合好时,停止摇动摇把,防止开关过位或欠位。

(6)工作电源进线开关出、入车操作时,合闸电源开关应保持在合闸状态,否则闭锁出、入车。6 kV母线运行时,禁止断开工作电源进线开关的控制电源开关,以防止母线失去弧光保护。如需断开应由二次系统操作人员采取措施,保证弧光保护的正常运行。

9.6 kV配电装置馈线柜接地刀闸的操作步骤

(1)将小车开关停至试验位或将小车拉出柜外。确认开关柜门已关好。

(2)搬动滑板露出驱动轴端部。插入曲柄,顺时针转动180°,合上接地刀闸;逆时针转动180°,断开接地刀闸。

(3)检查接地刀闸三相确已断开。

(4)取下曲柄,当接地刀闸合闸时,滑板在打开位置;当接地刀闸分闸时,滑板自动落下。

10.6 kV开关闭锁装置

(1)地刀在断开位置时将闭锁电缆室后盖板的分离,地刀合闸后才能打开电缆室后盖板。

(2)电缆室后盖板打开后,地刀将闭锁在合闸位置,不能分闸。

（3）地刀在合闸状态时，小车开关将不能进入工作位。

（4）小车开关脱离工作位或试验位后，将闭锁断路器的分合。

（5）小车开关在工作位或试验位合闸，将闭锁开关移动。

（6）小车开关在工作位或试验位之间移动或从柜内进出时，断路器储能的合闸弹簧自动释能。

（7）小车开关在工作位，将闭锁接地刀闸合闸。

11. 6 kV 母线 PT 送电的操作步骤

检查并确认母线 PT 小车一次触头完好；装上母线 PT 一次侧保险；将母线 PT 小车送至试验位；插上母线 PT 二次插头；将母线 PT 小车送至工作位；合上母线 PT 的二次交流电源开关；合上母线 PT 的二次直流电源开关；合上 PT 柜加热照明小开关；合上 PT 消谐装置电源开关。

12. 6 kV 母线 PT 停电的操作步骤

退出 6 kV 母线工作、备用进线开关的快切装置压板；检查并确认母线上所有电动机均已停运或低电压保护退出；断开消谐装置电源开关；断开母线 PT 的二次直流电源开关；断开母线 PT 的二次交流电源开关；将母线 PT 停至试验位。

13. 低压厂用变停电操作原则

（1）低压侧母联开关设自投功能的低压厂用变停电操作原则

检查并确认母联开关在正常备用状态，投入联锁功能；拉开待停变压器低压侧开关；确认母联开关合好；退出母联开关联锁逻辑；拉开待停变压器高压侧开关；根据要求将变压器转冷备用或检修。

（2）低压侧母联开关不具备自投功能的低压厂用变停电操作原则

将待停变压器所带 0.4 kV 母线上的负荷全部转移或停电；将母联开关送电；拉开待停变压器低压侧开关；检查并确认母线失电；合上母联开关；拉开待停变压器高压侧开关；使 0.4 kV 母线上的负荷恢复正常运行方式；根据要求将变压器转冷备用或检修。

14. 低压厂用变送电操作原则

将变压器转热备用；合上变压器高压侧开关；将待送变压器所带 0.4 kV 母线上的负荷全部转移或停电；拉开母联开关；合上变压器低压侧开关；将已送电变压器所带 0.4 kV 母线上的负荷恢复正常运行方式。

15.0.4 kV MGS 型开关的送电操作程序

核对开关名称、编号;确认开关在断开位置;按释放片拉出滑轨;将开关放在滑轨上;将开关推入间隔;按释放片推进滑轨;按闭锁钮,将开关从检修位送至试验位;将"远方/就地"切换开关切至"就地"位;合上控制及保护电源开关;按闭锁钮,将开关从试验位送至工作位;检查并确认开关合、跳指示灯及保护装置指示灯正常;将"远方/就地"切换开关切至"远方"位置。

16.0.4 kV 母线 PT 送电操作程序

检查 PT 完好;装上 PT 一次保险;合上 PT 二次侧交流开关;合上母线 PT 的测控装置电源开关;合上 PT 一次侧刀闸。

17.0.4 kV 母线 PT 停电操作程序

断开 PT 一次侧刀闸;断开 PT 二次侧交流开关;断开母线 PT 的测控装置电源开关;取下 PT 一次保险。

二、事故处理

1.6 kV 母线故障

现象:事故喇叭响,光字牌信号报警;母线工作电源开关跳闸;在 DCS 中发相应报警信号;机组可能发生 RB;可能发生锅炉 MFT、机组跳闸的情况。

处理方法:

(1)根据表计、信号和保护动作情况,确定故障范围。检查、调整 6 kV 负荷及 400 V 系统的运行方式。

(2)任一一段 6 kV 母线厂用电中断,如锅炉 MFT、汽机跳闸,则按 MFT 及机组跳闸故障处理。

(3)任一一段 6 kV 母线厂用电中断,如锅炉未熄火,机组 RB 动作,应立即投油助燃,机组自动减负荷运行。

(4)检查相应 6 kV 及 380 V 备用辅机是否自动启动,否则应手动启动。

(5)如果 6 kV 备用电源未自投且工作电源开关未发"分支过流"报警信号,应立即抢送备用电源开关一次。若抢送不成功或自投后又跳闸,则不能再送。若厂用电无备用电源或备用电源开关拒绝合闸,工作电源未发出主保护动作光字牌(指差动、瓦斯、速断),可再强送工作电源开关一次。若强送不成功,不得再送。

(6)检查并确认 380 V 保安段母线运行正常,利用联络开关对失电的 380 V

母线恢复送电。

(7)若仅6 kV一段母线失压且无法恢复,应检查、调整输煤6 kV及400 V系统的运行方式。

(8)若6 kV厂用A、B段母线均失压且无法恢复,在停机的同时,检查保安段是否失电,柴油机是否自动启动,否则应手动启动柴油机向保安段供电。

(9)若失电的6 kV母线有发生故障的迹象,必须向有关领导汇报,待故障消除后经上级有关人员通知方可试送。

(10)待6 kV母线故障段恢复供电后,恢复厂用电正常运行方式。根据要求启动跳闸辅机,使机组恢复正常运行。拉开失电母线上所有负荷的电源开关。

(11)故障母线上若有明显的短路点,应设法将故障点隔离。若无法隔离,则将母线转检修,通知检修人员处理。

(12)若故障母线及所属设备无明显的短路点,测绝缘正常,经值长同意方可试送一次。若正常,逐一恢复送电,使机炉恢复正常运行方式。

(13)厂用电系统恢复后,应对该段所接设备详细检查,逐步启动运行各设备,并将400 V系统倒换至正常供电方式。

2. 高厂变故障跳闸

现象:事故喇叭响,光字牌信号报警;高厂变所带母线工作电源开关跳闸;相应的备用电源开关联动成功,或联动不成功,母线失压;发出"高厂变故障"报警信号;可能发出"6 kV××母线故障"报警信号;主变各侧开关跳闸。

处理方法:

(1)检查备用电源开关联动是否成功,否则复位开关及音响信号。同时注意母线电压是否正常,并检查保护动作情况。

(2)备用电源开关未联动,则按前文所讲的6 kV母线故障处理。

(3)若强送后保护又动作跳闸,可认为母线故障或负荷分支故障造成越级跳闸,应立即到厂用室检查。若又无保护动作掉牌和明显故障,又无未跳闸的负荷开关,应将失电母线段的所有负荷(含母线PT)开关拉开并拖出柜外,测母线绝缘良好后,用备用电源开关试送电,恢复母线运行。若试送成功就有可能是越级跳闸造成母线失电,则对各负荷开关回路逐一摇测绝缘合格后分别试送电。若确为母线故障,则该母线应检修。

（4）若高厂变跳闸是变压器本身故障引起的,则按变压器事故处理规程处理。若仅 6 kV 一段母线失压且无法恢复时,应检查、调整输煤 6 kV 及 400 V 系统的运行方式。

（5）若 6 kV 厂用 A、B 段母线均失压且无法恢复,在停机的同时,检查保安段是否失电,柴油机是否自动启动,否则应手动启动柴油机向保安段供电。

（6）厂用电系统恢复后,应对该段所接设备详细检查,逐步启动运行各设备,并将 400 V 系统倒换至正常供电方式。

3.高备变代替高厂变运行时故障跳闸

现象:事故信号报警;高备变高、低压侧开关跳闸,母线失压;发出"高备变故障"及"6 kV 母线故障"报警信号。

处理方法:

（1）到就地高备变保护盘检查,若发出高备变"差动"或"重瓦斯"保护动作信号,说明高备变本身出了故障,则按变压器事故处理规程处理。

（2）若高备变跳闸时未发生主保护动作信号(指"差动""重瓦斯""过流速断"),则可强送高备变一次。如强送不成功,则不得再送。

（3）若 6 kV 厂用 A、B 段母线均失压且无法恢复,在停机的同时,检查保安段是否失电,柴油机是否自动启动,否则应手动启动柴油机向保安段供电。

（4）厂用电系统恢复后,应对该段所接设备详细检查,逐步启动运行各设备,并将 400 V 系统倒换至正常供电方式。

4.400 V 母线故障

现象:事故喇叭响,发"400 V 母线故障"报警信号;母线工作电源开关跳闸;机组可能发生 RB;可能发生锅炉 MFT、机组跳闸的情况。

处理方法:

（1）根据表计、信号和保护动作情况,确定故障范围。检查、调整 400 V 负荷及 MCC 系统的运行方式。

（2）拉开失电母线上的所有辅机电源开关。

（3）故障母线上若有明显的短路点,应设法将故障点隔离。若无法隔离,则将母线转检修,通知检修人员处理。

（4）检查并确认故障母线及所属设备无明显的短路点,测绝缘正常,经领导同意后方可试送一次正常,逐一恢复送电,恢复正常运行方式。

5. 400 V 低压变故障跳闸

现象：事故喇叭响，发光字牌报警信号；跳闸低压变两侧开关跳闸，所带母线失压；发出"400 V 母线故障"报警信号。

处理方法：

（1）检查跳闸低压变，若是变压器本身故障，则按变压器事故处理规程处理。有备用电源时，在无跳闸低压变侧主保护动作信号时，合上联络开关。

（2）若无备用电源，在无主保护动作信号且仅 400 V 母线侧开关跳闸时，允许用当时的供电开关抢送一次。

（3）若强送未成功或联络开关又跳闸，则检查一次系统。排除故障后，恢复送电。先检查是否有越级跳闸，然后测量母线绝缘电阻，合格后试送电。若是母线故障而不能恢复，应调整负荷运行方式。母线电源恢复后，检查该段母线供电设备，逐步恢复正常运行方式。

6. 厂用电系统发生谐振

现象：发母线接地信号（开口三角有零序输出）；一相相对地电压超过线电压，二相相对地电压超过线电压。

基波谐振：三相相对地电压超过线电压。

高频谐振：三相相对地电压依次轮流升高，但不超过线电压三相相对地电压同时升高，但不超过线电压。

处理方法：

（1）基波或高频谐振的处理方法：①有运行电容器时，切除运行电容器；没有运行电容器时，投入一组电容器。②以上措施无法消谐时，切除该母线所有电容器，向调度申请切除部分馈线，最好是先切长线路。

（2）分频谐振的处理方法：①切除该母线所有电容器；②谐振仍无法消除时，向调度申请切除该母线上的线路，直至谐振消除；③若所有线路全部切除后仍无法消谐，向调度申请切除变低开关，将母线停电；④恢复母线及线路送电。

第三十章 汽轮发电机组的运行

第一节 汽轮发电机组试验

汽轮机启动、停机及正常运行中,为了检验运行设备所处状态是否良好,备用设备是否可靠,需进行各种试验,以保证汽轮机组安全、经济运行。汽轮机试验主要有机炉电大联锁试验,汽轮机跳闸试验,主汽门、调门严密性试验,汽轮机超速保护试验,真空严密性试验,自动汽机阀门试验,主机润滑油泵试验,抽汽逆止阀活动试验等。

一、机炉电大联锁试验

1. 试验目的:检查机、炉、电之间的保护联锁是否正确。

试验	触发条件	动作顺序
1	锅炉跳闸	MFT → 汽机跳闸 → 发电机跳闸
2	汽机跳闸	汽机跳闸 → MFT → 发电机跳闸
3	发电机跳闸	发电机跳闸 → 汽机跳闸 → MFT

2. 试验前机组状态:发电机冷备用,锅炉未点火,主、再热蒸汽管内压力为0。

3. 试验前的准备工作:

(1)启动一台闭式冷却水泵,投入闭冷水系统。启动一台定子冷却水泵,投入定子冷却水系统。启动一台润滑油泵,投入润滑油系统。启动密封油系统。启动两台顶轴油泵,投入主机盘车。启动一台EH油泵,投入EH油系统。

(2)确认两台空预器已运行或启动两台空预器。

(3)将两台引风机、两台送风机、两台一次风机和六台磨煤机的开关送至"试验"位置。检查并确认通风系统有关风烟挡板已送电,各油泵已送电,启动两台引风机和两台送风机。

(4)检查并确认发变组出口开关、主刀闸、励磁开关、起励开关、高厂变低压侧6 kV工作开关均在"断开"位置。

（5）检查并确认发变组 C 柜无热控跳闸信号,调整发变组 C 柜保护。

（6）通知电气检修人员短接主刀闸及同期装置的辅助节点,满足同期和发电机出口开关的条件。

（7）送上发电机控制系统的电源、信号电源、保护电源及励磁开关的电源,并合上励磁开关及发电机出口开关;将 6 kV 工作进线开关送至"试验"位置并合闸。

（8）通知热控人员处理好以下信号:

①检查并确认汽机无跳闸信号,否则将有关保护退出,目的是将汽机主汽门及调门仿真开启。

②将锅炉下列保护信号强制设定:

总风量小于 30% ,信号强制设为"0";所有燃料丧失信号强制设为"0";所有火焰丧失信号强制设为"0";锅炉吹扫完成信号强制设为"1"。

（9）在 LCD 上将 MFT 复位,检查并确认光字牌"MFT"信号消失,并将两台一次风机的开关合闸。

（10）将 A 磨煤机的火检信号强制设为"1",强制启动 A 磨。

（11）按同样的方法强制启动 B、C、D、E、F 磨煤机。

4.试验操作步骤:

（1）汽机跳锅炉、电气

①将汽轮机所有主汽门、调门仿真开启;②在发变组保护屏上投入"主汽门关闭投跳"压板;③确认上述准备工作全部完成,并通知各试验人员开始试验;④在硬操盘上按"紧急停机"按钮;⑤检查并确认汽机跳闸、锅炉 MFT、发电机解列;⑥检查是否同时出现主汽门关闭、锅炉 MFT、磨煤机 A/B/C/D/E/F 跳闸、一次风机 A/B 跳闸、发变组跳闸信号;⑦复位"紧急停机"按钮;⑧在 LCD 上将 MFT 复位,确认 LCD 报警菜单上的"MFT"信号消失。

（2）电气跳汽机、锅炉

①将 6 kV 二段工作进线开关和励磁开关合闸。②重新将汽机主汽门、调门仿真开启,主汽门控制油压升至正常值,检查 LCD 报警菜单上的"主汽门关闭"信号是否消失。③将继电保护室继电器掉牌复位,确认"发变组跳闸"信号消失,由电气检修人员将发电机出口开关短接合上。④通知电气检修人员模拟发电机任一主保护动作（主要是重瓦斯或差动保护）。此时汽机跳闸、锅炉

MFT,发电机出口开关、6 kV 工作进线开关和励磁开关跳闸。⑤检查 LCD 报警菜单上是否有"发变组内部故障"、锅炉"MFT"、"主汽门关"报警信号。⑥复位机、炉、电保护掉牌及报警信号。⑦通知热控人员将"发变组内部故障"信号复位,检查该光字牌是否消失。⑧在 LCD 上将"MFT"复位,确认 LCD 报警菜单上的"MFT"信号消失。

(3)锅炉跳汽机

①重新将汽机主汽门、调门仿真开启,检查 LCD 报警菜单上的"主汽门关闭"信号是否消失。②就地打跳两台空预器,锅炉 MFT,汽机跳闸。③检查"MFT"、"主汽门关闭"、LCD 报警菜单报警灯亮,复归掉牌及报警信号。④以上保护、信号动作正确,保护联锁试验完毕。⑤通知热控人员将因试验所强制设定的信号和退出的保护全部恢复,运行人员将发变组(包括厂用工作开关)重新恢复到冷备用状态,其他系统根据值长的命令保持运行或停运。

(4)试验过程中的注意事项

①试验时要确保汽机高、中压主汽门前无压力,盘车运行正常。

②检查并确认发电机出口隔离刀闸三相在断开位。

③试验结束,仿真开启的主汽门及调门的界面要按步骤退出,再关闭。

二、汽轮机跳闸试验

1.试验条件

(1)机组 A 级检修后,该跳闸回路检修后或停机一个月后。

(2)确认锅炉泄压至零,且疏尽主、再热蒸汽管道中的积水。

(3)EH 油系统投运正常。

2.汽机手动跳闸试验方法

试验前,联系仪控人员暂时强制设定汽机跳闸条件,启动汽轮机 SGC 步序至 15 步,复位汽轮机,开启高、中压主汽门;在集控室打闸和就地手动打闸,检查并确认汽机跳闸正常,高、中压主汽门关闭正常,汽机跳闸首出为"手动紧急停机";试验后将所有强制设定的信号恢复原状。

3.汽机 ETS 保护动作跳闸试验方法

汽机手动脱扣试验结束后,恢复主机状态至手动脱扣前;ETS 保护试验采取就地模拟信号,确认保护动作且主机跳闸首出正常;试验结束后,联系仪控人员将所有强制设定的信号恢复原状。

三、主汽门、调门严密性试验

1. 试验条件

（1）新安装机组启动前、机组 A 级检修后、阀门解体检修后或超速试验前。

（2）应在机组启动的全速阶段进行（试验前汽机转速维持在 3000 r/min）。

（3）检查并确认高、低压旁路系统运行正常，DEH 系统运行正常。

（4）汽机润滑油系统、顶轴油系统、密封油系统及盘车装置正常，联锁保护正常投入。

（5）试验压力应不低于 50%的额定主汽压力，主、再热汽温度至少有 56 ℃的过热度，凝汽器真空正常。

2. 试验方法

（1）汽机转速维持在 3000 r/min。

（2）进入 ATT 试验画面，点击"CV LEAKACE TEST"按钮，检查并确认高、中压调门缓慢关闭，高、中压主汽门全开，观察机组转速是否下降，记录最终稳定的转速。

（3）试验结束后打闸停机，待转速降至 360 r/min 以下时重新复归。所有调门阀限设定为 105%。

（4）再次将汽机冲转至 3000 r/min。

（5）点击"ESV LEAKACE TEST"按钮，将高、中压主汽门关闭，高、中压调门逐渐全开，观察机组转速是否下降，记录最终稳定的转速。

（6）试验结束后打闸停机。

（7）当主汽压力在 50% ~100% 的额定压力区间，转速下降合格的数值可按下式修正：$n = (p/p_0) \times 1000$ r/min。式中：p 是试验时稳定转速对应的蒸汽压力；p_0 是主蒸汽的额定压力。

（8）试验后汽机最终的稳定转速比修正转速低，说明汽门严密性合格。

3. 注意事项

（1）试验过程中，当转速逐渐下降时，应注意汽机不得停留在临界转速，否则应打闸停机。

（2）试验过程中，若转速失控且快速上升，应立即紧急停机。

四、汽轮机超速保护试验

1. 试验条件

(1)新安装机组启动前、A级检修后、停机一个月后启动前及甩负荷试验前,必须进行超速试验。

(2)试验必须得到值长许可,相关人员到场。

(3)高/中压主汽门、调门、补汽阀静态全行程活动性试验和调速系统静态特性试验合格。

(4)汽机跳闸保护试验(含集控和就地紧急停机)合格。主汽门、调门严密性试验合格。高排逆止门、高排通风阀联锁试验合格。抽汽逆止阀联锁试验合格。

2. 试验方法

(1)汽轮机启动前联系仪控人员将超速保护定值从3300 r/min降低至2950 r/min。投入汽机SGC,机组正常自动启动。在启动过程中记录汽机转速及高、中压主汽门和调门开度。

(2)汽机暖机结束,手动打闸后,高、中压主汽门和调门应迅速关闭,汽机转速应迅速下降,然后机组重新启动。

(3)确认汽机转速达到2950 r/min时超速保护动作,汽机跳闸。检查高、中压主汽门和调门是否关闭。

(4)超速试验结束,必须将超速保护定值恢复至3300 r/min。

3. 注意事项

(1)试验时应保持主、再热蒸汽参数稳定,应严密监视机组转速、轴振、瓦温、轴向位移、汽缸排汽温度等重要参数的变化趋势。

(2)试验前转速表指示应正确。试验过程中就地手动跳闸处必须有专人负责,以备必要时及时手动跳闸。

(3)超速遮断后,若汽机转速小于360 r/min,可重新挂闸启动。

五、真空严密性试验

1. 试验条件

(1)机组在80%额定负荷以上稳定运行,记录凝汽器真空、排汽温度、凝结水温度等有关参数。

（2）高效真空泵或机械真空泵运行正常（二运一备），备用真空泵处于正常备用状态，凝汽器真空大于 92 kPa，轴封供汽正常。凝汽器双侧运行。

（3）经值长许可，在机组长的监护下进行试验。

2．试验方法

（1）机组负荷维持在 528 MW 以上稳定运行，记录凝汽器真空、排汽温度、凝结水温度等有关参数。

（2）解除备用真空泵联锁，使运行的真空泵全部停运。

（3）30 s 后每隔 1 min 记录高、低压凝汽器真空和排汽温度，共记录 8 min。

（4）启动原运行真空泵，系统运行正常，重新投入备用真空泵联锁。5 min 后真空下降平均值应≥270 Pa/min。真空严密性试验评价标准为：真空下降率≤100 Pa/min 为优；真空下降率在 100 Pa/min 和 200 Pa/min 之间为良；真空下降率≤270 Pa/min 为合格。

3．注意事项

（1）试验过程中，如凝汽器真空急剧下降或排汽压力升至 15 kPa（对应真空值约 87 kPa）或排汽温度上升至 54 ℃，应停止试验，启动真空泵，恢复真空系统，并进行查漏工作。

（2）试验过程中，应注意比较真空下降和排汽温度上升的对应关系；若两者明显不对应，应停止试验，分析原因并予以消除。

（3）小机真空严密性试验时机组负荷维持在 400 MW 以下，试验步骤与主机相同。

六、自动汽机阀门试验

1．试验范围

自动汽机阀门试验（auto turbine tester，简称 ATT）包括 A 高压主汽门和调门、B 高压主汽门和调门、补汽阀、A 中压主汽门和调门、B 中压主汽门和调门、高排逆止门、高排通风阀。

2．试验目的

确定汽轮机的高、中压主汽门和调门活动正常，无卡涩现象，高排逆止门和高排通风阀动作正常。

3．试验条件

（1）正常运行时，每月试验一次，须经值长许可，热控人员应到场。

（2）发电机负荷小于 528 MW，撤出 AGC 和一次调频。DEH 负荷控制（MYA01DU060）激活。DEH 主控画面中"PRES OP MODE"为"限压 1"模式，按下"RELS－CTRLS"按钮，"STOP"或"BLOCKED"报警灯未亮。

（3）高、中压主汽门开启，调门阀位正常，补汽阀关闭。主机及各辅助系统运行正常，参数稳定。试验过程中，避免机组负荷、蒸汽参数大幅波动。无其他试验进行。

4. 高、中压主汽门及调门试验方法

（1）记录高调门和中调门的开度。

（2）选择并投入 A 侧高压主汽门和调门的 ATT 阀门试验按钮。撤出其他六组阀门的 ATT 试验按钮。

（3）投入 ATT ESV/CV 按钮，机组自动进行 A 侧主汽门和调门活动试验。

（4）A 侧高压调门缓慢关闭，同时 B 侧高压调门缓慢开大至一定开度。A 侧高压主汽门跳闸，电磁阀 1 动作，A 侧高压主汽门关闭。A 侧高压主汽门跳闸，电磁阀 1 恢复，A 侧高压主汽门打开。A 侧高压主汽门跳闸，电磁阀 2 动作，A 侧高压主汽门关闭。A 侧高压调门打开至 100% 开度。A 侧高压调门跳闸，电磁阀 1 动作，A 侧高压调门关闭。A 侧高压调门跳闸，电磁阀 1 恢复，A 侧高压调门恢复至 100% 开度。A 侧高压调门跳闸，电磁阀 2 动作，A 侧高压调门关闭。A 侧高压主汽门跳闸，电磁阀 2 恢复，A 侧高压主汽门打开。

（5）A 侧高压调门跳闸，电磁阀 2 恢复，A 侧高压调门恢复到试验前的开度。同时 B 侧高压调门缓慢关小，直至两侧调门开度一致。

（6）撤出 A 侧高压主汽门和调门 ATT 阀门试验按钮，选择并投入 B 侧高压主汽门和调门的 ATT 阀门试验按钮，试验 B 侧高压主汽门和调门。

（7）撤出 B 侧高压主汽门和调门的 ATT 阀门试验按钮，选择并投入 A 侧中压主汽门和调门的 ATT 阀门试验按钮，试验 A 侧中压主汽门和调门。

（8）撤出 A 侧中压主汽门和调门的 ATT 阀门试验按钮，选择并投入 B 侧中压主汽门和调门的 ATT 阀门试验按钮，试验 B 侧中压主汽门和调门。

5. 注意事项

（1）试验过程中，避免机组负荷、蒸汽参数大幅波动。只有当一组主汽门和调门试验完成并给出试验成功的反馈后，才可进行另一组试验。高中压主汽门、调门各试验应逐项进行，不得同时进行。

（2）试验时必须到现场观察阀门的动作情况,阀门动作应灵活,无卡涩现象。补汽阀活动性试验应在一组高压主汽门和调门试验成功后进行。每个阀门的两个电磁阀分别动作一次,使相应的阀门活动两次。高排逆止门开度为85%。试验期间,注意负荷向下波动不应超过50 MW。

（3）试验时,应监视参数的变化情况:各轴承金属温度、回油温度、轴向位移和机组振动参数。

（4）若EH油压波动超过2 MPa,应立即停止试验。如EH油压异常下降,应立即关闭对应阀组供油门。若阀门试验故障,单个调门关闭后不能正常开启时,汽机自动试验不能进行,应中止试验,立即联系仪控人员处理。

七、锅炉水压试验

1. 水压试验的要求和范围

（1）计划检修或受热面及承压部件等检修后的锅炉,为检查承压部件和阀门的严密性,应进行常规水压试验,试验压力等于最高允许工作压力。

（2）应按《电力工业锅炉压力容器监督规程》规定的情形进行锅炉的超水压试验:

①新安装或迁移的锅炉投运时;②停用一年以上的锅炉恢复运行时;③锅炉改造、受压元件经重大修理或更换后,如水冷壁更换管数在50%以上,过热器、再热器、省煤器等部件成组更换或进行了重大修理时;④锅炉严重超压达1.25倍工作压力及以上时;⑤锅炉严重缺水后受热面大面积变形时;⑥根据运行情况,对设备安全可靠性有怀疑时。

（3）锅炉的超压水压试验压力:锅炉本体(包括过热器)试验压力为过热器出口设计压力(28 MPa)的1.25倍与省煤器设计压力(31.85 MPa)1.1倍的大者,即35.035 MPa;再热器试验压力为再热器设计压力(6.88 MPa)的1.5倍,即10.32 MPa。

（4）锅炉的超压水压试验一般在A级检修最后阶段进行,由总工程师或其指定的专责人员现场指挥。

（5）水压试验范围:

①省煤器、水冷壁、启动系统、过热器部分,从省煤器进口管道进口端至高温过热器出口管道出口端之间的所有受压组件。

②再热器部分,从再热器进口管道进口端堵阀至高温再热器出口管道出口端堵阀之间的所有受压组件。

③锅炉本体部分的管道附件。

2. 水压试验前的检查与准备工作

(1)检查与锅炉水压试验有关的汽水系统,确认检修工作已经结束,热力工作票已注销,炉膛和尾部烟道无人工作。

(2)过热器出口、再热器进口就地分别安装两只以上不同取样源的标准压力表,压力表精度 0.5 级以上,表盘不小于 $\phi200$ mm,刻度范围应为预期最高试验压力的 2 倍左右,在任何情况下不应小于该压力的 1.5 倍。压力表已校验正确,试验时以标准压力表读数为准。水压试验时分离器、过热器、再热器、给水压力表应投入。就地与集控室之间应配备通信工具。

(3)检查并确认锅炉汽水系统与汽机已可靠隔离,汽机主汽阀后、本体、高压排汽前、中联阀后疏水阀及小汽机非水压试验范围的所有疏水阀都已打开。

(4)锅炉水压试验所需精处理除盐水量充足。水压试验用水水质符合要求。

(5)水压试验时环境温度一般应在 5 ℃ 以上,否则应有可靠的防寒防冻措施。水压试验过程中,水温一般控制在 30 ℃ 和 70 ℃ 之间,以防锅炉表面结露,并且锅炉金属温度必须大于 21 ℃,检查时金属温度 $\not<$ 49 ℃。

(6)对锅炉本体进行水压试验时,应对下列关键点的部件壁温进行监控,并进行记录:省煤器进口集箱、启动分离器、连接球体、过热器出口管道。

(7)将过热器电磁泄压阀控制开关退出自动。所有安全门均装上水压堵头。

(8)过热器水压试验时应联系热控将高压旁路强制关闭,并开启再热器放空气门,防止再热器起压。

(9)再热器水压试验之前应检查并确认再热器出、入口加了水压试验用堵板,再热器水压试验用试验管道,试验泵安装调试完毕。

(10)若进行超压水压试验,检查并确认试验用管道、柱塞泵安装调试完毕。锅炉膨胀指示器调整到零位,以便在水压试验期间监视锅炉膨胀情况。按照水压试验检查卡检查各阀门位置。

3. 水压试验

（1）试验前检查与准备工作完毕后，向试验负责人与值长汇报，经值长同意后进水，进水要求严格按照启动准备中的规定执行。当锅炉各空气门中有水连续溢出时，按水流方向顺序关闭各空气门并暂停进水。

（2）接升压命令后，调节过热器减温水调整门（再热器使用试验调整门）进行缓慢升压，在 0 至设计压力范围内升压速度 $\geqslant 0.5$ MPa/min。当升压至安全门最低整定压力的 10% 左右时暂停升压，校对过热器和再热器压力一、二次表，并进行初步检查，未发现泄漏方可继续升压。当升至锅炉试验压力时，关闭进口门，保持工作压力，进行全面检查。

（3）若做超压试验，待检查正常后，以 $\geqslant 0.2$ MPa/min 的速率升至超压试验压力，保持 20 min，然后关闭进口门，控制疏水门，以 $\geqslant 0.2$ MPa/min 速度降压。当降至设计压力时进行全面检查，检查时应保持设计压力不变，并且不得用水泵保持压力。

（4）水压试验结束后，利用疏水门进行泄压，泄压速度 $\geqslant 0.5$ MPa/min。当压力降至 0 后，开启所有空气门和疏水门进行放水，通知检修人员放松安全门压紧装置。

（5）若水压试验结束后，锅炉准备投运，放至启动分离器点火水位，并对过热器、主汽管道和再热器加强疏水。

（6）正常压力水压试验的合格标准：①受压元件金属壁和焊缝没有任何水珠和水雾的泄漏痕迹；②关闭进口门，停止升压后，5 min 内降压不超过 0.5 MPa。

（7）超压水压试验的合格标准：①受压元件金属壁和焊缝没有任何水珠和水雾的漏泄痕迹；②受压元件没有明显变形。

4. 水压试验的注意事项

（1）水压试验过程中必须统一指挥，升压和降压要得到现场指挥者的许可才能进行。遇异常情况或故障时，运行人员应按规程和有关规定进行相应处理。

（2）上水前后，应记录膨胀指示器的指示值，并分析其膨胀是否正常，调节进水量应均匀、缓慢，阀门或给水泵不可猛开、猛关，防止压力突升或突降。

（3）在做一次汽水系统水压试验时，应监视再热器系统，防止起压。在做超压试验时,在试验压力大于工作压力时不得进行检查工作,所有人员必须远离承压部件,待压力降至工作压力后,方可对各承压部件进行检查。水压试验所必需的热控强制项目,在试验压力降至0后才能解除。

(4)水压试验期间严禁进行机、炉联锁保护试验和机炉热力系统设备的调试,严禁在工程师站和电子室内进行数据下载、调试等工作。

(5)水压试验用水有毒,注意防护。对试验情况和发现的问题做详细记录。水压试验结束后,必须确认放水管处无人工作方可进行放水。

八、锅炉安全门检验

1. 安全门校验的原则

(1)锅炉 A 级检修或安全门检修后,必须对安全门动作值进行校验,在役电站锅炉的安全门每年至少应校验一次。

(2)安全门应定期进行排汽试验,试验间隔不大于一个 C 级检修间隔期,一般在检修、停炉过程中进行。

(3)安全门校验必须制定相应的安全措施,由检修负责人指挥,运行人员负责操作,检修人员负责检查。检修负责人、运行负责人及锅炉安全监察工程师应在场,现场和集控室应配置专用的通信工具,由专人负责联系。

(4)安全门校验前,应对电磁泄压阀的控制回路进行检查和试验。安全门的校验顺序应按照其设计动作压力,遵循先高压后低压的原则。安全门校验的技术参数应记录在锅炉技术档案中。

2. 安全门校验必须具备的条件

(1)锅炉检修工作已结束,相关工作票已终结,符合启动条件。

(2)热控仪表校验工作完毕,锅炉 FSSS 等有关联锁保护正常投运,安全门及其排汽管、消声装置完整,启动前的各项准备工作已结束。

(3)校验安全门用的标准压力表已安装完毕,各压力表校验合格。

(4)若不带负荷校验,汽机主汽门和高排逆止门应关闭严密,盘车运行,旁路系统和真空系统能正常投运。

3. 安全门校验过程

(1)带负荷校验安全门时应有可靠的防止锅炉超压的安全技术措施。

(2)校验时应保持锅炉工况稳定,加强对锅炉运行参数的监视和调整,烟温探针烟温$\not> 538$ ℃,严禁过热器、再热器管壁超温超压,防止锅炉熄火。校验期间发生事故时,应立即停止校验,并按事故处理规定进行处理。

（3）安全门一经校验合格应加锁或铅封。锅炉运行中严禁将安全门解列。

（4）用液压装置校验算得的安全门动作压力与该安全门设定压力误差不超过±1%时,校验合格。

（5）试验期间,现场人员应注意自身防护。带负荷检验安全门时,应注意汽机参数的变化。

九、燃油泄漏试验

1. 下列所有条件满足,允许进行燃油泄漏试验

①MFT 继电器已跳闸;OFT 已跳闸;②燃油进油快关阀已关;③所有油阀关闭;④燃油回油快关阀已关;⑤所有火检显示无火;⑥充油压力满足要求。

2. 燃油泄漏试验的步骤

确认燃油泄漏试验条件满足,启动试验。打开燃油进油快关阀,打开燃油压力/流量气动调节阀充油,并在 CRT 上显示"燃油泄漏试验正在进行"。油母管压力升高后,关闭燃油进油快关阀。90 s 内,若燃油进油快关阀后母管压力高,则燃油回油快关阀和油阀泄漏试验通过,并在 CRT 上显示;否则认为燃油回油快关阀和油阀泄漏,燃油泄漏试验失败,并在 CRT 上显示。若第一步试验成功,则打开燃油回油快关阀泄油,8 s 后关闭。90 s 内,若燃油进油快关阀后母管压力低,则认为泄漏试验通过;否则认为燃油进油快关阀泄漏,泄漏试验失败,并在 CRT 上显示。

十、主变压器冷却器电源联锁试验

（1）检查并确认变压器冷却器运行正常,变压器温度正常,变压器冷却器控制箱内各电源开关位置正常。变压器冷却器 400 V MCC 侧电源开关在工作位置并已合好。

（2）拉开变压器冷却器主电源开关,检查并确认备用电源接触器自投,变压器冷却器运行正常。合上变压器冷却器主电源开关,检查并确认主电源接触器自动合上,变压器冷却器运行正常。

十一、柴油发电机的自启动试验和保安电源联锁切换试验

（1）检查并确认柴油发电机组备用正常,控制方式开关在自动位置。检查并确认保安 C 段各开关,保安 A 段、保安 B 段的工作电源开关和备用电源开关位置正确,PC 侧进线电源电压正常。

（2）手跳机 PC 段上至保安 A 段工作电源开关,对应的保安 A 段备用电源 K4 拉开,备用电源开关 K6 自动合上,检查保安 A 段母线电压是否正常。

（3）合上机 PC 段上至保安 A 段工作电源开关,手跳炉 PC 段上至保安 A 段工作电源开关,对应的保安 A 段备用电源开关 K6 拉开,备用电源开关 K4 自动合上,检查保安 A 段母线电压是否正常,检查机组操作站上保安 C 段和保安 A 段各开关位置是否正确。

（4）手跳保安 A 段工作电源开关和备用电源开关,则对应的柴油发电机自起动,柴油发电机至保安 C 段开关 K0 以及保安 C 段至保安 A 段事故备用电源开关 K2 自动合闸。检查并确认保安 A 段母线电压正常,柴油发电机运行正常,机组操作站上保安 C 段和保安 A 段各开关位置正确。

（5）将保安 A 段的正常工作电源进线开关（K4 或 K6）选为主电源进线开关,将开关上联锁开关切至"解除"位置,合上其 PC 段至保安 A 段开关,则自动合上主电源进线开关,拉开保安 A 段事故备用电源开关 K2,检查保安 A 段母线电压是否正常。

（6）按上述方法试验保安 B 段联锁正常后,将保安电源系统恢复正常运行方式。

十二、UPS 电源切换试验（空载）

拉开 UPS 上的主电源开关,检查 UPS 系统是否由 220 V 直流电源开关供电;拉开 UPS 上的 220 V 直流电源开关,检查 UPS 系统是否由旁路输入开关供电;合上 UPS 上的主电源开关,检查 UPS 系统是否自动切换为主电源开关供电;合上 UPS 上的 220 V 直流电源开关,检查 UPS 系统运行是否正常。

第二节　汽轮发电机组的启停

汽轮机的启动过程,是一个对汽轮机各金属部件的加热过程。在启动过程中,如果温升率控制不好,急剧加热,就会使各部件产生较大的热应力、热变形,使动、静部分膨胀不均而产生胀差,造成部件寿命降低,甚至损坏部件。所以汽轮机启动时,应选择合理的启动方式,所谓合理的启动方式,就是寻求合理的加热方式,使机组各部件的热应力、热变形、汽缸和转子的胀差及转动部分的振动均控制在允许的范围内,尽快把机组的金属温度均匀地升高到工作温度。

汽轮机启动时,应尽量避免负温差启动(凡冲转时蒸汽温度低于汽轮机最热部位金属温度的启动均为负温差启动)。负温差启动时,转子与汽缸先被冷却,而后又被加热,经历一次热交变循环,从而增加机组疲劳寿命损耗。如果蒸汽温度过低,将在转子与汽缸内壁产生过大的拉应力,而拉应力比压应力更容易引起金属裂纹,并会引起汽缸变形,使动静间隙改变,严重时会发生动静摩擦事故。此外,汽轮机热态、极热态负温差启动,使汽轮机金属温度下降,加负荷时间必须相应延长,因此一般不采用负温差启动。

1. 机组存在下列情况之一时,禁止启动或并网

(1)机组任一主保护联锁试验不合格或工作不正常。控制系统(DCS)通信故障或 SCS、DEH、TSI、FSSS、MEH、BPS 系统工作不正常,影响机组启动或安全运行。机组主要监视仪表不能投入或失灵(如转速、偏心度、振动、轴向位移、缸温、轴承温度、润滑油/EH 油压力或温度、真空等不正常)。

(2)汽机高/中压主汽门和调门、补汽阀、抽汽逆止阀、高排逆止门、高排通风阀其中之一动作卡涩或关闭不严。

(3)汽轮机调速系统(DEH)不能维持空负荷运行,或甩负荷后不能控制机组转速低于 3300 r/min。

(4)机组本体疏水系统工作不正常。仪用空气压力不正常,不能提供机组正常用气(低于 0.4 MPa)。高、中压外缸的上下温差大于 55 ℃。转子偏心度超过原始值的 ±20 μm。盘车无法投入或盘车过程中动、静部分有明显的金属摩擦声。

(5)汽轮机交/直流润滑油泵和顶轴油泵、EH 控制油泵之一故障或功能失灵。主机的 EH 油、密封油及润滑油油质不合格,油位过低,任一轴承回油不畅。

(6)锅炉水压试验不合格。发电机气密性试验不合格。给水或蒸汽品质不合格。发电机氢、油、水系统工作不正常。

(7)主变、高厂变、启动变压器油质不合格。发电机一次系统绝缘不合格,发变组保护不能投入。发电机励磁调节器工作不正常。发电机同期系统不正常。柴油发电机组故障,或 UPS、直流系统存在直接影响机组启动后安全稳定运行或安全停机的故障。机组发生跳闸后,原因不明,故障未排除。主机保温不完善,全厂污水处理系统、热控系统和特殊消防系统不能投运。

2. 启动方式的划分

(1)汽机环境温度启动:汽轮机高压缸转子平均温度小于 50 ℃。汽机冷态启动:汽轮机高压缸转子平均温度为 50 ℃ ~ 150 ℃。汽机温态启动:汽轮机高压缸转子平均初始温度为 150 ℃ ~ 400 ℃。汽机热态启动:汽轮机高压缸转子平均初始温度大于 400 ℃。汽机极热态启动:汽轮机停机 2 h 内。

(2)锅炉冷态启动:锅炉汽水分离器外壁金属温度小于 100 ℃且锅炉无压力或停炉时间大于 72 h。锅炉温态启动:锅炉汽水分离器外壁金属温度在 100 ℃和 300 ℃之间,且锅炉压力小于 3 MPa,停炉时间在 10 h 和 72 h 之间。锅炉热态启动:锅炉金属温度不低于 300 ℃,且蒸汽压力在 3 MPa 和 12 MPa 之间,停炉时间为 1 h ~ 10 h。

一、机组冷态启动

1. 机组冷态启动前的准备工作

(1)确认影响机组启动的工作票已终结,机组及各系统设备完整,具备启动条件。设备异动报告及相关技术命令和通知已下达,运行人员已了解、掌握。检查消防系统、杂用水系统已投运。厂房内的通信系统正常。

(2)机组启动所需的人员已到位,启动专用工器具、各种记录表、启动操作票和检查票准备齐全。

(3)机组启动所需的水、氢气、二氧化碳、煤、燃油储备充足,通知化学组、除尘脱硫组、燃料组做好机组启动前的准备工作。

(4)高备变带 6 kV 及 380 V 厂用电系统运行,确认直流系统、UPS 系统、保安电源系统运行正常。

(5)辅机完成试运转,主机和各辅机联锁保护试验完成并合格。检查并确认各电动门、气动门冷态调试正常,送上各电动门电源、气动门气源。开启所有仪表的一次门,检查并确认 LCD 各参数指示正确。

(6)检查并确认各楼梯、栏杆、平台完整,设备管道保温良好,各管道支吊完好,现场照明充足,各露天电动机、控制箱、端子箱的防雨罩完好,管道上的临时堵板已拆除。

(7)投运凝输水系统,分别对闭冷水箱、凝汽器、除氧器、定冷水箱、真空泵、汽水分离器进行冲洗,直至水质合格,补水至正常水位。投运闭冷水系统,根据各相关辅机运行要求投入闭冷水。检查投入机侧的压缩空气系统。

（8）做好本机辅汽母管暖管和投运工作。凝汽器未投循环水时,辅汽疏水扩容器的疏水排至无压放水母管。

（9）投入循环水泵轴封水和电机冷却水系统,确认循环水泵具备启动条件,启动循环水系统向主机和小机凝汽器通水,通知化学人员投入加氯系统。投运电动滤水器和开式冷却水系统。各冷却器的冷却水视情况投入。投运主机润滑油系统和油净化装置。投运小机油系统和油净化装置。投运发电机密封油系统。对发电机进行气体置换并充氢,将发电机内的氢压升至 450 kPa 左右。投运发电机定冷水系统。注意:水压要小于氢压。

（10）投入主机盘车。

①手动关闭盘车装置进油控制阀,投运顶轴油系统。

②确认主机润滑油、顶轴油和发电机密封油系统运行正常,且润滑油温大于 37 ℃,开启盘车装置进油电磁阀,投入联锁。

③对主机手动盘车 5 转左右,一人可以盘动后,停止手动盘车。就地缓慢开启盘车装置进油控制阀,检查并确认汽机大轴开始转动,汽机转速显示正常。

④用盘车装置进油控制阀调节汽机转速至 50 r/min 和 60 r/min 之间。

（11）主机盘车投入正常后,汽缸内的声音和转子偏心度应正常。盘车投用后,全面抄录一次缸壁温度。待轴封汽系统投用后,应每小时抄录一次,直至启动结束。

（12）确认 EH 油箱温度大于 15 ℃,投运 EH 油系统(视情况进行调节系统静态试验)。完成高、低加投运前的检查工作。

（13）投运小机和主机凝泵,凝结水系统投入运行,低加水侧随系统投运,且运行正常。若水质不合格,则开启开机放水门,进行凝结水系统冲洗排污,直至水质合格。再用凝结水向除氧器上水,继续进行凝结水系统、除氧器联合循环冲洗。根据水质情况,化学人员依次投运精处理装置及自动加氨系统;待水质满足锅炉上水要求,维持除氧器水位正常。

（14）投入给水泵密封水、凝汽器水幕喷水、凝汽器疏水扩容器喷水,根据需要依次投入凝结水的其他用户,并投入相关自动。

（15）投入除氧器加热。适时开启前置泵进口电动门对给水管道和给水泵注水排空气。适当开启给水泵出口电动门、高加入口三通阀(或高加水侧注水门)对高加水侧静压注水。高加水侧空气排完后,关闭给水泵出口电动门。

（16）检查小机油系统运行情况，投入小机盘车。（暖泵期间不允许汽泵组盘车。）

（17）确认小机和主机处于盘车状态，本体疏水门已开启；轴加水侧投入，轴封汽温度和转子温度匹配，启动一台轴封风机，投入小机和主机轴封汽，启动小机和主机真空泵抽真空。（正常开机时，小机要先于主机送轴封汽抽真空，以便启动汽动给水泵向锅炉进水，另外要尽量缩短送轴封汽抽真空至汽机冲转的时间。）

（18）用辅汽对小机进汽管道进行暖管疏水。检查小机凝汽器循环水系统、凝结水系统、小机轴封汽系统、小机抽真空系统、小机油系统、闭式冷却水系统、开式冷却水系统运行正常，前置泵和汽泵密封水正常，汽泵组各轴承和减速箱回油正常，汽泵组符合启动条件。当除氧器水温加热至 100 ℃左右，符合锅炉进水要求时，关闭给水泵暖泵门，用辅汽启动汽动给水泵向锅炉进水。

（19）进水结束后锅炉准备点火前，加快给水泵转速，将给水流量控制在启动流量以上。

（20）检查并关闭高加控制水快开电磁阀和高加水侧疏水电磁阀，当给水压力上升到一定值时，开启高加进、出口三通阀，关闭高加水侧注水阀。

（21）恢复锅炉区域闭冷水系统。使用邻机供汽，或投运锅炉，并投运辅助蒸汽系统。锅炉除渣装置良好，投入炉底水封，溢水正常。

（22）试转空预器导向支承轴承、润滑油泵，情况正常。启动空预器齿轮箱油泵，启动空预器，投入空预器红外热点探测装置。

（23）投运送风机润滑油站、一次风机润滑油站。投运引风机冷却风机、润滑油站。投运锅炉汽水分离器液动调整门油站。投运各磨煤机油站。

（24）启动火检冷却风机，投运火检冷却风、等离子载体风。投运等离子冷却水泵，恢复等离子点火装置至备用状态。

（25）检查并确认石子煤排放系统正常。将锅炉汽水、燃油、风烟、脱硝、制粉、吹灰系统阀门、风门挡板恢复至启动前状态。检查并确认脱硝系统符合投运条件。

（26）检查并确认发电机一变压器组及相关部分所有工作票已终结，临时安全措施全部拆除，永久遮拦和常设安全标志已恢复。发电机照明充足，各部清洁、整齐。现场消防设施完好，并验收合格。大修后的发电机启动前应审查试验报告是否齐全、合格,设备变更应有详细的书面交代,启动措施合理、完善。

(27)检查并确认发电机—变压器组一、二次设备及励磁系统设备无异常情况,具备启动条件。高备变带厂用电运行正常。

(28)发电机滑环、大轴接地碳刷已放上,接触良好,接线牢固、长度合适,滑环通风道畅通。检查发电机出口封闭母线微正压装置运行正常(发电机微正压装置机组在运行或是停运时均投入)。

(29)投运发电机绝缘过热监测装置,射频监测仪运行正常。

(30)发变组转冷备用。

(31)就地检查发变组主开关 SF6 气体压力正常,发电机开关储能正常,"远方/就地"已切至"远方"。测量发电机绝缘电阻合格。采用 2500 V 兆欧表测量,若绝缘电阻测量结果比前次显著降低(如降低到前次的 $1/3 \sim 1/5$),应测量吸收比 $R60''/R15'' \geqslant 1.6$,极化指数期望值 $R10'/R1' \geqslant 2$。发电机定子通水时,定子绝缘电阻值用 2500 V 兆欧表测量,应大于 2.4 MΩ。测量发电机转子绝缘电阻采用 1000 V 兆欧表,其值不应小于 0.5 MΩ,若低于此值,应联系检修人员采取措施加以恢复。发电机绝缘测量完毕均应对地放电,并恢复正常接线。

(32)发电机启动前应确认下列试验合格:发电机—变压器组开关(发电机—变压器出口开关、6 kV 厂用工作电源开关)和刀闸拉、合闸试验以及联锁试验,7 号主变压器和高压厂用变压器冷却器电源联锁试验,发电机断水保护动作试验,发电机—变压器组保护动作联锁跳闸试验,热工保护动作联锁跳闸试验,400 V 保安段联锁动作试验。大修后的发电机由检修人员负责定子内冷水水压试验、定子内冷水反冲洗试验、气密试验。

2. 锅炉上水

(1)确认锅炉汽水系统按阀门检查卡检查操作完毕。若为 A/B/C 级检修后启动,抄录上水前锅炉膨胀指示数值。打开省煤器出口放气门。

(2)确认除氧器出口给水温度到 105 ℃左右时,锅炉给水与锅炉金属温度的温差不超过 111 ℃,除氧器出口水含铁量小于 200 μg/L。

(3)启动给水泵,稍开出口门,给水母管注满水后全开出口门,给水泵维持最低转速打循环,根据锅炉需要进水。当省煤器、水冷壁和汽水分离器在无水状态,上水时以约 10% BMCR 控制给水流量。

(4)待汽水分离器有水位出现时,要求汽水分离器水位稳定 2 min 且分离器液动调整门 A 开度大于 30% 维持约 1 min,逐渐加大给水量到 30% BMCR 左右,保持 30 s,使分离器液动调整门 A 开度在 100% 且分离器液动调整门 B 开度大于 15% 维持 2 min,确保空气完全排空。空气放尽后,关闭省煤器出口放气门。放空气过程结束后,控制汽水分离器水位在 3 m ~ 6.6 m,给水流量为 10% BMCR 或略高,进行锅炉冷态冲洗。若为 A/B/C 级检修后启动,抄录上水后锅炉膨胀指示数值。

3. 锅炉冷态冲洗

(1) 汽水分离器出口水含铁量大于 500 μg/L,应进行排放,含铁量小于 500 μg/L 时进行回收,启动锅炉疏水泵,建立循环清洗。

(2) 循环清洗期间,控制给水流量为 10% BMCR 或以上。

(3) 当省煤器入口水含铁量小于 50 μg/L,汽水分离器出口含铁量小于 100 μg/L 时,锅炉清洗完成可以进入点火操作程序。

(4) 将省煤器进口给水流量调整为 30% BMCR,投入给水,投入分离器水位自动。

4. 锅炉点火

锅炉点火时省煤器入口给水品质须达到下表中启动过程栏的参数。启动过程栏的参数要求在锅炉点火后 6 h 内调整到正常运行值。

给水参数	单位	正常运行		启动过程
		AVT（全挥发处理）	OT（给水加氧）	
比电导率 25 ℃	μS/cm	0.15		0.65
pH 值 25 ℃		9.2 ~ 9.6	8.0 ~ 9.0	/
溶解氧	μg/L	7	30 ~ 150	30
硅	μg/L	10		30
铁	μg/L	5		50
铜	μg/L	2		/
钠	μg/L	3		/
TOC	μg/L	200		

(1) 投入 SCR 吹灰器程控,启动脱硝稀释风机。联系脱硫值班员,启动引风机、送风机,调节锅炉总风量至吹扫风量。

(2) 投运炉膛火焰电视摄像系统。投入炉膛烟温探针。投入辅助蒸汽来的吹灰汽源,空预器吹灰具备投运条件。

(3)确认燃油供油正常,恢复炉前燃油系统至点火前状态。检查复归操作台上的手动 MFT 按钮。

(4)确认燃油泄漏试验条件满足,进行燃油泄漏试验。确认炉膛吹扫条件满足,进行炉膛吹扫。

(5)炉膛吹扫结束后,检查 MFT 手动复归。

(6)确认凝汽器真空正常后,投运旁路系统。

(7)采用等离子点火方式(优先采用):建立磨煤机一次风通道,启动一次风机,调整一次风母管压力至正常。启动一台密封风机,另一台密封风机投入联锁备用。投入 A 磨煤机暖风器,进行暖磨。检查等离子点火装置是否满足启动条件。暖风器出口一次风温达到 150 ℃,启动各角等离子点火装置,检查各角等离子点火装置起弧是否成功。设置为"等离子模式",检查 A 磨煤机是否满足启动条件。暖磨结束后,启动 A 磨,启动 A 给煤机,维持适当煤量运行,检查火检和就地着火是否正常。磨煤机各运行参数正常后,可根据升温、升压速率调整燃料量。

(8)空预器出口一次风温达到 200 ℃,可停用一次风暖风器,注意调整磨煤机出口温度至正常。

(9)采用燃油点火方式:确认锅炉点火条件满足,从 AB 层开始,以对角方式,隔一定时间投运一支油枪,就地检查油枪着火是否正常。

(10)下列情况下,应进行燃烧调整:①着火不稳定;②火焰上有烟尾巴;③火焰不明亮;④有未燃尽碳形成的火星;⑤火焰形状不规则。

(11)油枪投运的注意事项:严格控制锅炉的升温、升压速率,视情况投入/切除油枪。投入下一支油枪之前一定要确认油母管压力正常。油枪的投运尽量均匀,保证锅炉热负荷分布均匀。当空预器出口二次风温达到 150 ℃,启动一次风机,调整一次风母管压力。启动一台密封风机,另一台密封风机投入联锁备用。

(12)选择启动 B 磨或 A 磨,若启动 A 磨,设置为"正常模式",检查并确认启动条件满足,建立磨煤机一次风通道暖磨。磨煤机暖磨结束后,启动给煤机,维持最低煤量,检查并确认火检和就地着火正常。磨煤机各运行参数正常后,可根据升温、升压速率调整燃料量。

(13)锅炉点火后,投入空预器连续吹灰。

5. 锅炉升温、升压

(1)在升压开始阶段,饱和温度在 100 ℃以下时,升温率不得超过 1.1 ℃/min。在其他阶段,当汽温小于 450 ℃时,启动升温率≯1.5 ℃/min。水冷壁、过热器、再热器金属壁温应均匀上升,并不得超过报警值。

(2)在汽机全速以前或蒸汽流量达到 10% 以前,炉膛出口烟温应不大于538 ℃。若采用燃油点火,根据升温、升压速率,投运 CD 层油枪。检查高、低旁动作正常。

(3)当汽水分离器压力达到 0.2 MPa,关闭汽水分离器放空气门。全面检查主、再热蒸汽管道疏水是否畅通,注意高/中压主汽门和调门、高排逆止门、各级抽汽逆止阀等的严密情况,监视汽缸上、下壁温差和盘车运行情况。当汽水分离器压力达到 0.5 MPa,关闭过热器各疏水门、放空气门。在汽水分离器压力达到 0.8 MPa 前,燃烧率不能增加。当过热蒸汽过热度超过 50 ℃,蒸汽流量建立,燃烧率可以增加。当炉膛出口烟温达到 538 ℃,应监视烟温探针是否自动退出。当汽水分离器入口温度达到 190 ℃,锅炉开始热态冲洗,取样化验水质。

(4)冲洗期间分离器入口温度应不超过 260 ℃。分离器排水含铁量小于 50 μg/L,热态冲洗结束。

(5)根据启动曲线缓慢增加燃烧率,注意控制汽水分离器出口压力、温度上升速度。若为 A/B/C 级检修后启动,汽水分离器压力达到 8.6 MPa 或过热器压力达到冲转压力后,抄录锅炉膨胀指示值。过热器出口压力达到冲转压力,检查高压旁路转入压力控制的方式,调整燃烧率,使蒸汽温度与汽机缸温相匹配。控制主、再热蒸汽压力和温度使其满足冲转要求。在冲转、并网直至带初负荷期间,应维持锅炉参数稳定。

6. 锅炉点火及升温、升压的注意事项

(1)控制燃烧率,监视水冷壁、汽水分离器、过热器、再热器的金属壁温,并控制其升温速率。加强分离器水位监视,注意汽水分离器疏水调整门的动作情况。在分离器压力达到 0.5 MPa ~ 0.7 MPa 时,应注意汽水膨胀现象,并通过控制燃烧率防止满水。

（2）再热器起压后,尽早开启低压旁路,注意监视高、低压旁路的动作情况。

（3）如锅炉做过水压试验后启动,应加强监视立式过热器的壁温。在壁温没有超过饱和温度时,升压速率应不超过 0.09 MPa/min。

（4）升炉期间蒸汽流量小于 10% 时,原则上不使用减温水。避免蒸汽带水或积水进入受热面形成"水塞"。

（5）油枪投运过程中应现场观察雾化和着火情况,发现雾化或燃烧不良应及时处理。

（6）在锅炉启动负荷小于 200 MW 期间应保持空预器连续吹灰,防止空预器产生可燃物沉积及二次燃烧。

（7）整个机组冷态启动过程中应严格控制水质并保证水量充足,以满足系统清洗和点火要求。从上水直到带满负荷,要严密监视锅炉的受热膨胀情况,做好膨胀记录,发现问题及时汇报。

7. 发变组转热备用

（1）投入发变组有关保护。合上发电机—变压器组出口开关控制电源小开关。按规定合上主变压器、高压厂用变压器、励磁变冷却器的电源开关,并投入冷却器。合上主变压器中性点接地刀闸,合上发电机中性点接地刀闸。

（2）将发电机出口避雷器推至工作位置,装上发电机出口 1PT、2PT、3PT 高压侧保险,合上低压侧二次空气开关;将 1PT、2PT、3PT 推至工作位置。PT 阻值接近平衡,误差不大于 10% ~ 20%。检查高厂变低压侧 PT 一次保险已装好,开关在拉开状态,将开关推至试验位置。

（3）拉开发电机灭磁开关。拉开发电机启动继电器和接触器。送上励磁系统的交流电源和直流电源。检查励磁系统柜内的各保险是否已装好。

（4）合上发电机励磁 AVR 控制柜内的工控机电源小开关。合上发电机励磁 AVR 控制柜内的其他电源小开关。合上发电机起励电源开关。合上发电机励磁整流柜内的进/出线（QS1/QS2）开关,关好励磁系统的所有柜门。

（5）按规定投入发电机励磁 AVR 柜,转热备用。

（6）检查发电机励磁 AVR A、B 套及各种限制器的设定值是否正常。投入同期装置。检查封母微正压装置是否运行正常（机组在运行或停用时均投入）。

（7）发电机转速至 2500 r/min 时,合上发变组出口主刀闸。

8.汽轮发电机冲转、并网

(1)冲转参数的选择

主蒸汽温度:由 X4、X5 准则确定。

再热蒸汽温度:由 X6 准则确定。

冲转参数参考值:蒸汽温度高于缸温 50 ℃ ~ 100 ℃。

环境温度启动:P1/P2 = 5.5/0.8 MPa,T1/T2 = 390/390 ℃。

冷态启动:P1/P2 = 5.5/0.8 MPa,T1/T2 = 390/390 ℃。

温态启动:P1/P2 = 6.5/1.0 MPa,T1/T2 = 440/440 ℃。

热态启动:P1/P2 = 8.5/1.0 MPa,T1/T2 = 560/512 ℃。

极热态启动:P1/P2 = 8.5/1.0 MPa,T1/T2 = 580/540 ℃。

(2)冲转前的检查

①机组所有系统和设备运行正常,不存在禁止机组启动或冲转、并网的条件。

②主汽压力为 5.5 MPa,主汽温度为 390 ℃,再热蒸汽压力为 0.8 MPa,再热汽温为 390 ℃。凝汽器绝对压力符合限制曲线的要求:不大于 13 kPa。发电机氢气压力为 0.40 MPa ~ 0.45 MPa。主机润滑油、EH 油系统运行正常。润滑油温为 38 ℃ ~ 50 ℃,油压为 0.37 MPa ~ 0.4 MPa。EH 油温为 35 ℃ ~ 55 ℃,油压为 160 bar。

③高、低压旁路自动调节正常,高、低压旁路后的汽温、汽压正常。连续盘车 4 h 以上,盘车时,转子偏心度、轴向位移、缸胀等指示正常,转子偏心度不大于原始值 ±20 μm(原始偏心值为 11.7 μm),汽缸内无动静摩擦等异常声音。

④发电机密封油、定冷水、氢冷系统投入正常。对氢冷系统、定冷水系统高点进行排气。确认汽机主保护投入正常。确认高/中压主汽门、调门、补汽阀和高排逆止门处于关闭位置。确认汽轮机防进水的各蒸汽、抽汽管道及本体的疏水门动作自如。

⑤汽水品质合格,尤其是蒸汽品质在调门开启前必须满足汽机冲转前的蒸汽品质要求,否则汽机自启动顺控子组无法继续进行。

⑥汽轮机冲转过程中,锅炉应燃烧(包括燃料量)稳定,蒸汽参数稳定。

9.汽机程控启动

锅炉点火后,当汽机程控启动条件满足,即手动投入汽机 SGC 程控。当主汽温度高于阀体内壁温度(冷态为 100 ℃,热态为 20 ℃),主汽压力小于 4.0 MPa 时,汽机走步序暖阀直至额定转速。

空步→SLC 汽轮机抽汽逆止阀子程序投入→汽轮机限制控制器投入→汽轮机疏水 SLC 投入→汽轮机高/中压调门前疏水投入→空步→空步→汽轮机润滑油泵试验准备→空步→空步→蒸汽品质合格后汽机跳闸首出复位→开中压主汽门前疏水阀 1、2→判断热再、冷再、高压蒸汽管道暖管是否结束→开中压主汽门前疏水阀 1、2→开启主汽门,设置负荷设定值为 15%→主汽门开启确认→空步→空步→空步→调门开启前等待蒸汽品质合格并确认汽轮机冲转条件→开调门汽轮机冲转至暖机转速(360 r/min)→解除蒸汽品质子程序→保持暖机转速→空步→汽轮机升至额定转速→关闭汽轮机高、中压主汽门疏水门→解除正常转速→AVR 装置投入自动→空步→发电机准备并网→进行同期并网→启动装置 TAB 至 99%并增加调门开度→完成汽轮机启动过程→汽轮机控制器切换为初压控制方式→启动步骤结束。

10. 汽机冲转、升速、并网过程的操作注意事项

(1)汽机本体和管道疏水都是汽机防进水保护的措施。在汽机自启动程控子组启动第 4 步后,应检查相关疏水门是否自动开启。

(2)在汽机自启动程控子组中有两个需要运行人员手动干预的断点。一是开汽机调门前的蒸汽品质确认;二是升速至 3000 r/min 前的额定转速释放。

(3)当主机转速升至 180 r/min 后,检查盘车电磁阀是否自动关闭;转速升至 540 r/min 后,检查并确认顶轴油泵联锁停运,重新打开盘车电磁阀。环境温度启动时,汽机暖机将在 360 r/min 转速下保持 60 min,其他方式启动通常 5 min 即可升至 3000 r/min。冷态启动时,在暖机(转速为 360 r/min)结束后,发电机并网前应进行一次手动脱扣试验,以便检查汽机内部和轴封处有无金属摩擦声。

(4)脱扣试验后,联系热工将汽机超速保护定值设置为 2950 r/min,重新启动汽轮机,进行超速试验。当转速达到 2950 r/min,超速保护动作,汽机跳闸后,由热工将汽机超速保护定值重新设置为 3300 r/min,再次启动汽机。当汽机转速升至 1500 r/min 以上时,启动 5、6 号低加程控子组。

(5)转速大于 2850 r/min 后,关闭高/中压调门、补汽阀前疏水门。其他疏水门根据各自的逻辑,在条件满足后自动关闭。

（6）转速大于 2850 r/min，低压内缸温度小于 100 ℃ 且两个低压缸排汽温度都小于 60 ℃ 时，低压缸喷水自动关闭。

（7）汽轮机冲转前，转子连续盘车时间应满足要求，尽可能避免中间停盘车。如盘车短时间中断，则要重新计时。

（8）汽轮机升速过程中为避免产生较大的热应力，应保持合适、稳定的主蒸汽温度，考虑高压汽轮机叶片的承受能力，因此汽缸壁温升应严格按 X 准则进行，否则机组升速将受到限制。机组在暖机过程中应保持蒸汽参数的稳定。

（9）汽轮机要充分暖机，疏水子回路控制必须投入，保持疏水畅通。旁路投运后，应逐渐暖投 2 号高加，注意温升率应小于 1.7 ℃/min。

（10）注意汽轮机组的振动、各轴承温度、汽轮机高/中压缸上下温差、轴向位移以及各汽缸膨胀的变化，必要时加强暖机。

（11）机组升速过程中，主机润滑油温和发电机冷氢温度变化应保持在正常范围内。

（12）注意各轴承回油温度应不超过 70 ℃，低压缸排汽温度不超过 90 ℃。

（13）在汽轮机冲转过程中，发电机转子碳刷、轴接地碳刷应研磨良好，碳刷无过短、破损、刷瓣断开及跳动、卡涩现象。

11. 初负荷暖机

并网后，DEH 的压力控制方式为"limit"（限压）方式，升负荷率设为 30 MW/min，负荷设定为 100 MW，升负荷至 100 MW，暖机 5 ～ 10 min（根据温度裕度控制）。暖机期间，加强机组振动、润滑油温等参数检查，维持主汽压力及主汽、再热汽温度稳定。

12. 机组由初负荷升至 200 MW

（1）负荷升至 130 MW 时，将厂用电倒换为高厂变。

（2）当四抽压力为 0.2 MPa，且高于除氧器压力时，开启四抽电动门，开启四抽逆止阀 1、四抽逆止阀 2，开启四抽至除氧器电动门，关闭辅汽至除氧器调整门，将除氧器加热汽源倒换为本机四抽。

（3）将机组负荷设定为 200 MW，在这个过程中，高、中压调门逐渐开大，旁路逐渐关小，直至完全关闭；DEH 的压力控制方式自动切为"初压 2"。

（4）启动第二台磨煤机。

（5）负荷升至 150 MW 时，检查汽机本体及相关管道所有疏水门是否均已关闭。

（6）机组负荷升至 180 MW 左右，3 号高加与除氧器压差达 0.3 MPa 以上，将 3 号高加疏水倒至除氧器。检查其他加热器的疏水是否已由走危疏倒至走正常疏水阀。

13. 机组负荷由 200 MW 升至 330 MW

（1）逐步把锅炉的燃料量加至 35%BMCR 左右，并根据氧量情况调整风量。锅炉开始由湿态转为干态运行。

（2）适当降低燃烧量增加的速率，并保持燃料与给水的比例稳定，分离器出口蒸汽温度、焓值应在正常范围内，维持主蒸汽温度稳定。

（3）受热面金属壁温在允许范围内，并且变化幅度正常。

（4）检查并确认启动系统暖管暖阀系统的投运条件已满足，少量开启暖管系统各分支管隔离门，开启暖管系统进口手动和电动隔离门、出口电动隔离门，投入出口调整门自动，投入暖管系统，下降管水位稳定。

（5）机组负荷升至 200 MW 后，启动运行低加疏水泵，将疏水切至正常运行方式。

（6）当本机冷再压力达 1.5 MPa，温度达 280 ℃左右时，开启冷再至辅汽电动门，投入冷再至辅汽调整门自动，定值设为当前辅汽压力。调整门开度稳定后，将三期至四期辅汽调整门定值减小 0.05 MPa，使三期至四期辅汽调整门是否自动关小，辅汽压力稳定。至此，本机辅汽由三期冷再倒换为本机冷再供汽。

（7）给水从旁路管道切换到主给水管道运行，注意给水量应稳定。

（8）随着负荷上升，适当提高主机凝泵变频自动定值（定值为凝结水母管压力），汽泵密封水回水温度应在 55 ℃以下，汽泵密封水调整门有调节裕度，小机热井水位、除氧器水位等参数应正常。

（9）空预器吹灰汽源切至锅炉本体汽源。启动第三台磨煤机。机组负荷升至 300 MW 左右，轴封汽实现自密封。

（10）负荷为 250 MW～280 MW 时，将小机汽源由辅汽倒换为四抽。（冷再到小机进汽电动门保持开启，该汽源为紧急备用汽源，正常情况下不用。）

（11）确认锅炉给水、燃料、引风机、送风机、一次风各子系统自动运行正常。

（12）确认汽机压力控制方式为"initial"方式，调整各磨煤机出力，投入各给煤机煤量自动，投入锅炉主控自动，机组进入协调控制模式。

（13）锅炉转直流运行后,给水流量自动调节跟踪应正常,给水流量随锅炉热负荷升高逐渐升高。

14. 机组负荷由 330 MW 升至 660 MW

（1）以 9 MW/min 的升负荷率增加机组负荷。

（2）满足下列所有条件时,允许停运全部油枪或等离子点火装置:机组负荷大于 330 MW;三台及以上磨煤机投运,且运行磨出力大于 50%;锅炉燃烧稳定。

（3）启动第四台磨煤机。给水品质符合要求,可将给水由 AVT 转为 OT 处理。当机组负荷在 300 MW 和 500 MW 之间,辅助汽源切换为由冷段和四抽同时供汽。停止空预器连续吹灰。

（4）机组负荷大于 330 MW,4 h 后投运空预器 LCS 系统,注意空预器电流变化。

（5）脱硫系统投运时,注意炉膛负压和引风机运行状况的变化。

（6）省煤器出口烟温符合要求,投运 SCR 系统。

（7）根据凝汽器真空情况投运循环水泵。启动第五台磨煤机,将机组负荷增至额定。

（8）在机组负荷达到满负荷后,应全面检查、调整机组各系统使其运行正常。

（9）若为 A/B/C 级检修后启动,在机组负荷达到满负荷后,抄录锅炉膨胀指示值。

15. 升负荷阶段的注意事项

（1）汽机振动、汽缸膨胀、轴向位移、汽缸上下壁温差、轴承金属温度、润滑油回油温度、润滑油压等各项参数应在正常范围之内,汽轮发电机组内应无异常声音。

（2）注意监视凝汽器、除氧器、高低压加热器的水位变化,及时调整水位,使水位维持在正常范围之内。

（3）汽机本体及抽汽系统疏水开关逻辑应正确。注意监视发电机内氢压和氢温的变化,及时调整冷却水水量。

（4）根据负荷的上升情况,及时倒换除氧器加热汽源、辅汽汽源、小机汽源,倒换操作应缓慢、平稳,避免除氧器压力、辅汽压力、小机转速大幅波动,避免相关管道振动。

（5）锅炉在湿态与干态转换区域运行时,应尽量缩短运行时间,并应注意保持燃料控制和汽水分离器水位的稳定,严格按升压曲线控制蒸汽压力的稳定,以防止锅炉受热面金属温度波动。

（6）在各阶段暖机期间,应对各辅机的运行情况进行详细检查。发电机升负荷过程中,应及时调节输出有功、无功,控制厂用电系统电压正常。发电机升负荷过程中,应加强对发电机及其励磁系统和主变、高压厂变参数的监视。尤其要加强对发电机测点温度和碳刷运行情况的检查。

二、机组停运

1. 滑参数停机

（1）撤出机组 AGC,利用机组协调控制,按正常方式减负荷至 450 MW 左右,并按从上到下的顺序停用磨煤机,此时磨煤机点火能量条件应具备。

（2）在机组减负荷过程中,逐渐将主蒸汽温度降至 500 ℃,应保证主蒸汽温度、再热汽温度大于 56 ℃ 过热度,并密切注意汽机 TSC 裕度。

（3）负荷减至 500 MW 左右时,停运第一台制粉系统。负荷下降时,注意轴封汽源切换,轴封压力、温度应正常。停运炉本体吹灰器。负荷减至 350 MW 左右时,停运第二台制粉系统。

（4）停运脱硫、脱硝系统,注意炉膛负压和引风机运行状况的变化。保持 SCR 吹灰程控运行。

（5）负荷从 300 MW 减至 210 MW 时,减负荷速率控制在 5 MW/min 左右。

（6）负荷下降时适当降低主机凝结水母管压力,但要注意最低不低于 1.3 MPa,防止备用凝泵联启和汽泵密封水回水温度升高。

（7）根据燃烧情况及时启动等离子点火装置或投运油枪进行稳燃。投入空预器连续吹灰。开始撤出除尘器。

（8）负荷减至 300 MW 左右时,将辅汽由本机冷再倒换为由三期冷再或邻机冷再供汽。注意轴封供汽母管压力,及时适当开启轴封供汽调整门。注意对辅汽联箱进行疏水,确保辅汽温度在 250 ℃ 以上。

（9）负荷减至 270 MW 左右时,缓慢开启汽泵再循环调整门至 60% 左右。将主给水切至旁路运行。注意保持给水流量稳定。

（10）负荷减至 260 MW 左右,将小机汽源由本机四抽切换为辅汽。注意小机进汽管疏水、小机进汽温度不应大幅下降。

（11）负荷减至 230 MW 左右，做好锅炉干、湿态转换的准备工作，调节给水和燃煤量，保证汽水分离器过热度缓慢降低，当汽水分离器、集水箱有水位时，锅炉将从干态进入湿态。锅炉干、湿态转换过程中，加强对锅炉受热面壁温的监视。

（12）负荷减至 230 MW 左右，将 A 磨切至等离子模式，停运第三台制粉系统。负荷减至 210 MW 左右，将 6 号低加疏水切至凝汽器，停运低加疏水泵。负荷减至 180 MW 左右，注意 3 号高加的水位，防止 3 号高加与除氧器压差减小引起 3 号高加水位升高。及时将 3 号高加疏水倒换为走危急疏水门，注意相应疏水扩容器的温度。将吹灰汽源切换为由辅汽供汽。

（13）将锅炉给水电动门切换为由给水旁路调节门控制。切换时应注意省煤器进口流量保持不变。锅炉转湿态运行后，停用启动系统暖阀暖管系统。检查分离器疏水 1、2 号电动隔离门动作是否正常。负荷为 130 MW 左右时，将厂用电倒换为高备变。负荷为 100 MW 左右时，适当开启辅汽至除氧器加热调整门，关闭四抽至除氧器电动门，除氧器压力维持在 0.147 MPa。随着负荷下降，高、低加随之滑停，注意加热器水位应正常，否则用危急疏水门控制水位。随着负荷下降，负荷约为 100 MW 时，适当开启凝泵再循环调整门。

（14）汽轮机高压缸内缸温度降至 430 ℃ 以下时，机组负荷可继续降低。随着负荷的降低，应确认高、中压疏水自动开启正常。

（15）主汽压力为 8.5 MPa 时，撤出锅炉 BF 方式，监视汽机金属温度裕度，继续降低燃料量。

（16）负荷减至 60 MW 左右时，通过 DEH 的负荷控制方式减负荷，视情况投入汽机旁路系统（一般不投），主汽压力维持在 8.5 MPa 左右。停运第四台制粉系统。撤出高、低压加热器汽侧。负荷减至 30 MW 时，准备解列发电机。

（17）发电机组手动解列：检查发电机有功负荷是否已降至零。检查发电机无功负荷是否已降至零。拉开发电机开关。调节发电机励磁，将发电机定子电压降至最低值。停运励磁系统，断开发电机灭磁开关，发电机出口电压下降到零，励磁电压、励磁电流指示为零。向调度汇报发电机已解列。

2. 汽机停机

（1）发电机解列后，汽机转速、主机润滑油压应正常。同时按下集控室两个"汽机紧急停机"，或就地按下"紧急停机"按钮，检查并确认汽机转速下降，高/

中压主汽门、调门、补汽阀关闭,抽汽电动门、逆止阀关闭,高排逆止门关闭,高排通风阀开启。

(2)检查并确认主蒸汽母管气动疏水阀、高压主汽门前气动疏水阀、低旁母管气动疏水阀、中压主汽门前气动疏水阀已开启。(注意:主蒸汽母管气动疏水阀前手动门、高压主汽门前气动疏水阀前手动门应关闭,待锅炉带压放水后再开启。)

(3)解除主机备用真空泵联锁,停运主机真空泵。汽机转速下降至低于临界转速时,可视情况开启一侧真空破坏门,以便机组转速快速通过临界转速区。汽机转速降至 510 r/min 时,检查并确认盘车电磁阀关闭,预选的两台顶轴油泵自动启动,顶轴油压力和电流正常。汽机转速降至 120 r/min 时,检查并确认盘车电磁阀自动开启,低压缸喷水电磁阀自动关闭。汽机转速降至 55 r/min 左右不再下降,记录汽机惰走时间,做好缸温、调门壳体温度、大轴偏心度、轴承金属温度、缸胀、低压缸排汽温度等重要参数的记录,直至盘车停运。

(4)主机真空降至 30 kPa 时,检查主蒸汽母管疏水阀、高压主汽门前疏水阀是否自动关闭,否则手动关闭。主机真空为 0 时,关闭主机轴封汽。待锅炉上水结束,停运汽泵、小机凝泵、小机真空泵。汽泵停运后,可停止除氧器加热。

(5)小机转速至 350 r/min 时,检查小机盘车电机是否启动,否则手动启动。小机转速至 104 r/min 时,检查小机盘车是否投入,否则手动投入。小机真空为 0 时,关闭小机轴封汽。

(6)确认主机和小机轴封汽都关闭后,停运轴封风机。关闭辅汽至轴封供汽手动总门。小机缸温降至 150 ℃ 时,停运小机盘车,关闭前置泵进口电动门,停止投入给水泵密封水。闭式水系统停运或小机冷油器冷却水隔离后,停运小机油系统。

(7)注意检查主机低压缸排汽温度、各疏水集管温度是否正常下降。将辅汽疏扩疏水倒至无压母管。密切监视除氧器、主机凝汽器、小机凝汽器、各加热器的水位,以防冷汽、冷水倒入汽缸。

(8)确认本机辅汽无其他用户后,可隔离本机辅汽系统。

(9)及时隔离氢冷器冷却水,防止氢温过低导致发电机结露。若需进行发电机排氢工作,需确认定冷水已停运。

(10)当低压缸排汽温度小于 50 ℃ 且凝结水无用户,可停运凝结水系统。

视季节调整循环水泵运行方式,注意调整循环水泵运行方式对邻机循环水和本机闭冷水温度的影响。单机运行,机组停运后,主机和小机不需要循环水且开式水无用户时全停循环水泵。

(11)汽机转子温度小于100 ℃时,可停用盘车和顶轴油泵。关闭盘车电磁阀,让转子在有顶轴油的情况下惰走。转子惰走到0时,解除顶轴油泵联锁,停运两台顶轴油泵。关闭盘车装置进油控制阀。

(12)发电机气体置换结束且盘车停运后,可停运密封油和主机润滑油系统。(注意:停主机交流润滑油泵之前,先退出备用交流润滑油和直流润滑油泵联锁,切断直流润滑油泵电源。)

3.锅炉停炉

(1)汽机停机后,投运 AB 层油枪,停用最后一台磨煤机,控制主蒸汽温降率≥5 ℃/min,停用等离子点火装置。磨煤机吹扫结束后,停用密封风机和一次风机。

(2)为了防止水冷壁局部超温,在锅炉熄火前省煤器进口流量应始终保持在30%BMCR。由辅汽供汽的汽动给水泵应选择"MFT 不联跳"。

(3)逐渐停用所有油枪,锅炉熄火。确认燃油进、回油快关阀关闭,进、回油隔离总门关闭。

(4)锅炉熄火后,检查并关闭所有减温水隔离门。将给水流量减至 200 t/h 左右。

(5)以30%的炉膛风量对炉膛进行吹扫。炉膛吹扫完毕,根据需要停用送风机、引风机,锅炉闷炉。停用 SCR 吹灰器程控和稀释风机。

(6)控制高、低压旁路开度,对锅炉主蒸汽和再热蒸汽系统进行降压,降压速率≥0.3 MPa/min。当过热器出口压力降至 1.2 MPa 时,关闭高、低压旁路阀,或根据具体停炉要求决定降压值。

(7)锅炉水冷壁金属温度正常,可在分离器进水至高水位后,停止汽泵运行。高、低压旁路关闭,再热器不带压后,开启再热器系统疏水和放空气门。

(8)锅炉停炉和冷却过程中应严密监视汽水分离器和各受热面金属温度是否均匀下降。待过热器、再热器金属壁温小于 300 ℃,才可以自然通风冷却。一般不得启动风机强制冷却,特殊情况下需要启动引风机冷却的,应经总工程师批准。受热面金属壁温最高点小于 250 ℃时可启动引风机进行强制冷却,强

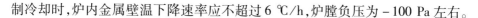

制冷却时,炉内金属壁温下降速率应不超过 6 ℃/h,炉膛负压为 - 100 Pa 左右。

(9)空预器进口烟温小于 205 ℃时,允许停运空预器。若无检修工作,可以保持空预器运行。空预器进口烟温降至 120 ℃时,可根据需要进行空预器水冲洗。炉膛出口温度小于 50 ℃时,允许停运火检冷却风机。

第三节 汽轮发电机组事故处理

汽轮发电机组发生运行事故,可能是长期工作设备的部件损坏、电网故障、检修质量不良或运行操作调节不当等原因引起,严重的事故会造成设备损坏、被迫停机。对机组运行中可能出现的事故,应以预防为主。一旦发生事故,运行人员应本着下列原则进行处理:

(1)值长是事故处理的直接指挥者,值长下达的各项调度指令,各值班员必须正确、迅速地执行。

(2)迅速了解并掌握事故的全面情况,尽快采取有效措施,避免事故扩大,消除事故根源,并解除对人身和设备的威胁。

(3)机组发生故障时,各值班员应坚守本岗位,根据故障象征及时查清故障原因、故障范围,及时进行处理并向上一级值班员汇报。当故障危及人身或设备安全时,值班员应迅速、果断地解除人身或设备危险,不要有侥幸心理,要有保人身、保电网、保设备的安全意识,事后立即向上级值班员汇报。

(4)故障发生时,所有值班员应在值长的统一指挥下及时、正确地处理故障。值长应及时将故障情况通知非故障机组,使全厂各岗位做好事故预想,并判明故障性质和设备情况以决定机组是否再次启动、恢复运行。

(5)非当值人员到达事故现场时,未经当值值班员或值长同意,不得私自进行操作或处理。当确定事故危及人身或设备安全时,处理后应及时向设备管辖值班员、上一级值班员或值长报告。

(6)值班员必须迅速、准确地执行值长的命令,不得以任何借口拒绝或者拖延执行。若执行值长指令可能危及人身和设备安全,值班员应拒绝执行,并向值长说明理由。

(7)当发生特殊故障时,值长和值班员应依据运行知识和经验在保证人身和设备安全的原则下及时处理。

(8)在故障处理过程中,接到命令后应进行复诵,如果不清楚,应及时问清楚,操作应正确、迅速。操作完成后,应迅速向发令者汇报。值班员接到危及人身或设备安全的操作指令时,应坚决抵制,并向上级值班员和领导报告。

(9)故障处理完后,值班员应及时将有关参数、画面和打印记录收集备齐,以备故障分析。

(10)发生事故时,值班员外出检查和寻找故障点时,集控室值班员在未与其取得联系之前,无论情况如何紧急,都不允许将被检查的设备强行送电启动。

(11)当事故危及厂用电时,应在保证人身和设备安全的基础上隔离故障点,尽力设法保住厂用电。

(12)在交接班期间发生事故时,应停止交接班,由交班者进行处理。接班者可在交班者的同意下协助交班值长统一指挥处理。事故处理告一段落后,再进行交接班。

(13)事故处理过程中,可以不使用操作票,可直接调用典型操作票进行参照,但必须遵守有关规定。操作结束后做好相关记录。

一、机组紧急停运

1. 锅炉紧急停运的条件

MFT 应动作而拒动;给水、蒸汽管道爆破;水冷壁管、省煤器管、过热器或再热器严重爆破,无法维持正常汽温、汽压,或威胁人身、设备安全;锅炉尾部烟道发生二次燃烧;炉膛内或烟道内发生爆炸,使设备遭到严重损坏;锅炉压力升高至安全门动作压力而安全门未动作,同时旁路和电磁泄压阀无法打开;锅炉给水流量显示全部失去;DCS 监控功能全部失去;锅炉房内发生火警,直接危及人身和设备安全。

2. 汽机紧急停运的条件

汽轮机遇下列情况之一时,应破坏真空紧急停机:汽轮机转速超过 3300 r/min;汽轮机轴向位移为保护动作值 ±1.0 mm;汽轮机发生水冲击,主蒸汽温度、再热汽温度在 10 min 内突降 50 ℃,或高、中压缸上下缸温差达 45 ℃;机组发生剧烈振动达到保护动作值或机组内部有明显的金属撞击声;汽轮机任一轴承断油冒烟或回油温度达到 82 ℃,或发电机密封油中断;汽轮机任一推力瓦金属温度达 130 ℃;汽轮机轴承(1~5 号轴承)金属温度升高至 130 ℃,发电机励磁机轴承(6~8 号轴承)金属温度升高至 107 ℃;汽轮机轴承或端部轴封摩擦冒火;

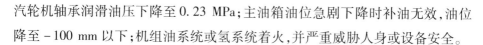

汽轮机轴承润滑油压下降至 0.23 MPa;主油箱油位急剧下降时补油无效,油位降至 -100 mm 以下;机组油系统或氢系统着火,并严重威胁人身或设备安全。

3. 汽轮机故障停机的条件

汽轮机遇到下列情况之一时,应不破坏真空停机:真空下降,经降负荷处理仍不能维持;DCS 监控功能全部失去;DEH 工作异常,不能控制转速或负荷;汽机无蒸汽运行超过 1 min,而逆功率保护不动作;主、再热蒸汽温为 616 ℃超过 15 min,或大于 624 ℃,或全压时主、再热汽温降至 530 ℃;低压缸排汽温度上升至 110 ℃;中压缸排汽温度大于 337 ℃;低压静叶持环温度大于 230 ℃;主机轴承相对振动大于 130 μm(1 ~ 5 号轴承)/175 μm(6 ~ 8 号轴承);高、中压缸上下温差大于 45 ℃(带负荷)、55 ℃(空负荷);闭冷水中断,抢投不成功;循环水中断;发电机密封油系统故障,油氢压差无法维持,导致发电机密封瓦处大量漏氢;锅炉 MFT 而汽机保护未动作;发电机跳闸而汽机保护未动作;主/再蒸汽、高压给水管道或其他汽、水、油管道爆破,无法维持机组正常运行。

4. 发电机紧急停运的条件

发电机冒烟着火,氢气发生爆炸;主变、励磁变、高厂变严重故障,需要紧急停用;励磁系统冒烟着火,发电机碳刷架环冒烟着火,处理无效;定子线圈大量漏水,并伴有定子接地、转子接地等;发电机发生强烈振动,机内有摩擦、撞击声;发电机定子冷却水故障而保护未动作;密封油中断,发电机漏氢着火;发电机内部有明显故障,但保护或开关未动作;机、炉故障;发生人身事故。

5. 机组紧急停运的操作步骤

(1)机、炉、发变组之一满足紧急停运条件,如保护未动作,应立即手动按下相应的"紧急跳闸"按钮,通过大联锁使机组停止运行。

(2)检查锅炉、汽机、发变组联锁动作是否正确,如联锁动作不正常,立即人为干预。确认高/中压主汽门和调门以及补汽阀、高排逆止门、抽汽逆止阀关闭。

(3)所有磨煤机、给煤机、一次风机跳闸,燃油进、回油快关阀,各油枪进油门,各磨煤机进口冷、热风快关门和出口快关门关闭,油枪退出,等离子点火装置停运,炉膛内无火焰。

(4)检查并关闭所有减温水隔离门、本体吹灰进口电动隔离门,吹灰器退出。

（5）检查并确认发变组出口开关已断开，灭磁开关已断开。检查厂用电系统是否正常，否则应手动补救，设法保住厂用电。厂用电压低时，应及时调节分接头。

（6）确认脱硝喷氨系统已自动停止运行。确认除尘器和脱硫装置跳闸。确认锅炉汽压下降，动作的电磁泄压阀、安全门回座。

（7）检查交流润滑油泵、发电机密封油泵运行是否正常，否则应立即手动启动。确认油压、油温正常。

（8）检查汽机本体及主、再热蒸汽管道，抽汽管道疏水门开启后手动强制关闭。检查关闭汽机高、低压旁路，为破坏真空做准备。

（9）检查汽轮机转速是否下降。如需立即破坏凝汽器真空停机，则在 2800 r/min 时同时破坏两侧凝汽器真空。如在汽轮机惰走过程中发现汽轮机振动大、轴瓦温度高等其他需要破坏真空的情况，也应及时破坏凝汽器真空。

（10）机组跳闸后，应迅速将轴封供汽倒换为辅汽供汽。及时调整轴封供汽压力，真空到 0 时，停用轴封供汽。检查凝汽器、除氧器水位自动调节是否正常，否则手动调节，保持凝汽器、除氧器水位正常。检查汽机本体各疏水、主/再热蒸汽管道疏水、各抽汽管道疏水是否自动开启，否则应手动开启。

（11）按机组跳闸联锁内容检查跳闸后的其他联锁动作是否正确，否则立即手动完成，并通知热工进行处理。

（12）主机润滑油温、密封油温、发电机风温、内冷水温正常，必要时解列冷却器冷却水。快关高、低压旁路阀（失去两台循环水泵或机组真空过低时）。根据需要打开真空破坏阀。检查疏水扩容器减温水投入是否正常，否则手动投入。机组转速达 510 r/min 时检查顶轴油泵是否联锁启动，否则手动启动顶轴油泵。主机转速降至 120 r/min 时，盘车应自动投入，转速为 48 r/min～54 r/min。注意汽机惰走情况，如振动、轴向位移、缸胀和上下缸温差等，汽轮机内部声音应正常。

（13）发电机内部着火和发生氢爆炸时，要用二氧化碳灭火，并紧急排氢。转子惰走到 200 r/min 左右时，要关闭真空破坏阀，建立真空，尽量维持转速，直至火被扑灭。

（14）立即关闭本机冷段及四抽至辅汽电动阀，将除氧器用汽切换为辅汽，并通知邻机保证辅汽压力。

（15）将励磁调节器自动控制、手动控制方式分别减到最小。断开发变组出口刀闸。

（16）调整引风机、送风机，对炉膛吹扫5 min后停运。若受热面泄漏，保留一台引风机运行，待水汽基本抽尽后停运。

（17）汽泵跳闸后，及时重新启动汽泵（省煤器、水冷壁管爆漏除外），以200 t/h的流量向锅炉供水，直至启动分离器有水位，汽压和分离器疏水调整门动作应正常。

（18）低压缸喷水正常投入。完成机组其他正常停运操作。向调度和公司有关领导汇报故障情况。将有关曲线、事故记录打印并保存好，在值班日志做好事故记录。

二、机组 RB 动作

现象：RB保护动作报警，相应辅机跳闸；引起RB动作的原因显示报警；汽温、汽压下降；给水流量、蒸汽流量、机组负荷均下降。

1. 引风机和送风机跳闸引起的 RB 处理

（1）确认锅炉单侧引风机和送风机跳闸，上层磨煤机跳闸，炉膛负压在正常范围内。

（2）确认控制系统自动以1320 MW/min的速率减负荷至420 MW，压力控制方式为滑压，燃料量与负荷指令对应。汽机调门关小以维持主汽压与RB的目标主汽压设定值相符。

（3）跳闸侧风机各风门挡板关闭，另一侧风机出力自动增大，但电流和参数不得超限。

（4）投入油枪助燃，维持燃烧稳定。

（5）关闭跳闸磨煤机进口冷、热风快关门，关闭出口快关门，磨煤机进、出口温度正常。

（6）严密监视炉膛负压、汽温、汽压等参数，煤水比、分离器出口温度在正常范围，注意 A、B 侧烟气和蒸汽温差。

（7）负荷降低时注意汽泵的运行情况，必要时开启汽泵再循环门，维持给水流量稳定。轴封汽压力、温度应正常，主机振动等参数均在正常范围内。待机组各参数稳定后复归RB，视各辅机运行情况决定机组是否应带负荷。跳闸磨煤机若不能及时恢复运行，应做好防止自燃的措施，做清煤处理。尽早查出故障原因,确认故障消除后重新启动跳闸设备,恢复机组正常运行。

2. 一次风机跳闸引起的 RB 处理

(1)锅炉单侧一次风机跳闸,上层磨煤机跳闸后,炉膛负压在正常范围内。确认控制系统自动以 1980 MW/min 的速率减负荷至 320 MW。

(2)检查并确认备用磨煤机冷、热风快关门自动关闭,有助于恢复一次风母管风压。其他处理方法同引风机和送风机引起的 RB 处理。

3. 磨煤机跳闸引起的 RB 处理

(1)磨煤机跳闸,炉膛负压在正常范围内。确认控制系统自动以每分钟10%的速率减负荷至剩余磨煤机对应的出力,压力控制方式为滑压,燃料量与负荷指令对应。汽机调门关小以维持主汽压与 RB 的目标主汽压设定值相符。

(2)检查并关闭跳闸磨煤机进口冷、热风快关门,关闭出口快关门,磨煤机进、出口温度正常。严密监视炉膛负压、汽温、汽压等参数,煤水比、分离器出口温度在正常范围。

(3)轴封汽压力、温度正常,主机振动等参数均在正常范围内。待机组各参数稳定后复归 RB,启动备用磨煤机恢复机组负荷。

(4)尽早查出故障原因,跳闸磨煤机若不能及时恢复运行,应做好防止自燃的措施,做清煤处理。

三、汽水管道水冲击

现象:汽水管道内部声音异常;汽水管道发生振动、晃动,严重时使管道及支吊架开裂,威胁人身及设备安全。

处理方法:

(1)发生汽水管道振动时,立即关闭汽水管道供给阀门或停止有关设备,待充分疏水或排空气后再投入,严禁强行投入。

(2)辅助蒸汽投入时要按要求预热暖管,并检查疏水情况。高压加热器、低压加热器投入时要按要求预热暖管,根据抽汽管道上、下温度检查疏水情况。

(3)除氧器投入加热和汽源切换时要按要求预热暖管,投入速度不应过快。加热时除氧器水位不应过高。小机投入时要按要求预热暖管,并检查疏水情况。

(4)高、低压旁路投入前应预热暖管,并检查疏水情况。旁路切除后,减温水阀应关闭严密。

（5）机组启停过程中注意监视过热器和再热器减温水阀,防止减温水阀关闭不严,造成管道发生水击。

（6）机组启动前,锅炉、汽机所有疏水阀应按规定开启。机组停止后,锅炉、汽机所有管道疏水均按要求开启。轴封汽投入时要按要求预热暖管,并检查疏水情况。

（7）在锅炉极热态上水情况下,应及时打开省煤器至分离器排气阀,防止省煤器发生冲击。锅炉正常运行要保持锅炉启动系统暖管阀开启。

四、厂用电中断

现象:锅炉 MFT 动作,汽机、发电机跳闸,有关声光报警信号发出;各厂用母线电压、电流为零,所有交流辅机跳闸;柴油发电机自动启动,交流事故照明切换;各主、再热蒸汽系统安全门可能动作。

原因:机组故障或系统故障,且无备用电源或备用电源自投不成功;备用电源带厂用电运行时发生故障;保护误动或越级跳闸。

处理方法:

（1）确认锅炉 MFT 动作,汽机跳闸,发电机开关、灭磁开关跳闸,发电机三相电流为零。

（2）确认汽机转速下降,主机直流润滑油泵、小机直流油泵、直流密封油泵自动启动。确认高、低压旁路关闭,手动隔离进入凝汽器的有压疏水。

（3）炉膛已熄火,燃油快关门、各油枪进油气动门和磨煤机进口冷、热风快关门以及磨煤机出口快关门关闭。等离子点火装置停运,脱硝喷氨系统停运。

（4）确认柴油发电机自启正常。检查 380 V 保安段是否恢复供电,否则手动启动。

（5）保安电源恢复后,检查启动主/小机交流润滑油泵、顶轴油泵、交流密封油泵,投入盘车装置。重新投入直流充电器,运行 UPS 旁路柜,确认 UPS、直流系统输出正常。检查并启动空预器。

（6）若柴油发电机一时无法启动,考虑手动盘动主机、小机、空预器,并尽量减少直流负荷,对发电机做排氢处理。

（7）汽机惰走期间,机组各部分声音应正常,注意汽缸缸胀、振动、轴向位移等参数的变化和惰走时间。

（8）查明原因,尽快使厂用电系统恢复正常运行,按需要启动有关辅机。

五、汽轮机严重超速

现象:转速升高超过超速保护动作值;机组发出异常响声,振动增大;负荷到零。

原因:发电机甩负荷到零,DEH控制系统和汽机调速系统工作不正常;超速装置保护失灵或保护动作后,高/中压主汽门、调门、补汽阀、抽汽逆止阀等卡涩或关闭不严。

处理方法:应立即破坏真空紧急停机,检查并确认转速下降。高/中压主汽门、调门、补汽阀及各段抽汽电动门、逆止阀均应关闭,转速应下降,否则应立即设法关闭,切断一切可能进入汽机的蒸汽。开启锅炉PCV阀进行泄压。倾听汽缸内部声音,分析和比较转子惰走时间。

查明超速原因并消除故障,全面检查并确认汽轮机正常后方可重新启动。定速后进行超速试验,动作正常方可并网带负荷。重新启动过程中应对汽轮机振动、内部声音、轴承温度、轴向位移、推力瓦温度等进行重点检查与监视,发现异常应停止启动。

六、汽轮机进水

现象:主蒸汽、再热蒸汽和抽汽温度急剧下降,过热度减小;汽缸上、下缸温差明显增大;抽汽管道温差大,振动增大;主蒸汽或再热蒸汽管道振动,轴封或汽轮机内有水击声,从进汽管法兰、轴封、汽缸结合面处冒出白色的蒸汽或溅出水滴;轴向位移增大,推力轴承金属温度急剧上升;机组发生强烈振动;盘车状态不好,盘车转速下降。

原因:主蒸汽、再热蒸汽温度调节失控;主蒸汽流量瞬间突增造成蒸汽带水;除氧器和高、低压加热器满水后水进入汽轮机;轴封供汽系统或抽汽管道疏水不畅,积水或疏水进入汽缸;轴封温度调节失灵,使冷汽、冷水进入汽机轴封部位;主、再热汽减温水阀门不严或使用不当;高压旁路减温水阀门不严或误开;主、再热汽管道和汽机本体疏水不畅。

处理方法:

(1)汽轮机进冷水、冷汽的主要处理原则是:切断冷水源、冷汽源,同时加强疏水,根据不同的进水原因,采取不同的具体措施。

(2)汽机带负荷运行时,主、再热汽温10 min内突降50 ℃及以上,应立即破坏真空停机。

（3）除氧器、加热器满水，导致汽机上、下缸温差增大，轴向位移、推力瓦温度发生显著变化，应立即破坏真空停机。同时查明满水的加热器是否已被自动切除，否则立即关闭抽汽电动门、抽汽逆止阀，水侧走旁路，并开启加热器的疏水门、抽汽管道及汽机本体的疏水门。

（4）按破坏真空紧急停机的有关要求停运汽机。停机过程中，应检查和确认汽轮机本体和有关蒸汽管道上的疏水门自动开启，如未开则应手动强制开启、充分疏水。打闸停机后，应严密监视推力轴承金属温度、回油温度、轴向位移、上下缸温差、振动变化，正确记录和分析惰走时间，并在惰走时仔细倾听汽机内部的声音。

（5）汽机在惰走时若无异常声音、摩擦声，同时惰走时间、轴向位移、推力轴承金属温度均正常，则充分疏水后可重新启动机组。若检查发现上述条件有一个不满足，机组禁止再次启动，必须揭缸进行检查。

（6）汽机因进水停机后，应立即投入盘车。如果大轴已发生较严重的暂态弯曲或汽缸变形，导致动静间隙消失而转子不能盘动时，不准使用行车、通新蒸汽或压缩空气，以及其他辅助方法转动被卡住的转子。应静置转子，做好标记，隔绝汽机进行闷缸，并严密监视上、下缸的温差。待转子能手动盘车且缸内无明显的金属摩擦声后，方可按规定投入手动或自动盘车。

（7）汽机因进水停机，再次启动前必须符合以下条件：①水源已查明并切断和彻底清除；②转子进行充分、连续盘车，时间一般不少于4 h，如中间停止盘车要重新计时；③大轴晃度偏离大修后首次测得的原始值小于0.02 mm，并检查高点相位；④高、中压缸上下缸温差小于30 ℃。

（8）汽轮机在盘车中进水，必须保持连续盘车，直到汽轮机上、下缸温差小于30 ℃并延长6 h的盘车时间，同时加强监视汽轮机内部声音和转子偏心度。

六、汽轮机振动大

现象：TSI记录仪振动指示增大；CS振动显示增大并报警；机组振动明显增大。

原因：机组负荷、参数变化引起蒸汽激振；润滑油温异常，油膜失稳；汽轮发电机组动静摩擦或大轴弯曲；发电机定子电流不平衡，转子质量不平衡或匝间短路；汽轮机进水或进冷汽；汽轮机断叶片引起转子质量不平衡；密封瓦局部摩擦；轴承标高变化；轴承工作不正常或轴承座松动；轴系中心不正或联轴器松动;滑销系统卡涩造成膨胀不均;润滑油有杂质导致轴瓦和轴颈磨损。

处理方法:

(1)机组轴承振动超过 9.3 mm/s 或相对轴振达 0.076 mm 并报警,应向值长汇报,适当降低负荷,查明原因予以处理。

(2)如机组负荷、参数变化大引起振动大,应尽快稳定机组负荷、参数,同时注意汽机上、下缸温差变化。

(3)润滑油温、油压及各轴承温度应正常,否则要调整润滑油温、油压至正常。就地倾听汽轮发电机组内部的声音。

(4)如发电机电流不平衡引起振动,应降低机组负荷,查明发电机定子电流不平衡的原因。

(5)若密封油温度偏离正常值,应尽快调整至正常值。若冷却水调节门失灵,联系检修人员处理。若机内氢气温度低,应查明原因,及时恢复。

(6)若转子电流和无功负荷不对,应确认转子匝间短路,应降低无功负荷,无效时停机处理。

(7)发生下列情况之一时,应紧急停机:①机组启动过程中,在低速暖机前,轴承振动超过 9.3 mm/s;②机组启动过程中,通过临界转速时,1～5 号轴承振动超过 11.8 mm/s 或 6～8 号轴承振动超过 14.7 mm/s,相对轴振超过 0.13 mm,汽轮机内有明显的金属摩擦声或撞击声,应紧急停机,严禁强行通过临界转速或降速暖机;③机组运行中要求轴承振动不超过 9.3 mm/s 或相对振动不超过 0.076 mm,超过时应设法消除振动;④相对轴振大于 0.13 mm 时应紧急停机;⑤任一轴振突然增加 0.05 mm 且相邻轴振明显增大。

七、汽轮机大轴弯曲

现象:汽轮机转子偏心度超限,连续盘车 4 h 不能恢复正常;汽轮发电机组过临界转速时振动显著增大。

原因:汽轮机发生振动或动静部件发生碰磨;汽缸进水或进冷汽,造成高温转子急剧冷却并产生径向温差而发生大轴弯曲;上、下缸温差过大造成转子热弯曲;盘车使用不当,在机组启动前或停机后,汽缸温度仍较高,未能连续盘车。

处理方法:

(1)在冲转前若转子偏心度超限,应延长盘车时间,直至偏心合格为止。汽轮发电机组启动或正常运行期间振动异常,应严格按"汽轮机振动大"事故处理原则进行处理。

（2）若汽轮机发生进水事故，则严格按"汽轮机进水"事故处理原则进行处理。

（3）停机后因盘车装置或顶轴油系统故障，无法连续盘车时，应做好转子偏心度的监视。发现偏心度较大后，应定时手动盘车180°，并在盘车恢复正常后及时投入连续盘车。

（4）若盘车和暖机一段时间后，转子的晃度或振动减小，说明转子出现热弯曲，应继续盘车或暖机进行直轴。若连续盘车或暖机无效，则说明转子产生永久弯曲，应停机检查和进行机械直轴。

八、轴向位移大

现象：TSI 指示轴向位移增大；操作界面上轴向位移显示增大并报警；推力轴承温度升高；回油温度升高。

原因：负荷或蒸汽流量变化；汽机通流部分严重结垢；叶片断落；主蒸汽、再热蒸汽温度下降；汽轮机水冲击；凝汽器真空下降；发电机转子窜动；推力轴承瓦块乌金磨损；加热器停运。

处理方法：

（1）当轴向位移增大时，应检查负荷、蒸汽参数、凝汽器真空，密切监视推力轴承金属温度的变化，调整负荷，通知热工校验表计，并倾听机组有无异常声音，检查各轴承振动是否增大。

（2）当轴向位移增大至 ±0.8 mm，除进行上述检查外，还应向值长汇报，立即减负荷，使轴向位移恢复至正常。当轴向位移增大，机组转动部分出现金属撞击声或伴有强烈振动时，应紧急停机。

（3）若阀门误关造成轴向位移增大，应立即采取措施进行调整，并密切监视轴向位移、推力瓦温度、推力瓦回油等参数的变化。当轴向位移增大至 ±1.0 mm 而保护不动作时，应立即破坏真空紧急停机。

九、运行中叶片损坏或断落

现象：机组振动明显增大；汽轮机内部有金属撞击声或盘车时有摩擦声；凝结水硬度增加；轴向位移变化异常；监视段压力升高。

原因：汽轮机进水；主蒸汽、再热蒸汽温度急剧下降；叶片频率不合格或制造质量不良；叶片腐蚀；汽轮机超速或叶片疲劳。

处理方法：

（1）发现以下情况，应破坏真空紧急停机：①汽轮机内部有明显的金属撞击声和摩擦声；②汽轮机通流部分发出异常声音，同时机组发生强烈振动；③机组振动明显增大，并且凝结水导电度、硬度急剧增大，无法维持正常运行。

（2）发现以下情况，应向值长和专业主管汇报，分析后进行处理：

①补汽阀入口处或抽汽压力异常变化，在相同工况下汽机负荷下降，轴向位移和推力轴承金属温度有明显变化，并且机组振动明显增大，应向值长汇报，减负荷或停机。

②运行中发现凝结水导电度、硬度突然增加，应检查机组振动、负荷、凝汽器水位，同时向值长汇报，通知化学人员化验凝结水水质。

③已确认凝汽器管子破裂或被叶片打断，应根据凝结水硬度大小减负荷，对两组凝汽器轮流隔离查漏。如凝汽器水位异常升高、凝汽器真空下降较快，应向值长汇报，停机后进行处理。

十、凝汽器真空降低

现象：DCS真空值下降；排汽温度升高；备用真空泵联启。

原因：凝汽器冷却水不足或中断；真空系统泄漏或真空泵组工作异常；轴封系统工作异常；凝汽器水位高；凝汽器钢管脏污或结垢；循环水温度升高。

处理方法：

（1）发现真空下降，首先应对照低压缸排汽温度进行确认并查找原因，进行处理。当凝汽器内绝对压力升高至13 kPa时，低真空报警，确认备用真空泵自启，提高凝汽器真空。如真空继续降低，应按真空每下降1 kPa，减负荷100 MW的原则进行处理。当凝汽器内绝对压力升至30 kPa，汽机跳闸。

（2）凝汽器真空下降时，应根据低压缸排汽温度升高的情况，开启低压缸喷水电磁阀。机组带负荷运行中，排汽温度应不超过60 ℃（空负荷运行时，排汽温度为110 ℃）。因真空低紧急停机时，应立即切除高、低压旁路，关闭所有进入凝汽器的疏水门。

（3）若循环水出、入凝汽器的温差增大，检查循环水系统运行情况，必要时启动备用循环水泵或视运行方式开启至邻机循环水联络门。如循环水全部中断，应立即打闸停机，并关闭凝汽器循环水进口门、出口门，待凝汽器排汽温度下降到50 ℃左右时，再向凝汽器通循环水。

（4）轴封吸入空气引起真空下降时,应调整轴封汽母管压力至正常值。钢管脏污引起真空下降时,应启动胶球清洗装置清洗钢管。凝汽器满水引起真空下降时,则按"凝汽器满水"进行处理。

（5）检查并确认真空泵（或罗茨泵）入口气动阀、电动门开启,分离器水位正常。若真空泵组运行不正常而影响真空,则应启动备用真空泵,关闭气动阀、电动门,停运故障泵。凝汽器真空系统吸入空气引起真空下降时,应对真空系统的设备进行查漏和堵漏。

（6）检查循环水塔池补水方式,并根据情况适当换水。蒸汽温度高造成凝结水温度高,应联系化学人员进行精处理,及时将精处理前置过滤器和高速混床改走旁路运行。

十一、汽轮发电机组轴承损坏

现象:汽轮机轴承金属温度快速上升且超过 130 ℃（发电机轴承金属温度为 105 ℃）或轴承冒烟;回油温度升高,回油中发现乌金碎末;汽轮发电机组振动异常。

原因:轴承断油;润滑油压力偏低,油温过高或油质不合格;轴承过载或推力轴承超负荷,盘车时顶轴油压低或大轴未顶起;汽轮机进水或发生水击;汽轮发电机组振动长期偏大。

处理方法:

（1）运行中发现轴承金属温度异常,应加强检查主机润滑油系统,监视机组负荷和各监视段的压力、油温、油压、振动、缸温等参数,发现问题尽快解决。若轴承已损坏,应立即破坏真空紧急停机。

（2）因轴承损坏停机后盘车不能投入运行时,不应强行盘车,而应采取可靠的隔离措施,防止汽缸进水或进冷汽。轴承损坏后应彻底清理油系统,确保油质合格方可重新启动。

十二、锅炉炉管损坏

现象:锅炉泄漏装置报警;引风机动叶不正常开大,或炉膛负压变正;泄漏处保温层内有水汽飘出,伴有尖啸的喷汽声;严重爆破的,不严密处向外喷冒蒸汽;机组补水量增大,给水流量异常增大;各段烟气温度异常,主、再热蒸汽温度异常;相关管排金属温度异常;水冷壁爆管严重时锅炉燃烧不稳甚至熄火。

原因:管内结垢或管内有杂物堵住;管材不合格;焊接质量不佳;膨胀不畅,

拉裂金属;管壁磨损严重;燃烧调整不当,火焰直接冲刷金属或热偏差大;蒸汽或金属温度长时间超限;吹灰器未正常退出,或吹灰蒸汽带水吹损管壁;锅炉启停时,热应力过大。

处理方法:

(1)发现锅炉泄漏装置报警或锅炉炉管泄漏时,应立即到现场分析、查找原因。确认锅炉炉管泄漏应立即向值长、领导汇报,确定处理方案。

(2)如果炉管损坏不严重,锅炉能短时运行,则要降低机组负荷,尽量滑低汽压,视情况投入油枪或等离子点火器稳燃,调整燃烧,维持炉膛负压正常。申请停炉处理。

(3)加强对煤水比、给水流量、汽温、金属壁温等参数的监视和调整。继续加强对损坏部位的监视,防止故障扩大。当炉管损坏严重,不能维持运行时,立即停止锅炉运行。停炉后保持一台引风机运行,抽尽炉内水汽后停运。注意省煤器、除尘器灰斗的运行情况,防止堵灰。

十三、锅炉烟道二次燃烧

现象:锅炉烟道烟气温度不正常地急剧升高,空预器出口烟气温度,一、二次风温不正常地升高;炉膛和烟道负压剧烈变化,烟道门、孔及不严密处向外冒烟或喷出火星;空预器主电机电流增大且晃动,就地有异常声音;空预器红外热点探测系统报警;严重时,烟道防爆门动作,空预器跳闸,外壳被烧红。

原因:燃烧调整不当;油枪雾化不良;煤粉过粗或等离子燃烧器工况不良,使未燃尽的可燃物在尾部烟道受热面沉积;长期低负荷运行,燃烧不完全,部分燃料沉积在传热面上;升停炉操作时,通风吹扫不充分;锅炉吹灰不正常。

处理方法:

(1)若发现尾部烟道任一点烟气温度或排烟温度不正常升高时,应查明原因,调整燃烧,降低负荷,停止脱硝喷氨系统运行,加强对尾部烟道各受热面和空预器进行吹灰。关闭送风机热风再循环风门,观察烟气温度和一、二次风温度的变化。

(2)确认尾部烟道发生二次燃烧时,应紧急停炉,停运送风机、引风机,将空预器切至辅助电机运行,严密关闭各风门挡板以及烟道各孔门,严禁通风,投入消防水灭火。

(3)锅炉熄火后维持进水,适当开启高、低压旁路对过热器、再热器进行冷

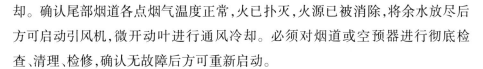

却。确认尾部烟道各点烟气温度正常,火已扑灭,火源已被消除,将余水放尽后方可启动引风机,微开动叶进行通风冷却。必须对烟道或空预器进行彻底检查、清理、检修,确认无故障后方可重新启动。

十四、锅炉严重结焦

现象:水冷壁燃烧器区域、屏式过热器底部出现挂焦;主汽、再热汽温度异常,减温水水量异常;焦块掉落时炉膛负压波动,严重时造成锅炉灭火、MFT。

原因:煤种结焦性强;炉膛热负荷过高;炉膛结构不合理;送风不足或者配风不合理,造成局部还原性气氛强烈;切圆偏斜、一次风刚度不足或者火焰直接冲刷水冷壁;吹灰间隔时间过长。

处理方法:

(1)锅炉出现结焦时,应加强吹灰,合理调整配风方式,适当增加送风量。过屏底处出现较多挂焦,在再热汽温允许时,可适当调低燃烧器角度,或切换磨煤机,运行较低位置的燃烧器。

(2)结焦增强,燃烧调整效果不佳时应更换煤种。若炉内结焦严重,应降负荷清焦,必要时启动等离子点火装置,投油稳燃。锅炉结焦严重,运行中无法处理时,申请停炉处理。炉内有焦块脱落时,禁止打开看火孔观察,炉底附近禁止人员经过、停留。

十五、发电机—变压器组保护动作跳闸

现象:发变组保护动作,声光报警;汽机跳闸,锅炉熄火;发电机—变压器组出口开关跳闸,励磁开关跳闸,6 kV 厂用电自动切换;发电机有功、无功,定子、转子电流和电压等表计指示为零;有关继电保护和自动装置动作掉牌;厂用电快切装置动作。

处理方法:

(1)确认发电机—变压器组出口开关、励磁开关已跳闸,检查 6 kV 厂用电是否已自动切换。若厂用电未自动切换,检查工作电源开关是否已跳闸。若工作电源开关跳闸,应立即手动强送备用电源一次。若厂用电自动切换后又跳闸,则不得强送。待查明原因、排除故障后,恢复 6 kV 母线运行。

(2)检查400 V PC – A、PC – B 母线至保安段两路电源是否均已跳闸(两路电源自动联锁),如两路电源均已跳闸,柴油机是否已启动向失电的保安段供电。如未启动,则手动启动柴油机向保安段供电。

（3）详细检查发变组本体一次回路设备。检查保护和自动装置动作情况，并做好记录。保护信号经厂部有关专业人员到场核实后再复归。

（4）根据保护动作情况，判断故障性质和范围，并向总工程师汇报。若是人员误碰或保护误动引起的，应退出误动保护，尽快将发变组并入系统。若跳闸由机炉保护引起，待机炉故障排除后，应重新并网运行。

（5）若跳闸由发电机—变压器内部故障保护引起，应详细检查有关设备，联系检修人员进行必要的检查和测试。若检查发电机—变压器未发现故障，则由总工程师决定是否零起升压。若零起升压时发现不正常现象，应立即停机进行检查和处理；若零起升压时未发现不正常现象，则发电机可并网运行。

（6）若跳闸由发电机—变压器后备故障保护动作引起，则联系调度，查明原因，待系统故障消除后，经总工程师同意可用零起升压试送电。若跳闸由母差、开关失灵，保护动作引起，查明故障母线或失灵开关，将其隔离，迅速恢复机组运行。若跳闸由发电机失磁保护或逆功率保护动作引起，则应联系检修人员对励磁系统或汽轮机有关系统进行检查。若机组故障后，一时不能恢复并网运行，则应拉开发电机—变压器组 220 kV 母线侧刀闸。

十六、发电机励磁系统强励动作

现象：DCS 中发相应的报警信号；发电机转子电流突然上升，甚至达到最大允许值；发电机无功负荷急剧增加，发电机有可能过负荷运行；警铃响，"调节器综合限制"信号发出，A、B 套调节器报警。

处理方法：检查强励是否因系统故障引起；若系统有故障，发电机端电压偏低，强励动作 10 s 内不得干预励磁调节器，10 s 后调节器自动返回至正常调节，否则应立即将未返回的调节器退出运行；若强励误动，应迅速将有故障的调节器切至无故障调节器，调节器置于"自动"运行方式；若 A、B 套调节器均有故障，发电机励磁调节器自动转为 FCR（恒电流）方式运行；通知检修人员处理。

十七、发电机励磁系统失磁或部分失磁

现象：发"励磁系统主故障"红色光字牌及相应声光信号；发电机转子电流突然消失或减少很多；发电机严重进相运行，定子电压下降，定子电流增加超过正常值，低励限制不起作用；发电机有功指示下降且摆动，机组声音异常；调节器控制电压和发电机励磁电流不对应；发电机无功表指示为负值。

处理方法：此时如发电机保护已动作，按自动跳闸处理；若发电机保护未动

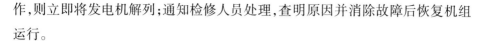

作,则立即将发电机解列;通知检修人员处理,查明原因并消除故障后恢复机组运行。

十八、发电机集电环冒火

现象:碳刷产生火花;转子电压、电流及无功表可能出现摆动或异常。

处理方法:降低转子电流,直至不正常现象消除;清扫滑环,更换不合格的碳刷;如已构成环火,经处理无效,而且引起了发电机表计摆动,威胁发电机安全运行,应申请停机。

十九、发电机 1PT 电压回路断线

现象:DCS 中出现发电机 1PT 断线相应报警信号;发电机有功、无功负荷表、定子电压表及发电机频率表指示降低;发电机三相线电压指示不平衡;励磁调节器由 B 套自动切至 A 套运行;单通道运行的励磁调节器自动转为 FCR 方式运行。

处理方法:

(1)停用发变组保护 A 柜失磁保护、失步保护、逆功率保护、过励磁保护、过电压保护、定子接地零序保护、定子接地三次谐波保护、频率保护、启停机保护、误上电保护,检查并确认"发电机相间后备保护"在退出。励磁调节器由 B 套已切至 A 套运行,复归报警信号。

(2)注意蒸汽流量、压力,保持有功负荷。励磁系统电压、电流及三相定子电流不超过额定值。必要时通知机炉工作人员调整负荷,无功负荷一般不调整。

(3)检查 1PT 高、低压保险是否熔断,1PT 刀闸辅助接点是否接触良好,一次插头接触是否良好。处理好后投入所退保护及自动装置。如 PT 故障不能恢复,应通知检修人员处理。

二十、发电机断水

现象:冷却水压力低、流量小;发电机各部件温度升高;发"发电机定子冷却水故障"光字牌;发电机断水时,振动增大。

处理方法:

(1)立即检查发电机定冷水泵运行是否正常。若定冷水泵跳闸,备用泵应联启,否则手动强启一次。

(2)立即降低有功负荷和无功负荷,使发电机线圈、内冷水、铁芯温度不超

过允许值,迅速通知机长恢复供水。

(3)若定子冷却水进、出口压差大(低于70%额定流量),30 s 内不能恢复时,断水保护动作跳汽轮机,同时发电机跳闸。若不跳闸,则手动解列发电机。

二十一、发电机振荡失去同期

现象:(1)发变组及系统联络线电流表指示大幅度摆动,并经常超过正常值;(2)发电机和母线上的电压表指示周期性摆动,经常使电压降低,照明灯周期性地一明一暗;(3)发变组及系统联络线有功功率表、无功功率表指示大幅度摆动;(4)发电机、主变系统发出有节奏的嗡嗡声,并与上述仪表指示摆动合拍。

原因:系统突然短路;励磁调节器故障、励磁异常降低或失磁。

处理方法:

(1)退出机组 AGC,不要干涉发电机自动装置的动作,必要时可以降低部分有功负荷,以创造恢复同期的有利条件。若 AVR 在手动方式运行,应手动将发电机励磁增至最大。

(2)根据表计指示变化,判断某机失步。若采用上述措施 3 min 内仍不能恢复同期,失步保护不动作,则应将发电机解列,待稳定后立即恢复同期并列。

(3)若发电机失磁造成系统振荡,而该机组失磁保护不动作,应立即使发电机跳闸。

(4)系统故障造成振荡,系统电压降低,强励有可能动作,20 s 内运行人员不得干涉其动作,同时向网调、省调汇报。20 s 后强励应自动返回,强励动作后必须对发变组回路进行详细检查。

二十二、发变组主开关非全相运行

现象:"发变组跳闸"红色光字牌亮;CRT 上发出"负序过流及速断""220 kV 失灵保护动作"等信号;发电机定子三相电流严重不平衡;机组产生振动。

处理方法:

(1)发电机主开关非全相运行时,保护动作正常跳开主开关三相,则按"发电机跳闸"事故处理。发电机运行中出现非全相运行时,保护动作正常,而主开关未跳开时,则按以下步骤进行处理:

(2)应立即将有功负荷、无功负荷降至接近空载状态,三相不平衡电流不得超过额定值的8%(831 A)。

(3)经同期装置将该开关合上,增加有功负荷和无功负荷时,定子三相电流再次出现不平衡,可能开关未完全合上,应立即将有功负荷、无功负荷降至接近零,并将该开关拉开。若拉不开,应立即倒母线,用母联开关将发变组解列。

(4)若经同期装置开关合不上,应立即将该开关拉开。若拉不开,应立即倒母线,用母联开关将发变组解列。若手动断开该发变组主开关后,电压降低,随着转子电流的下降,定子电压不下降,同时定子两相或三相电流不平衡,可能开关未完全拉开。此时应维持汽轮机转速,增加励磁电流,使定子三相电流接近零,再拉一次开关。若不能拉开,应经同期将发电机重新并列,倒母线后用母联开关将发变组解列。

(5)发电机在非全相运行时,不得打闸停机,也不得拉开灭磁开关。若主汽门已关闭或灭磁开关已跳闸,应立即拉开母联开关以及发变组所接母线上的所有开关。在维持发电机三相电流接近零时,注意保持一定的有功负荷,以防逆功率保护动作跳机。做好各相电流变化、时间、操作、信号等记录,以备事故分析。

参 考 文 献

[1]牛卫东.电厂汽轮机原理[M].北京:中国电力出版社,2008.

[2]朱全利.锅炉设备及系统[M].北京:中国电力出版社,2006.

[3]余建华.发电厂电气设备及运行[M].北京:中国电力出版社,2009.

[4]茅义军,祁海鹏,何胜.超超临界压力二次再热机组锅炉设备及运行[M].北京:中国电力出版社,2021.

[5]茅义军,祁海鹏,何胜.超超临界压力二次再热机组汽轮机设备及运行[M].北京:中国电力出版社,2021.

[6]杜雅琴.脱硫设备运行与检修技术[M].北京:中国电力出版社,2012.

[7]火电厂水处理和分析人员资格考核委员会.电力系统水处理培训教材[M].北京:中国电力出版社,2009.